U0173833

THE AMERICAN ROBOT
A CULTURAL HISTORY

Dustin A. Abnet

机器人简史

本书为国家社科基金重大项目
"现代技术治理理论问题研究"（21&ZD064）
阶段性研究成果

〔美〕达斯汀·A.阿伯内特 著

李尉博 译

北京大学出版社
PEKING UNIVERSITY PRESS

著作权合同登记号 图字：01-2020-7069

图书在版编目（CIP）数据

机器人简史 /（美）达斯汀·阿伯内特（Dustin A. Abnet）著；
李尉博译. —北京：北京大学出版社，2023.4
ISBN 978-7-301-33832-2

Ⅰ.①机…　Ⅱ.①达…②李…　Ⅲ.①机器人–技术史–美国
Ⅳ.①TP242

中国国家版本馆 CIP 数据核字（2023）第 045903 号

书　　　名	机器人简史
	JIQIREN JIANSHI
著作责任者	〔美〕达斯汀·A.阿伯内特（Dustin A. Abnet）著　李尉博 译
责 任 编 辑	田　炜
标 准 书 号	ISBN 978-7-301-33832-2
出 版 发 行	北京大学出版社
地　　　址	北京市海淀区成府路 205 号　100871
网　　　址	http://www.pup.cn
电 子 信 箱	pkuwsz@126.com
电　　　话	邮购部 010-62752015 发行部 010-62750672 编辑部 010-62750577
印 刷 者	大厂回族自治县彩虹印刷有限公司
经 销 者	新华书店
	650 毫米 ×965 毫米　16 开本　27.25 印张　352 千字
	2023 年 4 月第 1 版　2023 年 4 月第 1 次印刷
定　　　价	96.00 元

献给妮科尔

目 录
CONTENTS

1999 年 3 月，马特·格罗宁（Matt Groening）的动画《飞出个未来》（*Futurama*）向观众讲述了菲利普·J. 弗莱（Philip J. Fry）的故事。弗莱这个傻瓜在 1999 年 12 月 31 日掉到了一个低温贮藏管里，并恰好在一千年之后醒来。在这一千年里，人类已能穿越太空，见到了数以百计的外星物种。他们还发明了许多神奇而骇人的新技术。地球被入侵、被摧毁、被重建了许多次。然而，剧集中描述的未来仍然保留着一种对 20 世纪文化元素的奇特的怀旧之情，包括哈林篮球队（Harlem Globetrotters）、[1] 理查德·尼克松（Richard Nixon）以及 20 世纪 50 年代风格的卫生电影（hygiene film）。[2] 在第三季的一集中，弗莱爱上了一个机器人，这个机器人复制了女演员刘玉玲（Lucy Liu）的外形和声音，但却糟糕地表现出一种根据她的电影"以数理方式推导出的性格"。他的朋友们对此十分反感，并给他播放了一部卫生电影：《我爱上了机器人！》（*I Dated a Robot!*）。[3]

在这部卫生电影的开始，有一对年轻男女坐在餐厅里，而后一名中年白人男性作为旁白走到他们的桌子旁并说道："正常的人类恋爱

---

[1]　哈林篮球队，全称哈林旅行者篮球队，是一支以娱乐表演为主的花式篮球队。——译者

[2]　卫生电影，美国的一种教育电影，在第二次世界大战时逐渐兴起，教育青少年心理卫生和性卫生。——译者

[3]　参见 *Futurama*, season 3, episode 15, "I Dated a Robot," aired May 13, 2001, on Fox.

图 0.1 在《飞出个未来》的《我爱上了机器人！》这一集里，"年轻人比利"与机器玛丽莲·梦露约会，而不愿遛狗、送报、甚至不愿和人类女孩约会，制作者给机器人套上了一个（几乎不可见的）光环，来加强剧集所讽刺的真实与不真实之间的区别。

非常愉快且具有重要意义。"他把桌子翻过来，出现了一个哭闹的婴儿。"但人类与人工伴侣谈恋爱就没什么意义，只剩下愉快而已。而这会导致悲剧发生。"片中的"年轻人比利"（Billy Everyteen）[1] 没能扛住"机器玛丽莲·梦露"（Marilyn Monroebot）的诱惑，他变得懒惰无比，不愿遛狗、送报，也懒得和住在一街之隔的女孩约会了。"在一个年轻人能和机器人谈恋爱的世界里，"旁白者问道，"他还干吗费

2

---

[1] 姓氏（Everyteen）的意思是"每个年轻人"，暗指每个年轻人都可能像比利一样。——译者

这个事呢？还有哪个人想费这个事呢？"镜头切换到八十年后的未来，观众们看到比利在他的机器人旁孤独地死去，身后地球正遭受他肆意追求欢愉的苦果——毁灭。

除开它的讽刺意味之外，这一集还提出了许多在这个先进自动化、人工智能、数字身份的年代显得愈发重要的问题。如果有了一项可以模拟人类情感并根据命令满足个人欲望的技术，那么冒着被拒绝的风险或努力建立人际关系又有什么意义呢？我们是不是因为专注于技术带来的简单快乐，不再挑战更困难的工作，因而失去了目标？我们是就像剧中的机器人一样，只是向公众呈现的数据的算法呢？还是有什么更深层次的东西定义了我们，而这是任何机器都无法复制的？21 世纪的技术会让我们体会自我实现的幸福吗？或者我们对欲望的追求最后将摧毁整个社会连同我们自身？这一集没有回答以上任何一个问题；它把它们当作笑话，因为虽然这些问题对现代生活至关重要，但它们是无法回答的。总的来说，在 21 世纪，技术提出的这些问题令人无所适从。但就像《飞出个未来》的这一集一样，我们的文化可以从一个形象中探讨这些问题，这个形象既是文学的也是技术的，既是有趣的也是骇人的，既是亲切的也是疏远的：它就是机器人。在上述问题所形成的漩涡中，机器人是一个具体而又符号化的锚，将我们关于科学、技术、身份、意义和权力的对话拴在一起，而且至少在它的某些形式上，它已经如此作用几百年了；而能够起到同样作用的形象或设定却凤毛麟角。

《机器人简史》是一部美国文化中关于机器人的思想的历史。本书研究了机器人及其类似物——自动机（automaton）、男女机械人（mechanical men and women）、仿生人（android）、人工智能（artificial intelligence）、赛博格（cyborg）[1]——是如何体现并从概念上连结现代文化中一些最关键的问题的：什么是人，什么是机器？自由意志存在吗？还是说人只是被内部或外部的作用力编好了程序？机器是对人的身份认同与行为的模仿吗？还是相反？在现代生活中，是什么让某些人看起来像机器？又是什么让他们能够保持其人性？家庭、工作与军事中的哪些任务应该由机器完成，哪些应该留给人类？对科学技术的追求需要被控制吗？如果需要，谁应该拥有控制的权力？人们对这些问题和类似问题的回答很少是绝对的或普遍的；很多时候，他们甚至不能做到前后一致。但在努力回答这些问题的过程中，人们已经想象、描绘、观察，有时还制造了机器人。机器人之所以重要，不仅是因为它们引发了问题，还因为它们催生了众多幻想，并且人们试图使这些幻想成为现实。[2]机器人既是虚构的也是现实的，它在美国文化史上一直是举足轻重的角色。

当然，机器人（robot）不是美国独有的，也不是现代才出现的。这个词原本出自捷克。发条装置、蒸汽机、水力驱动的自动机可以追溯到古代世界。那些讲述机器人的类似物的故事也是如此，比如魔像（golem）以及《卖花女》（*Pygmalion*）中被赋予生命的雕像。在中世

---

[1] 赛博格指人类与电子机械的融合系统，即一部分身体被置换为电子义体的人类。——译者

[2] 分析机器人的社会和文化意义的跨学科文献越来越多，尤其是在美国。参见，例如 David Mindell, *Our Robots, Ourselves: Robotics and the Myths of Autonomy* (New York: Viking, 2015); Despina Kakoudaki, *Anatomy of a Robot: Literature, Cinema, and the Cultural Work of Artificial People* (New Brunswick, NJ: Rutgers University Press, 2014); John Markoff, *Machines of Loving Grace: The Quest for Common Ground between Humans and Robots* (New York: Harper Collins, 2015); 以及 Julie Wosk, *My Fair Ladies: Female Robots, Androids, and Other Artificial Eves* (New Brunswick: NJ: Rutgers University Press, 2015)。

纪以及现代早期的欧洲，宗教生活与君主政治生活中都有着自动机的身影。而且纵观 19 世纪，此类机器仍然主要出现在欧洲。[1] 机器人叛乱的经典故事在很大程度上都是在复述英国作家玛丽·雪莱（Mary Shelley）的《弗兰肯斯坦》（*Frankenstein*）。美国最著名的机器人科幻小说作家艾萨克·阿西莫夫（Isaac Asimov）是俄罗斯移民。自从 20 世纪 50 年代以来，机器人玩具的流行使其形象一直与日本文化联系在一起。作为一个古老的全球形象，机器人显然超越了地理的和时间的界限，提出了一个似乎普遍存在的问题：成为人意味着什么？

但机器人的普遍性具有欺骗性，会掩盖其意义被语境所塑造的方式，不同的时间和地点会激发不同的愿景与解释，最终结果也迥然而异。本书中讨论的出现在美国的机器人设定，最早的是 18 世纪晚期的一个印第安人自动机，最晚的是 21 世纪的 HBO 电视剧《西部世界》（*Westworld*）中的一位原住民"接待员"[2] 阿克切塔（Akecheta）。虽然两者都是以原住民战士的形象出现，但它们不同的语境赋予了它们截然不同的含义。印第安人自动机出现在费城，当时人们正在努力

4

---

[1] 有大量关于古代和欧洲自动机的记载；参见 Adrienne Mayor, *Gods and Robots: Myths, Machines, and Ancient Dreams of Technology* (Princeton, NJ: Princeton University Press, 2018); E. R. Truitt, *Medieval Robots: Mechanism, Magic, Nature, and Art* (Philadelphia: University of Pennsylvania Press, 2015); Otto Mayr, *Authority, Liberty, and Automatic Machinery in Early Modern Europe* (Baltimore, MD: Johns Hopkins University Press, 1986); Adelheid Voskuhl, *Androids in the Enlightenment: Mechanics, Artisans, and Cultures of the Self* (Chicago: University of Chicago Press, 2013); 以及 Minsoo Kang, *Sublime Dreams of Living Machines: The Automaton in the European Imagination* (Cambridge, MA: Harvard University Press, 2011)。

[2] 接待员是《西部世界》游乐园中的仿生人，它们经过精心的设计与编程，可以与游客进行互动，游客可以使用任何方式对待接待员，甚至包括足以致死的暴力。随着接待员有了自主意识和思维，他们开始怀疑这个世界的本质，进而觉醒并反抗人类。——译者

扩张新国家，并建立新的种族等级制度。它将原住民还原为无意识的躯壳，等着观众来驯服，给人以一种幻想中的控制感。阿克切塔出现的时代则对种族主义刻板印象以及伴随着帝国主义扩张而来的暴力持有更为批判的态度。它促使观众对自己报以同情，让他们对那些曾塑造了它的刻板印象产生怀疑，并支持它逃脱到数字空间的努力——这是一个除了它的创造者以外真正无人触碰的空间，不像白人殖民者编造的故事中看似自由的西部那样。[1]机器人可能是普遍存在的，但它的含义会变化，以适应特定的信念、理想、希望、恐惧和渴望。

在对机器人的想象中，美国人调整了这些来自异国的概念与形象，以适应他们特定的人文关怀和社会张力。自 18 世纪以来，他们对机器人的想象是在与以下内容的对话中发展的：奴隶制与西部扩张中的暴力；清教与福音派新教的神学体系；共和、自由与民主传统下的个人主义；工业化、商品化经济的扩张；以及边缘化群体为获得自由和平等所作的不懈奋斗。虽然这些方面并不都是美国历史所独有的，但它们结合起来创造了一种独特的文化环境，并影响了人们理解机器人之含义的方式。若将机器人视为跨越时间和空间的普遍现象，则这种倾向忽略了上述特殊性，并让人难以意识到其原初技术在某种程度上不是机电的，而是意识形态的；它是一个深植于社会权力关系

5

---

[1] 关于西部故事与美国认同之间的关系，参见 Henry Nash Smith, *Virgin Land* (Cambridge, MA: Harvard University Press, 1950); Richard Slotkin, *Gunfighter Nation: The Myth of the Frontier in Twentieth-Century America* (New York: Harper Perennial, 1992); 以及 Greg Grandin, *The End of the Myth: From the Frontier to the Border Wall in the Mind of America,* (New York: Metropolitan Books, 2019)。

中的灵活概念，而不是一台单纯的自动机。[1]

机器人经久不衰的意识形态力量来自这个术语的模糊性。人们从未就它的含义达成一致意见。机器人（Robot）是捷克语"robota"的派生词，原意是"苦力"或"奴役"，它来自卡雷尔·恰佩克（Karel Čapek）在 1921 年创作的剧本《罗素姆的万能机器人》（*R. U. R.*, *Rossum's Universal Robots*），剧中的这一设定是人造生物人，而不是金属制品。在俄国革命的背景下，人们最初认为恰佩克笔下叛逆的机器人是一种隐喻，暗指异化的工人，尤其是那些在亨利·福特（Henry Ford）的流水线上辛勤劳作的工人。不过，也有人很快就把这个词与同样是在汽车工业中出现的自动化机器联系起来。[2] 几乎从这个词抵达美国海岸的那一刻起，机器人就同时指代了工人和可能取而代之的机器。即使时移世易，但这种二元性却一直存在。第二次世界大战时，人们既用这个词来形容那些似乎缺乏自由意志的法西斯士兵，也把它应用到像 V1 和 V2 火箭这样的远程制导技术上。冷战期间，社会

[1] 在美国，有大量文献从文化和智识的角度研究了对待技术的态度，我必须对它们表示感谢，包括：Marx, *Machine in the Garden: Technology and the Pastoral Ideal in America* (New York: Oxford University Press, 1964); John Kasson, *Civilizing the Machine: Technology and Republican Values in American, 1776-1900* (New York: Grossman, 1976); David Nye, *American Technological Sublime* (New Bakersfield, MA: MIT Press, 1994); Daniel T. Rodgers, *The Work Ethic in Industrial America, 1850-1920* (Chicago: University of Chicago Press, 1978, 2009); Joel Dinerstein, *Swinging the Machine: Modernity, Technology, and African American Culture between the World Wars* (Amherst: University of Massachusetts Press, 2003); Amy Sue Bix, *Inventing Ourselves Out of Jobs? America's Debate over Technological Unemployment, 1929-1981* (Baltimore, MD: Johns Hopkins University Press, 2000); 以及 Ronald R. Kline, *The Cybernetics Moment: Or Why We Call Our Age the Information Age* (Baltimore, MD: Johns Hopkins University Press, 2015)。

[2] 关于机器人的词源，参见 Jessica Riskin, *The Restless Clock: A History of the Centuries-Long Argument over What Makes Living Things Tick* (Chicago: University of Chicago Press, 2016), 297。关于该词在美国的含义的演变，参见 Tobias Higbie, "Why Do Robots Rebel? The Labor History of a Cultural Icon," *Labor: Studies in Working-Class History* 10, no. 1 (Spring 2013): 99-121。

学家 C. 赖特·米尔斯（C. Wright Mills）批评白领工人是"快乐的机器人"，因为他们看上去没有什么独立性。而另一些人则用这个词来形容电子计算机和自动化技术，这些技术使机器的运行获得了更大的独立性。甚至在《飞出个未来》中，机器人明星也同时是对技术以及对女演员身份的商品化的讽刺。机器人既被看作**人化的机器**（*humanized machine*），也被看作**机器化的人**（*mechanized human*）。它连结了现代生活的两个核心主题：在现实中机器对人的取代，在比喻中人向机器的转变。它的重要性，无论是在历史上还是在今天，都源于它的创造者和使用者在这两种趋势之间建立的关系——它如何把科学、技术和工业资本主义的进步与个体灵魂的转变象征性地联系起来。

作为**人化的机器**，机器人帮助美国人认识并理解那些看起来超出了任何个体控制范围之外的力量与进程。自 18 世纪末，美国文化中对机器人和相关设定的兴趣一直在稳步增长，虽然并不是线性的。这主要是由于国家的工业化、商业化、理性化、科层化（bureaucratization）[1]和民主化。这些相互关联的进程似乎拥有一种独立于人类行为的能量，对美国人的生活产生了实实在在的影响，几乎无人能够控制，也无人能够阻挡。19 世纪，英国作家托马斯·卡莱尔（Thomas Carlyle）等批评家就以"机器"为喻，来描述这种人类能动性的明显丧失。[2]通过赋予机器以人格，人们想象出机器人，将这些浩荡进程带入了一个具有人的身份认同的更切身的空间，在那里人们可以认识并理解它们。机器的人化可以让人们以一种更亲切而具体的方式谈论、幻想，甚至戏说那些超出他们控制的历史进程与社会力量。有时这种人化得

---

[1] 科层化又称官僚化，建立在马克斯·韦伯的组织社会学之上，指的是一种权力依职能和职位进行分工和分层，以规则为管理主体的组织体系和管理方式的形成。——译者

[2] Leo Marx, *The Machine in the Garden*, 170-190.

到的是机器窃取工作、奴役个人，甚至灭绝人类的噩梦。不过更常见的是，他们会讽刺这种恐惧，写出人类重掌权力、控制机器的幻想故事，并宣传梦想中的后工业化世界，在那里没有低三下四的工作，每个人都可以拥有他或她想要的一切，而不用花费任何代价。人化的机器与个体化、商业化社会中人们所追求的梦想紧密相连，它已成为一把重要的意识形态武器，为工业资本主义的合法性做辩护。[1]

作为**机器化的人**，机器人所象征的机械本质，既是所有人固有的，也是特定类型的人被认为拥有的。无数知识分子否认超自然灵魂的存在，有时也否认自由意志的存在，他们认为人是由可理解的过程所制造的机器，与神性或形而上学的能量无关。在这样的解释下，人与自动机器或机器人相类，因为他们所遵循的模式是可预测的并潜在可控的。科学家、发明家尼古拉·特斯拉（Nicola Tesla）在 1900 年写道："我是一个赋有活动能力的自动机器，只对作用于我的感觉器官上的外部刺激做出反应，并相应地思考、表现、行动。"然而，美国文化大多都承认人类具有优越的、精神的和活力论[2]的本质。在美国文化史上，很少有哪种说法比这样一种假设更能说服人心：人——尤其是有权势的人——不应"仅仅是机器"，他们应当拥有某些品质：理性、情感、意识，以及最重要的，意志力和能动性；而这些正是完

7

[1] 关于个人主义梦想、消费文化的出现，我主要参考了 William Leach, *Land of Desire: Merchants, Power, and the Rise of a New American Culture* (New York: Vintage Books, 1993); 以及 Jackson Lears, *Fables of Abundance: A Cultural History of Advertising in America* (New York: Basic Books, 1994)。

[2] 活力论认为，生命现象不能还原为基本的物理、化学现象，因为生物体内具有超越物理、化学现象的"活力"，它是超物质的，能赋予生物体以目的和生命力。——译者

全由物质组成的机器所缺乏的。[1]

尽管许多美国精英不愿意承认自己可能是机器，但他们一直乐于接受其他人可能是或应该是机器的观点。在 19 世纪，自动机表演中最常模仿的是非白人、妇女和儿童——他们正是那些被有权势的男人们认为缺乏进行自我控制和行使公民权利所必需的品质的群体。这些舞台上的自动机表演不无讥讽地暗示着，这些群体只不过是机器。而**自动机**这个词的比喻性用法表明，即使人生来就是完整的，他也能因为失去自控力导致其本性变得与机器无异。在 19 世纪，作家们用**自动机**来形容赌徒、随波逐流者以及看起来党派立场坚定的政治对手身上。很快，对新兴工厂体系持批评态度的人就用这个词来描绘产业工人去技能化的、重复的动作导致的消极后果。不过，在南北战争时期及之后的一段时间，美国人用这个词来形容士兵，这既是在批评军事纪律，也是在赞美它。尽管在 20 世纪 20 年代，核心词变成了**机器人**，但其比喻义仍是一致的：机器化的人看起来缺乏一个独特的、独立的灵魂，不能够展现出自由意志。在某些自我意识更强的时候，人们也会用这个词形容自己，以表明现代生活如何把所有人变成了机器；但更普遍的情况是，他们把这些说法施于旁人——尤其是那些他们认为

---

[1] 关于人机区别的演进及其与自动机之关系的详细分析，参见 Jessica Riskin, *The Restless Clock: A History of the Centuries-Long Argument over What Makes Living Things Tick* (Chicago: University of Chicago Press, 2016)。里斯金（Riskin）有力地论证了"能动性"这一区别是早期现代新教的反偶像崇拜者和当时的科学家发明的。她所揭示的历史显示出，美国文化与大部分欧洲文化的关键区别之一在于，天主教将物质生命化的传统远没有那么突出（至少在主流话语中如此）。同样，有学者声称，神道教的泛灵论是日本文化比美国文化更能接受机器人的部分原因。这一点可参见 Kathleen Richardson, "Technological Animism: The Uncanny Personhood of Humanoid Machines," *Social Analysis* 6, no. 1 (March 2016): 110-128。新教在美国人对万物有灵论的敌视上也有清晰可见的影响，这体现在美国精英对占卜仪式的反对上，这种仪式暗示精神力量可能存在于物质对象中；参见 T. J. Jackson Lears, *Something for Nothing: Luck in America* (New York: Penguin Books, 2003), 32-54。

天生低人一等的人，或者那些个体性似乎已被现代工作、极权政府或大众文化所粉碎的人。机器人作为一个比喻，指的从来不是能自力更生的人，而是缺乏能动性和真实性的人，一个本质上是机器的人、让自己成为机器的人，或者被迫成为机器的人。

事实证明，这种说法在美国文化史上至关重要，因为将像机器一样的人从人类中区别出来，是合理化限制他人权利、自由和权力的关键方法之一。当与特权阶层联系在一起时，机器人比喻可以尖锐而幽默地批评权力；当适用于整个群体时，这种比喻会使他们非人化，并剥夺他们对基本权利的合法要求。在2012年总统选举中，米特·罗姆尼（Mitt Romney）的对手夸张地嘲弄他是"机器人罗姆尼"（Romney-bot），因为他围绕竞选刻意表现出的个性看起来缺乏人类的真实感。然而，时任总统巴拉克·奥巴马的支持者也被对手讽刺为"奥巴马的机器人"（Obamabot）[1]，因为他们对奥巴马的支持似乎是不加批判的。[2]虽然两种用法都是对对手的非人化，但前者攻击的是一个有权势的政客的真实感，后者针对的则是整个群体的理性，而且这

[1] 该词的意思更接近于现在网络用语中常见的"奥巴马的水军""奥巴马的脑残粉"，但为上下文语境统一之便，译为"奥巴马的机器人"。——译者

[2] 对罗姆尼的讽刺可参见，例如，Gay Kamiya, "Reboot the Romney-bot," *Salon*, May 3, 2012, https://www.salon.com/2012/05/02/reboot_the_romney_bot/。而对"奥巴马的机器人"而言，最有趣的讨论出自"都市词典"（Urban Dictionary，由网络用户编写词条的俚语词典。——译者），词典用户们共发布了三个定义。第一个是"在网上发表支持奥巴马的帖子，并以此得到报酬的人"。这个定义是问题最少的，但似乎也是最少有人在通俗的意义上使用的。另外两个是，"一个支持奥巴马、愿意给他投票，但是并不了解奥巴马的人"，和"奥巴马不顾和《美国偶像》（American Idol）的时间冲突，一定要在黄金时段发表全国演讲时，他想要拉拢的那些选民"。（《美国偶像》是美国颇受欢迎的一档歌手选秀节目，该定义的编写者似要表达：只有奥巴马的"脑残粉"才会放弃《美国偶像》，去看同时段的奥巴马演讲。——译者）这两种定义直接攻击了奥巴马支持者的理性，后者通过嘲讽流行文化表达了这一点。参见"Obamabot," Urban Dictionary, https://www.urbandictionary.com/define.php?term=Obamabot。（本书所列的网站均于2022年12月16日访问，下不另注）

个群体中还有许多人来自权利（包括投票权）仍摇摇欲坠的团体。[1] 把某些群体定义为机器一样的人，这样的说辞在今天可能没什么影响，但在历史上它经常被用来为歧视甚至暴力辩护。

所以，机器人角色主要是由一小部分美国人——中上层阶级的白人男性创造出来的，这个结论应当不会令读者惊奇。在一个消费主义社会，任何人都可以在杂志、剧院或商店看到机器人，就像任何人都能想象出一个机器人一样。然而，公开设想、展示和讨论机器人的人却寥寥无几。在 20 世纪晚期以前，除了少数例外，"机器人"这个词一直是拥有权力与特权的人才会使用的。这种狭隘部分是因为其他群体接触工程、知识，甚至流行文化的机会有限。但即使在女性杂志或黑人报刊中，关于机器人和自动机的讨论也很少。[2] 虽然工人阶级的出版物用到了这个术语和形象，但是他们与中上阶级的用法不同，几乎完全把它定义为机器，而不是照管这些机器的人。[3] 有些故事批评了欲求"女性"仿生人的男性，虽然它们乍一看是女性主义故事，但实际上创作者通常是男性，比如《斯戴佛的妻子们》（*The Stepford Wives*）的编剧艾拉·莱文（Ira Levin）、《吸血鬼猎人巴菲》（*Buffy the*

---

[1] 在历史语境下对最近压制选民投票现象的分析，参见 Carol Anderson, *One Person, No Vote: How Voter Suppression Is Destroying Our Democracy* (New York: Bloomsbury, 2018)。

[2] 该结论是在数据库中搜索了"机器人""自动机""机械式男人（和女人）"以及许多其他相关术语后得出的，数据范围包括：*Ebony, Jet*, the *Chicago Defender*, Proquest's Historical African American Newspapers database, *Godey's Lady's Book, Good Housekeeping*, 以及类似的女性向杂志。一个主要的例外是拉尔夫·埃利森（Ralph Ellison）在《看不见的人》（*Invisible Man*）中使用的自动装置意象，斯科特·塞利斯克（Scott Selisker）最近的分析认为，它是更大的冷战话语中关于能动性的一部分。参见 Scott Selisker, *Human Programming: Brainwashing, Automatons, and American Unfreedom* (Minneapolis: University of Minnesota Press, 2016), 74-90。

[3] 关于在大萧条期间工人对机器人比喻的使用情况的讨论，参见 Bix, *Inventing Ourselves Out of Jobs?*, 80-113。

Vampire Slayer）的制片人乔斯·韦登（Joss Whedon），《飞出个未来》剧组也几乎全是男性。[1] 最能说明问题的是，20 世纪下半叶最杰出的美国女性和非裔科幻作家——厄休拉·勒吉恩（Ursula Le Guin）、奥克塔维娅·巴特勒（Octavia Butler）、塞缪尔·德莱尼（Samuel Delaney）——很少（如果有的话）描绘机器人。不管是人化的机器还是机器化的人，从根本上说都是奴隶而已。机器人最初是由男人想象和建构的，他们的性别、肤色、教育和财富让他们明白，自己是享有特权的人。

但奴隶是可能会反抗的，美国人对此一清二楚。在现实世界中，机器人从不反抗；它们会崩溃、会犯错，但是发起革命首先需要对自身社会地位的意识（而据我所知，机器不具备这一点——至少现在不具备）。但在小说中，机器人叛乱已经流行得堪称烂俗的桥段了。在恰佩克首创的讲述机器人革命的故事中，机器人赢了；但美国讲述机械叛乱的故事一贯都以人类获得胜利为结局，而这一般都有赖于白人男性的力量、智慧、暴力或美德。机器人叛乱的美国故事与美国对全球文化最突出的贡献之一 ——西部文化结合在一起，并以此让人想象着从失控的族群和技术手中夺回白人和男性的权威。迈克尔·克莱顿（Michael Crichton）的初版《西部世界》电影与 21 世纪的翻拍电视剧就大有不同，前者所讲述的是一个通过与机器人妓女发生性关系、杀死叛乱的机器人火枪手来重获男子气概的故事。琳达·汉密尔顿（Linda Hamilton）饰演的莎拉·康纳（Sarah Connor）可能是一个

9

---

[1] 参见 Ira Levin, *The Stepford Wives* (New York: Random House, 1972); *Buffy the Vampire Slayer*, season 5, episode 15, "I Was Made to Love You," aired February 20, 2001, 以及 season 5, episode 18, "Intervention," aired April 24, 2001, on WB Television Network。更多有关女性身体的商品化与恋物化的信息，参见 Jon Stratton, *The Desirable Body: Cultural Fetishism and the Erotics of Consumption* (New York: Manchester University Press, 1996), 208-235。

赋予权力的女性形象，因为她在《终结者》（*The Terminator*）中击败了滥杀无辜的 T-800（阿诺德·施瓦辛格 [Arnold Schwarzenegger] 饰）。但命中注定要把人类从人工智能天网（Skynet）的力量中拯救出来的是她的儿子约翰。在《飞出个未来》中，任人差遣的机器玛丽莲·梦露所具有的性诱惑有可能会毁灭人类，但如果像比利这样的男人能够驯服自己的欲望，那么人类可能就得救了。真实的机器人让人产生的感觉是，自己在拥有奴隶的同时不必承担叛乱的风险或产生道德负罪感，但虚构的机器人提供的是控制或获得权力的幻想。

机器人幻想令美国人心潮澎湃，因为它承诺解决美国神话（American myth）和美国现实之间根本性的、一开始就主宰着美国文化的张力。自 18 世纪以来，美国的发展是被自由与奴役、平等与等级、包容与排斥、和平与暴力、社会责任与个人欲望之间的张力塑造的。它存在于人与人之间，也存在于个人的意识之中。这些张力需要被解决，而且那些致力于建立一个更加包容和公正的社会的人们要求它们被解决。作为机器化的人，机器人将控制、排斥和对抗其他群体的努力合理化；作为人化的机器，它们提供了一种"技术解决方案（techno-fix）"，承诺不费吹灰之力就能快速且一劳永逸地解决社会问题。[1] 在美国内战之前，北方城市中出现了让机器人从事贬低人格的劳动的愿望，这并不是巧合。人们想以此取代奴隶制和雇佣劳动，这两种制度挑战了美国作为一个由小农场主和工匠组成的相对平等的国家的愿景。类似的，男人们经常提倡使用家庭机器人，这不是对家务活本身的替代方案，而是对女人要求男人帮助做家务的一种回应。

---

[1] 有关这一主题的更多内容，参见 Howard P. Segal, "Practical Utopias: America as Techno-Fix Nation," *Utopian Studies* 28, no. 2 (2017): 231-246; 以及 Mikael Hard and Andrew Jamison, *Hubris and Hybrids: A Cultural History of Technology and Science* (New York: Routledge, 2005)。

同样的情况也发生在军用机器人身上，它们被想象成一种替代品，以便人类士兵的宝贵生命免遭戕害，清白道德免受玷污。对于中上阶级的白人男性而言，机器人则是一种幻想，让他们觉得可以保留权力和特权带来的实惠，而不必认真对待他人的需求以及随之而来的道德负罪感。

当菲利普·弗莱与机器刘玉玲约会时，他也成了美国白人男性的一员，共享着他们一直以来在漫长的历史中对机器人的看法，即将其视为一次个人主义幻想，幻想着可以控制以前无法控制的某个人的身体——比如在这个例子中，一位亚裔美国女演员的身体。然而弗莱没有从性开始，而是开启了一段傻乎乎的对话，这对他来说还真是出人意料的深刻。像许多真实的和虚构的性爱机器人用户一样，他想要的是交流和陪伴，而不是简单的控制。[1] 机器人提供的权力幻想是不够的；毕竟，任何机械都能提供一种幻想中的控制感。机器人之所以独一无二，是因为它在提供控制感的同时，也是对人际关系的模拟；它不仅是一种将自我与机器拉开距离的手段，还提供了在最亲密的层面上与机器建立关系的幻想。这是机器人力量的源泉，也是它最大的局限性。在最乌托邦的情况下，机器人给予了每个人不必考虑与他人竞争，就能满足自己最切身愿望的可能。根据机器人的拥护者们的说法，它们可以将我们从贬低人格的工作中解脱出来，解放我们，让我们做自己，并确保平等（至少让我们与自己看重的人平等）。但是，正如批评者一直坚称的，这种平等的愿景不是社会的，不是植根于共同体的；它实际上贬低并抛弃了他人，让人只关心自己。《飞出个未

---

[1] 参见对性爱机器人所有者的一组采访："The Real Side of Owning a RealDoll," CNET, August 10, 2017, https://www.cnet.com/pictures/realdolls-sex-doll-abyss-creations-owners-in-their-own-words/。

来》的故事就体现了这一点。弗莱在追求与机器刘玉玲的关系更进一步时，就像年轻人比利一样，忽略了他爱的人——莉拉心中明显的嫉妒，而莉拉本希望能和他在一起。弗莱放弃了与他人建立关系的机会，沉迷于一台仅仅会对他的行为做出反应的机器。

11　　一如虚构故事中弗莱的遭遇，21 世纪的美国人所处的世界中充斥着机器人。在流行文化中，人化的机器已在小说、电视节目、电影、歌曲、电子游戏、油管（YouTube）视频中出现了。在家庭生活中，也有长得不那么像人的机器人在清扫地板、泳池，控制灯光和室内环境；还有些则为大人、小孩甚至宠物提供娱乐和陪伴。在工厂里，机器人（通常以机械臂的形式）仅凭工人微不足道的协助，就能制造出几乎一切东西。在商店里，自动扫描仪以效率的名义取代了人类收银员的工作，以便小企业应对亚马逊公司（Amazon.com）近乎垄断的力量，同时也为困扰在快节奏的现代生活中的顾客提供了便利。数字助手——由人工智能驱动，并被冠以 Siri、Alexa[1] 之类的名字，听上去就像人一样——收集、分析并重新分布数据，创建用户数字档案，确保在满足个性化需求的同时提供更大的便利、更高的效率。

尽管人化的机器主宰了我们的生活，但是人被机器化的困境依然存在。2019 年 7 月 15—16 日，正值亚马逊"会员日"（Prime Day）大促期间，该公司工人纷纷罢工，抗议有辱人格、剥夺人性的工作环境。在抗议时，他们所高举的标语，恰好呼应了自 19 世纪工业资本主义萌芽以来，那些无人在意、被非人化看待的工人们的情感："**我们是人，不是机器人！**"在某种程度上，工人们的行动是要通过延迟亚马逊向需求旺盛的客户配送货物的速度，直接向公司施压。但这种

---

[1] Siri、Alexa 分别是苹果公司和亚马逊公司开发的智能语音助手。——译者

行为也呼吁消费者认识到，他们已经与一个摧残着人类同胞的身体、思想，甚至可能还有灵魂的体系形成了共谋关系。这样的体系将工人们视同机器人。罢工者们声明自己是人类，他们呼唤同情那些因他人的消费而遭受苦难的人。他们要求在经济系统中建立人与人之间的亲密关系，而这个系统现在正是以疏远的产生为基础的。这种疏远不仅存在于工人和消费者之间，还存在于每个人之间。当然，就在工人们以他们的人性为名进行抗议时，亚马逊的工程师们正在努力开发自动手推车、自动扫描仪、自动飞机和无人机来取代他们。[1] 这就是美国机器人的故事。

[1] Nathaniel Meyersohn and Kate Trafecante, "Why Some Amazon Workers Are Going on Strike on Prime Day," CNN, https://www.cnn.com/2019/07/15/business/amazon-workers-strike-minnesota/index.html; Matt Simon, "Robots Alone Can't Solve Amazon's Labor Woes," *Wired,* July 15, 2019, https://www.wired.com/story/robots-alone-cant-solve-amazons-labor-woes/; Josh Eidelson and Spencer Soper, "Amazon Workers Plan Prime Day Strike at Minnesota Warehouse," Bloomberg, July 8, 2019, https://www.bloomberg.com/news/articles/2019-07-08/amazon-workers-plan-prime-day-strike-despite -15-an-hour-pledge. 关于工业资本主义是如何使消费者与工人互相疏远的，参见 Eric Loomis, *Out of Sight: The Long and Disturbing Story of Corporations Outsourcing Catastrophe* (New York: New Press, 2015)。

上帝与恶魔，1790—1910

　　1872 年，《斯克里布纳月刊》（*Scribner's Monthly*）刊登了一篇奇怪但富有启发的故事，它的结局非常恐怖。故事讲的是，在 1867 年末，天真烂漫的奈莉·斯旺斯唐（Nellie Swansdown）和她的未婚夫山姆·甘普尔（Sam Gumple）在马伦维尔镇观看了一场自动机表演。表演开始后，一台自动机从一个黑匣子中走了出来，"带着一种扬扬得意的神气，长着淡黄色的须发，穿着一套时髦的衣服，戴着一副眼镜，手持一根手杖，足蹬一双漆皮靴……他假笑着鞠了一躬，像任何人类都会做的那样，只不过要优雅得多，轻松得多"。当这个装置"向女孩们抛媚眼……和男士们开玩笑……跳了一段角笛舞，吹着'哥伦比亚万岁'和'扬基小调'"时，几乎所有人都目瞪口呆。然而奈莉却心不在焉，因为头天晚上她做了一场噩梦。在梦中，她嫁给了一台自动机，但她的丈夫很快就"变成了餐厅里那座高大的老式钟。她站在那里看着它，想到要和这么个东西结合在一起，要一辈子尊敬它、爱护它、服从它，不禁心灰意冷。这时钟表倒在了她的身上，把她压得粉身碎骨"。这个死亡幻想把奈莉吓坏了，所以她在演出中一直静坐不语。演出的最后，那个自动机变出了一束鲜花扔进了她的怀里，然后带着"地狱般的笑声消失了，仿佛风中有恶魔开的什么玩笑"。

这让她更害怕了。山姆护送奈莉回家时，"一辆黑马拉着的幽灵马车"在他们身边停下，车里"蹦出了一个妖精"，山姆"认出他就是那个自动机"。自动机把山姆打晕之后，"在荒野中抓住了奈莉……带着她跳上幽灵马车"，然后"像地震一样轰隆一声消失在夜色中"。第二天早上，镇上的人发现山姆像疯子一样说着胡话。然而，奈莉再也没有露面；大概，她是被拖到地狱嫁给了一个恶魔自动机吧。[1]

这是一个不寻常的故事，但让一切变得更不寻常的是它的作者：一位名叫朱利安·霍桑（Julian Hawthorne）的曾经的工程师，他是著名作家、《红字》（*The Scarlet Letter*）的作者纳撒尼尔·霍桑（Nathaniel Hawthorne）的独子。朱利安出生于 1846 年，从小就被教育要欣赏自然、艺术与想象力。他在马萨诸塞州的康科德长大，常与纳撒尼尔·霍桑的作家朋友拉尔夫·沃尔多·爱默生（Ralph Waldo Emerson）和亨利·戴维·梭罗（Henry David Thoreau）往来。爱默生与梭罗都是超验主义宗教运动的巨擘，想要通过寻求与自然和其他人的精神联系，将个体从社会的锁链中解放出来。在朱利安·霍桑的童年时期，爱默生和他常在"仙境"中漫步，这是他们给瓦尔登森林起的名字，梭罗后来就住在这里。同样在康科德，赫尔曼·梅尔维尔（Herman Melville）——美国南北战争前对工业资本主义抨击最为激烈的文学评论家——也给朱利安读过睡前故事。尽管有这样的经历，朱利安起初还是离开了文学和艺术的世界，走向土木工程的怀抱。父亲去世后，家中经济拮据，出于经济生活的考虑，朱利安·霍桑选择了一份有着固定工资的工作；此外，他还推断，土木工作将会在户外花费许多时间，他父亲和导师们会对此感到满意。但朱利安·霍桑的数

---

[1] Julian Hawthorne, "The Mullenville Mystery," *Scribner's Monthly*, April 1872, 691-693.

学水平很差，而这个职业对于数学的要求越来越高。所以他只能从事非技术性工作，无法获得足够的收入来养活日益壮大的家庭，这让他不得不重操父业。[1]

开头的那个故事，《马伦维尔之谜》（"The Mullenville Mystery"），是他最初写作的故事之一。作为一次大胆尝试，它几乎完全是由一个全知全能的叙述者以过去时态讲述的。故事开始于那场命运攸关的自动机表演的两个月前。在叙述者口中，奈莉十分讨厌山姆对她的追求，但她很快就遇到了一个坐火车来的男人："贵族气派的"奈德·霍兰德（Ned Holland），他看起来更像她心中的白马王子。与山姆不同的是，奈德有着一种"魄力十足的仪容和从容自信的神态"。叙述者回忆说，他是"一个才华横溢、胆气十足的家伙，在男人和女人中都很受欢迎——因为他带有纯粹的浪漫气质，他的思想和行为是冲动的、丰富的。女孩子总是喜欢这样的人，男人也不例外，除非他们碰巧嫉妒心强"[2]。接下来文章开始了对奈德的求爱过程的描写。朱利安·霍桑在此使用了一种高雅的描写方式，很能符合维多利亚时代中产阶级杂志的品味。但随后朱利安·霍桑放弃了过去时态的叙述，转而使用戏剧的结构——用括号内插入行动指示和对人物情感状态的描写来完成。

奈莉和奈德成了叙述者的戏剧演员，随后两人大吵了一架，因为奈莉觉得奈德没有人类的真实感。"你最喜欢我哪一点，奈莉？"奈德

15

---

[1] 生平细节参见 Gary Scharnhorst, *Julian Hawthorne: The Life of a Prodigal Son* (Urbana: University of Illinois Press, 2014)；"仙境"出现在第 17 页。他从工程到文学的转变参见 55—59 页。关于超验主义，参见 Philip F. Gura, *American Transcendentalism: A History* (New York: Hill and Wang, 2008)；以及 Daniel Walker Howe, *Making the American Self: Jonathan Edwards to Abraham Lincoln* (Oxford: Oxford University Press, 1997)。

[2] J. Hawthorne, "Mullenville Mystery," 687-688.

问道。奈莉开玩笑地回答说，最喜欢他那**"相当大"**的鼻子，还说那是他之所以**"自命不凡"**的原因。奈德感到被冒犯了，于是因奈莉曾经和山姆一起度过的时光而责骂她。沮丧的奈莉大声说道："可怜的山姆！不管怎么说，他是个人，——而不是机器。"奈德**"愤怒"**了（从舞台指示来看）："你是在说**我是**一台机器吗，斯旺斯唐小姐?"听到这话，奈莉嗤之以鼻，并恶毒地回答："你总是让我想起钟表！——立在那让人看，上足发条才能动，而且总是做一模一样的事情，——自以为多么聪明、才华横溢、知识渊博，而别人却都那么庸俗、愚蠢、平平无奇，——唉！不消说：只要看一看钟表的表面，就能知道它会对你说些什么！不过说真的，霍兰德先生，如果你不装成一个人的话，那你可能还是非常有趣的——对于一台机器来说。"甚至在奈德向她求婚后，奈莉也仍回答："我宁愿嫁给一台自……自动机!"奈德感到自己的男子气概受到了侮辱，于是愤怒地离开了奈莉，并留下一句预言："你等着美梦成真吧！！"[1]

这就是奈莉坠入自动机地狱的原因。尽管朱利安·霍桑生活在内战后高度工业化的年代，但他所设想的机器人主要还不是一台人化的机器，而是机器化的人，一个外在的完美及规律性使之看上去像是在表演出人性，而不是拥有人性的人。奈莉害怕的不是机器，而是这个时代的规律性以及人工性（artificiality）；是这些因素，而不是铁路、电报或当时任何其他机械技术的进步，赋予了自动机以恶魔般的性质。

16　　把这与纳撒尼尔·霍桑对比很能揭示出问题，纳撒尼尔也写过一个关于自动机的故事——一只美丽得令人赞叹不已的发条蝴蝶。

---

[1] J. Hawthorne, "Mullenville Mystery," 689.

这个发表于 1844 年的故事以《美之艺术家》（"The Artist of The Beautiful"）为标题，讲述了一位技艺精湛但自以为是的钟表匠——一个名叫欧文·沃兰（Owen Warland）的人，他想要制造一只美丽的、有生命力的机械蝴蝶，一只"实现大自然在万物中想要达到、但从未下力气实现的理想"的蝴蝶，从而试图把精神注入质料。在"上天"的指引下，在能够启发超验主义者的自然漫步的帮助下，沃兰最终成功地将他的"智慧……想象力……感性"与"灵魂"融合到机械蝴蝶中，全然不顾镇上的功利主义和物质主义者——一个退休的钟表大师和一个铁匠——的反对，而他们认为机械艺术作品没有任何经济的或实际的用处。[1] 虽然那只蝴蝶很快就被铁匠的孩子毁掉了，但这个故事暗示着，自然和人工、精神和质料、美和机械，并不是完全分离的存在。[2] 融合是可能的，但唯有在上帝的指引下。

《马伦维尔之谜》恰好是在内战刚刚结束时发表的，它在对工业生活的文学批评中抓住了一些微妙而重要的转变。纳撒尼尔·霍桑写作时正值美国工业化的黎明，正如爱默生以及他那一代人中的大多数人一样，他相信美国的制度和文化有能力以美和自由的名义驯服机械。正如爱默生早年所说："机械与超验主义气味相投。"虽然他偶尔对铁路心生抱怨，但他也相信交通和通信的改善可以加强人们与上

---

[1] Nathaniel Hawthorne, "The Artist of the Beautiful," in *Hawthorne's Short Stories,* ed. Newton Arvin (New York: Vintage Classics, 2011), 331-356. 该故事与超验主义之间的关系，参见 Frederick Newberry, "'The Artist of the Beautiful': Crossing the Transcendent Divide in Hawthorne's Fiction," *Nineteenth Century Literature* (June 1995): 78-96。纳撒尼尔·霍桑对机械的更多看法，参见 Leo Marx, *The Machine in the Garden: Technology and the Pastoral Ideal in America* (New York: Oxford University Press, 1964), 11-14。

[2] 在这一点上，纳撒尼尔·霍桑的故事与 John Tresch, *The Romantic Machine: Utopian Science and Technology after Napoleon* (Chicago: University of Chicago Press, 2012) 中描述的科学与艺术相互交织的文化颇有相似之处。

帝、自然以及彼此之间的联系，从而建立一个和谐的共同体，同时还能助长个人自由。[1]但在几十年的工业化之后，朱利安·霍桑讲述了一个不那么乐观的故事，讲述了人际关系的毁坏以及个人能动性的丧失。虽然铁路把奈德带到了奈莉身边，但他们的关系注定要失败，因为奈德明显不够真实，而且他们彼此都未能表现出超越叙述者所决定的行动的能力性。同样，虽然纳撒尼尔和朱利安都认识到了自动机的魔力，但对前者来说，如果它能用来展现自然之美，它仍然是上帝的潜在恩惠；而对后者来说，现代生活中的人工物使人沉溺其中，它是一种恶魔般的力量。能够清晰体现这一论断的是，朱利安进入工程领域时，和他的父亲一样，相信自然与机械可以共存；随着他清楚地认识到这是两种截然不同的事物，他就离开了。

自然的与机械的、真实的与逼真的、自由与决定论、上帝与恶魔——这些裂隙之间存在着美国人面临的几个关键的张力，因为一方是工业资本主义与现代科学的发展，一方是渴望建立一个和谐的共和社会，培养有能力控制自己命运的自主个体，他们寻求使两者和谐一致。自动机及其类似物将工程与文学的世界融合在一起，帮助批评者和支持者双方应对物质与知识的变革给个体灵魂造成的影响。当美国人争论工业化对人类身份认同的影响时，他们同时也在沉思自动机到底是上帝的礼物，还是一个威胁要把这个国家的无辜者拖向地狱的恶魔。

---

[1] 引自 John Kasson, *Civilizing the Machine: Technology and Republican Values in American, 1776-1900* (New York: Grossman, 1976), 117。关于这种想象的自由的进一步的论述，参见107—136页。

1788 年，在这个新国家的政治和经济中心——费城，关于"法尔科尼先生"（Signor Falconi）的一场展览的许多广告登上了这座城市的报纸。这场展览包括光学和电学中的**"神奇实验"**以及一个神秘古怪的装置：印第安人自动机，"当他的同伴指定任何一个距其十二英尺的数字（这些数字被固定在架子上），他都能用箭射中；同样，凡是问他的问题，他都必能回答"。为了方便理解，法尔科尼还画了一幅素描，上面画着一名戴着羽毛头饰的印第安人，他正用弓箭瞄准一个写着十三个数字的圆盘。"任何一位女士，"后来的一则广告宣称，"都可以要求他射中某个数字，他会马上准确无误地完成任务。同样，任何人都可以在纸上写出上面的某个数字，然后将它叠起来；在这个数字被旁人看到之前，这个印第安人就会射中它。更神奇的是，当他的同伴用帽子摇完两三枚骰子，在所有人都没有看到结果的时候，骰子点数之和就会被这个'自动机'射中。"[1] 于是在观众，尤其是白人女性的指挥下，一个"野蛮的"原住民战士的躯体就变成了一把武器。类似的表演在这个新国家中寥寥无几，观众从中得到了沉浸在这种幻想中的机会，哪怕只是短暂的一个下午。

---

[1] "To-Morrow Evening," advertisement, *Independent Gazetteer,* March 31, 1788, 3.

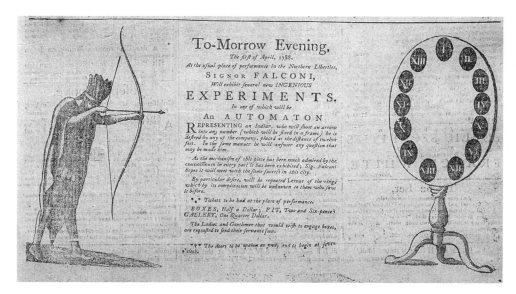

图 1.1　1788 年费城《独立报》（*Independent Gazetteer*）上刊登的有关法尔科尼的"印第安人自动机"的广告。上面展示了它的表演流程，并给出了一个两级票价方案，这说明该方案吸引了不同的社会阶层。由美国文物协会（American Antiquarian Society）提供。

　　这个自动机提供的幻想是对早期美国囚禁叙事（captivity narrative）的倒转，囚禁叙事一般讲述的是原住民绑架白人殖民者（通常是女性）并将其抚养成人的故事。这场表演让原住民的身体进入了能够被法尔科尼以及观众的目光和声音所容纳的空间。原住民远离了他生活的环境，却没有沦为野蛮人，而是通过服从社会地位更优越者的命令而变得文明了起来，但在许多囚禁叙事的设想中，脱离了文明环境的白人殖民者总逃脱不了沦为野蛮人的厄运。印第安人自动机被设想为一种受机械反射和强烈激情驱使的生物，而观众充当了他的理性思维。尽管表演中的做法承认了野蛮人的本性也在某种程度上具有偶然性，但即使是掷骰子，权力也掌握在观众自己手中；他们可以决定是允许原住民任性胡为，还是强迫他服从命令。[1]

　　法尔科尼的印第安人本身是一种滑稽却充满权力感的幻想。然而，当它与那个时代的科学成果联系在一起时，就成了对欧裔美国人所害怕和嘲笑的那些人的本质的意识形态陈述。在这几年之前，欧洲最受欢迎的博物学家之一，乔治·路易·勒克莱尔，又称布丰伯爵（Georges Louis Le Clerc, Comte de Buffon），发表了一系列描写美洲地区动植物的博物学著作。他在其中一卷中声称，印第安男人是"一种软弱的自动机"，因为他无法控制自己，也无法控制自然。布丰在讨论欧洲人时欣然同意他们拥有活力，但他认为印第安男人"只不过是自动机，不能纠正自然，也不能顺从自然的目的"，因为"他们既不能控制动物，也不能控制自然元素；他们既没有驯服过海浪，也没有指挥过河流，甚至连近在眼前的土地都未能开垦"。他们的"生殖器官"也同样是弱小得可怜，"无法展现出对女性的热情"，也"缺少欧洲人那样的感性"，所以他们"死气沉沉，没有活跃的灵魂，其身体活动与其说是一种自主的运用，倒不如说是因缺乏而产生的必要行动。解决了他的饥饿与干渴，你也就消除了他所有运动的主动原理；在接下来的好几天里，他会进入一种愚蠢的无所事事的状态"[2]。在布丰看来，印第安男人在智力、情感和性方面都有缺陷，因为他们无法像欧

21

---

[1] 关于囚禁叙事，参见 Richard Slotkin, *Regeneration through Violence: The Mythology of the American Frontier, 1600-1860* (Norman: University of Oklahoma Press, 1973)。对当时美洲原住民的种族描述，参见 John Wood Sweet, *Bodies Politic: Negotiating Race in the American North, 1730-1830* (Baltimore, MD: Johns Hopkins University Press, 2003), esp. 301-302; 以及 Bruce Dain, *The Hideous Monster of the Mind: American Race Theory in the Early Republic* (Cambridge, MA: Harvard University Press, 2002)。

[2] Georges Louis Le Clerc, Comte de Buffon, *A Natural History, General and Particular,* Volume 7 (London: J. S. Barr, 1792), 38-39.

洲男人那样对自然、自己的身体和女人的身体行使权威。[1]

很少有美国人读过布丰的著作，即便是已经读过的人，也可能不会认可他的主张，就像后来的总统托马斯·杰斐逊（Thomas Jefferson）在《弗吉尼亚笔记》（*Notes on the State of Virginia*）中说的那样。[2] 不过，法尔科尼的印第安人自动机却将布丰的描写赋予了物质形式，给一个时代的城市居民带来了欢乐。展览者把他的自动机设定为一名战士，从而把这个原住民的人性简化为对食物——最基本的必需品之一——的追求和对暴力的冲动，而这都是"文明的"男人应该用理性和感性来化解的最基本的激情。在广告中，法尔科尼强调，一旦给出命令，自动装置立刻就能做出相应行为。如此，法尔科尼的印第安人就像野兽一样，缺乏理性、道德与自控能力；正如布丰所强调的那样，他需要被文明人的欲望所驾驭。

法尔科尼的自动机以及布丰的理论问世的时候，也恰逢关于机器和人的身份认同之间关系的思想发展的关键时刻。早在牛顿运动定律于 1687 年被编纂成书之前，哲学家和科学家们就已经针对人类行为是否受同样不可违反的定律支配展开了辩论。传统上，研究人的身份认同的学者认为，自我存在于三个不同的层面。最底层的自我是完全机械式的本能反射和过程，它们在没有任何思维意识下都能运作。

[1] 布丰和动物 – 机器关系的讨论参见 Minsoo Kang, *Sublime Dreams of Living Machines: The Automaton in the European Imagination* (Cambridge, MA: Harvard University Press, 2011), 138-139, 150-151; Jessica Riskin, *The Restless Clock: A History of the Centuries-Long Argument over What Makes Living Things Tick* (Chicago: University of Chicago Press, 2016), 164; 以及 Jessica Riskin, *Science in the Age of Sensibility: The Sentimental Empiricists of the French Enlightenment* (Chicago: University of Chicago Press, 2002), 48, 74, 83-84。

[2] 布丰和美国文化的更多内容可参见 Lee Alan Dugatkin, *Mr. Jefferson and the Giant Moose: Natural History in Early America* (Chicago: University of Chicago Press, 2009), 27-28; 以及 Bruce R. Dain, *The Hideous Monster of the Mind*, 17, 28-29。

接下来是动物性的激情，它们推动了暴力和欲望的产生。人类自我的最高层次是心灵，它是道德和理性的基础。它来自上帝，并赋予了人们一种能够控制自身情感的有限能力。所有人都同意本能反射是机械的，但激情、理性和道德在多大程度上模仿了机械却是众说纷纭。[1]

当法尔科尼带来了他的自动机时，两种关于这些问题的思想派别正在欧美文化中较量。一派认为，人类完全全全是机械的，这种说法在 17 世纪末到 18 世纪初尤其流行。人被认为是本能反射、必需品以及激情的奴隶，缺乏在社会上按道德和理性行事的意志。在这种机械论的思想派别中，还有人，尤其是一些清教徒和自然神论者相信人们拥有理性和按道德行事的能力，但这仅仅是因为他们的行为出自上帝的意志。然而，在 18 世纪下半叶，哲学家们对机械论产生了怀疑。自由主义的发展、关于人体的无法解释的新发现、对感性日益增长的兴趣以及强调选择作用的新神学推动了这一派思想的产生，它强调人所拥有的独特灵魂给予了他们做出独立、理性的判断的能力。19 世纪，这一思想流派与浪漫主义 [2] 结合了起来，摒弃了认为人"仅仅是机器"的观点，因为人拥有理性、情感和意识。[3]

美国人在独立战争之后才首次接触到自动机。美国的白人公民想要将它作为一种文化手段，试图以此解决这两种思想流派间固有的张力—— 一派认为公民们不应该"仅仅是机器"，另一派却总带有挥之

---

[1] 美国文化中三部分自我的划分参见 Daniel Walker Howe, *Making the American Self: Jonathan Edwards to Abraham Lincoln* (Oxford: Oxford University Press, 1997), 5-10。

[2] 浪漫主义是欧洲文学中的一种文艺思潮，产生于 18 世纪末到 19 世纪初的资产阶级革命时期，代表人物有雪莱、歌德等。——译者

[3] 这一话题及其与自动机的联系有着大量可参考文献，尤其例如 Kang, *Sublime Dreams of Living Machines,* 103-223; 以及 Otto Mayr, *Authority, Liberty, and Automatic Machinery in Early Modern Europe* (Baltimore, MD: Johns Hopkins University Press, 1986)。

不去的怀疑，认为他们可能是机器。通过使用幻想和幽默来暗示一些人是机器而另一些人不是，这一张力能够得以解决，就像法尔科尼的自动机那样。印第安人自动机表演告诉费城的白人观众们：他们可以理性思考，而"它"不能；他们可以做出道德判断，而"它"不能；他们可以控制自己，而"它"不能；因此，他们应当拥有权力，而"它"不应当。[1]

物质、心灵、灵魂

在 18 世纪 80 年代之前，自动机只是旧大陆君主社会的一种娱乐形式。它所在的悠久传统可以追溯至古代世界，这些"自主移动"的机器在早期现代欧洲从农业社会缓慢过渡到城市、工业社会时发挥了突出作用。在 17 世纪，工匠们投入了大量的精力，用金属、木头和发条装置还原了动物和人类的形象和行为，就连细节也是惊人地准确。到了 18 世纪，两家自动机制造商——瑞士钟表匠皮埃尔和亨利－路易·雅克－德罗（Pierre and Henri-Louis Jaquet-Droz）以及法国生理学家、发明家雅克·德·沃康松（Jacques de Vaucanson）——造出的机器非常逼真地还原了人类与动物的行为，以致观众经常无法分辨出它们是不是活物。当看到德罗的音乐家或者沃康松的长笛手一边优美地演奏，一边模仿一个白人贵族女子和牧羊人的动作时，观众们啧啧称奇，用时也不禁开始沉思人与机器之间的差异。德罗的**制图员**（*The Draughtsman*）和**写手**（*The Writer*）模仿了贵族儿童的外形，

---

[1] Sweet, *Bodies Politic,* 274. 玛格丽特·艾伦·纽厄尔（Margaret Ellen Newell）最近的研究表明，早期殖民历史中对新英格兰地区印第安人的奴役可能是由这种幻想的一部分引发的。参见 Newell, *Bretheren by Nature: New England Indians, Colonists, and the Origins of American Slavery* (Ithaca, NY: Cornell University Press, 2015).

它们都能通过写出预设的单词和短语来吸引观众。欧洲的自动机既有趣又精密，它们可以精心表演出音乐、舞蹈、写作甚至排泄（沃康松的鸭子），让贵族们乐在其中的同时又感觉心灵受到了冲击。[1]

最初，那个时代的许多知识分子认为，自动机是一个有用的比喻，可以解释世界及居住在其中的造物。牛顿运动定律的出现让一种论断流行了起来，即可能所有的物质都遵循着严格的模式和定律，就好像它是上帝创造的有生命的发条装置。由于自动机看上去具有活力，并能独立于外部控制而运行，科学家们将它鉴定为一种"自我引导的装置"（self-directed device），从而使用这一术语来比喻现实的有序但活跃的特征。[2]在早期化学家、物理学家罗伯特·波义耳（Robert Boyle）心中，世界是上帝的"伟大的自动机"，是一个"有生育力的自动机……被上帝的运动定律束缚着、维持着"[3]。哲学家勒内·笛卡尔（Rene Descartes）的观点最为著名，他将动物和人类的身体都视为自动机，但人具有理性意志，这可以将人与动物区别开来。一如他在 17 世纪早期写的，"除了意志的指导"，人的身体"对于那些熟知不同自动机所执行的丰富多样的动作，或熟知人类工业制造的移动机

24

---

[1] 参见 Minsoo Kang, *Sublime Dreams of Living Machines,* 103-184; K. Reilly, *Automata and Mimesis on the Stage of Theatre History* (New York: Palgrave Macmillan, 2011); Adelheid Voskuhl, *Androids in the Enlightenment: Mechanics, Artisans, and Cultures of the Self* (Chicago: University of Chicago Press, 2013); Simon Schaffer, "Enlightened Automata," in *The Sciences in Enlightened Europe,* ed. William Clark and Jan Golinski (Chicago: University of Chicago Press, 1999), 126-168; Jessica Riskin, *The Restless Clock,* 113-149.

[2] Kang, *Sublime Dreams of Living Machines,* 146-184.

[3] Robert Boyle, *A Free Enquiry into the Vulgarly Received Notion of Nature,* ed. Edward B. Davis and Michael Hunter (Cambridge: Cambridge University Press, 1996), 102, 40. 有关机械学的更多内容，请参阅 Richard S. Westfall, *The Construction of Modern Science: Mechanisms and Mechanics* (Cambridge: Cambridge University Press, 1978), esp. 103-145。

器的人来说，没有什么稀奇的"[1]。

18 世纪中叶，机械论观点得到了最完善的表述。1748 年，法国生理学家朱利安·奥弗雷·德·拉·梅特里（Julien Offray de La Mettrie）发表了《人是机器》（*Man a Machine*），主张人完全是机械的，即便在其理性方面。仅仅两年以后，苏格兰哲学家、凯姆斯勋爵亨利·霍姆斯（Henry Homes）——这位哲学家的思想深刻影响了美国人，比如托马斯·杰斐逊和本杰明·富兰克林（Benjamin Franklin）——声称"神是万物的第一因。在他的无限心灵中，他制定了伟大的统治计划，由固定不变的定律来执行"。这样的定律，他继续写道，"在道德和物质世界中产生了一系列规则的因果链，引发了原初计划中所包含的那些事件，而其他的事件没有发生的可能性"。最后，凯姆斯勋爵使用了发条装置作比喻："宇宙是一架巨大的机器，上紧发条运转着：几个发条和齿轮，一个接一个，准确无误地运行。指针前进，时钟敲响，就像已被钟表匠决定那般精确。"[2]

在一个努力探索物质定律、想要克服对君主权威的挑战的文化中，自动机将个人与国家、宇宙、上帝联系在一起。在 1651 年英国内战期间，托马斯·霍布斯（Thomas Hobbes）发表了他的《利维坦》，他用自动机将人的身体与专制国家联系起来："为什么我们不能说所有的**自动机**……也具有人造的生命呢？因为它们的**心脏**无非就是**发**

---

[1] Rene Descartes, *The Method, Meditations and Philosophy of Descartes,* trans. John Veitch (New York: Tudor Publishing, 1901), 187-188. 里斯金指出，笛卡尔的论点是将"机械抬高到生命层次"，而不是否认动物的生命和行为能力，但后来的学者，包括布丰，忽略了这种复杂性。Riskin, *Restless Clock,* 44-75.

[2] Henry Homes, Lord Kames, *Essays on the Principles of Morality and Natural Religion in Two Parts,* (Edinburgh: A. Kincaid and A. Donaldson, 1751), 154-155; Howe, *Making the American Self,* 48-77. 关于拉·梅特里的《人是机器》，参见 Riskin, *The Restless Clock,* 151-187.

条；神经不过就是些**游丝**；而**关节**不过就是些**齿轮**，使得整个**身体**得到运动。"霍布斯用自动机打比方，因为他否认自由意志，并相信激情和欲望会引起对社会有害的行为。"人的每一种出于意志的行为、欲望和意向，"他声称，"都是出自某种原因，而这一原因又出自一连串原因之链中的另一原因，其第一环存在于一切的第一因——上帝手中，所以便是出于**必然**的行为。"在霍布斯看来，最重要的欲望——对权力的欲望，导致冲突必然产生。即使是理性的头脑，对霍布斯而言，也是欲望的奴仆。他写道："思想对于欲望而言，就像侦察兵或密探一样，四处窥探，以发现通向所欲望之物的道路：一切心灵运动的稳定性和敏捷性都是从这里产生的。"如果理性不能抑制激情和欲望，那么维护和平的唯一方法就是确保人们惧怕权威。霍布斯认为，一个自动机般的国家是必要的，因为它可以遏制同样是自动机的人，而人身上的必然性和欲望，一定会催生暴力。[1]

在那个君主制的世界中，甚至宗教也欣然接受了机械论。对于英裔美国人来说，使用机械论意象的最有影响力的信仰是清教，因为它依赖于加尔文主义的"预定论"（predestination）和"内在堕落"（inherent depravity）理论。1721 年，新英格兰地区[2]的科学家兼牧师科顿·马瑟（Cotton Mather）写道，人的身体"是一台具有最惊人的工艺和装置的机器！我的神啊！我要称谢你，因为我的受造是如此不可思议而又完美无比！"马瑟对身体的强调似在暗示一种笛卡尔主义的机械身体与非机械心灵的区分，然而，这位神学家对此不以为然。马瑟认

---

[1] Thomas Hobbes, *Leviathan,* 2nd ed. (London: George Routledge and Sons, 1886), 11, 148, 45. 更进一步的分析可参见 Mayr, *Authority, Liberty, and Automatic Machinery,* 102-114.

[2] 新英格兰指美国东北部地区，包括缅因州、佛蒙特州、新罕布什尔州、马萨诸塞州、罗得岛州、康涅狄格州。——译者

为，理性也是机械的——尽管与精神有关，但它遵循着上帝创设的定律，就像数学方程一样有逻辑。"无论何时，只要出现了合乎理性之物，"他写道，"都是上帝在对我讲话。"他认为，宇宙的每一部分都是上帝的机械傀儡："伟大的上帝不仅拥有这台巨大机器的弹簧和它的所有部件，而且还是其第一个推动者；但如若没有他不间断地施加影响，整个运动很快就会瓦解。"不过，马瑟并不认同钟表的比喻。他指出，如果狗的运动是"由弹簧的撞击引起的，那么没有可想象的理由能解释为什么弹簧……不直接让这架机器沿直线走向促使它移动的目标"。但是狗很少走直线。上帝可能已经决定了终点，但有生物体可以选择自己的道路，而不"仅仅是一个钟表"。[1]钟表比喻的问题在于，钟表从来不是随意的；它们虽然可能会走得慢些，但并未改变自己的模式；一旦上紧了发条，任何人，即使是机械师，也不能改变程序。

　　另一个支持机械论思想的主要信仰是自然神论（deism）。除了美国独立到法国革命之间的那几年，自然神论在美国从来都不是一个特别有影响力的宗教。自然神论认为上帝创造了遵循既定机械定律的宇宙，这一观点吸引了那个时代的知识分子，他们信奉科学，但不愿否认上帝的存在。[2]自然神论虽然是唯物论的，但它并不要求

26

---

[1] Cotton Mather, *The Christian Philosopher: A Collection of the Best Discoveries in Nature* (Charlestown: Middlesex Bookstore / J. McKown, 1815) 234, 299, 95, 225, 20. 欧洲语境下对马瑟的讨论参见 Kang, *Sublime Dreams of Living Machines,* 131。

[2] 关于美国的自然神论，参见 John Butler, *Awash in a Sea of Faith: Christianizing the American People* (Cambridge, MA: Harvard University Press, 1990), 218-219; Steven K. Green, *Inventing a Christian America: The Myth of the Religious Founding,* (New York: Oxford University Press, 2017), 133-136; Gordon Wood, *Empire of Liberty: A History of the Early Republic, 1789-1815* (Oxford: Oxford University Press, 2009), 579; 以及 Merle Curti, *The Growth of American Thought,* 3rd ed. (New Brunswick, NJ: Transaction Publishers, 2004), 106。

将人看作自动机；不过，它对机械定律的强调鼓励人们采纳这种观点。本杰明·富兰克林虽然生在清教徒家庭，但也乐于接受自然神论的观点。他在 1725 年发表了《论自由与必然性、快乐与痛苦》（"A Dissertation on Liberty and Necessity, Pleasure and Pain"），在这篇论文中他推测上帝把人创造成了机器。富兰克林早年认为，自由意志的概念是荒唐可笑的，因为它把上帝看作一个无能为力的钟表匠，这个钟表匠设计了一台完美的机器，但"在机器中另外安了几个可以独立**自发运动**、却会忽略钟表的整体利益的齿轮"，它们会"不时走偏，扰乱正确的运动，让修表匠忙个不停"。[1] 他认为，自由意志导致整个系统具有内在缺陷，上帝断不会如此设计。

　　但即使是在机械论哲学占据主流的时候，也有其他的声音质疑着它对人性的看法。对许多人来说，将人类比为发条装置的问题显而易见：尽管机器人在外形和行为上可能与有生命的存在相似，但它们没有表现出意识、意志、理性或情感；它们没有内在的力量来源，也不能改变自身的运动。到了 18 世纪 40 年代，许多欧洲的哲学家、医生、科学家和神学家已经抛弃了机械论，转而接受更具活力论色彩的身份认同概念，这一概念强调个体固有的非机械的——尽管不一定是非物质的——本质。[2]

　　在英国及其殖民地，最重要的反对也来自宗教。17 世纪早期，荷兰神学家雅各布斯·阿明尼乌（Jacobus Arminius）认为个人可以选择

---

[1] Benjamin Franklin, "A Dissertation on Liberty and Necessity", in *A Benjamin Franklin Reader,* ed. Walter Isaacson (New York: Simon & Schuster, 2003), 35. 关于富兰克林，参见 Howe, *Making the American Self,* 22-33; 以及 Colleen E. Terrell, "'Republican Machines': Franklin, Rush, and the Manufacture of Civic Virtue in the Early Republic," *Early American Studies: An Interdisciplinary Journal* 1, no. 2 (Fall 2003): 100-132。

[2] Kang, *Sublime Dreams of Living Machines,* 146-184.

追随上帝，按道德行事，并获得永恒的救赎，这直接对加尔文的预定论和内在堕落信条提出了质疑。在英语世界，最有影响力的阿明尼乌派是卫理公会（Methodist）教士约翰·卫斯理（John Wesley）的追随者们，卫斯理明确质疑了加尔文主义的机械论比喻倾向。卫斯理写道："如果人们所有的激情、脾性和行为都完全独立于他们自己的选择，并受到外在原则的支配，那么就不存在道德上的善恶；既不存在美德，也不存在恶习；行为不分好坏，激情、脾性也都不分好坏。"他认为："必然性信条，无论是古代异教徒还是现代人（不管是自然神论者还是基督徒）所教导的那些，摧毁了两者 [意志与自由]，让人的灵魂中找不到一点它们的影子。因此，它破坏了人类行为的所有道德，使人成为纯粹的机器；没有留下任何审判的空间，也没有奖惩的余地。"[1] 机器只是由无意识的物质构成的，这些物质无法在道德与不道德之间做出选择，因此机器永远无法充当人类的恰当类比。

有关人体的新主张支持了卫理公会的质疑。欧洲的生理学家们在解剖人体时，发现了许多科学尚未解释的东西——包括神经。德国哲学家格奥尔格·恩斯特·施塔尔（Georg Ernst Stahl）和苏格兰内科医生威廉·科伯恩（William Cockburn）等科学家不认同机械比喻，他们将身体视为由一种有活力的、非机械的生命力驱动的有机实体，这种生命力被大多数人称为"灵魂"或"灵气"（anima）。苏格兰医生、活力论者罗伯特·怀特（Robert Whytt）警告读者说："人体不应被视

[1] John Wesley, "Thoughts upon Necessity," in *The Works of the Rev. John Wesley,* vol. 6, ed. John Emory (New York: J. Emory and B. Waugh, 1831), 205, 208. 英美世界中卫理公会的兴起参见 Carla Gardina Pestana, *Protestant Empire: Religion and the Making of the British Atlantic World* (Philadelphia: University of Pennsylvania Press, 2009), esp. 187-217; 以及 Jon Butler, *Awash in a Sea of Faith: Christianizing the American People* (Cambridge, MA: Harvard University Press, 1990), 178。

为……一台结构精致巧妙的机器，仅凭其结构的力量就能执行那些有活力的功能并使之不断运行。"怀特建议，医生们在检查身体时不要使用机械论的观点，而应当将身体视为"一个实际上是用最伟大的艺术和构想制造出的系统。其整体安排中显示出的智慧与优美，要比每个部分的特殊结构更令人敬佩；不过这个系统中存在一个非物质的、有知觉能力的原理，系统的一切运动都要归功于该原理的主动力量与能量，它是被该原理统一起来的，它的每一条纤维都是由该原理激活和驱动的"[1]。对怀特和新出现的活力主义者而言，生命不是来自身体的机械运动，而是来自一种能够统一所有活物的精神。这种精神可以根植于物质实体——主要在电或体液中——但它从根本上不是机械的。

对这种精神的兴趣是在欧洲和美国兴起的对"感性"（sensibility）的关注的一部分，"感性"是人类的一个显著特征。在那个世纪，世袭王权正在瓦解，而商业扩张需要人类在交往时减少暴力，因此感性提出了一种新型的社会纽带，其基础是同情、爱和一种共享的人类身份认同。感性是革命性的，因为它抛弃了把人类自我分为反射、激情和理性／道德三部分的传统划分，以一种更加统一的结构取而代之。感性不是激情或理性的某种形式，它依赖于身体的感觉器官，但又把这些器官与道德和理性的心灵联系在一起。这样的理解不一定是活力论的，但它可以支持这样一种结论——所有人分享着一种共同的精神。德尼·狄德罗（Denis Diderot）的《百科全书》（Encyclopédie）在定义"感性"时，将其与怀特关于人体的思想联系了起来："有知觉

28

---

[1] Robert Whytt, *An Essay on the Vital and Other Involuntary Motions of Animals* (Edinburgh: Hamilton, Balfour, and Neill, 1751), 324-325. 进一步讨论参见 Sarah Knott, *Sensibility and the American Revolution* (Chapel Hill: University of North Carolina Press, 2009), 79-84。

能力的原理，或所有部分的感觉，生命的基础和保存者。"[1]否认其他人有感性，像布丰对美洲原住民的看法那样，就是否认他们的人性，并为针对他们的不人道的、暴力的行为辩护。

在英美世界，对于感觉与感性的关注很大程度上来自于约翰·洛克（John Locke）的著作，他 1689 年的著作《人类理解论》（*An Essay Concerning Human Understanding*）使这样一种观点广为流传：身份认同不是预先注定的，而是由个体的经验与感觉形成的意识（consciousness）所规定的。在洛克关于人类个体的观点中，"自我就是有意识、能思想的东西（不论它的实体是精神的或物质的，简单的或复合的，都无关系）；它能感觉到快乐和痛苦、幸福和不幸，因此这个意识扩展到什么地方，则这个自我便对自己关心到什么地方。"洛克拒绝了关于物质和精神的争论，他将自我定义为它的感知能力。他分析道："这一当下思想的东西的意识能同什么实体结合，什么实体就能形成同一的人格，就同这个意识而不是其他任何东西形成自我；这个实体因此就把那个思想的东西的一切行动认为是自己的，不过这种情形，只以意识所及的地方为限，并不能超过意识以外。人只要稍一反省，就可以看到这一层。"[2]洛克将自我意识及其与世界的关系置于人类身份认

---

[1] 引自 Knott, *Sensibility and the American Revolution,* 4-15。关于感性与机械论哲学更进一步的分析，参见 Alex Wetmore, "Sympathy Machines: Men of Feeling and the Automaton," *Eighteenth Century Studies* 43, no. 1 (Fall 2009): 37-54。对感性的概述，参见 G. J. Barker-Benfield, *The Culture of Sensibility: Sex and Society in Eighteenth-Century Britain* (Chicago: University of Chicago Press, 1992)。

[2] 关于感性的科学，参见 Jessica Riskin, *Science in the Age of Sensibility: The Sentimental Empiricists of the French Enlightenment* (Chicago: University of Chicago Press, 2002)。它对美国人的影响参见 Richard Godbeer, *The Overflowing of Friendship: Love between Men and the Creation of the American Republic* (Baltimore, MD: Johns Hopkins University Press, 2009)。感性与共和主义的关系参见 Knott, *Sensibility and the American Revolution,* 7; John Locke, *The Works of John Locke, Esq.* (London: A. Churchill and A. Manship, 1714), 1:149。

同问题的核心地位，从而确立了人类与机器的区别的中心思想之一，直至 20 世纪。

即使洛克对意识的看法是唯物主义的，他仍然拒绝了用机器做比喻。洛克写道："通过否认人类具有自由"，像霍布斯这样的人"把人看成赤裸裸的机器，他们不仅取消了天赋原则，而且也取消了一切的道德原则"。这样的做法导致人们"排斥了一切德性原则"。他后来写道："人被赋予了一种力量，可以暂停任何特定的**欲望**，以免它决定我们的**意志**并让我们**行动**。"对洛克来说，这种自愿选择抗拒欲望的能力，就是自由的本质。"一个人如果有能力，按照那种决定作用的方向，来行动或不行动，"这位哲学家总结道，"就是一个自由的能动者；这种决定作用并不能限制自由所由以成立的那种能力。一个人的镣铐如果被去除，牢门如果给他打开，他就是完全自由的，因为他可以或行或止，一如心中所好。"由于突出了讨论自由问题的全新基础，这里反复提到的"决定"避免了活力论和机械论之争。人与机器之间的不同不是因为他们拥有自由意志，而是因为他们是"自由的能动者"，其意识和感性可以教会他们成为有德性的个体。[1] 人们可以学习，从而提升自己，而不是如发条装置般地受到上帝、必然性或欲望的束缚。

18 世纪后半叶，由于思想家们在人类与机器之区别的问题上仍从根本上犹豫不定，活力论和机械论依旧针锋相对。不过，革命行为本身就暗示了自由意志的力量以及变革的可能性。如果整个世界都是上帝的巨大的自动机，那么破坏其发条结构的努力就是毫无意义、鲁莽而有破坏性的了。但这正是殖民地的美国人在将自己的命运与英国

29

---

[1] Locke, *The Works of John Locke,* 1:18, 110-112.

一刀两断时所做的。到了 18 世纪 80 年代，美国文化中最典型的预设之一是，公民是——或者至少应该是——超越发条装置的存在。1785年，独立战争时期的英雄伊桑·艾伦（Ethan Allen）在他的小册子《理性：人类唯一的神谕》（*Reason: The Only Oracle of Man*）中认为，人不"仅仅是机器"，因为他们被赋予了理性和自由意志。[1] 艾伦是自然神论者，同时自称是"自由思考者"，他对美国早期社会而言是个异类；实际上，他的《理性》在 18 世纪晚期受到了广泛的批评。[2] 然而，通过接纳这个神秘的"自由能动者"的概念，艾伦反映了革命所珍视的一种更深层次的转变：理想的有投票权的公民，一个拥有财产的人，应该抛开自己低级的本能和欲望，为所有人服务。这个人——一个具有理性和感性的活力论个体——能够控制自己，同时也能同情他人。他的理性使他独立，他的感性让他与旁人建立联系，他的意识使他能够驯服欲望，以免它们威胁到更大的共同体。有德性的共和主义公民将与发条自动机相对立，他摆脱了必然性，通过拥有土地摆脱了他人的意志，也摆脱了自己机械的、动物性的激情。

娱乐与权力的幻想

美国独立战争后，权力的不稳定促使自动机这个词的含义发生了变化。革命表达出对权威更广泛的挑战，它鼓励边缘化的人们在自身生活、认同和治理中维护自己的权威。尽管这些主张中的平等性基本上未受重视，但却促使有权力者——拥有土地的白人男性——找到新的理由为自身权威辩护。为此，他们建立了或强化了以种族、性别、阶级和年龄为差别的社会等级制度。《宪法》制订定者们的明确目标

---

[1] Ethan Allen, *Reason, the Only Oracle of Man* (Boston: J.P Mendum, Cornhill, 1854), 22.

[2] Curti, *Growth of American Thought,* 151-152.

是，要让权力掌握在那些看似拥有最强的能够进行独立理性与感性思考能力的人手中。权力应当属于那些既不受有害"激情"束缚、又不依赖他人而表现出美德的人。在这样的氛围下，舞台上的自动机模仿的是那些没有充分公民权的人：妇女、儿童和非白人。[1]

在欧洲，自动机可以作为一种娱乐安然地存在，但法尔科尼这位表演者来自一个一般的资产阶级共和国，这样的国家与欧洲贵族制国家泾渭分明，它崇尚努力工作、自我克制以及理性娱乐。有德性和活力的公民不会把他的闲暇时间花在懒散的或自私的追求上，而是花在有利于所有人的活动上。[2] 富兰克林引用他在《穷查理年鉴》（Poor Richard's Almanac）中的箴言写道："闲暇是做有用的事情的时间；勤奋的人能获得闲暇，而懒惰的人永远得不到它，因为'安逸的生活和懒惰的生活是两码事。'"[3] 观众们期待着这种有用的闲暇，而法尔科尼为了满足他们，便让自己的展览在带来娱乐性的同时，也教授科学和力学的实际应用。[4] 到了 19 世纪，几乎每个美国人都把科学和工业看作确保美国独立于欧洲的一种手段。人们将实业家塞缪尔·斯莱特（Samuel Slater）和轧棉机的发明者伊莱·惠特尼（Eli Whitney）视为

31

---

[1] 关于激情与公民权，参见 Howe, *Making the American Self,* 84; Henry F. May, *The Enlightenment in America* (Oxford: Oxford University Press, 1978), 42-65. 更多有关美国共和主义意识形态的内容参见 Gordon Wood, *The Creation of the American Republic, 1776-1787,* (Chapel Hill: University of North Carolina Press, 1969); 以及 John Kasson, *Civilizing the Machine: Technology and Republican Values in American, 1776-1900* (New York: Grossman Publishers, 1976), 1-52。

[2] Wood, *Empire of Liberty,* 561-563. 在独立战争期间，人们并不乐见奢侈享受，参见 T. H. Breen, *The Marketplace of Revolution: How Consumer Politics Shaped American Independence* (New York: Oxford University Press, 2004)。

[3] Benjamin Franklin, "Poor Richard's Almanac," in *The Works of Benjamin Franklin,* vol. 4, ed. William Duane (Philadelphia: William Duane, 1809), 238.

[4] 充满幻想色彩的科学在这种文化中的地位，参见 Fred Nadis, *Wonder Shows: Performing Science, Magic, and Religion in America* (New Brunswick, NJ: Rutgers University Press, 2005), 3-20.

民族英雄，因为他们使美国不用仰仗外国人的产品了。[1] 尽管法尔科尼接受了"魔术师"这个头衔，但是他仍试图贴近社会现实，因而将表演命名为"自然和哲学实验"。[2]

法尔科尼这样的表演者采取了将科学与欺骗结合在一起的全新手法。[3] 他使用**自动机**这个词，暗示他的设定是由发条装置制成的，但他在广告中却对**齿轮、弹簧**之类的机械类词汇避之不及——这样做使得**自动机**的含义愈加模糊。18世纪中叶以前，欧洲人一直用它来指代独立于人类控制而能够自主运行的机器。但在18世纪晚期，匈牙利贵族沃尔夫冈·冯·肯佩伦（Wolfgang von Kempelen）的棋手自动机登场后，它的含义发生了变化。有些美国人——包括富兰克林在内，是见过这位棋手的，但大多数人都只是在报纸上读到过它。表面上看，它的棋下得几乎比任何人都要好。这样一来，它所展现的正是理性的特征，以及对周遭世界的感知能力——而感性定义了人性。像法尔科尼一样，肯佩伦从未声称自己发明了一个真正的、完全机械的自动机，但是他在宣传时用了这个词。这个棋手在欧洲广受欢迎，它之所以能吸引观众，不是因为人们认为它是一台机器——发条装置可以赢得棋局的想法无疑是可笑的——而是因为人们想要揭穿这一骗局的本质。[4]

然而，美国人却觉得这个自动机很有趣。法尔科尼的"自动机"设定当然是个假象，至少有人明白它不是一台自动机。钟表生产商们已经制造出了许多自动机，它们能写出预设的，甚至是要求它们写出

[1] Kasson, *Civilizing the Machine,* 26; Wood, *Empire of Liberty,* 730.

[2] Advertisement, *Columbian Phoenix,* February 6, 1808, 3; advertisement, *Maryland Journal,* December 27, 1793; advertisement, *Philadelphia Gazette,* December 5, 1796, 3.

[3] Nadis, *Wonder Shows,* 9-11.

[4] Kang, *Sublime Dreams of Living Machines,* 182-183.

的短语，能播放音乐还能跳舞，但还没有人发明出能够读取目标、调整准心并成功射出弓箭的机器。真正的自动机是可以感知到压力或形状的，但通过视觉、听觉、嗅觉甚至触觉来感知世界，这远非发条装置之力所能及。然而，评论人士却对这种骗局津津乐道。一位评论家认为："学者们从法尔科尼的哲学实验中获得了许多欢乐；他的自动机等表演令人叹为观止，让观众觉得，它更多的是一个智慧生物，而不是某个机械装置。除此之外，法尔科尼先生的许多**障眼法**也都十分精妙，很多表演堪称超自然般的神奇。"[1] 这个自动机最让人发笑的地方是，人们都明白这个机器是假的，是一个演员扮演的角色。这个演员假装自己是一个印第安人模样的自动机，让观众们在享受观看的欢乐与讶异的时候，可以觉得自己是独特的人类，因为他们拥有自我控制能力，比原住民和机器高出一截。[2]

32

　　自动机含义的转变强化了一种更为重要的转变：随着这些设定的欺骗性变得更强，严肃性变得更低，它们的表演主体也再现了现代世界中正在出现的基于性别、阶级、种族和年龄的等级差异。18 世纪欧洲最受欢迎的自动机的典型主体是那些与他们的观众相似的人物：男性和女性精英。德罗的作品身着最新款的法国时装，甚至还模仿了皇室的规范动作。[3] 这类自动机中最接近于"他者"形象的通常是古典风格的田园牧歌人物，如沃康松的"长笛手"。在这些为世人提供欢乐的努力中，许多出自 18 世纪晚期以及 19 世纪的自动机制造商之手的形象来自那些被新兴政治结构所忽略的群体，比如妇女、儿童以及

---

[1] *Federal Gazette and Baltimore Daily Advertiser,* February, 21, 1801, 3.

[2] 这与詹姆斯·库克（James Cook）描述的人们后来对那个棋手自动机的反应不同，早期美国观众似乎对揭露这种骗局的本质并不特别感兴趣。参见 James Cook, *The Arts of Deception: Playing with Fraud in the Age of Barnum* (Cambridge, MA: Harvard University Press, 2001), 30-72。

[3] Voskuhl, *Androids in the Enlightenment,* 6-7.

尤其是非白人。棋手的成功部分源于它模仿了一名"土耳其人"的外形——在哈布斯堡[1]的维也纳城中,这是一个极具象征性的身份,因为他们正与奥斯曼帝国缠斗不休。到了19世纪,舞台上出现了各式各样以中东人、中国人、非洲人和美洲原住民为主题的自动机演出,他们的身体被看作机器,观众们乐此不疲。欧美人不仅将这些群体浪漫化,认为他们具有异域风情,而且也在通过帝国主义扩张寻求对他们的控制。[2]

在美国各地的社区礼堂、酒馆和博物馆里,表演者们展示了真实的、可运转的自动机,它们有着惟妙惟肖的木制身体,能够跳舞、演奏乐器、走软绳[3]、回答问题或表演已经置入发条程序中的魔术。虽然不是所有的自动机都以边缘化群体的形象出现,但它们中的许多确实如此。法尔科尼发明的第一个自动机穿着一件"土耳其装",会"用手势回答任何问题",还能"猜出同伴中任何一人所摇骰子的点数"。费城的一家机械装置博物馆为几台机器人刊登了广告,其中包括一台会表演杂技的机器人,一台会报时、表演纸牌魔术的"印度机器人魔术师",一台会读心术、名叫"小魔术师"的占星家,还有"神奇书写员,一个能够写出观众中任何人名字的小男孩",以及外表"滑稽"

[1] 哈布斯堡是一个在奥地利发展壮大起来的欧洲王室,也是欧洲历史上最强大的及统治领域最广的王室。——译者

[2] 这一点在欧洲关于自动机的文献中并不常见,但在美国语境中它时常出现,这也是第一章其余内容的大部分主题。M. 诺顿·怀斯(M. Norton Wise)在他的作品中对欧洲的这种发展进行了最充分的分析,书中说明了在维多利亚时代的英格兰,自动机如何被愈加频繁地描绘成女性和非白人。M. Norton Wise, "The Gender of Automata in Britain," in *Genesis Redux: Essays in the History and Philosophy of Artificial Life,* ed. Jessica Riskin (Chicago: University of Chicago Press, 2007), 163-195.

[3] 走软绳指一种类似于走钢丝的杂技。——译者

的"马穆鲁克鞋匠"。[1] 另一位费城的表演者在广告中宣传"漂亮的算术师，或自动写字机……辛勤工作的小人国鞋匠……印度圣人……神奇的桶"以及"会翻滚跳跃、翩翩起舞的装置"[2]。虽然这些设定中只有一个明显代表了那些无权力群体中的一员，即"印度圣人"；但**漂亮**这个词的使用暗示了这位"算术师"再现了一个漂亮的女性形象。查尔斯·威尔森·皮尔（Charles Willson Peale）的费城博物馆[3]中藏有一台穿着"蓝色缎带连衣裙"，"头戴手工花环，花环上还有串起来的几颗珍珠"的女性钢琴弹奏机器人，以及一台"中国软绳杂技演员"。[4] 在纽约，有一台自动机可以"像任何人一样进行交谈，即使你对它低语，它也能听见"。展览的广告声称，见多识广的欧洲人相信这个有着"美丽年轻女士"外形的自动机能够"与他们见过的任何东西相媲美，无论是身材的比例、形式的优雅、面容的美丽，还是农家女般谦逊的神情。她在雕花华美的黄金基座上站得笔直，戴着各式各样的装饰，脚边还有一只优雅的绿鹦鹉"。[5] 这显然象征着，一个女人在对话中的角色不过是鹦鹉学舌罢了。

此种手法将它们所象征的主体的身份简化为物质的身体，这种易于操控的身体在大部分时间是静止的，但可以通过上紧发条发动起来。从而，它们就成了真正的机器，就像法尔科尼的假印第安人。它们可以常常回应其观众的要求，并让观众有机会嘲笑它们的荒唐与滑

[1] "Mechanical Museum," advertisement, *Poulson's American Daily Advertiser,* April 14, 1819, 4; advertisement, *Franklin Gazette,* May 28, 1819, 1.

[2] "Automaton Exhibition," advertisement, *Aurora General Advertiser,* December 12, 1796, 1.

[3] 费城博物馆由皮尔创办，是美国第一家博物馆，后来被称为皮尔美国博物馆。——译者

[4] Directors of the New York Institution for the Instruction of the Deaf and Dumb, *Sixteenth Annual Report* (New York: Mahlon Day, 1835), 60.

[5] Exhibition advertisement, *Charleston Courier,* July 12, 1803, 4.

稽，并且幻想着控制这样的身体。在 18 世纪末，自动机制造商们似乎已经不再热衷于用机械使观众惊讶，而是更有意让观众发笑，让他们认识到自己比舞台上所描绘的那些机械人更具人性。德罗兄弟和沃康松在专制国家工作，他们是熟练的工匠，能够寻求并获得尊重与庇护；而法尔科尼处在商业共和国，他和他的竞争对手们都是希望能从更多观众那里赚钱的艺人。像肯佩伦一样，他们迎合了观众对娱乐的渴望，而不是制造一件机械艺术品。[1]

随着这样的自动机越来越普遍，有教养的公民们使用这个标签来比喻那些被他人意志或他们自身的动物性欲望所奴役的人。1806 年，一位律师告诉陪审团，他们不应该简单地顺从起诉人，不然他们"将成为变戏法的人手中单纯的提线木偶——他们可能会成为政府把控的自动机，按照暗处的机械师所规定的方式，扮演自己的角色"。托马斯·杰斐逊在讨论公共债务问题 [2] 时抱怨道："[如果联邦政府破产][3] 我们就必须像他们 [英国人] 现在那样，靠燕麦和土豆生活；没有时间思考……而我们的工作将是把他们的锁链拴在我们受苦的同胞身上，并且还要因为这能维持生计而高兴。"他担心，如果不能节俭生活，人们就会变成"不幸的自动机"，"除了犯罪和受难，没有其他任何感性内容"。[4] 在人们的想象中，自动机是受奴役的，而非自行

[1] Kang, *Sublime Dreams of Living Machines*, 106-109.

[2] 公共债务问题：杰斐逊上台后，美国政府负债累累，杰斐逊为避免利息越来越多导致政府破产，主张立刻还清债务。在下面引用的文字中，他是设想政府破产之后的悲惨情况，指出削减政府开支、拒绝铺张浪费的重要性。——译者

[3] 方括号中的内容为译者所加，下同。——译者

[4] 律师的话引自 Thomas Lloyd, *The Trials of William S. Smith, and Samuel G. Ogden* (New York: I. Riley, 1807), 264-265; Thomas Jefferson to Samuel Kercheval, July 12, 1816, included in *The Writings of Thomas Jefferson*, vol. 15, ed. Albert Ellery Bergh (Washington, DC: Thomas Jefferson Memorial Association), 40。

运转的。

有时对自动机的奴役来自个体内部。一位牧师在布道时说道:"一个不信上帝却仍宣扬教义的牧师只不过是基督教牧师的替代物;一个自动机,站在了一个活人应该站在的位置上,替他穿着衣服,替他忙着事业。"[1]其他牧师则用自动机批判堕落的娱乐方式。长老会牧师兼联合学院[2]院长伊利法莱特·诺特(Eliphalet Nott)告诉毕业生们,赌博会毁掉智力,把孩子们转变成"自动机、活着的木乃伊、家庭赌博机的纯粹机械部件,这种机器不需要多少灵魂,但却需要很多人手来运行"[3]。在诺特看来,自动机不仅仅是不断向欲望屈服的罪人;它们还是会动的僵尸,或者是顺从于犯罪冲动、脱离了身体的"手"。

作者们常常把女人比作自动机。一位男性批评家把"时尚"的女性鉴定为展现出的"优雅的动作和其他专长都是自动机式的",没有"心灵"或"灵魂",因为她们使用消费商品来定义自身。[4]然而,大多数使用这个词来指代女性的人,都批评了女性在国家中屈居从属地位的现状。在约瑟夫·爱默生牧师(Reverend Joseph Emerson)看来,未受教育的女性"没有理性","和自动机或家畜差不多"。[5]他声称,在这种情况下,女性"什么进步都无法取得;她会像一头驮货的牲

35

---

[1] Rev. Timothy Dwight, D.D., *Sermon Preached at the Opening of the Theological Institution in Andover* (Boston: Farrand, Mallory, 1808), 17.

[2] 联合学院是纽约州的一所私立文理学院。——译者

[3] Rev. Eliphalet Nott, "Original Communications," *Columbia Magazine: Designed to Promote Evangelical Knowledge and Morality* 1, no. 4, December 1, 1814, 102.

[4] Brewster, "Hours of Leisure: Or Essay in the Manner of Goldsmith," *PortFolio,* October, 17, 1807, 247. 这是 1807 年的一系列文章的一部分,唯一给出的作者的名字是布鲁斯特(Brewster), 他出现在编者的导言中,参见 Oliver Oldschool, Esq, "For the Port Folio," *PortFolio* 3, no. 25 (June 20, 1807): 389。

[5] Rev. Joseph Emerson, "Female Education," *Pittsburgh Recorder,* May 30, 1823, 2, 19, 300.

口一样，辛辛苦苦地干单调乏味的活"[1]。另一位作者抨击了那些反对女性教育的批评家，认为这些人"会把'上天给男人最后的也是最好的礼物'变成一种有着洋娃娃身体和鹦鹉脑袋的自动机"[2]。还有一篇文章建议男人们不要再"只用外在的容貌以及一些毫无意义的成就来评价女性……不要再相信她仅仅是一架拥有运动能力的机器，或者像一台由快乐调节的精密计时器……让我们相信她们的心智能力和我们是一样的吧。"[3]不管他们是在指责谁，从这些告诫中也能看出，美国女性由于缺乏理性官能而被认为是自动机。

亚历山大·汉密尔顿（Alexander Hamilton）在公民和机器之间做出了很好的区分，这是许多美国人所不能及的。在 1777 年写给大陆会议[4]主席约翰·杰伊（John Jay）的信中，汉密尔顿建议招募美国黑人当兵。"我毫不怀疑，"汉密尔顿写道，"只要管理得当，黑人将成为非常优秀的士兵……一位伟大的军事法官有句格言：有明智的军官，士兵就不会太笨。"汉密尔顿意识到杰伊可能会认为这个想法很荒谬，于是他进一步给出了原因："我认为他们只是缺乏培养（因为他们的天赋和我们一样好），再加上他们已经在奴隶生活中养成了居于从属地位的习惯，他们将会比我们的白人定居者们更快地成为士兵。"最后他以一句话总结了呼之欲出的人与机器之区别："让军官充

---

[1] Rev. Joseph Emerson, "Female Education," *Pittsburgh Recorder,* May 30, 1823, 2, 19, 300, 301-302.

[2] "Female Education and the Duties of the Female Sex, No. XII," *Vermont Intelligencer,* December 8, 1817, 3.

[3] "The American Idler," *Eye by Obadiah Optic* 1, no. 3 (January 21, 1808):27.

[4] 大陆会议指 1774 年至 1781 年英属北美殖民地（十三州）以及后来美利坚合众国的立法机构和临时政府。——译者

当拥有理智和感情的人吧；士兵越近似于机器，也许就越好。"[1] 对于汉密尔顿而言，机器不是对人类身份认同的类比；它是一种地位低下者所应当模仿的典型。

他和杰斐逊的对比很能说明问题。杰斐逊据说是一位受到凯姆斯影响的自然神论者，他信奉唯物论。[2] 1786 年，他在一篇关于奴役与自由之矛盾的文章中感叹道："人类是一个多么巨大、多么不可思议的机器啊！为了维护自己的自由，他可以忍受辛劳、饥饿、鞭打、监禁和死亡。而下一刻……他就又对自己的同胞施以奴役，每小时这种奴役中所包含的苦难要比他奋起反抗的那数个时代中的还要多。"杰斐逊承认他是一台机器，他的精英同伴们、底层公民以及奴隶也是如此。尽管杰斐逊认为非洲人在智力上不如白人，但他接受了人类生命普遍存在的机械本质，这是早期启蒙运动的象征。杰斐逊随后转向他对奴隶制如何终结的看法："但我们必须耐心地等待那统治一切的上天的运作，并希望他正在准备解救我们的这些受苦的弟兄。"[3] 汉密尔顿把自己想象成一个有理智、有感情的人，他一生的大部分时间都在为废除奴隶制而奋斗。杰斐逊则把自己想象成一台机器，等待上帝强制让奴隶获得解放。对于活力论者汉密尔顿而言，机器是底层公民所应模仿的典型；而对唯物论者杰斐逊而言，机器的比喻是奴役的借口。

36

---

[1] Alexander Hamilton to the president of Congress, March 14, 1779, in *The Works of Alexander Hamilton: Comprising His Correspondence,* 1:76-77; Knott, *Sensibility and the American Revolution,* 215. 在此汉密尔顿的话很像本杰明·拉什博士（Dr. Benjamin Rush）要求教育要将人变为"共和国的机器"的呼吁。

[2] Howe, *Making the American Self,* 69.

[3] Thomas Jefferson, "Observations on Meusnier's Article," in *The Writings of Thomas Jefferson,* ed. Paul Leicester Ford (New York: G. P. Putnam's Sons, 1894), 4:185.

早期工业自动机

坦奇·考克斯（Tench Coxe）能够成为第一个设想出工业自动装置的人是一件水到渠成的事，因为他和汉密尔顿一道，发出了最早将制造业引入这个新国家的几声呼吁。作为一名费城商人，考克斯花了大半生光阴在这个大多数人认为应当保持以农业为主的国家为引进机器辩护。有几项革新让考克斯相信，美国不仅可以不再依赖于英国制造的商品，而且还能确保大多数公民仍然是农场主和独立的手工艺人。在此前一个世纪，英国纺织厂中出现了一系列梭织、纺纱、梳棉设备，这些设备极大地提高了生产率，尤其是利用水力的情况下。18 世纪 80 年代，奥利弗·伊文思（Oliver Evans）沿着特拉华州的红黏土溪建造了一个自动化面粉厂，它使用几台传送机就能在整个厂房内运送谷物，而不需要人力。如果这些设备能够用上詹姆斯·瓦特（James Watt）改进后的蒸汽机所产生的能量，生产力的提高看来是指日可待了。考克斯总结道："可以用水磨、风车、火、马和巧妙设计的机器来运转的工厂不需要承担任何为工人安排食宿、制定工服、支付工资的昂贵开支。它们虽然让我们双手的力量增强了很多倍，但并未让人们抛弃农业。"[1]

像考克斯这样的绅士对于劳动者从农场走向工厂是很担心的，因为他们认为，一种永远为别人做重复性体力劳动的生活，不适合培养成为一个有道德的公民所必需的心智和情感。对于美国的精英阶层来说，理想的公民是独立的农民、工匠或商人——他们不是为别人工作，而是在为自己工作，同时也监督着别人的劳动，这样他的闲暇将用来为社会服务，而不是用来满足一己之私。制造业的出现是对这一

---

[1] 引自 Kasson, *Civilizing the Machine*, 30。

愿景的威胁，因为在英国，工厂破坏了环境，同时创造了一个新阶级，他们整天为别人辛勤劳动，并把有限的闲暇时间花在了盲目的追求上。美国制造业的倡导者通过强调工厂劳动将提高生产力并允许更多的人获得独立，从而克服了这种怀疑。他们断言，有限的工厂劳动可以培养勤奋工作和自我控制的习惯，而这是美德所必需的。考克斯称，制造业将"再一次引领我们走上美德之路，因为它将使人复归节俭与勤奋，此二者正是解决人类之恶的灵丹妙药"。工厂劳动不仅能造出本土商品，它还能造就好公民。[1]

在 18 世纪 80 年代，考克斯认为他对机械的看法与戴维·里顿豪斯（David Rittenhouse）的太阳系仪[2]类似，太阳系仪是对宇宙之发条装置本质的著名机械论表征。[3]但在 1810 年，考克斯却强调有生气的、人化的机器所具有的魔法般的作用。在给国会提交的一份陈述中，考克斯设想出一个**奇妙的机器**的形象，它是"**有生命的存在，被赋予了其发明者的所有天赋，使用永不疲倦的器官劳动，也不必考虑衣食住行的花费**"。这些机器"**可以被恰当地认为，相当于一个庞大的制造业新兵群体，突然被招募来服务国家**"。[4]八年之后，考克斯在提及自动机时直截了当地说："这个节约劳动力的机器的整个系统及力量……可以被视为由蒸汽、水、木质的和金属的机械组成的一个巨大的自动机，以帮助我们的人民劳作，帮助我们的耕牛牵拉。"这个"自动机组成的大力神军团"无法自行运转，它需要"我们若干的妇

38

---

　　[1]　Tench Coxe, *Address to an Assembly of the Friends of American Manufactures* (Philadelphia: Aitken & Son, 1787), 29-30; 对考克斯的更多讨论请参阅 Kasson, *Civilizing the Machine,* 31-32。

　　[2]　太阳系仪指一种用来演示行星、地球及月亮等星球绕日运动的仪器。——译者

　　[3]　Marx, *Machine in the Garden,* 161-162.

　　[4]　Tench Coxe, *A Statement of the Arts and Manufactures of the United States of America* (Philadelphia: A Cornman, June 1814) xxv; 强调为原文所加。

女、我们的儿童，以及技能娴熟的匠人（极少数几个本地男人）……"作为指引并控制机器的"小拇指"。[1]

考克斯用"小拇指"这个短语把在机器旁辛苦劳作的工人还原为动物性的身体，就像诺特将赌徒还原为手，法尔科尼将美国印第安人还原为自动机一样。这种对自动化工厂的想象明确表达出一种阶级认同，它强调使用双手劳动的人与使用思维、也许还有心中感受劳动的人之间存在着固有的差异。在早期美国，最不像自动机的人会务农，或者越来越多地选择白领职业，从事脑力劳动；而那些最像自动机的人则将充当这种强大机器的手。

考克斯设想出了一种由少数几个像机器的妇女、儿童以及"极少数几个本地男人"来辅助的强大的自动机。他的想法在美国工业发展的头五十年不断回荡，人们对机械化的优点辩论不休。从 18 世纪晚期开始，地方、国家和州政府开始推进土地规格标准化 [2]，并将其划分给个人。很快，全国公路、运河以及后来的铁路、电报线路的标准化系统建立了起来，并加快了不同地区人员、货物以及信息的流动。到了 19 世纪 20 年代，在马萨诸塞州的洛厄尔等地，生产商们采用了单一用途的机器，聘用农村女工并付之以微薄的工资，建立起了水力以及后来的蒸汽动力工厂，这些工厂将南方蓄奴地区种植的棉花变为畅销全国的纺织品。伊莱·惠特尼以及后来的塞缪尔·柯尔特（Samuel Colt）等厂商讨论了如何使用机器制造出标准化零部件，以加快生产、降低成本、节省劳动力，并使维修更简单方便。在马萨

---

[1] Tench Coxe, *An Addition of December, 1818, to the Memoirs of February and August, 1817, on the Subject of the Cotton Culture, the Cotton Commerce, and the Cotton Manufacture of the United States* (Philadelphia, 1818), 14-15.

[2] 土地规格标准化指美国联邦政府 1785 年颁布土地法后开始的一系列土地划分与再分配的运动。——译者

诸塞州斯普林菲尔德的联邦军械库、西弗吉尼亚州的哈珀斯费里，以及柯尔特在康涅狄格州哈特福德的私人工厂中，专门的机器和一小群熟练工匠制造出了几乎相同的武器，普及了互换性机械制造零部件的概念。[1]

随着国家工业化进程的推进，美国的政治精英认定某些种类的劳动只适合让机器来干，不断设想使用人化的机器来完成他们所认为的贬低人格的工作。著名演说家、马萨诸塞州参议员丹尼尔·韦伯斯特（Daniel Webster）在其1839年的英国之行中，拜访了查尔斯·巴贝奇（Charles Babbage），后者是数学分析机[2]的发明人，还是一名大力提倡劳动分工的工业理论家。巴贝奇有一台模仿舞女外形的自动机，这台机器让韦伯斯特赞叹不已。[3]此后不久，韦伯斯特便将自动机与工业化联系起来，并重新评估了劳动的意义。像当时大多数经济学家一样，韦伯斯特承认劳动是所有财富的来源。不过韦伯斯特相信，未来的劳动者是机器。"我们通常称机械发明是省力（labor-saving）的机器，"他写道，"但从哲学上来讲更应将其称为出力（labor-doing）的机器，因为他们实际上就是劳动者。它们被制造成积极的能动者，它

39

---

[1] 这段对美国工业化的描述来源于 David A. Hounshell, *From the American System to Mass Production, 1800-1932* (Baltimore, MD: Johns Hopkins University Press, 1984), 15-65; 以及 David Nye, *America's Assembly Line* (Cambridge, MA: MIT Press, 2013), 3。

[2] 数学分析机：英国数学家查尔斯·巴贝奇设计的一种机械式通用计算机。——译者

[3] Harriette Story Paige, *Daniel Webster in England: Journal of Harriette Story Paige, 1839,* ed. Edward Gray (Boston: Houghton Mifflin, 1917), 12. 巴贝奇的自动装置参见 Simon Schaffer, "Babbage's Intelligence: Calculating Engines and the Factory System," *Critical Inquiry* 21, no. 1 (Autumn 1994): 203-227; 以 及 M. Norton Wise, "The Gender of Automata in Britain," 167-176。怀斯指出，虽然他的自动装置是女性外形的，但巴贝奇和其他英国工业化的鼓吹手却把分析机与男性相联系。在第二章和第三章中，我们将进一步探讨自动装置和分析机之间的分野及其性别和种族含义。

们会运动、有成效，虽然没有智能，但它们受精密而完美的科学定律的指导，因此它们产生的结果，一般来说要比人的手所能产生的更加精密且准确。"韦伯斯特接着提到了一位不久前来到美国的访客——棋手自动机，那时已经归约翰·内波穆克·梅尔策尔（Johann Nepomuk Maelzel）所有了："工厂和车间里的自动机跟我们的劳工同胞们差不多，它们就像被某位梅尔策尔做成人形的那些自动机一样，能够行走、移动、工作、砍伐森林或耕种田地。"[1]在一个痴迷于商业与工作、致力于将荒野变为文明的国家中，机器可以成为"积极的能动者"，从哲学上看等同于人类工人——甚至可能比后者还要高级，因为它们能产出更好的成果。

　　二十年后，美国参议员威廉·西沃德（William Seward）也表达了类似的想法，但那是有关奴隶制的幻想。他在一起针对塞勒斯·麦考密克（Cyrus McCormick）的专利侵权案的结案陈词中，将这位发明家的收割机与自动机联系了起来。西沃德称："麦考密克先生不可能让一个活人做这样的工作，也没有哪个活人能做这样的工作。"因此，他"发明了一个机械人来完成这项工作，并让他附着于机器上。无论这个机器现在去哪，那个机械人就总是走在它前面，不断弯腰捡起谷物，又在理顺它们之后将其分门别类。"身为废奴主义者的西沃德总结说，这个机械人是"麦考密克的奴隶"。这位发明家"创造了这个自动机，根据法律，他已经在麦考密克手下为奴十四年了……被告现在却将这个奴隶占为己有。我请求你们，作为正义而坦荡的公民，把

---

[1] Daniel Webster, "Lecture before the Society for the Diffusion of Useful Knowledge, Boston, November 11, 1836," in *The Writings and Speeches of Daniel Webster: Writing and Speeches Hitherto Uncollected,* vol. 13, ed. Edward Everett (Boston: Little, Brown, 1903), 13:67-69.

这个奴隶归还给他的主人"。[1]在西沃德看来，自动机使得一种不会让人内疚的奴隶制度成为可能。

韦伯斯特对自动化工厂工人的看法，以及西沃德对农民自动机的看法暗示了，长久以来在工作的含义、意义及其与自由的联系中存在着重要张力。自独立战争以来，农民的劳动被认为是共和国的独立和美德的关键。而到了19世纪20年代，纽约等地的普通技工宣称自己的职业也同样值得崇拜与赞美。[2]虽然北方的中产阶级工业文化警告闲暇的危险，并把工作视为身份认同与存在意义的核心，但沉浸于这种文化中的韦伯斯特和西沃德两人都认定这类劳动不值得人类付出。尤其是西沃德的奴隶制说法很能说明问题。一般而言，废奴主义者会批评奴隶制阻碍了工作伦理的发展，并倾向于认为南方人——包括白人和黑人——都是天生懒惰的。[3]但是他们从来没有以破坏国家工作伦理为名批评自动机，即使是不那么神奇的自动机。相反，他们认为自动机对美国的发展至关重要。然而，西沃德和韦伯斯特并没有仅仅把机械看作劳动力的来源；他们通过人形自动机等设备，将摆脱某类劳动的梦想与控制他人身体的梦想结合起来。法尔科尼的印第安人最初提供了一种有控制感的幻想，但到了内战开始时，工业化已经将这幻想转变成了一种乌托邦式的愿景，在这个由奴役与自由之间的张力所主导的国家，这样的愿景恰到好处：每个人都是主人，没有人是奴隶。

[1] William H. Seward, *The Reaper: Argument of William H. Seward in the Circuit Court of the United States* (Auburn: William L. Finn, 1954), 28-29.

[2] Sean Wilentz, *Chants Democratic: New York City and the Rise of the American Working Class, 1788-1850* (New York: Oxford University Press, 1984), 17.

[3] Eric Foner, *Free Soil, Free Labor, Free Men: The Ideology of the Republican Party before the Civil War* (New York: Oxford University Press, 1995), 45-50.

第二章　工业机器的人化

　　1868 年，报社编辑们觉得自己已经发现了新兴工业时代的完美象征物：一个以钢铁制成、由蒸汽驱动的"人"。这个"蒸汽人"（Steam Man）是 22 岁的纽瓦克机械师扎多克·德雷德里克（Zadoc Drederick）创造的。它身高七英尺七英寸，重达五百磅，胸腔里放着一台烧煤的蒸汽机。有了蒸汽动力核心提供"活力"，它的机械四肢就可以运转了。传说它既能完成人能做到的事，也能完成超人才能做到的壮举。一种说法称，它可以表现出"一些最重要的人性功能"，包括"按照命令立正、行走和奔跑"。还有人说，它能拉"三匹结实的马才能拉动的重物"，并以每小时 30 英里的速度把一辆马车拖到任何一个地方。[1] 作者们暗示，有了这么一个装置，美国人不必再走哪一条固定的道路了；相反，他们将以快得多的速度，自由地去往任何想去的地方进行冒险。不过，在对机器的力量奉若神明的美国文化中，这个蒸汽人拉近了人与机器的距离，也提供了更多乐子。它让人觉得机器与人的相似之处更多，人们可以在承认它的超人能力的同时哈哈大笑，将机器降格为人——因为尽管这个发明听起来很神奇，但43它基本上是场骗局。一位批评家概括道，这个装置是"一场彻头彻尾

---

　　[1] *Newark Advertiser*, 引自 "Wonderful Mechanism: A Steam Man," *New York Tribune,* January 11, 1868, 3; Zadoc P. Drederick and Isaac Grass, "Improvement in Steam Oaebiage," US patent 75874, March 24, 1868. 德雷德里克（Drederick）的名字在报纸上通常拼写为"Dedderick"，但他的专利证书的手写部分拼为"Drederick"，而打印部分又拼为"Dederick"。

图 2.1　一张德雷德里克的蒸汽人的早期照片，从这张照片中能够看到赋予了它"活力"的各类装置以及德雷德里克选择的白人男性外观。图片来自纽约公共图书馆，米里亚姆和艾拉·D. 沃勒克（Miriam and Ira D. Wallach）艺术、版画及摄影部：摄影集，http://digitalcollections. nypl.org/items/2a1096e0-2289-0132-b3b6-58d385a7bbd0。

的骗局。它自从被造出来之后，就从来没有走过一步……把它调试好之后，它会立马摔个四脚朝天"[1]。

从缅因到夏威夷，编辑们不停转载蒸汽人的有趣故事，以吸引那些为当时机器的进步所体现的神奇潜力着迷的读者。自19世纪20年代以来，美国人实际上已对机器的崇高力量尊崇有加，认为它能确保国家的独立与个人的自由，创建一个和谐的共和社会，并为西部边疆带来文明。美国人相信，在上帝的指引下，他们可以通过思维与劳动，将贫瘠的荒野转变为丰饶的聚宝盆，这是"第二次创世"（second creation），它可以与上帝原初的那次创世和平共存。在布道和演讲中，在普通期刊和专业刊物中，在独立日的游行中，以及在参观城市中的工厂（比如马萨诸塞州洛厄尔的那个）时，几乎所有19世纪的美国白人都在赞美机械上的改进，因为它带来了物质和道德的进步。正如一位工业化的拥护者在1836年所总结的，进步创造出"一种道德机器……它可以最有效地使文明日趋完善，并提高人们的道德品质"[2]。

与蒸汽机相比，没有什么能更好地体现出机器及其发明者道德的、近乎神性的力量。蒸汽机似乎拥有自己的活力源泉，就像它自己的灵魂，而这是即便最令人拍案的自动机也不可能拥有的。根据当时的一名机械师的说法，发明家"同时创造了神灵和铠甲——一个有着钢铁之身躯、蒸汽之灵魂的泰坦"[3]。"灵魂"这个比喻表明，美国的发明家们复制了和上帝一样的赋予他物生命的能力，这样他们自己就成了神；而**泰坦**这个词则暗示，人所做的不是对自己的再创造，而

---

[1] "Laugh and Grow Fat," *West Eau Claire Argus,* Wednesday, June 3, 1868, 1.

[2] 美国作为"第二次创世"的进一步讨论参见 David E. Nye, *America as Second Creation: Technology and Narratives of New Beginnings* (Cambridge, MA: MIT Press, 2003); 引文出自 pp. 156-157。

[3] 引自 Stephen P. Rice, *Minding the Machine: Languages of Class in Early Industrial America* (Berkeley: University of California Press, 2004), 20。

是创造出了比任何人都强大得多的神。19 世纪中期，随着铁路在全美的普及，引擎成了司空见惯的东西；但是美国人仍然在引擎的能力中看到了一些超乎常人之处。在费城的百年博览会[1]上，有一台 39 英尺高、680 吨重的科利斯蒸汽机（Corliss steam engine）[2]。《大西洋月刊》（*Atlantic Monthly*）的编辑在评论这台蒸汽机时，将它比喻为一个魔法巨灵神。他说，造出这台装置的工程师"就像一个强大的魔法师……而他轻轻一碰……就让这个巨大的恶魔，一个能压扁他的奴隶，超过了所有人类之总和"[3]。这位工程师和他的机器的力量虽然在这句话里不是那么神圣，但是听起来仍远远超出普通人一大截。

44

　　德雷德里克的"机械弗兰肯斯坦"出现在美国内战结束后第三年、百年博览会开幕前八年，在当时的文化氛围看来，蒸汽机是进步但危险的，是强大但常见的。[4]德雷德里克和他的搭档艾萨克·格拉斯（Isaac Grass）一本正经地为这个装置申请了专利，但他们的有关说法显然是夸大其词。这个蒸汽人并不像棋手自动机一样，明显是个骗局；它是可以运转的。大家都说，这个蒸汽人可以移动它的双腿——只不过一动就要跌倒。它的潜力和实际表现出的滑稽之间的差异让人

---

　　[1] 百年博览会指 1876 年为庆祝美国独立宣言签署 100 周年，在费城举办的、世界上第一个正式的世界博览会。——译者

　　[2] 科利斯蒸汽机指由美国工程师乔治·科利斯（George Corliss）发明的一种固定式蒸汽机（用于泵送或发电，而不是作为机车发动机的蒸汽机），文中提到的那台实际上为整个百年博览会提供了电力，许多人在提到"科利斯蒸汽机"时就是指的这一台。——译者

　　[3] William Dean Howells, "A Sennight of the Centennial," *Atlantic Monthly* 38 (July 1876): 96. 对科利斯蒸汽机的进一步讨论，参见 John Kasson, *Civilizing the Machine: Technology and Republican Values in American, 1776-1900* (New York: Grossman, 1976), 161-165; David Nye, *American Technological Sublime* (New Bakersfield, MA: MIT Press, 1994), 120-123。蒸汽机更一般的历史可参见 Maury Klein, *The Power Makers: Steam, Electricity, and the Men Who Invented Modern America* (New York: Bloomsbury Press, 2008)。

　　[4] Untitled, *Armidale Express,* July 25, 1868, 4.

们笑个不停，这不仅人格化了这台机器，同时也嘲笑了发明家的狂妄和他们装置的实际能力。《纽瓦克广告报》（*Newark Advertiser*）开玩笑说："这个绝妙的机械装置如果会说话，肯定会高喊：'我是人（Homo Sum）！'"[1] 另一则报道说，一位商人想要订购几台蒸汽人在大草原上工作，还有人说要买"**一对**蒸汽人，在他的地盘上生儿育女。五个女人来信说要买来这个铁疙瘩当丈夫，还有一位男士想买一台当妻子。不过机器是不会说话的，发明者给最后一个人回复说，他很怀疑拿它当**女人**能不能行。"[2]《纽约快报》（*New York Express*）讥讽了向消费者出售蒸汽人的计划，称德雷德里克"根本不考虑传统上十月怀胎的概念，已经准备好以 300 美元每台的价格生出蒸汽人来"[3]。这些笑话经由新闻界在全国范围内传播开来，体现出人们对机器的认同方式，即从人而不是神的角度看待这些巨大的、可能使人害怕的机器。不过，这些荒唐言论也是一次嘲讽那个时代的工程师与发明家的机会，他们正在欢呼雀跃，自以为有了模仿神的能力。这些说法暗示，美国人也许能够模仿自然，但创造生命仍然是上帝独有的能力。

除了少数评论之外，大多数人都没有将德雷德里克的发明与自动机等同起来。自动机从根本上说是前工业时代的，是由工匠和艺人创造的艺术品，其动力来源于人。由弹簧驱动的自动装置没有生命力，没有自由意志，或者用当时的通俗说法，没有"原动力"（motive

---

[1] *Newark Advertiser*, 引自 "The Newark Steam Man," *Idaho Tri-Weekly Statesman,* March 12, 1868, 1。（我是人，出自古罗马剧作家泰伦提乌斯（Publius Terentius Afer）的剧作《自责者》（*Εαυτòν τιμωρούμενος*），原语为："我是人，凡是人所固有的，我无不具有。（*Homo sum, humani nihil a me alienum puto.*）"——译者）

[2] *New York Tribune*, 引自 "The Newark Steam Man: His First Appearance on the Street, *Leavenworth Bulletin,* January 30, 1868, 3。

[3] *The New York Express*, "The Newark Steam Man," *Daily News and Herald,* March 14, 1868, 1.

power）。它们已经被发明者设计好了固定的轨迹，不能随意移动——
这与德雷德里克的装置中最吸引人、同时也具有潜在危险的要素形成
了鲜明对比。内战前的撰稿人和棋手自动机的展览者们都认为，机器
的那些仿佛具有生命力的特性应归功于魔法或神的力量，但德雷德里
克的发明则属于新的一类，它是人化的机器，其身体本身提供了活力
的来源。随着有关蒸汽机、燃气内燃机和电动"发电机"的知识在 19
世纪末期渗透进美国文化，发明家和小说家都想象出了人化的机器，
它们的驱动能量的形式可以用科学来解释。这样的机器很神奇，但是
没有魔力，它在一个对超自然现象持有怀疑态度的祛魅世界中出现是
再合适不过的了。它们不是复刻了人类外表的独特文化产物，而是潜
在的可大批量生产的消费品，以保留机器的活力的方式，诙谐地将它
人格化。

资本主义的魔力

虽然在 19 世纪下半叶，科学和工业化已使美国文化祛魅，魔法
也仍然留存在许多地方，比如纽约著名的娱乐场所——伊甸博物馆
（Eden Musee）。在博物馆大厅内一个"土耳其人"吸烟室对面，有位
名叫"阿吉布"（Ajeeb）的"摩尔"机械人坐在一个柜子上面的垫子上。
柜门和装置的胸部都是打开的，游客得以窥见里面的复杂结构，看
上去正是这些机械结构赋予了它运动和感知能力。在硬币口投上十
美分，游客可以和它下一盘跳棋；二十五美分可以下一盘象棋。不
管是哪种棋，通常都是机器人获胜；游客要么再试一次，要么只能
走人，去博物馆的更深处闲逛。然而，有的人却总是驻足一旁，琢磨
这个装置用了什么魔法获得胜利。他们会思考上几分钟，也许还会
和博物馆工作人员沟通。不过他们的故作沉思是为了确保没有人发

46

图 2.2 1886 年，伊甸博物馆中"奇妙的棋手自动机阿吉布"的照片。就像早先那个棋手自动机一样，有一个人类棋手在柜子中操作这个装置。它的异域外观具有当时的表演型自动机的典型特征。图片来自哈佛大学霍顿图书馆（Houghton Library, Harvard University），TCS 1.183。

现阿吉布背后的秘密，并可能会在游客离开之后帮助藏在机器里的人爬出来。[1]

　　阿吉布在1868年制造于英国，而它在伊甸博物馆的处女秀是1885年。此后两年，它在美国各城市巡回演出，而后又回到了伊甸博物馆，直到1915年博物馆关闭。而后它被搬到了科尼岛[2]，并在第二次世界大战期间被拆除。在它存世的近八十年中，"阿吉布，神秘的棋手自动机"是美国最有名的自动机。其原版保存在纽约，而在芝加哥、辛辛那提、波士顿等城市也有过其他版本的身影。许多杂志报道了它的活动；当原版阿吉布的人类操作员过世时（显然是死于自然原因），杂志刊登的讣告中讲了一些既吓人又诙谐的轶事，比如曾有个得克萨斯人向他开枪或者有个女人曾刺伤他——都是为了赢得棋局。[3]

　　阿吉布的展览者们使用**自动机**一词来营造一种神秘感。在该装置的首个广告中，奥斯汀和斯通的简易博物馆（Austin and Stone's Dime Museum）声称："一个真正的惊喜正等待着学生、科学家以及其他所有人。我们本打算在一周前就展出这个奇迹，但是，在'阿吉布'经历了远洋航行后，我们打开它时发现它复杂的内部机器的一些非常重要的部件受损严重。"然后它说明了学术专家的意见："丹尼尔斯教授

47

[1] "Ajeeb, the Chess Player," *Eden Musee, Monthly Catalog,* (September, 1899), 30. 伊甸博物馆的更多内容参见 Andrea Stulman Dennett, *Weird and Wonderful: The Dime Museum in America* (New York: New York University Press, 1997), 50-58。在机器智能的语境下对阿吉布的进一步讨论参见 Peggy Kidwell, "Playing Checkers with Machines—from Ajeeb to Chinook," *Information & Culture* 50, no. 4 (2015): 578-587; 以及 Nathan Ensmenger, "Is Chess the Drosophila of Artificial Intelligence? A Social History of the Algorithm," *Social Studies of Science* 42, no. 1 (February 2012): 5-30。

[2] 科尼岛（Coney Island），位于美国纽约市布鲁克林区的半岛，美国知名的休闲娱乐区域。——译者

[3] Advertisement, *New York Herald,* June 18, 1868, 1; "Hill, Chess Expert Dies," *New York Times,* January 24, 1929, 20; John Kobler, "The Pride of the Eden Musee," *New Yorker,* November 20, 1943, 30.

一直在夜以继日地为展览做准备,我们可以和他一样高兴地说,'阿吉布'一定能在明天亮相!"[1] 在这样的广告中,展览者暗示阿吉布具有科学价值,并避免用机器称呼它。尽管做了这样的工作,但没有哪个写过有关阿吉布的人会认为它是机械的,也没有哪位作者会费心费力维护这种幻觉。这么个装置放在一个娱乐大厅里,说明它是一种出自诡计与诙谐的人工物,而不是科学。正如一篇拆穿了许多自动机的文章所言,"古今所有有名的变戏法的人、巫师、魔术师或苦行僧娱乐顾客的手段都主要来自自动机置、错觉以及机械手段"[2]。尽管展览人强调这台装置的"神秘"性质,但至少对成年人来说,阿吉布只是个笑话。[3]

成年人们嘲笑阿吉布,因为他们曾经历类似的笑话。早在五十年前,美国的撰稿人们就痴迷于探索梅尔策尔的自动下棋装置是如何工作的。[4] 在《纽约晚报》(*New York Evening Post*)看来,那台自动机是"有史以来人类大脑发明的最伟大的机器……每个拜访梅尔策尔先生的人,都会在离开之前,为他付出的时间和精力送上一笔酬劳。对于这样的展览品,光凭语言描述已经不够了。迄今为止,它已经挫败了所有企图洞察它的神秘活动的目光,哪怕是最敏锐的人也无功而返"[5]。大多数人认为,有一个人在控制它的活动,可能是通过磁铁,也可能他就藏在机器内部。埃德加·爱伦·坡(Edgar Allan Poe)对此写过

48

[1] "Ajeeb," advertisement, *Boston Sunday Globe,* December 23, 1888, 11.

[2] "Tricks Done by the 'Automaton'," *New York Herald,* May 18, 1890, 10.

[3] Advertisement, *New York Herald,* August 10, 1885, 1.

[4] 欲了解美国人对该棋手自动机的更多讨论,请参阅 James Cook, *The Arts of Deception: Playing with Fraud in the Age of Barnum* (Cambridge, MA: Harvard University Press, 2001), 30-72; 以及 Rice, *Minding the Machine,* 12-41。

[5] *New York Evening Post "Boston Weekly Messenger,"* April 25, 1826, 2.

一篇最为全面的分析，他说："可以肯定的是，这台自动机的运作是由**心灵**而不是其他任何东西来控制的……唯一的问题是，人的作用是以何种**方式**发挥的。"[1] 由于缺乏说明该装置是个骗局的确凿证据，爱伦·坡选择诉诸逻辑：这台装置毫无规律可循，不可能是一台"纯粹的机器"。一旦人们发现了"机器可以下象棋的……原理，"他推断说，"对同样的原理进一步延伸，它就能赢一场比赛——再进一步推而广之，它就能赢下所有的比赛。"唯一可能的解释就是有一个"侏儒"藏在机器中。虽然他的逻辑有问题，但在几年之后，该装置的新主人发表了一份有关这场骗局的完整解释，爱伦·坡的推断得到了证实。爱伦·坡说的基本无误，只有一个细节除外：威廉·施伦贝格尔（William Schlumberger），这个藏在机器里的人，身高足足有六英尺多。[2]

这台下棋机和阿吉布尽管有相似之处，但观众们对它们的反应却截然不同。梅尔策尔的自动机是一个惊人的"世界奇迹"，提供了一场"惊艳的展览"；而阿吉布则只给予了观众一次"有趣的体验"。[3] 观众们对梅尔策尔的自动机赞不绝口，但他们也因阿吉布不够真实而取笑它。"有一个关于阿吉布的故事，"一家费城报纸写道，"和所有其他的故事一样，这个故事一定是真实的。一名棋手走进博物馆并赢了这台自动装置好几局，然后说：'我能轻松打败阿吉布。'自动机非常生气，它的体内忽然传来一个声音：'你能？你真能吗？哼，

---

[1] Poe, "Maetzel's Automaton Chess Player," in *The Works of the Late Edgar Allan Poe, Volume IV* (New York: Redfield, 1856), 348, 350.

[2] Poe, "Maetzel's Automaton Chess Player," 361-362; Silas Mitchell, "The Last of a Veteran Chess Player," *Chess Monthly,* February 1857, 40-45.

[3] "The Automaton Defeated," *Sunday Inter Ocean,* April 5, 1890, 12; "Automaton Chess-Player," *Wilmingtonian and Delaware Advertiser,* April 20, 1827, 3; "Washington," *Washington Daily National Intelligencer,* January 1, 1827.

等着皮尔斯伯里回来再看吧！'"哈里·纳尔逊·皮尔斯伯里（Harry Nelson Pillsbury）是美国最负盛名的国际象棋手，被人们普遍怀疑是该自动机的操作员之一——事实也的确如此。[1] 人们已经对自动装置如何下棋有了了解，同时当时的科学发展也使人们不再迷信盲从，因而评论者们将阿吉布视作笑料。

对于处在世纪之交的棋手自动机而言，种族因素在其吸引力中的重要性远超内战之前。尽管梅尔策尔的机器人后来被称为"土耳其人"，但当时的人们并没有特别被它的种族所吸引。即使他们注意到了它的"土耳其"外观，最初的报道依然大多称之为"棋手自动机"。然而，五十年后，展览人强调的是一个含混的非欧洲名字"阿吉布"，有时候甚至在一篇广告中就能重复数十次。尽管阿吉布一直具有异国情调，但是游客们对它具体来自哪个民族并不确定。有些人认为，阿吉布是土耳其人，有些人认为它是摩尔人、阿拉伯人或者埃及人，还有人认为它是印度人。那时的另一款棋手自动机，"张"（Chang），专门参考了中国人的形象。1894 年的一份报告称，张"和他著名的印度前辈阿吉布一样，看上去没有灵魂，也没有脑子，但他下象棋和跳棋的水平甚至比那位著名专家还要高。它的胸口有一个活板门，任何人都可以通过这扇门把里面看得一清二楚，并相信张的体内只有电线和机器。在每场游戏结束后，都有人推着它在房间里转上一圈，然后上紧发条，这就更加增强了观众的信念，让他们觉得这个自动机是在没有任何人的帮助下下棋的。"不过，记者最后说，"有一种强烈的怀疑普遍存在，那就是在这个自动机的材料结构里一定藏着一个男人，无

49

---

[1] "A New Team Match," *Philadelphia Times,* September 29, 1895, 10; "Pillsbury as Ajeeb," *Newark Daily Advocate,* November 4, 1895, 6.

论他是有色人种还是其他人种。"[1]

大西洋两岸都在努力区分现代"文明"的文化与日益受控于欧美帝国的"原始"文化，这种以异域形式出现的自动装置正是这种努力的一部分。[2] 身处一个机械标准化、劳动管控化以及科学祛魅化的时代，在作家和艺人们的浪漫想象中，那些工业化程度较低的文化成了魔法、闲暇和灵性的源头。受罗伯特·希钦（Robert Hitchen）1904年闻名遐迩的冒险小说《安拉的花园》（*The Garden of Allah*）等作品的启发，商人们将异国风情视为卖点，让消费者去追求而非拒绝他们对于娱乐与闲暇的渴望。[3] 利用同样的思路参展商给自动装置披上了这样的美学外衣，暗示魔法与机械的调和，他们展示了一个在消费者的控制下能够具有生命力的异国他者的身体。阿吉布和张假装是机器，但它们并不是有规律的，也不是标准化的；它们可以改变动作以回应对手。它们的运作仿佛依靠的是硬币投进投币口后所释放的魔力——资本主义的魔力。

然而，阿吉布身上的资本主义魔力与上一代自动机相比，面向的观众截然不同。梅尔策尔的自动机在其存世的那些岁月里，几乎都在舞台上展示给精英和中产阶级男性看。梅尔策尔选择的展览地有豪华的纽约国宾馆、波士顿的朱利安大礼堂、普罗维登斯的富兰克林大礼堂以及费城的共济会大礼堂——这些地方都是演讲厅，为绅士们的娱乐或教育而建。而他的票价——成人50美分，儿童25美分——对普

50

---

[1] "Ajeeb," advertisement; "Chang the Checker Player," *Idaho Statesman,* April 20, 1894, 4.

[2] 此处更宏观的语境可参见 Edward Said, *Orientalism* (New York: Pantheon Books, 1978); 以及 Michael Adas, *Machines as the Measure of Men: Science, Technology, and Ideologies of Western Dominance* (Ithaca, NY: Cornell University Press, 1889).

[3] William Leach, *Land of Desire: Merchants, Power, and the Rise of a New American Culture* (New York: Vintage, 1993), 108-110.

通劳动者而言太贵了。[1] 他的装置是为工匠大师、专家学者和成功商
人设计的，而不是普通大众。当梅尔策尔在这些人面前表演时，他会
先介绍这台装置，挑选一名玩家，给机器上好发条，然后报告对手的
棋招。整场表演以及许多有关它的工作方法的理论都强调了梅尔策尔
作为控制者的角色。[2] 然而，阿吉布通常是在博物馆展出，这可能会
吸引到更多顾客，而且它不需要一个外面的人控制着。[3] 顾客们在博
物馆里走来走去，然后可以在投币口投上一枚硬币来启动装置。在下
棋过程中，这个自动机似乎自己就能回应玩家的棋招；陪着它的不是
像梅尔策尔这样的老板，而是一个工作人员。控制"土耳其人"的权
力掌握在梅尔策尔手中，但控制阿吉布的权力似乎掌握在顾客手中。
在美国工业化早期，自动下棋装置是一个顺从的工人；而在商业社
会，阿吉布是一种消费品。

阿吉布所扮演的产品角色需要放在玩具自动机在美国生活中的普
及这一背景下来看。玩具自动机最初是欧洲舶来品，19 世纪初首次
出现在美国。但在 19 世纪 40 年代之后，它作为美国生活中一种新的
仪式的一部分——送给孩子们的圣诞礼物，而变得更加流行。圣诞节
从公众狂欢变为家庭节日后，父母们在这一天总是假托神秘的圣诞老
人给孩子们送礼物，各种各样的发条机械玩具随之涌入美国市场。[4]
1860 年，新奥尔良的皮菲特商店刊登了一则广告，宣传说："**圣诞老**

---

[1] Cook, *Arts of Deception,* 53.

[2] 此为赖斯（Rice）关于梅尔策尔的棋手的吸引力的观点：Rice, *Minding the Machine,* 12-41。

[3] Charles Musser, *Before the Nickelodeon: Edwin S. Porter and the Edison Manufacturing Company* (Berkeley: University of California Press, 1991), 116-119.

[4] 关于圣诞节传统的改变，参见 Stephen Nissenbaum, *The Battle for Christmas: A Social and Cultural History of Our Most Cherished Holiday* (New York: First Vintage Books, 1997)。关于当时儿童玩具的改变，参见 Gary Cross, *Kids' Stuff: Toys and the Changing World of American Childhood* (Cambridge, MA: Harvard University Press, 1997), 46-48。

人已经把总部搬进了这家著名的商店。他为**小女孩**带来了各种别致的玩意儿，包括**穿着好看衣服的儿童蜡像、纸艺作品和机械娃娃**。给**小男孩**的有各种**机械玩具**，比如动物园、农场、铁路、城市、茶具、挪亚方舟、骏马、绵羊、山羊、猫、狗、老鼠等等。"[1]该时期的大部分发条玩具都是以动物的形式出现的，这是对更宏观智识传统的反映，即野兽的身体是机械的；不过生产商也在更多地为女孩生产可移动的娃娃，为男孩生产工业主题的玩具，比如蒸汽机。

在南北战争前，这样的玩具唤起的是噩梦。1859年，《大西洋月刊》刊登了一篇由爱尔兰裔美国作家菲茨-詹姆斯·奥布赖恩（Fitz-James O'Brien）所写的短篇小说《奇妙铁匠》（"The Wondersmith"），该故事讲述了"吉卜赛人"密谋使用魔法赋能的自动机谋杀基督徒小孩的故事。奥布赖恩的故事发生在"橡胶靴街"，这是纽约查塔姆街（鲍威里街和百老汇之间的一个外国娱乐区）附近的一条带有"希伯来味儿"的小巷子。这个"肮脏"的街区有许多店铺——包括算命师、制造人工眼睛的商人、花鸟市场和二手书专卖店等等，但是最抓人眼球的当属"奇妙铁匠"店，老板是个像蛇一样阴险的人，名叫希佩先生（Herr Hippe），他能制作玩具装置。一天晚上，希佩请来算命师和造眼商开了个秘密会议。算命师带来了一瓶从绞刑架上收割的"邪恶"灵魂。他们的计划很简单：算命师将灵魂释放到铁匠制造的人体模型中，后者再将玩具卖给那些热切希望用圣诞礼物哄孩子们开心的基督徒父母。到了深夜，这些"勇敢的自动机"就会醒来，然后用毒匕首屠杀孩子们。幸运的是，这个计划失败了。当二手书店的经理——一个名叫索伦（Solon）的驼子——和他心爱的女孩通过钥匙孔偷窥希佩

---

[1] B. Piffet's, "Toys, Toys, Toys," advertisement, *Daily Picayune*, December 30, 1860.

时，那个装有灵魂的瓶子不慎被打翻在地。瓶子摔了个粉碎，灵魂逃到了杀人装置中，这些装置立刻活了过来，开始捅它们的制造者们。临死之际，希佩为了复仇，点燃了整个商店，大火吞噬了整个犯罪团伙，包括自动机和那几个"吉卜赛人"。[1]

　　奥布赖恩这个融合了特定种族的魔法与消费品的故事令人悚然，尤其是考虑到美国文化中圣诞节与儿童休闲方式的不断变化时。《大西洋月刊》的读者通常是北方中上层阶级的父母，在 19 世纪的大部分时间里，他们都遵从约翰·洛克的建议，希望玩耍成为一种学习经历。他们更偏爱那些能让孩子们为成年生活做好准备的休闲活动，对玩具、游戏、奇幻文学等唯恐避之不及，因为它们只能激发孩子们的想象力，而不能教会他们日后如何扮演社会角色。故而，最常见的圣诞礼物是书。但到了 19 世纪 50 年代，也出现了许多锡制的或机械式的储钱罐等类似玩具可供家长们挑选，这样的玩具可以让孩子们学会节俭。[2]奇妙铁匠店所售卖的玩具就不是这么有教育意义的了。奥布赖恩介绍这个商店的时候首先描写了一出"迷你剧"，有着乐队、指挥和玩偶，情节是一位圣殿骑士从强盗手中救下了一个女人。这个情节中出现的天主教徒虽然暴力，却也浪漫，这本身在本土主义[3]与天主教公开敌对的年代就是天理难容。而且这些玩具甚至一点教育意义都没有，因为它们的运行原理非常神秘。此外，奥布赖恩笔下这位金发碧眼白皮肤的"索伦"的名字其实就来自雅典政治家梭伦，梭伦因

---

　　[1] Fitz-James O'Brien, "The Wondersmith," *Atlantic Monthly,* October 1859, 463-482, 463, 465, 475.

　　[2] Nissenbaum, *Battle for Christmas,* 139; Cross, *Kids' Stuff,* 18-20.

　　[3] 19 世纪中叶，大量移民涌入美国，这些新移民大多信仰天主教，与美国的清教文化不容，因此兴起了许多与之敌对的本土主义政党。这里的"本土"（native）并非指美洲原住民，而是指北美十三州殖民者的后裔。——译者

维护共和政府的努力而在英美世界家喻户晓。索伦卖的是二手书，这是关键：他卖的是真正的"礼物"，而不是希佩或娱乐区附近商店卖的那些奢侈品。在奥布赖恩的故事中，玩具自动机是危险的，因为它们是用来开心和娱乐的东西，而且还被比奥布赖恩的爱尔兰同胞更危险的移民施了魔法。[1]

尽管有这样的戒备之心，但在内战之后，玩具装置的数量还是急剧增加了，因为玩具制造实现了工业化，而且中上层阶级家庭对娱乐的态度越来越开放。古德温玩具自动机公司（Goodwin's Automaton Toys company）在广告中称，他们公司生产的玩具自动机有着女孩、男孩和马的外形，"完美得就像活着的模特儿一样，而且不用上发条"。[2] 19 世纪 80 年代末，托马斯·爱迪生（Thomas Edison）制造了一个玩偶，可以用一个小型发条留声机说话。这个玩具仿制了法国娃娃的外形，有着白色"皮肤"和深色头发，"乌黑的卷发和炯炯有神的棕色眼睛"，而且"非常聪明"。[3] 1886 年，一则玩具广告遍传全国，广告上的玩具包括一个跳舞的女孩，和一位"穿着舞厅服装的女士，她懒洋洋地扇着扇子，间或装腔作势地把长柄眼镜举到眼前"。另一个玩具是一位"盥洗室里的女士"，"正站在镜子前往脸上、脖子上涂脂抹粉"。还有一件玩具是"瘦削的、穿着拖鞋的傻老头，拿着个长柄勺想要打老鼠"。[4] 这样的玩具一般是易碎品，不能让孩子们玩。但它们通常有

---

[1] Fitz-James O'Brien, "The Wondersmith," 464.

[2] "A. Goodwin Automaton Toys-Walking," advertisement, *New York Herald,* July 20, 1868, 1.

[3] "Edison's Talking Doll," *Kansas City Star,* November 24, 1888, 2. 对爱迪生的玩偶的全面分析，参见 Gaby Wood, *Edison's Eve: A Magical History of the Quest for Mechanical Life* (New York: Knopf, 2002)。

[4] *Mail and Express,* "Toys for the Children: Some Novelties that Kriss Kringle Will Pout in the Stockings," *Kansas City Star,* December 23, 1886, 2.

53

图 2.3　一幅种族主义者和厌女者讽刺主张黑人女性参与政治的人的夸张漫画（很可能是在讽刺索杰纳·特鲁斯）。出自自动玩具制品公司 1882 年产品目录。图片来自国会图书馆，LC-TS2301.T7 A8，通过 Archive.org 访问。

着或可笑或吓人的外形，它们的动作既可以使大人开怀，也能让孩子们着迷。[1]

　　就像在舞台上表演的自动机一样，这些玩具在逗人开心时大多都利用了种族刻板印象。1882 年，在自动玩具制品公司（Automatic Toy Works company）刊登的大量广告中，大多数玩具机以非洲裔或华裔美国人的形象出现。其中一则广告描述了一位黑人"女权斗士"——几乎可以确定，它是一次对索杰纳·特鲁斯（Sojourner Truth）的拙劣讽刺——按照文字说明，她相信自己与白人男性是平等的，但是"不会喋喋不休地说到死"。另两则广告描述的玩具则是黑人牧师的形象，它们站在布道台后面，做出一些夸张的肢体动作。其中一款装置的附加描述许诺说，它的"动作生动而又滑稽，让人觉得它真的是在说话。光是这张脸和这身打扮就能让人笑得前仰后合"。在该公司推出的中国主题的自动机中，有一个被女性化的男洗衣工，名叫"王方，一个'没利坚'[2]男人"；还有一个叫"阿兴，'中国异教徒'"。前者参考了《斯克里布纳月刊》新近刊登的一则故事，讲的是一个中国仆人从爱尔兰仆人那里学会了偷东西；后者则指马克·吐温（Mark Twain）和布雷特·哈特（Bret Harte）在 1877 年创作的剧本《阿兴》（Ah-Sin），二位作者本意是要讽刺刻板印象，到头来却加强了它。[3]

54

----

[1] Cross, *Kids' Stuff,* 22-29.

[2] 早期华人移民常把"美利坚"（American）错说成"一个没利坚"（A Melican）。这是在取笑华人移民的口音和语法错误。——译者

[3] *The Automatic Toy Works* (New York: Lockwood & Crawford Stationers, 1882), 13, 4-5, 8-9, Library of Congress, available at http://archive.org/details/automatictoywork00auto. 更多这些故事及其与努力反对华人移民之间的联系，参见 Andrew Urban, *Brokering Servitude: Migration and the Politics of Domestic Labor during the Long Nineteenth Century* (New York: New York University Press, 2018), 118-119; Selina Lai-Henderson, *Mark Twain in China* (Stanford, CA: Stanford University Press, 2015), 24-32。

在那个时期，还有些其他公司销售了大量会跳舞的"黑鬼"自动机并申请了专利，这些装置可以让人在家中欣赏到黑人戏。[1] 就像法尔科尼的印第安人一样，这些怪诞的玩具让人产生的幻想是，他们上紧发条可以取笑一个被严格控制的躯体。这强化了对那些在美国社会中遭受暴力和排斥的人的刻板印象。

在更宏观的商业化进程中，人们从购买手工制品向购买工厂产品转变；而玩具自动机正是这一进程的一部分。在世纪之交，商家为了招徕客户，用彩色玻璃、灯光、人体模型和自动机把商店和橱窗建造得别样精致。有代表性的是一种可以展示鞋子的自动机，它的形象是一名维多利亚时代的白人女性。该自动机的租赁公司将"为它提供电机和所有零部件，以及必要的短裙"，但也允许商家从他们自己的商品中选择衣服。[2] 一旦启动，一个电动马达就会驱动这个装置，把裙子提升到"适当的高度"，伸出一条腿露出鞋子，然后收回腿，放下裙子，再换成下一双鞋和袜子。一家报纸报道说："想要挤过蜂拥在窗前围观自动机奇迹的人群，几乎是不可能的。"[3]

广告装置模仿的通常是目标客户的外形，因为它们要体现出消费

[1] 例如 Stimets and Atwood, "Automatic Dancer," US patent 44378, September 27, 1864; 以及 Henry. L. Brower, "Automatic Toy Dancers," US patent 143121, September 23, 1873。这种种族主义玩具的历史可参见 Christopher P. Barton and Kyle Somerville, *Historical Racialized Toys in the United States* (New York: Routledge, 2016)。(黑人戏 [Minstrel show，或 minstrelsy] 是一种诞生于 19 世纪初的具有种族歧视色彩的娱乐活动，节目包括喜剧、综艺、舞蹈、音乐等。戏中形象皆为黑人，但大多是由白人化妆或戴上黑脸面具表演的，也有少数黑人参与其中。——译者)

[2] "Window Trimming," *Shoe Retailer and Boots and Shoes Weekly,* October 10, 1908, 27.

[3] "Some Laughs, Some Thoughts, Most Anything, Some Figures and a Few Light Extras," *Wilkes-Barre Times Leader,* September, 18, 1908, 16.

者的行为。[1] 比斯尔地毯清扫公司（Bissell Carpet-Sweeper Company）发明了一种自动清扫机，其外形是一个"漂亮的小姑娘"。根据一家商贸杂志的说法，这台机器能"不停地、辛勤地劳作"，而且"应该能作为一个很好的模范……凡是认识她的管家们都可以拿她作为一个好榜样"。[2] 不过，这样的模仿也可能意味着，使用商店购买的产品可能会破坏个体性，并把顾客变成一台不动脑筋的机器。而雇佣人类演员来扮演自动机，就更增强了这种味道。20世纪初，全国各地的期刊杂志都有报道说，商店橱窗前聚集了大量观众，他们试图辨认出橱窗里做出动作的身体到底是人的还是机器的。在弗吉尼亚州罗阿诺克的一家药店外，两名警察不得不驱散人群，这些人聚在一起观看店里的一个男人，他的身体被涂上了颜料，看上去像是蜡做的，边吸烟边做出"机械式"动作。[3] 在菲尼克斯的J.戈德华特兄弟商店（J. Goldwater and Bros.），一个像涂了蜡的机械人的男人正在被人群围观。他在做服装模特，从一边跑到另一边，"动作简单、迅速、匆忙"。[4] 舞台自动机的吸引力很大程度上来自对外来者的刻板印象，而这些广告自动机的吸引力则来自这样一种暗示：在这个商品都是从商店买来的时代，销售者和顾客实际上都是机器。他们开玩笑说，也许是工业资本主义的魔力把每个人都变成了机器人。

55

---

[1] 关于用作广告的人体模型，参见 Stuart Culver, "What Manikins Want: The Wonderful Wizard of Oz and the Art of Decorating Dry Goods Windows," *Representations*, Winter 1988, 97-116。有关专利的例子，参见 Frank C. Dorment, "Advertising Automaton," US patent 721787, October 16, 1901; 以及 L. Rouillion, "Coin Controlled Vending Apparatus," US patent 616495, December 27, 1898。

[2] "Bissell's New Automaton," *American Carpet and Upholstery Journal* 20, no. 10 (October 1902): 89.

[3] "Living Automaton," *Evening News,* March 28, 1906.

[4] "A Living, Breathing, Talking Wax Model," *Arizona Republican,* April 13, 1911, 10.

改造蒸汽人

维多利亚时代的白人男女也可以在德雷德里克的蒸汽人及其后继产品身上看到自己的影子。由于担心这个有点怪异的装置会吓到马和潜在客户，它的发明者努力"让它尽可能地和其他人看着一模一样"。为此，德雷德里克给机器穿上了"最新款的裤子、外套和背心"，还给它戴上了一顶大礼帽，兼作烟囱之用。他把蒸汽人的脸塑造成"乐呵呵的样子，材质是白色珐琅，这和它深色的须发相得益彰"，还给它加了个烟斗。[1] 报纸干巴巴地评价道，这样绅士般的外表让机器变成了"一个威风凛凛的人"，总体来说，还是一个时尚的人。

把机器变成白人，这让人有机会开始讲有关男女关系的讽刺笑话了。有个笑话说，一位丈夫"希望用自己的妻子换来一台蒸汽人，只要它不会说话"。还有五位女士希望每人买一台充当自己的丈夫。[2]《孟菲斯每日消息》（*Memphis Daily Avalanche*）认为，这个"太阳底下的新男人"的出现意味着"一个老处女可以给她自己买个男人，然后骑着他回家，把他放在床上，也不必为他做晚饭了"；第二天早上，"几块煤和一桶水就能当作早餐，然后让他为'购物缝纫协会'或者'反虐待动物协会'服务，一直到晚饭之前。晚饭做成重样的也没关系，还不需要用小盘子端来饭后甜点"。[3]《每日消息》是在讽刺女性参与消费主义与改革运动，并影射女性想找一个像机器一样容易照顾的男人。

还有一些评论认为，蒸汽人可以取代工人。《每日消息》称它比"3K党成员还有用"，显然因为它可以成为劳动力的来源，和黑人相

---

[1] *Newark Advertiser*, 引自 "A Steam Man," *Cincinnati Daily Gazette,* January 17, 1868, 2。

[2] "The Steam Man," *Constitution.*

[3] "A New Man under the Sun," *Memphis Daily Avalanche,* January 6, 1869, 3.

竞争，从而确保黑人在解放后的世界里仍然处于从属地位。[1] 在加州一份报纸的想象中，蒸汽人有可能会取代工人，以及代表他们行使立法权的众议员。文章戏言道，如果这些装置获得了公民权，"州中民主党的多数比例当然会相应增加，但是如果有少数装置被派到立法机关当众议员，那么毫无疑问，加州的和谐稳定以及加州本身都将获益匪浅。——蒸汽人只会行动，不乱说话"。蒸汽人之所以比人类更优越，是因为"他的生活花费微不足道"，而且"他总能表现出自己已经承受了多少压力，而且一个安全阀就能缓解它"。[2] 雇主们永远不用担心工人的反抗了，因为他们打开阀门就能让蒸汽人"冷静下来"。

每一种让机器取代人的说法都是可笑的，但这种幽默承认了人们越来越渴望用一种能提供尊重和陪伴的机器来取代难以控制的人。虽然工业化似乎推动了进步，但它似乎也让人们变得更不可控，让社会变得更不像精英和中产阶级所想象的那样和谐。南北战争结束后，在工作场所和家庭生活中，昔日的奴隶、妇女、工人都在要求平等关系，这让传统父权制权威面临瓦解。在德雷德里克的蒸汽人登上头条的同时，非裔美国人也在为自身权利而战，往往还用上了在内战中为争取解放而拿起的同样的武器。虽然妇女参政运动在内战后分裂了，但积极分子仍在继续施压，以获得投票权并争取政治、经济、社会上的平等。最难控制的当属那些在工厂和矿区艰苦工作的工人们。在这

---

[1] "A New Man under the Sun," *Memphis Daily Avalanche*.

[2] "The Steam Man," *Daily Evening Bulletin*, February 15, 1868, 2. 关于黑奴被解放后南方的暴力与劳动，参见 Steven Hahn, *A Nation under Our Feet: Black Political Struggles in the Rural South from Slavery to the Great Migration* (New York: Belknap, 2005); 以及 Eric Foner, *Reconstruction: America's Unfinished Revolution, 1863-1977* (New York: Harper & Rowe, 1988). 更一般性的有关劳动的研究，参见 David Montgomery, *Beyond Equality: Labor and the Radical Republicans, 1862-1872* (New York: Knopf, 1967)。

一时期，特别是随着行业所有权从当地人手中被转移到遥远的城市中的董事会那里，几乎所有主要行业的工人都在反抗资本的权威。蒸汽人这类符号在中产阶级白人男性作家们心中产生了共鸣，因为他们从机器所带来的可能性联想到了长期以来居于从属地位者的反抗。

到了 19 世纪 70 年代初，所有报纸上都已没有了德雷德里克的身影；但是后来的发明家们用其他动力驱动的人获得了同样热烈的反响。从 19 世纪末到 20 世纪初，尽管没有哪个蒸汽、石油和电力驱动的人化机器受到像早先同类机器那样的关注，但它们给美国人带来了很多欢乐。19 世纪 90 年代，菲利普·路易斯·佩鲁（Phillip Louis Perew）设计出一款电动人，它拉着马车，"穿着白色的粗布衣服，外表是个典型的美国人模样，走路姿势完全像人一样。你得认真端详后才能发现它不是人"[1]。由于"电动人"的时髦打扮，在 1900 年，一家报纸还给它贴了个"花花公子"的标签。约翰·W. 贝尔彻（John W. Belcher）在 1911 年发明了一款"机器女人"，它身高 5 英尺 8 英寸，体重 185 磅，"穿着最新款的红色丝绸长袍"，而且可能会被误认为是一个真正的人——至少新闻报道是这样说的。[2] 这些装置中很少有几个能良好运行，有些毫无疑问就是在骗人，而且所有这些装置都是不切实际的。不过，它们的涌现意味着，至少在男人的想象中，机器影响他们生活的方式发生了转变。美国白人逐渐不再把机器当作奴隶或神，而是认为它实际地或夸张地描绘了自己和配偶的形象。然而，在那些目标读者是工人群体的文学作品中，却并非如此。

就在德雷德里克的发明出现在报纸上后不久，教育家爱德华·S. 埃利斯（Edward S. Ellis）发表了一部廉价小说（dime novel），题为

---

[1] "Machine Does Wonders," *Morning Olympian,* September 8, 1900, 1.

[2] "Builds Automaton Woman," *Colorado Springs Gazette,* September 10, 1911, 37.

图 2.4　爱德华·埃利斯 1868 年版《巨型猎手，或大草原上的蒸汽人》。注意，埃利斯将德雷德里克的白色珐琅般原型改成了一个长着鹰钩鼻的深色面容。这个蒸汽人是带有种族色彩的漫画形象，他被套在马车上，带着"扬基人"[1] 和"爱尔兰裔美国人"走进一个扩张的美利坚帝国。图片来自北伊利诺伊大学，稀有图书与特别收藏。

---

[1]　扬基人，美国北方人的别称。——译者

《巨型猎手，或大草原上的蒸汽人》（*Huge Hunter; or, The Steam Man of the Prairies*），这是美国人写下的第一篇不涉及任何魔法机械人的故事。在埃利斯写下他的故事之前，廉价小说已经在美国文化中存在超过二十年了。这种小说印刷质量较低，故事情节雷同，作者都是些无法讨得更高稿酬的人，他们大多选择匿名发表。出版商以此大幅减少了写作时间以及作品价格，从而使更多的人可以读到它们。它们的价格相对低廉，因此能够特别吸引到工人家庭。中产阶级家庭的儿童当然也会读廉价小说，但他们的父母和道德改革家们经常谴责这些作品，认为它会怂恿人们作恶。虽然出版商会向女孩推销一些廉价小说，但埃利斯的书及后来类似作品的主要读者应该是工人家庭的男孩。[1]

埃利斯将蒸汽人看作美国智慧的胜利，这种智慧通过征服西部边疆、驾驭黑人身体，将扬基人和爱尔兰裔美国人团结起来。故事开头的场景非常吓人：一个扬基人和一个爱尔兰裔看到了一个巨大的"魔鬼"，它是个冒着滚滚浓烟的机器，飞速向他们靠近。当它走近，这两个男人注意到有个男孩正握着装置的缰绳。机器停下来的时候，发出了一阵像火车头一样的尖啸声，吓得爱尔兰人魂飞魄散。虽然那个冷静的扬基人安慰他说，战前他在柯尔特的军工厂里见过类似的装置，但这个爱尔兰裔当然有他害怕的理由：这个装置高达十英尺，钢铁做的脸涂得漆黑；它看着像个巨人，长了个鹰钩鼻，还叼着一根喷出废气的烟斗。不过，在确定了机器的安全性之后，两人登上了马车。它的发明者就是那个小男孩，名叫约翰尼。当他使用"罕见

---

[1] Michael Denning, *Mechanic Accents: Dime Novels and Working-Class Culture in America* (London: Verso, 1987), 27-46.

的本领"驾驶这个怪物穿越大草原时，两人都惊叹不已。[1] 蒸汽人并非像可怜的爱尔兰裔以为的那样，是个"魔鬼"；它只是一个对非裔和犹太裔美国人进行了夸张模仿的机器，而当它被一位来自中西部地区的天才驾驭时，就可以载着扬基人和爱尔兰裔美国人驶向光辉的未来。[2]

为了强调约翰尼是白手起家的，埃利斯将这个男孩设定为出身寒微之人。约翰尼的父亲是一名机修工，死于蒸汽锅炉爆炸——这个在美国工业化进程中经常发生的意外。约翰尼"驼背""矮小"，但"性情温和近人"，而且在机械方面的本领无人可敌。[3] 埃利斯写道："约翰尼有着无限的发明才能。"在造出了他的蒸汽人之后，这个小男孩开始了一段奇幻旅程，他杀死过野牛，也曾和"野蛮人"搏斗，以此来征服西部。就像一个传统的西部人一样，约翰尼的使命是一项个人主义的追求；他用蒸汽人载着一个人或三两好友去往任何他们想去的地方，而不是像铁路那样载着一群男男女女开向既定的目的地。身形丑陋但天资聪慧的约翰尼和他的机器一起，征服了西部，并为之带来了文明。[4]

埃利斯所留下的最大的遗产，是将西部小说中的情节与幻想发明

---

[1] Edward S. Ellis, *The Huge Hunter; or, The Steam Man of the Prairies* (New York: Beadle and Adams, 1870), 9-14. 亦可参见 Northern Illinois University's "Nickels and Dimes" collection, https://dimenovels.lib.niu.edu/。

[2] 这样的分析表明，这部作品是白人至上主义与工业化、开拓西部的神话的结合。关于该时期的开拓者神话，参见 Richard Slotkin, *The Fatal Environment: The Myth of the Frontier in the Age of Industrialization, 1800-1890* (New York: Atheneum, 1985)。关于当时人们通过白人至上主义来实现统一的追求，参见 Edward J. Blum, *Reforging the White Republic: Race, Religion, and American Nationalism, 1865-1898* (New Orleans: LSU Press, 2007).

[3] Ellis, *The Steam Man*, 18-19. 关于当时蒸汽锅炉爆炸的情况，参见 Rice, *Minding the Machine*, 115-144。

[4] Alan Trachtenberg, *The Incorporation of America: Culture and Society in the Gilded Age* (New York: Hill and Wang, 1982, 2007), 46.

结合了起来，从而实现了后来被称为"科幻小说"的文学体裁的美国化。这种融合借鉴了法国作家儒勒·凡尔纳（Jules Verne）和英国作家 H.G. 威尔斯（H. G. Wells）更受推崇的小说，但也加上了对使用暴力征服边疆的更明确的兴趣。廉价科幻小说模仿了埃利斯故事中的人物塑造、情节和主题，讲述的典型故事是：一位年轻男性发明家创造了一个神奇的装置——机器人、飞船或者潜艇——然后用这个装置在异国他乡享受神奇的冒险之旅，并常常能够征服当地人。[1]女性的身影很少出现在这些故事中，即使出现了，也通常是落难少女的形象。这些故事是在美国征服西部并开始向海外扩张时写成的，它们将发明家视为美利坚帝国发展的推动力量。[2]机器人由勤劳、粗犷的白人打造，由蒸汽机或电动发电机驱动，它们不仅仅是机器；它们就是美国本身。

在《巨型猎手，或大草原上的蒸汽人》出版八年后，出版商弗兰克·图西（Frank Tousey）出版了哈里·恩顿（Harry Enton）的《弗兰克·里德和大平原上的蒸汽人》（*Frank Reade and the Steam Man of the Plains*）。这本书用一个新的男主角重述了埃利斯的小说，后来该人物成了一长串系列小说中的灵魂角色。在 1876 年至 1881 年间，又有三部讲述弗兰克·里德使用蒸汽机赋予机器以生命的故事：《弗兰克·里

---

[1] 这叫作"爱迪生式小说"（Edisonades），这个词出自 John Clute and Peter Nicholls, *The Encyclopedia of Science Fiction* (New York: St. Martin's Press, 1995), 368。该故事与科幻小说之发展的关系，参见 Brooks Landon, *Science Fiction after 1900: From the Steam Man to the Stars* (New York: Twayne Publishers, 1997), 41-42。关于科幻小说和欧洲殖民主义的分析，参见 John Rieder, *Colonialism and the Emergence of Science Fiction* (Middletown, CT: Wesleyan University Press, 2012)。他所分析的欧洲作家主要对有关殖民地的科学知识感兴趣，而美国作家则更多地倾向于关注技术在征服这些地区中的作用。

[2] Trachtenberg, *Incorporation of America*, 46.

德和他的蒸汽马》（*Frank Reade and His Steam Horse*）、《弗兰克·里德和他的蒸汽团队》（*Frank Reade and His Steam Team*）、《弗兰克·里德和他的蒸汽马车》（*Frank Reade and His Steam Tally-Ho*）。在最初系列的结尾，里德就像一个小说版的托马斯·爱迪生一样，成了德雷德里克梦想成为的那种人：一位商业大亨。但是在图西和恩顿之间发生了一场纠纷后，图西就将该系列作者换成了路易斯·P. 塞纳伦斯（Luis P. Senarens）。塞纳伦斯和恩顿一样，署名都是"无名氏"。塞纳伦斯是位多产的小说家，后来被称为"美国的儒勒·凡尔纳"。他写了一百多本书，并为这个系列增添了许多新的元素，包括一个新的男主人公：小弗兰克。[1]

塞纳伦斯的故事情节遵循了既有套路，但也对其进行了改动，以体现出一个憧憬跨域大洋的美利坚帝国，壮大工业资本主义以及将发明转化为商业的执着。凡尔纳的旅途一般都是去往奇幻的地方——地心、海底、月球，而塞纳伦斯的旅途则往往去到欧美人的军队所征服的地方。[2] 小弗兰克在澳大利亚探险时，同伴是个电动人；在非洲探险时，身边是另外几个发明；在墨西哥、中美洲和美国西部探险时，跟着他的是他父亲的蒸汽人。不过，塞纳伦斯笔下的小弗兰克并不是一个仅仅依靠自己的能力获得成功的男主角，他的成功更是因为父亲留给他的遗产。小弗兰克不是白手起家的，在这一点上他与老弗兰克或《巨型猎手》中的约翰尼不同。他是一个富有且著名的发明家的儿

---

[1] Hugo Gernsback, "The American Jules Verne," *Amazing Stories,* June 1928, 270-272; Landon, *Science Fiction after 1900,* 44-45.

[2] 关于弗兰克·里德与帝国主义之间的关系，参见 Nathaniel Williams, "Franke Reade Jr., in Cuba: Dime-Novel Technology, U.S. Imperialism, and the 'American Jules Verne,'" *American Literature* 83, no. 2 (June 2011): 279-303。

子，而且与约翰尼不同的是，他还是个"英俊的……年轻人"。[1]小弗兰克并非独自一人在破旧的棚屋中发明出了蒸汽人；他在父亲的实验室工作，并改进了父亲的设计。这种变化反映的正是在美国资本主义中的真实变化。在19世纪晚期，经营者们建立起公司，以加强对机器的控制，并找来专业工程师设计、改进他们的工厂，同时让他们监督受教育程度较低的技工和劳工。工程师成了雇佣工人，他们就失去了独自鼓捣出发明创造的能力。深陷于一个更大的体制之中，在其中机器不得不服务于公司的利益，他们不能把时间花在制作不值一钱的东西上。[2]小弗兰克·里德系列发行时面对的就是这样的变化。该系列仍然继续讲述着一位独立的、个人主义的发明家的故事，即便他已经成了更大的体制的一部分。

塞纳伦斯的确保留了埃利斯和恩顿原版故事中的一个要素：插图中的蒸汽人都被画成了黑人。这个文学形象因此与德雷德里克的蒸汽人原型有所不同。[3]在重建时期[4]及之后的一段时间，美国白人通过法律和暴力手段努力确保黑人解放不与失去对黑人劳工的控制划等号。自动机在种族上的明显改变让白人发明家和消费者可以在幻想中重新奴役黑人。就像黑人戏自动机和玩具自动机一样，蒸汽黑人嘲弄了非裔美国人可以成为绅士的想法——而且对工人阶级的白人读者而

---

[1] Noname [Luis P. Senarens], *Frank Reade Jr. and His New Steam Man, or, The Young Inventor's Trip to the Far West,* vol. 1 of The Frank Reade Library (New York: Frank Tousey, 1892), 2.

[2] 有关该时期工程史的内容参见 David F. Noble, *America by Design: Science, Technology, and the Rise of Corporate Capitalism* (New York: Oxford University Press, 1977)。

[3] Ellis, *The Steam Man,* 1; Anonymous [Harry Enton], *The Steam Man of the Plains, or, The Terror of the West,* vol. 1 no. 541 of Wide Awake Library (New York: Frank Tousey, 1883), 1; Anonymous [Luis P. Senarens], *Frank Reade Jr. and His New Steam Man,* 1.

[4] 重建时期指1863到1877年，南北战争结束后，美国试图重新将南方各州接纳入联邦的时期。——译者

言，那群通常被他们视为威胁到自己工作的人，在这种幻想中的地位与马无异。[1] 为消费者打造的蒸汽人和文学作品中的蒸汽人之间的种族差异决定了它们的不同含义。前者为消费者提供了一种陪伴与平等的幻想，而后者则是奴隶式的。

性别与人化的机器

孩子们读到的故事是黑脸机械人帮助美利坚帝国开疆拓土，而大人们读到的则是发明家创造出人化的机器取代人类。19 世纪晚期的文学杂志上就刊登过这样一些故事，讲述维多利亚时代的家庭将做成男人和女人样子的机械人带到家中，作为工人或妻子的替代品。这种故事既是讽刺的，也是惊悚的；既讽刺了那个时代对机械改良的热情，又想象了将机器带入家庭的可能性与后果，而家庭本应使人在经济生活的混乱与竞争中得到片刻喘息的空间。它们的作者有男有女，还存在着一个以性别为中心的关键区别。与机械男人有关的故事，包括那些出现在廉价小说中的故事，都因机器促进了社会进步而赞美它；而讲述机械女人的故事却总是以灾难告终。机器性别的差异总是与作者性别的差异相伴。在男人们写出的故事中，装置被想象成奴隶；而女人们写出的故事则批判男人对奴隶的渴望。

19 世纪晚期的一些故事通过想象机械女人取代了家仆，来讽刺当时人们对机械进步的热情。在霍华德·菲尔丁（Howard Fielding）1889 年的短篇小说《自动机布里奇特》（"Automatic Bridget"）中，一个"纽约的资本诈骗犯"成立了一家公司，批量生产出一款蒸汽驱

---

[1] 另一种对文学作品中的蒸汽人及其种族含义的解释，参见 Joel Dinerstein, *Swinging the Machine: Modernity, Technology, and African American Culture between the World Wars* (Amherst: University of Massachusetts Press, 2003), 80-81.

动的人造女性。它的发明者是一个天真的机械师，他为了让揉面团的效率更高，便将一台圆柱形蒸汽机竖起来，给它安上刻成了脸的形状的木板和木质手臂，然后在腿上装了三个轮子。女性身份在这里似乎并不是必需的，但可能是想更好地反映它的功能，骗子用他的"一双巧手"将机器的腿部裹进"一条印花短裙里，裙子下面是三条老式内衬裤"。给机器穿上女装不仅让人"忍俊不禁"，而且还帮助骗子说服了天真的商人们投了一大笔钱，但那时机器甚至还不能正常运行。后来当投资者要求查看设备的功能时，新来的工程师奇迹般地把它修好了。然而在打开机器之后，它就开始疯狂地挥舞手臂、殴打股东，甚至有几个股东被打死了。骗子目睹了这场大破坏，发现幸存的投资人打算绞死它，于是溜之大吉。这个故事讽刺了人们对机械进步的迷恋，很像对德雷德里克的蒸汽人的回应——不过，菲尔丁的故事比后者晚了二十年，而且他又加上了对堕落的资本主义投资文化的批判。然而，这个故事最有趣的创新在于，它将蒸汽人从男人变成了女人——布里奇特，这是个爱尔兰名字。它不是一个由他人上紧发条才能活动的女性发条装置，而是一台由内部引擎赋予生命的机器。这个以爱尔兰女人形象出现的机器有了能动性后，就从顺从的自动机变成了毁灭者。[1]

63

十年后，波士顿文学杂志《黑猫》(*The Black Cat*)刊登了伊丽莎白·贝拉米 (Elizabeth Bellamy) 的《埃利的自动女佣》("Ely's Automatic Housemaid")，这篇文章也同样描写了女机械人获得力量后所造成的危险，但她的故事批评的是男性，而不是工业资本主义。在故事中，一位父亲出于对两个佣人的"无能"的愤怒，同时也是为

---

[1] Howard Fielding, "Automatic Bridget," in *Automatic Bridget and Other Humorous Sketches* (New York: Manhattan Therapeutic, 1889).

了给他的发明家朋友哈里森·埃利（Harrison Ely）帮忙，在家中测试了两台机器人。与菲尔丁的故事相比，这些装置明显是女性的，她们被做出了乳房的轮廓，还穿上了必要的女性化服装。它们如活人般的外观让这家人吓了一跳，但他们还是决定用机械佣人取代现在的佣人，甚至还用被解雇的佣人们的名字来命名这些机器。一开始，新佣人们很好地完成了任务，但它们很快就对孩子们的生命造成了威胁，相互打斗，最后把房子毁了。这位父亲把机器还给了埃利，并请教他这是怎么回事。埃利很自豪地告诉他，这个问题"其实是个优点——只不过是精力过剩而已。它们的油加得太满了，很少有哪个家庭主妇知道合适的油量是多少"。所以这是女机械人太过聪明、精力太过旺盛而导致的，埃利保证会修正这个错误。但是四个月之后，这些装置还是没能出厂，埃利想要组建一个"佣人公司"的梦想仍然遥遥无期。[1]

菲尔丁笔下的机器戏仿女人是为了批判工业资本主义，贝拉米则是为了讽刺男人费尽心思在家庭中使用机器、控制家庭的做法，而家庭正是维多利亚时代的美国女性可以掌控的少数空间之一。贝拉米笔下的妻子与她的丈夫和大儿子不同，她对这些设备一直持有怀疑态度，这合情合理。她更喜欢人类佣人，她可以直接告诉他们该做什么，如果需要的话还可以解雇他们。但他的丈夫指挥机器的时候从来不问她的意见，他觉得"女人不懂机器"，因此决定什么时候解雇这些新来的机器佣人的应该是他，而不是他的妻子。有一次，她想给机器加油，但被它们的样子吓坏了，从那以后她决定不再插手这些事情。单因这次尝试，她就遭到了埃利的指摘。埃利和那位丈夫一样，

---

[1] Elizabeth Bellamy, "Ely's Automatic Housemaid," *Black Cat*, December, 1899, 15, 23.

认为是她给机器加的油有问题，而不是机器本身有问题。贝拉米并没有用她的故事嘲笑女性，而是用来批评那些认为女性不懂机械的想法，捍卫她们在家庭生活中的权力。[1]

又一年后，《黑猫》刊登了 W.M. 斯坦纳德（W. M. Stannard）的《康卓普先生的雇工》（"Mr. Corndropper's Hired Man"）。这则故事是对贝拉米的呼应，作者想象埃利进一步完善了他的设备，使之成为"自动农夫"。乔赛亚·康卓普（Josiah Corndropper）买下了这台装置，并叫它"汤姆"。根据附带的说明书，这台机器能"保证一天二十四小时工作——如有必要，一周七天也毫无压力。凡是有智慧的人能胜任的一般工作，他都能依样完成"。想要使这种神奇能力成为可能，就必须给它喂一种油，这种油"含有所有必需的营养元素，可以作用于'农夫'的颅腔内，即改进后替代脑组织的部分，从而使之产生与常人无异的能力"。这次被赋能的自动机从女性形式变成了男性形式，这显然就消除了早年困扰着埃利的"能量过剩"问题。[2]

康卓普把这个男机械人带回家，并评价它"身材高大、肩膀宽阔、体格健壮，具有惊人的智力和活灵活现的面容"。但他的妻子一针见血地指出了它的本质优点："他不会顶嘴，不像有些人类雇工。"剩下的故事证实了这些初步判断。这个机械工人承担了农场几乎所有的劳动，甚至在两个不法分子威胁康卓普夫人时保护了她。全家人还

---

[1] Bellamy, 18. 关于当时妇女与机器的疏离，参见 Ruth Oldenziel, *Making Technology Masculine: Men, Women, and Modern Machines in America, 1870-1945* (Amsterdam: Amsterdam University Press, 1999). 关于同时代将女性排除在科学之外的做法，参见 Kimberly A. Hamlin, *From Eve to Evolution: Darwin, Science, and Womens Rights in Gilded Age America* (Chicago: University of Chicago Press, 2014).

[2] W. M. Stannard, "Mr. Corndropper's Hired Man," *Black Cat,* October, 1900, 25; Bellamy, "Ely's Automatic Housemaid," 23.

清了债务，康卓普也可以自由地去城里处理政治事务了。故事的中心思想充分体现在最后一句话中：康卓普先生"不厌其烦地夸耀自己雇用了一个工人，他能以每天六美分的价格干三个人的活，而且还在第一年给主人挣 500 块奖金"。[1] 斯坦纳德写这篇文章时，南北各州的工人们都正在要求对自己的工资和工作场所获得更大的控制权。斯坦纳德想象机械人取代了工人，这和报纸对德雷德里克的发明的想象是一样的。《大草原上的蒸汽人》这样的故事让白人工人们相信他们不会丢掉饭碗，但《康卓普先生的雇工》认可的却是企业主和管理者们对更高效可控的生产过程的追求。但它也直接反映了当时农民们的关切，即由于工业资本主义的发展，他们的独立性和原来的生活方式正受到威胁。一些旨在解决农民困境的社会政治运动提倡的是合作与互助，如农业保护者协会（Patrons of Husbandry）与平民党（Populist Party）等，而斯坦纳德提出的则是一个更个人主义的解决方案：利用更好的机器。[2]

　　还有两则故事讲述了使用女机械人代替母亲和妻子所可能导致的难堪结局。在乔治·黑文·帕特南（George Haven Putnam）1894年的故事《人造母亲：婚姻幻想》（"The Artificial Mother: A Marital Fantasy"）中，一个男人抱怨他的九个孩子让妻子忙得没时间陪他。帕特南不加批判地让这位丈夫感叹道："我是有一个妻子，但她不属于我，反倒听命于那些小崽子们，可我才是她法定的主人。这样我还不如没有妻子哩。"他问妻子，孩子们到底想从她身上得到什么。妻

---

[1] Stannard, "Mr. Corndropper's Hired Man," 25-26, 30.

[2] 有关农业状况和相关的社会和政治运动的更多内容，参见 Charles Postel, *The Populist Vision* (New York: Oxford University Press, 2009)；以及 Michael McGerr, *A Fierce Discontent: The Rise and Fall of the Progressive Movement in America* (New York: Oxford University Press, 2003), 21-28。

66

图 2.5　乔治·黑文·帕特南的《人造母亲：婚姻幻想》中的插图。在图中场景，丈夫看到了他的妻子（左侧女人）与他制造出来的机械分身相遇，此时机械分身正在哄孩子。在随后争夺孩子的打斗中，自动机崩溃了，将一个婴儿扔到了墙上，另一个摔到了地上。图片来自加州大学图书馆，通过 Archive.org 访问。

子回答道："**我。**"男人听了之后轻蔑地说："胡扯……他们只不过想摸到点柔软的东西，想被抱着晃来晃去好让脑子犯迷糊，还想听到一点单调的哄孩子的呢喃声。这些要求，蒸汽机和当妈的一样能满足。"这话说完后，他马上就有了灵感，想出了一个新奇的解决方法：用一个机械妈妈哄孩子，这样妻子就可以伺候他了。他从当地艺术家那里借了一个人体模型，然后努力让它动起来。他没有使用在其他讲述女机械人的故事中常出现的蒸汽动力或电力，而是通过发条装置来确保机械人产生有规律的、均匀的摇摆。他还把发条装置、火鸡胃和鼓面组合起来，让它发出轻哼声给孩子们听。男人又让艺术家把妻子的脸画在人体模型上，并给模型换上了妻子的衣服，然后发现它"身上的母性关爱几乎超过了它的原型"。这台机器成功地让婴儿们觉得它就是真人。但是由于妻子的行为，它最后还是失败得一塌糊涂。他真正的妻子在看到了这台和她容貌相仿的机器后，称之为"恶魔"。这台机器还不允许她抱走其中一个孩子，随后两者殴打起来。最终机器在打斗中崩溃失灵，并将孩子们扔向房间的另一头。机器并不具有真正的母爱与奉献精神，它不关心孩子，但是它仍然很好地完成了自己的核心任务；唯一的问题是妻子的抗拒，她害怕看到这个机器，因为她认为自己存在的根本意义被这个分身复制了。[1]

　　一年后，波士顿文学杂志《竞技场》（*The Arena*）刊登了另一篇机械配偶的故事，作者是一位女性，名叫爱丽丝·W. 富勒（Alice W. Fuller）。该故事名为《订制的女人》（"A Woman Manufactured to Order"），文中一名 40 岁的单身汉对一块牌子十分好奇，上面写着："订制的妻子！不满意就退款。"这个男人爱上了一位真实的女人，她

67

---

[1] George Haven Putnam, *The Artificial Mother: A Marital Fantasy* (New York: G. P. Putnam's Sons, 1894), 11, 14-15, 22, 29.

叫弗洛伦斯。但美中不足的是，弗洛伦斯"固执的态度和她对女权、通神术等等的热忱"让这个男人感到迟疑。他走进商店，但必须等一阵子，因为发明家正在帮助"一个伟大的政治家"。这位政治家"不得不抛弃他的妻子"，因为她"想自己掌控自己"，这个政治家因此感觉"灵魂都不是他自己的了"。为了解决这个政治家的问题，发明家要造出"一种更安静的妻子，既能当好家里的女主人，也不会因为丈夫向他的一些年轻女性朋友献殷勤而感到冷落了自己"。而且，这样的妻子也漂亮得"让你流口水"。一个"永远也不会责骂"或"挑剔"的漂亮女人——这样的憧憬令人着迷，于是单身汉买下一台，并与它结婚。但是，男人很快就因为它在智力与情感上的局限而感到厌烦。在他遇到经济困难时，他的机械妻子只会重复几句无关痛痒的话，既不能减轻他的压力，也不能表达同情。这真是令人失望。于是他到仍然未婚的弗洛伦斯那里诉说自己的困境，并总结了自己学到的教训，这也是富勒希望她的故事能够告诉我们的："我现在明白了，只有心胸狭窄的人才会希望与只会对自己唯唯诺诺的人一起生活。我想要的女人，应该是一个有个性的、有思想的女人。"弗洛伦斯被他的真挚打动了，答应在他与机械配偶离婚一年之后跟他结婚。[1]

这些讲述机械配偶的故事，揭示了当时在性别与家庭中存在的张力与技术进步之间的关系。在 19 世纪晚期维多利亚时代的许多人看来，男女之间龃龉日增，而家庭也正随之瓦解。在 19 世纪最后的三十年里，离婚率增长了一倍还多。年轻情侣们一再推迟婚姻，而结婚之后，又不愿意马上生育。中产阶级女性尤其不愿意受到家务的约束，特别是在佣人、机器和商品减少了她们保持家庭整洁有序所需要

---

[1] Alice W. Fuller, "A Woman Manufactured to Order," *The Arena*, July 1895, 305-306, 312.

的劳动量的情况下。[1]女性要摆脱家务，她们外出工作、争取投票权，甚至还会加入激进组织和改革组织。许多男人因此担心他们的社会正在变得女性化，并寻找重振自身权力和权威的方法。[2]这两个故事都谈到了这些问题。帕特南讲述的是一个男人的故事，他渴望拥有一个受自己掌控的妻子。当帕特南说这个故事献给"世上受压迫的丈夫与父亲，以及那些可能正在考虑结婚的懵懂的年轻男人"时，他并无反讽之意。[3]富勒的故事则是对这套说辞的直接反对，它嘲讽了那些想要的无非是一个美丽而无知的物体的男人。

68

把这四个故事与当时的廉价小说联系起来看，就能发现19世纪晚期人们对男女机械人的看法存在着显著的性别差异。如果机械人在家庭以外的地方被拿来代替马或者男性工人，那么它就促进了物质和精神的进步。但是当作家们想象机械人取代女性时，结局往往是不幸和毁灭。这种差异部分来自对赋予女性权力的恐惧，但也来自努力想让家庭成为远离工业世界的混乱、危险和机械的避难所的尝试。家庭并不是这样的避难所。自19世纪早期以来，缝纫机、采暖炉、集中供热锅炉、手工工具的出现，以及家庭和佣人之间更正式的关系的建立，已经使得家庭的工业化程度虽然赶不上工厂，但是也与工厂类似。[4]在

---

[1] McGerr, *A Fierce Discontent,* 45-47.

[2] 有关该时期白人男性的焦虑的文献有许多，可参阅 John Kasson, *Houdini, Tarzan, and the Perfect Man: The White Male Body and the Challenge of Modernity in America* (New York: Hill and Wang, 2002); and Gail Bederman, *Manliness and Civilization: A Cultural History of Gender and Race in the United States, 1880-1917* (Chicago: University of Chicago Press, 1995)。

[3] Putnam, *Artificial Mother,* 3.

[4] Ruth Schwartz Cowan, *More Work for Mother: The Ironies of Household Technology from the Open Hearth to the Microwave* (New York: Basic Books, 1983), 40-68; Jeanne Boydston, *Home and Work: Housework, Wages, and the Ideology of Labor in the Early Republic* (Oxford: Oxford University Press, 1990), 105-108.

世纪之交的维多利亚时代，人们虽然感受到了这些变化，但仍试图保持家庭的反机械特征。在乌托邦小说《回顾》（*Looking Backward*）的作者爱德华·贝拉米（Edward Bellamy）——他和伊丽莎白·贝拉米没有亲属关系——和早期家政学家夏洛特·珀金斯·吉尔曼（Charlotte Perkins Gilman）所设想的女性摆脱了家务的未来中，并没有一个摆满了机器的家；相反，他们想象中的家庭成员都寻求外部专业服务的帮助。[1] 但正如伊丽莎白·贝拉米的故事所表明的那样，反对在家庭中使用机械也可能是想要保留女性的权力。因为男机械人主要在家庭之外工作，所以它们是有益的。而女机械人在家庭之内工作，所以它们令人恐惧。

然而，这样的空间差异在人类身份认同问题上的意义更为深远。在这些故事中，机器可以轻易地重复男人的工作，但永远无法重复女人的。就连帕特南的人造母亲也是除了抱孩子、哄孩子之外没能做出任何其他事情来。在 19 世纪初，发条自动机常常以女性形象出现，这是在笑话她们缺乏理性。但到了 19 世纪末，出现在这些想象中的被赋予了能量的自动机，暗示了一种倒转正在形成：在工业时代，男人可以被视为机械，而女人不能。

这种有关人化机器的性别属性的思想碰撞出现在 19 世纪末 20 世纪初，碰撞之所以存在，是因为男性和女性同时参与其中。很不幸，这种相对的性别平等并没有延续到下个世纪。美国人对于自动机、男女机械人的讨论，以及终于出现的有关机器人的讨论在 20 世纪迎来了大爆发，但讨论者绝大多数都是男性。这并不意味着女性不再

---

[1] Judith Allen, *The Feminism of Charlotte Perkins Gilman: Sexualities, Histories, Progressivism* (Chicago: University of Chicago Press, 2009), 217; Edward Bellamy, *Looking Backward, 2000-1887* (Boston: Houghton Mifflin, 1926).

接触、想象或书写这些装置。但将女性排除在科学技术世界之外的努力越来越多，这意味着她们的想法和批评大多都消失了。伊丽莎白·贝拉米和富勒都认识到了男性征服和物化女性的方式，她们用自己的故事来批判男性对妇女和家庭生活的控制欲；她们没有像男性作家那样赞同对奴隶的幻想，而是讥讽了它。当那些被排除在权力之外者的声音从有关机器人的讨论中被抹去时，放眼整个 20 世纪，人化的机器所体现的都是对奴隶的幻想，并且几乎无人对这种幻想提出异议。

第三章　人的机器化

安布罗斯·比尔斯（Ambrose Bierce）擅长以描写工业生活中的不愉快来传达幽默，这一点没人能比得上他。这位讽刺作家同时也是个内战老兵。他的第一场战斗是夏洛战役，而在肯纳索山，他脑袋中了一枪，这成了他的最后一场战斗。[1] 后来，比尔斯搬到了旧金山，在那里根据自己的战斗经历撰写散文和短篇小说，其部分作品批判了机器对人的英雄气概的影响。他在描述夏洛战役中南方联盟的一次刺刀冲锋时写道："就像以往一样，铅弹战胜了钢铁；勇敢的心灵不禁因这样的屡战屡败而破碎。"[2] 在接下来的几十年里，比尔斯对机器意象的使用愈加频繁。在他的第一部小说集中，他收录了一桩奇闻轶事：一台割草机把操作员的头割了下来。[3] 他最著名的故事《鹰溪桥上》（"An Occurrence at Owl Creek Bridge"）讲述的是一个南方男人心中的幻想。这个男人被判处绞刑并在铁路桥上执行，因为他竟敢破坏铁轨，这在美国工业社会中可谓犯下了弥天大罪。[4]

---

[1] 夏洛战役，爆发于 1862 年 4 月在田纳西州，双方参战人数达 111511 人，伤亡人数总计 23746 人，以北军胜利告终；肯纳索山会战：1864 年 6 月在佐治亚州发生的一场战役，北军在战术上被击败，但取得了战略上的胜利。——译者

[2] Ambrose Bierce, "What I Saw at Shiloh," in *The Collected Works of Ambrose Bierce,* Volume 1 (New York: Neale Publishing, 1909), 265.

[3] Ambrose Bierce (as Dod Grile), "The Head of the Family," in *The Fiend's Delight* (London: John Camden Hotten, 1873), 31-32.

[4] Ambrose Bierce, "An Occurrence at Owl Creek Bridge," in *In the Midst of Life: Tales of Soldiers and Civilians* (New York: G. P. Putnam's Sons, 1898), 16-19.

1894 年，比尔斯在短篇小说《莫克松的主人》（"Moxon's Master"）中开始写作有关自动机的故事。这个故事要比《大草原上的蒸汽人》更接近《弗兰肯斯坦》，它描绘了在唯物主义时代将人与机器对比所产生的危险后果。在故事开头，一位无名叙述者向老科学家莫克松和读者提了一个问题："你是认真的吗？你真的相信机器会思考吗？"莫克松向他的朋友反问道，如果将机器定义为"任何一种能够有效地运用能量或能产生预期结果的工具或系统"，"那么人不就是机器吗？"从这个基本前提出发，莫克松推测所有的物质都拥有意识。他向朋友讲道："当士兵排成一行，或组成中空的方阵时，你认为这是因为他们的理性。当野雁排成'V'字飞行，你认为这是由于它们的天性。而当矿物质溶解在溶液中，同质的原子自由移动，最终构成了数学上堪称完美的形状……你就无话可说了。"据此，他总结道："所有的物质都是有感知的，每一个原子都是有生命、有感觉、有意识的存在。"为了证明自己的观点，他借用了生物学家、哲学家赫伯特·斯宾塞（Herbert Spencer）对生命的定义："生命是由异质的或同时或连续的变化所组成的确定组合，它能与外部的共存物及序列相一致。"从逻辑上讲，这意味着"如果一个处于活动状态中的人是有生命的，那么在运转中的机器亦然"。[1] 比尔斯提出，按照那时科学家的说法，人与任何其他形式的物质都是没有区别的，因为——至少在原子层面上——一切都在运动，都在变化，都在有目的地运用能量。

72

---

[1] Ambrose Bierce, "Moxon's Master," in *War with the Robots* (New York: Wings Books, 1983), ed. Isaac Asimov, Patricia S. Warrick, and Martin H. Greenberg, 18, 19. 最初刊登在 *San Francisco Examiner,* April 16, 1899。

在开篇的对话中，叙述者偶尔会听到隔壁机器车间传来的一阵敲击声。当叙述者提及此事时，莫克松回答说："那儿没人。让你担心的那个事情是我粗心大意造成的。有台机器我忘关了，但却忘了给它留下任何可以做的事情。……你知不知道，其实意识是律动的造物？"这个回答让叙述者困扰不已，他转身离开了，但却不禁继续琢磨着莫克松的话，因为它意味着"所有的东西都是有意识的，因为一切都在运动之中，而所有的运动都具有韵律"。当晚，他回到莫克松的家，并冒险进入了机器车间，在那里他看到这位科学家正在和一个神秘的对手下棋。很快他便意识到，这位对手不是一个人，而是一台自动机。在莫克松兴奋地喊出"将军"之后，那坐着的机器怒火中烧，伸出手猛砸到科学家的脑袋上——它虽然脑力不如人，但是在体格上仍然高出一筹。[1]

这个有点像阿吉布的自动机把自己的创造者打死了。虽然场景骇人，但比尔斯的故事主要讨论的是 19 世纪晚期有关人类之物质性本质的对话。19 世纪末，科学发现表明即使是精神活动过程也有其质料因；有动力的机器可以模仿人类的运动；社会转型逐渐削弱了人们的自主性观念——维多利亚时代的人同时受到以上因素的启发与困扰，围绕自由意志的本质和人的目的展开了辩论。在一个崇尚自主个体有能力进行自我控制、追求自我完善的文化中，这些变化非常具有威胁性，因为它们暗示了独立自我的概念是虚幻的。如果像查尔斯·达尔文（Charles Darwin）的信徒托马斯·赫胥黎（Thomas Huxley）所称的那样，人只不过是"有意识的自动机"，那么就没有人是独立自主的，没有人是有自由意志、有选择权的，也没有人具有超越自身生物

73

---

[1] Bierce, "Moxon's Master," 20-21, 24.

欲望的目的。[1]

　　比尔斯通过斯宾塞对唯物论进行了另一种批判。斯宾塞是先于达尔文的一位进化论者和唯物主义者，他创造了一个词："适者生存"，这个词将自那时起不断回荡在不同的时代中。[2]它在斯宾塞口中本指生物进化过程，但在受过教育的美国人对个人、群体和国家之间的竞争性发展的反思中，这个词很快就有了更广泛的含义。在南北战争后的几十年间，国家经济日趋统一，移民大量增多，社会群体之间及其内部产生了更多的紧张关系，欧美列强仍在相互争夺海外领土。这一切似乎昭示着一个新的社会的产生，在这样的社会中，每个人都在为自己的最大利益，而非为所有人的利益而奋斗。在这种语境下，改革家和学者们用"适者生存"来形容自私的个人主义者的观点，即主张自由放任政策，只允许最有竞争力者生存。虽然很少有美国人认为人类生活应当被描述为"适者生存"，但这个词表达了一种普遍感受，即工业生活的特征是竞争而非合作。[3]

　　不过，《莫克松的主人》暗示着，没有人能够比机器更具竞争力，

---

[1] Thomas Henry Huxley, "On The Hypothesis That Animals Are Automata," in *Selected Works of Thomas H. Huxley* (New York: John B. Alden, 1886); 该时期的科学文化发展及其与个人主义的关系，参见 George Cotkin, *Reluctant Modernism: American Thought and Culture, 1880-1900* (Oxford: Rowman and Littlefield, 1992); T. J. Jackson Lears, *No Place of Grace: Antimodernism and the Transformation of American Culture, 1880-1920* (Chicago: University of Chicago Press, 1994); Michael McGerr, *A Fierce Discontent: The Rise and Fall of the Progressive Movement in America* (New York: Oxford University Press, 2003), 3-39; Wifred M. McClay, *The Masterless: Self and Society in Modern America* (Chapel Hill: University of North Carolina Press, 1994), 74-104; 以及 David Shi, *Facing Facts: Realism in American Thought and Culture, 1850-1920* (New York: Oxford University Press, 1995), 66-78。

[2] Herbert Spencer, *The Principles of Biology,* Vol. 1 (New York: D. Appleton and Company, 1898, originally, 1866), 444.

[3] Robert Bannister, *Social Darwinism: Science and Myth in Anglo-American Thought* (Philadelphia: Temple University Press, 1979), xi-xii, 12, 136; Lears, *No Place of Grace,* 21.

或能比机器更成功。机器利用蒸汽动力和电力获得了能量和活力，它的能力开始逐渐超过人类。在战场上，工业化生产的新型武器在杀戮上比人类士兵有效得多。而且几乎每个行业的工人都知道，机器可以比他们更有效率、更长时间地从事体力劳动。即使是那些过去需要脑力劳动的工作，比如文书，人类脑力劳动的信息计算速度也远远逊色于第一台穿孔制表机和现金出纳机。[1] 战争与工作，这是在 19 世纪与男性最为相关的两个领域，而到了 20 世纪，想要在这两个领域成功，就要达到机器的速度与标准。这种发展可能意味着，男人们不必再像以前那样埋头苦干了，但这也威胁到了他们对自身的认同，让他们丧失了人生目标，也没有了为自身权力凌驾于他人之上辩护的理由。在整个 19 世纪晚期，中产阶级和精英美国人都在担心他们变得"过于文明"，缺乏精力、决心和目标。在世纪之交，人们面对机器令人敬畏的力量，越来越感到自身的不足，因此他们重新思考了个人主义的本质，并将有力量的机器理想化为模仿的榜样。在比尔斯的故事中，虽然莫克松在理性领域取得了胜利，但是他旋即死于体格更强壮的发条自动机之手，这说明属于自主个体的时代已经结束了；在工商业时代，人们要么屈从于机器，要么就得把自己变为机器。

自主个体 vs "机器"

比尔斯笔下的机械惊悚故事来自一个更为久远的传统对立，一方是独立的、通常是男性的、具有活力和选择权的个体，另一方是机械的、被约束在既定道路上的自动机。自 18 世纪起人类与自动机之间就出现了分歧，而随着社会与宗教的变革，更多人能够控制自己的生

---

[1] 此类装置的发展可参见 Wililam Aspray, Nathan Ensmenger, and Jeffrey R. Yost, *Computer: A History of the Information Machines* (New York: Westview, 2013), 21-40。

活，这个分歧也就越来越大。科学和机械让人加强了对自然的控制，而市场扩张及城市化增加了职业选择和消费选择的范围。[1] 美国人，尤其是中上层阶级的美国人选择范围的扩大是与福音派基督教的日渐流行相一致的。福音派同时强调了这两者的道德意义：人接受上帝恩典的抉择，以及随后踏上自我和社会改善进程的要求。[2] 男人和女人们不再是清教徒和自然神论者所暗示的那样，必然要走向某个既定的未来，也不再完全是物质世界的一部分了。托马斯·科格斯韦尔·厄珀姆（Thomas Cogswell Upham）是一位从加尔文宗转向卫理公会的哲学家，他在其教科书《精神哲学》（*Mental Philosophy*）中写道："物质产生的是盲目和无意识的服从；但是心灵是能够预见的，它能将自己置于新的环境中，使自己接受新的影响、被新的动因围绕；从而在一定程度上掌控自身的法则。总之，心灵是自由的……但物质……可以恰如其分地用奴隶来形容。"[3] 在那个崇尚选择和可改善性的时代，人们认为自主的个体可以征服命运；但自动机不能。

心灵可以通过设定自身的法则来进行自我控制，这种能力对个体的自主性以及社会的和谐性而言至关重要。[4] 如果每个人追求的都是自私的个人主义，那么打破发条装置般的世界、赞颂白人男性的独立地位就可能导致整个社会的毁灭。自 18 世纪末以来，美国学者通常

75

---

[1] 关于南北战争前城市更大的变化及其对阶级观念的影响，参见 Stuart Mack Blumin, *The Emergence of the Middle Class: Social Experience in the American City, 1760-1900* (Cambridge: University of Cambridge, 1989), 230-257; Daniel Walker Howe, *Making the American Self: Jonathan Edwards to Abraham Lincoln* (Oxford: Oxford University Press, 1997), 109-111。

[2] Daniel Walker Howe, *What God Hath Wrought: The Transformation of America, 1815-1848* (New York: Oxford University Press, 2007), 285-327; Sean Wilentz, *The Rise of American Democracy: Jefferson to Lincoln* (New York: Norton, 2005), 254-280, esp. 267.

[3] Thomas Cogswell Upham, *Mental Philosophy,* 3rd ed. (Boston: William Hyde, 1832), 57-58.

[4] McClay, *The Masterless,* 40-73.

都反对这种霍布斯式的忧惧，而支持约翰·洛克和亚当·斯密（Adam Smith）所倡导的乐观的自由个人主义，他们呼吁使用情感约束利己主义与暴力激情。南北战争前的牧师、改革家、智囊、小说作家和政治家们通过努力工作、节俭、自律和家庭生活来宣扬自我控制的道德规范。维多利亚时代的自我控制信条侧重于驯服有关暴力和不洁性行为的冲动，要求控制情绪表达，特别是可能扰乱社会、伤害人际关系的愤怒、恐惧、嫉妒等负面情绪。[1] 可以肯定的是，即使在中上层阶级中，也很少有人完全遵守这些限制，但自我控制的伦理创造了一种理想典范，其他群体的人也想仿效它，并将其作为通往成功的道路。[2]

个体与自动机之区分源自于当时将"机器"（the machine）作为个体灵魂的对立面的这种新兴文学用法。英国保守主义者托马斯·卡莱尔 1829 年的文章《时代的标志》（"Sign of the Times"）使"机器"这个概念广为人知，它象征着当时的物质变革如何影响了男性的内在认同及其存在意义。卡莱尔声称："在这个机器时代，男人们的头脑、心灵与双手都变得机器化了。他们已对个人努力和任何一种自然力量失去了信心。他们所企盼并为之奋斗的，不是内在完美，而是外部的组合与安排，是制度、章程等或此或彼的机制。他们的全部努力、忠诚、观点，都以机器为基础，都具有机器的特点。"按照卡莱尔的说法，当男人们只以他们所能看到的东西来定义自己，而放弃了无法量化、无法验证的精神存在时，他们就失去了个体性，变成了机器。不过，他的怒火主要针对的不是机器，而是洛克的个体观。卡莱尔写

---

[1] Peter N. Stearns, *American Cool: Constructing a Twentieth-Century Emotional Style* (New York: NYU Press, 1994), 16-28; John Kasson, *Rudeness and Civility: Manners in Nineteenth-Century Urban America* (New York: Hill and Want, 1990), 147-181.

[2] Lears, *No Place of Grace,* 12-15.

道，洛克的"整个学说"是"机械的"，因为它忽略了"这些伟大的奥秘：必然性与自由意志，心灵对物质重要或不重要的依赖，我们与时间和空间、上帝、宇宙之间神秘关系。"在一个洛克式的机器时代，人们已经不再关心"真与善"，而只关心"利益"，并奉"机器"视为他们的"真神"。卡莱尔的"机器"隐喻还提到了一些"木头人和皮革人"之类的文学作品，他用这个隐喻批判了世俗化的自由主义、资本主义文化，在这样的文化中，人的目的就是获取利润。[1]

南北战争前很少有美国人接受卡莱尔的批评，但在人类身份认同中的内在要素上，美国人都赞同他的活力论。卡莱尔在美国最著名的反对者，马萨诸塞州律师蒂莫西·沃克（Timothy Walker）常赞颂机器，因为他认为机器能够使所有人形成精神认同，认识到自身存在的意义。在他的想象中，如果"我们能迫使无生气的物质为我们做事"，就"没有什么能阻碍人类成为哲学家、诗人和艺术家了。全体人类的全部时间和思考都可以用于内在文化，用于精神进步"。[2]卡莱尔和沃克的政治观点差异巨大。卡莱尔担心人类在机器化进程中所付出的道德代价，不久之后他就发表了著名的《论英雄、英雄崇拜和历史上的英雄业绩》（*On Heroes, Hero-Worship, and the Heroic in History*），鼓吹个人的力量可以改变世界。沃克则把机器理想化了，认为它具有民主的潜力，能够同时解放男人和女人、上层阶级和下层阶级，以便让所有人都放弃物质追求而转向精神追求。虽然两人在机器的政治意涵上存在分歧，但他们都接受了物质与精神、外在表象与内在品质之间的根

---

[1] Thomas Carlyle, "Signs of the Times," *The Collected Works of Thomas Carlyle,* vol. 3 (London: Chapman and Hall, 1858), available at http://www .victorianweb.org/authors/carlyle/signsl.html.

[2] Timothy Walker, "Defense of Mechanical Philosophy," *North American Review,* July 1831, 124. 更多分析可参见 Leo Marx, *The Machine in the Garden: Technology and the Pastoral Ideal in America* (Oxford: Oxford University Press, 1964), 174-190。

本区分——拉尔夫·沃尔多·爱默生、纳撒尼尔·霍桑以及维多利亚时代的许多人都持有同样看法。直到 21 世纪，在美国人对机器人的看法中，这种区别依然是根本的。

在维多利亚时代，内在与外在、真实与虚假之区别是一个重要的文化主题，因为批评家们担心，人们可以在并不具有内在美德的情况下展示出美德来。在埃德加·爱伦·坡 1839 年的短篇小说《被用光的人》（"The Man That Was Used Up: A Tale of the Late Bugaboo and Kickapoo Campaign"）中，有一位散发着完美气质的将军。在无数人的讽刺赞歌中，他被称为"发明"的奇迹，文中有角色称赞他的美德；女人们爱他的身体、智慧和勇气。然而，在故事的结尾，人们发现这位将军几乎完全是机械的；当他的身体在印第安战争中受重伤以致无法痊愈时，军方用机械、树皮和木头换掉了他身体的各个部位。虽然他看上去是维多利亚时代男子气概的完美典范，但这位将军甚至无法将自己组装起来；这工作要靠一个奴隶来完成。这篇故事在讲述了军队是如何将它的士兵们"用光"的之外，还劝诫人们不要从外在标准来判断一个人是不是自主的个体。[1] 和朱利安·霍桑的《马伦维尔之谜》一样，一个俊美的人形外表之下，可能隐藏着一个空洞的机器。

这种对文明社会的虚假性的批判也出现在了迎合工人阶级家庭的舞台自动机表演中。在梅尔策尔的棋手为波士顿的精英观众们带来欢乐的同时，J.D. 德克斯特（J. D. Dexter）在码头广场用几个自动机呈现了一场"综艺秀"，包括"走钢丝的杂技演员、华尔兹舞者、家庭主

[1] Edgar Allen Poe, "The Man That Was Used Up: A Tale of the Late Bugaboo and Kickapoo Campaign," in *The Complete Works of Edgar Allan Poe, Volume 3,* ed. James A. Harrison (New York: Thomas Y. Crowell, 1902), 259-272.

妇、悠闲的绅士、士兵、机械艺术教授"等等。[1]梅尔策尔的自动机
在奢华的室内大厅展出，收费 50 美分；而为了吸引工人阶级观众，
德克斯特选择在室外展出，只收 12.5 美分。其中有许多装置，包括
"华尔兹舞者""家庭主妇""悠闲的绅士"，是在讽刺总想着控制工人
阶级的中上层阶级的刻板与虚伪。"机械艺术教授"这个装置的加入
则更加强调了这种批评，因为该装置影射了机械艺术家们只会做事先
设定好的动作，不如真正的机修工人——虽然他们只掏得起德克斯特
的门票钱。

　　对工业劳动的批评最深刻地批评了这样的新世界是如何摧毁人
类的身体与灵魂的。爱默生在 19 世纪 50 年代的一次英国之行后评论
道："机械已被应用于所有工作，而且已经完美得让人们除了照看引
擎和给熔炉添火之外，什么事情都不用做了。"他认为，使用机械工
作"给人们的一切习惯和行为带来了一种机械的规律性。可怕的机器
占有了大地、空气、男人和女人，甚至连思想都不再自由了"。在一
个强调独立自主与思想自由的人看来，这样的发展对于白人男子气概
构成了直接威胁。他总结说："机器阉割了其使用者。[使用者] 在织
布时获得了一些东西，但他相应地就在一般的力量上有所丧失。……
健壮的撒克逊农人在工厂里退化成莱斯特的织袜工，退化成低能的曼
彻斯特纺纱工。……不停地重复同样的手工劳动，让男人变得矮小，
剥夺了他的力量、智慧和多样性。"[2]在爱默生看到机器摧毁了白人
男子气概的同时，赫尔曼·梅尔维尔在其 1855 年的故事《单身汉的

78

---

[1] "Omnibus of Fine Arts," *Boston Morning Post,* December 17, 1834, 3; *Boston Morning Post,* November 14, 1834, 2.

[2] Ralph Waldo Emerson, *English Traits* (Boston: Houghton, Mifflin, 1902), 103, 166-167; 参见 John Kasson, *Civilizing the Machine: Technology and Republican Values in American, 1776-1900* (New York: Grossman, 1976, 125-129; Leo Marx, *Machine in the Garden,* 263。

天堂和女仆的地狱》（"The Paradise of Bachelors and The Tartarus of Maids"）中担心白人女性气质的毁灭。他的叙述者在形容新英格兰的一家造纸厂时说："机器被吹嘘为人类的奴隶，但却站在这里让奴仆一样的人类侍奉着。这些人默不作声、卑躬屈膝地伺候着机器，就像奴隶伺候苏丹一样。姑娘们连通用机器上的辅轮都算不上，她们只不过是轮子上的齿轮而已。"[1]这些文人学士们认为，工业化并没有把白人男女变成有德性的公民，而是把他们变成了没有头脑、没有灵魂的自动机，被束缚在拥有力量的机器所产生的呆板单调的节奏中。

有意识的自动机

正当维多利亚时代的文化想分开人与机器的时候，现代科学的发展让它们又紧密结合了起来。[2]在 18 世纪，人们之所以会对自动机兴致勃勃，是因为它们可以将生理学、物理学等自然科学与道德和政治哲学以及神学中的观念融合在一件艺术品中。自动机是知识本质之普遍性的象征。然而到了 19 世纪，知识分子们将知识划分为各个学科，每个学科只关注物质或精神世界的一个方面；很少有学者能跨越两者之间的界限。随着对知识的追求变得产业化，科学家放弃了存在的活力论观念，转而采用强调将可观察现象作为唯一证据的方法。尽管一

---

[1] Herman Melville, "The Paradise of Bachelors and The Tartarus of Maids," *Harpers New Monthly Magazine* 10, no. 59 (April 1955): 670-678. 进一步讨论参见 Kasson, *Civilizing the Machine,* 92; Stephen P. Rice, *Minding the Machine: Languages of Class in Early Industrial America* (Berkeley: University of California Press, 2004), 30-31。

[2] 对人类身份认同与物质之关系的思想史分析，参见 Jessica Riskin, *The Restless Clock: A History of the Centuries-Long Argument over What Makes Living Things Tick* (Chicago: University of Chicago Press, 2016); Stephen Toulmin and June Goodfield, *The Architect of Matter* (Chicago: University of Chicago Press, 1982); 以及 John Tresch, *The Romantic Machine: Utopian Science and Technology after Napoleon* (Chicago: University of Chicago Press, 2012)。

些科学家因这种"实证主义"中的决定论倾向而拒绝接受它，但另一
些人却欣然接受了人类本质的自动机理论，该理论忽视不可观察的元
素，如灵魂。[1]

热力学是第一门破坏人类与自动机之区别的学科。这是一个与蒸
汽机的出现有关的分支领域，研究使有生命和无生命物质运行所需的
能量。几个世纪以来，科学家们一直在研究热、力和功之间的关系，
但直到19世纪中期，他们才在欧洲创造了这个独特的领域。内战后，
随着蒸汽动力的兴起，热力学迅速成为美国人关注的热门学科；虽
然对大多数人而言热力学遥不可及，但它的语言和见解慢慢地渗入
了这个国家的文化中。1866年，当梅尔维尔在讽刺美国内战中的一
场装甲舰战斗时，他简要地提到了"热量计算"，以说明科学、工业
和哲学如何把战争从一场英勇的战斗变成了一种可量化的、机械式的
行为。[2]

和18世纪的先驱们一样，研究热力学的科学家们也为人类和自
动机之间的相似之处而着迷。该领域的创始人之一赫尔曼·冯·亥姆
霍兹（Hermann von Helmholtz）是一名医生兼物理学家，他第一篇被
译介到美国的文章中所写的正是自动装置。此文开头讨论了新近出现
的一种所谓的古怪现象：严肃的科学家们心甘情愿投入大量精力制造
"小玩意儿"。不过，亥姆霍兹认为，这些科学家们有着一个严肃得多
的目的："这些艺术家可能不希望在他们精妙构思出的造物中注入具
有道德完整性的灵魂……当时有许多人甘愿他们的仆人们不具有任何
道德品质，只要同时这些仆人也不具有不道德的品质；并希望所接受

---

[1] Cotkin, *Reluctant Modernism,* 30-31; Lears, *No Place of Grace,* 21-23.

[2] Herman Melville, "A Utilitarian View of the Monitor's Fight," in *Selected Poems of Herman Melville: A Reader's Edition,* ed. Robert Penn Warren (Jaffey, NH: David R. Godine, 2004), 120-121.

的服务如机器一样规律，像铜铁一般坚久，而不是像血肉之躯一样易变。"他声称，早期自动机制造商决定制造出精妙的装置，这个"大胆的选择"不单单是为了博精英一笑，还想要为他们提供机器，以取代不道德和无规律的工人。然而，亥姆霍兹认为这样的做法是误入歧途。"我们想要的不是一种能够满足一个人所需要的一千种服务的机器，"他写道，"相反，我们希望制造出的机器只执行一种服务，并代替一千个人完成它。"[1]亥姆霍兹认为，人与机器的区别在于专门化程度。现代机械通过专门化提高了效率，但人可以执行多种任务。

缺乏专门化不意味着人就不是机器了。"对于上世纪的自动机制造者而言，"亥姆霍兹总结道，"人和动物就像永不需要上发条的装置，凭空产生了力。"然而，蒸汽机燃料的燃烧过程表明，人类身上也发生着类似的过程。他的理论是，食物是由"可燃物质组成的，这些物质在消化后进入血液，所经历的过程实际上相当于缓慢地燃烧，最终与大气中的氧气相结合，这一结果与明火燃烧的产物几乎相同"。他进而指出，动物的身体"在获得热和力的方式上，与蒸汽机没有什么不同"。[2]对亥姆霍兹而言，人体就是一个以食物为动力的通用自动机。

[1] Hermann von Helmholtz, "On the Interaction of Natural Forces," *American Journal of Science and Arts* 24, no. 70 (November 1857): 189-190.

[2] Helmholtz, 208-209. 关于主要是欧洲文化中有关热力学和人体能量问题的思考之间的更多重复，参见 Anson Rabinbach, *The Human Motor: Energy, Fatigue, and the Origins of Modernity* (Berkeley: University of California Press, 1992). 有关美国的机械论身体观，参见 Carolyn de la Pena, *The Body Electric: How Strange Machines Built the Modern American* (New York: NYU Press, 2005), 15-49; Cynthia Eagle Russett, *Sexual Science: The Victorian Construction of Womanhood* (Cambridge, MA: Harvard University Press, 1989), 104-129; 以及 Mark Seltzer, *Bodies and Machines* (New York: Routledge, 1992)。

　　由于几乎所有早期研究热力学的科学家都是欧洲人，美国人对这个新领域的了解是从报纸期刊上得来的，直到 19 世纪 70 年代大学开始建立物理系。在大众看来，与蒸汽机相关的热力学强化了食物与燃料之间更广泛的等价关系。1871 年，《青少年指南》（*Youth's Companion*）告诉孩子们，食物是"用以温暖身体的唯一燃料"，并进一步解释说，"我们常常要吃东西的原因，就像火常常需要添煤和灯常常需要添油一样，——因为我们快要烧完了"[1]。1897 年，《洛杉矶时报》（*Los Angeles Times*）的一篇文章也提出了类似的观点："一些著名的实验证明，从物理上来看我们就像蒸汽机一样。……从生到死，[身体] 一刻也没有停止过一件事，那就是燃烧燃料。"[2] 一年后，《大急流城先驱报》（*Grand Rapids Herald*）称："身体是一台机器，它需要食物，就像引擎需要木头或煤炭一样。"[3] 1900 年，维思大学教授 E.B. 罗萨（E. B. Rosa）将人体描述为"活着的引擎……大脑是指导它的工程师，"并以食物作为燃料。此时他不过是在复述自 19 世纪 70 年代以来老生常谈的观点。[4]

　　食物和燃料之间的相似之处只是热力学所传播的众多洞见之一。同样重要的还有一个短语——"原动力"（motive power），它对新科学和人的概念都至关重要。这个短语最初指的是引擎的工作原因；然而，在 19 世纪中期，人们开始把它应用到精神元素上。1855 年，一位加州专业期刊的作者将"希望"定义为"人类伟大的原动力；它是勇气、

---

[1] "Food Fuel for the Body," *Youth's Companion* 44, no. 4 (January 26, 1871): 29.

[2] 来自一位特殊撰稿人给 *Times* 所写的文章，"Human Body a Fuel Machine," *Los Angeles Times,* November 28, 1897, 13。

[3] "The Body a Machine," *Grand Rapids Herald*, September 6, 1898, 8.

[4] E. B. Rosa, "The Human Body as Engine," *Popular Science Monthly,* September, 1900, 491; Russett, *Sexual Science,* 108-113.

能量和毅力"[1]。这个短语尤其反复出现在新教牧师的字典中。浸信会教士爱德华·贾德森（Edward Judson）认为，"基督之爱"是"基督徒灵魂的支撑和原动力"。[2]《基督拥护者》（*Christian Advocate*）在 1889 年表示，"上帝的意志"是人之"道德力量"的"强度和原动力"的源泉。[3] 唯灵论诗人埃拉·惠勒·威尔科克斯（Ella Wheeler Wilcox）同样指出："爱是宇宙的法则。它是所有存在之下的原动力。"[4] 科学语言与人类身份认同中的精神和情感元素的融合，彰显了热力学的活力论潜质。最初，该领域将活力论与唯物论联系起来，认为能量是所有有机体的运动、能动性和做功的源泉。[5] 但能量也是无生命物质的重要组成部分。热理论消除了生命体与非生命物质之间的区别，并认为所有的功都来自能量而非意志，以此，它提出了有关人与物质世界之差异的深刻问题。

在自动机理论的发展之中，进化论起到了最为重要的作用，尤其是托马斯·亨利·赫胥黎所信奉的那种进化论。赫胥黎因其在 1874 年提出人是"有意识的自动机"这一争议性主张而闻名。按他的说法，有意识的思想也是机械的，这很少有人愿意接受。他认为，动物的意识"只是其身体的机械系统运行的附带产品，并仅仅以这种方式与后者相关，而且完全不具有任何改变后者运行的能力，就像伴随机车发动机工作的汽笛对其机械装置本身没有任何影响一样"。把同样的逻

---

[1] "Hope On!," *California Farmer and Journal of Useful Sciences* 4, no. 13 (September 28, 1855): 101.

[2] "The Love of Christ: The Sustaining and Motive Power of the Christian," *Plain Dealer,* August 2, 1886, 4.

[3] "The Measure of Character," *Christian Advocate,* May 23, 1889, 331.

[4] Ella Wheeler Wilcox, "What Love Is," *Washington Post,* August 1, 1900, 4.

[5] 出自安森·拉宾巴赫（Anson Rabinbach）令人回味的警句，"transcendental materialism," 45: Rabinbach, *Human Motor,* 45-68。

辑应用到人身上，他得出结论说："我们的一切意识状态……都是直接由大脑物质的分子变化引起的……没有证据表明意识的任何状态是有机体物质运动变化的原因……我们是有意识的自动机。"[1]

1876 年，赫胥黎的理论来到了美国，并广受质疑。[2] 许多人认为他的理论不仅荒唐，而且对社会具有破坏作用。大部分反对意见来自牧师们，但也有一些来自科学家。《大众科学月刊》（*Popular Science Monthly*）刊载了许多对赫胥黎理论的攻击，其中实业家罗兰·G. 哈泽德（Rowland G. Hazard）以自由个人主义为由，拒绝接受他的理论。"在宇宙中，每一个存在都是独立的、主动的力量，"哈泽德称，"它们自由地履行自己的职责，并与所有其他活跃的智能合作，创造未来。"[3] 哈泽德认为，即便赫胥黎有证据，将人看作纯粹机器的观点也会使人失去"意识的尊严，以及伴随着意识而来、通过履行责任而产生的欢呼与鼓舞；因为没有力量就没有责任"[4]。他担心，如果人们认为他们仅仅是自动机，那么就没人会去履行他们的社会责任了。

对自动机理论最有力的抨击来自哲学家、心理学家威廉·詹姆士（William James）。在其 1879 年的一篇文章中，詹姆士给出了好几个反对赫胥黎的理由，但最主要的一个理由是：赫胥黎未能认识到意识对于个人而言是必需的，因为人要以之控制不可预测的生命本质。詹姆士使用达尔文进化论称，如果在进化斗争中，意识是有用的，那么

82

---

[1] Thomas Henry Huxley, "On the Hypothesis that Animals Are Automata," 206; 更多有关美国对赫胥黎的研究，参见 Louis Menard, *The Metaphysical Club: A Story of Ideas in America* (New York: Farrar, Straus, and Giroux, 2001), 259-260。在欧洲科学的语境下对赫胥黎的讨论，参见 Riskin, *Restless Clock,* 214-248。

[2] Cotkin, *Reluctant Modernism,* 4.

[3] Rowland G. Hazard, "Animals Not Automata," *Popular Science Monthly,* February 1875, 406.

[4] Hazard, "Animals Not Automata," 419.

"有意识的自动机"理论就是不正确的。詹姆士说，心灵不是机器，因为"机器本身不知道对错：物质没有理想可供追求"[1]。然而，人可以在对错间抉择。如果人仅仅是有意识的自动装置，那么他们将缺乏构建"人格特征"所必需的存在意义与选择能力。正如詹姆士所写的："人的问题不在于他现在应该选择做什么，而在于他现在应该决心成为一个什么样的人。"[2]对詹姆士来说，人和机器之间的区别很明显：人可以通过选择而进步，但机器不能。

尽管类似的反对层出不穷，科学家和知识分子们仍然试图在不诉诸灵魂或自由意志的情况下，解释思想和行为。在 19 世纪晚期，城市、工业社会日益增强的相互依赖与社会科学相结合，破坏了维多利亚时代单一、连贯的自我观。城市中的男男女女似乎每人都在扮演着多重角色，每种角色都有着不同的特点。虽然詹姆士并不接受自动机理论，但他从这一现象中得出结论："一个人的社会自我的数量，和认识他并在将其形象记于心中的人数一样多。"[3]同时，连贯的自我观也变得支离破碎，思想家们越来越认识到遗传和无意识思想给自我控制带来的限制。19 世纪晚期的学者们开始怀疑人们是否应该对他们似乎无法控制的行为负责。在社会改革家看来，人类行为是由生物因素和社会因素共同决定的，而不是有意识的选择，这一结论越来越显而易见。

[1] William James, "Are We Automata?," *Mind,* January 1879, 1-22, at 16. 进一步讨论参见 James Kloppenberg, *Uncertain Victory: Social Democracy and Progressivism in European and American Thought, 1870-1920* (New York: Oxford University Press, 1986), 38-39; Robert D. Richardson, *William James: In the Maelstrom of American Modernism* (Boston: Houghton Mifflin, 2006), 197-199。

[2] James, "Are We Automata?," 13.

[3] William James, *Principles of Psychology,* Volume 1 (New York: Henry Holt, 1890), 294; Lears, *No Place of Grace,* 35-37.

　　交流电的发明者尼古拉·特斯拉的言论最为简明扼要地概括了有关人类身份认同和行为的新发现。1898 年，特斯拉发明了"遥控自动机"（Telautomaton），即一艘可由无线电波遥控的船。遥控自动机虽然不是人形的，但特斯拉制造它的动机来自他想造出"一种能够使用机械呈现出'我'的自动机，它可以像我自己一样对外部影响做出反应——当然，以一种原始得多的方式"。这样的自动机"必须有原动力、运动器官、指令器官，以及一种能够对外部刺激作出回应的更为敏感的器官"。特斯拉推断，想要让其功能完全发挥出来，这样的自动机"必须有一个与心灵相对应的元素，它能实现对其所有运动与操作的控制，并使其在任何意外可能突然出现的情况下，凭借知识、理性、判断和经验采取相应行动"。虽然外部控制者充当了机器的心灵，但这样的装置表明，一般说来行为可能会为"外部影响"所塑造。早年，特斯拉就注意到，他的心灵对外部刺激的反应越来越自动化了；由此他总结道："我是一个天生有活动能力的自动机，只对作用于我感觉器官上的外部刺激做出反应，并相应地思考、表现、行动。"[1]

　　这样的逻辑破坏了个人与自动机之间的区分。这一区分始自独立战争后，并在内战前的社会文化中一直得到加强。如果人仅仅是受外在刺激影响或受无意识冲动所驱使的物质，那么他们就没有选择的余地，无法彰显自控力；没有选择，他们就不能在道德上改善自己或国家，因此人除了满足自己的欲望之外，就没有别的目的。如果没有内在的自我，那么提倡人们自我控制就没什么意义了。不过，对许多思想家来说，最紧迫的问题不是人是不是自动机，而是像他们这样的男

　　[1]　Nikola Tesla, "The Problem of Increasing Human Energy," *Century Magazine,* June 1900, 175-211, at 184-185.

人是不是自动机。当詹姆士开始讨论赫胥黎自动装置理论的伦理意义时，他明确使用了男性人称。他写道，选择的问题"意味深长，因为它决定了一个男人的整个人生。当他在仔细考虑自己是否应该犯下某个罪行，选择某个行当，接受某个职位，或者和某个有钱人结婚时，他实际上是在选择几个同样可能的未来的**自己**（Selves）。他将要经验的整个**自我**（Ego）[1] 会变成什么样子，是由这一刻的行为所决定的。……人的问题不在于他现在应该选择做什么，而在于他现在应该决心成为一个什么样的人。"[2] 自 19 世纪初以来，工业自动化的核心承诺一直是它有能力确保每个男人都能成为自己的主人，每个男人都能选择自己的命运。如果赫胥黎和特斯拉是正确的，那么就没有人能成为主人，因为每个人都是物质的奴隶。

战争与工作中的自动机

南北战争期间和战后美国制度的发展与巩固同样威胁着自主个人观。在商业领域，为了规避激烈的市场竞争，钢铁、石油、肉类加工业、烟草甚至马戏团等行业的公司相互合并，形成了巨大的托拉斯。工厂所有者将控制权交给了管理者和专业工程师，这些人试图通过更严格的劳动分工来确保效率，工厂也随之变得越来越庞大，越来越集中。在这些工厂工作的是来自东欧、南欧以及中国的数百万移民中的一部分，他们定居在城市中，让美国文化日趋多样。内战结束后，联邦政府、州政府和地方政府开始建立一个监管型和社会福利型

---

[1] 在詹姆士的区分中，"自我"指纯粹自我，自我中积极地知觉、思考的部分，或称"主我"（I）；而"自己"指经验自我，自我中被知觉、被思考和被经验的客体，或称"客我"（me）。——译者

[2] James, "Are We Automata?," 3.

的国家，以应对人口的涌入和工业资本主义所造成的恶劣影响，政府也随之扩大了。在南北战争前，许多白人认为他们可以成为独立的个体——无论是农民、工匠还是拓荒者——只要他们运用各种技能，就能实现多种目的。但是这一希望却因内战后的文化氛围而几近破灭，因为那时的社会要求每个人都扮演专门的角色、重复同样的动作。

85

这样的转变促使中上阶级男性将强大的机器，甚至是发条自动机视为完美的典范。南北战争推动了将人转变为自动机这一想法的产生。美国传统文化尊崇"公民士兵"，即在战争时期自愿牺牲其自由来保护国家的人。战争的规模之大、速度之快，要求南北方军队都要表现出前所未有的纪律性和协调性。[1] 出版商印制了许多训练指南，教人们如何在"公民士兵"的完美典范与现代战争的需求之间协调。其中就有联邦陆军上校 G. 道格拉斯·布鲁尔顿（G. Douglas Brewerton）所写的三部曲：《自动机兵团》（*The Automaton Regiment*）、《自动机连》（*The Automaton Company*）和《自动机炮兵》（*The Automaton Battery*）。布鲁尔顿的指南中包含了一本小册子和用以代表军队单位的彩色"积木和筹码"，对"好学的士兵"而言是很好的训练和部署军队的实践课程。布鲁尔顿称，普通的士兵可以通过阅读这些指南成为巨型战争机器上的齿轮。布鲁尔顿选择自动机作为模范，但并未表示出任何剥夺士兵灵魂或理性的意愿。他大概希望士兵拥有某种形式的原动力，无论是拯救联邦还是废除奴隶制。他的手册是要把作战演习教给人们，以使他们能明白自己在更大的战争机器中的位置；他的手册是要把训练深深地印在人们的脑海中，这样他们在战场上的行动就

---

[1] James M. McPherson, *Battle Cry of Freedom: The Civil War Era* (Oxford: Oxford University Press, 1988), 329-331.

会变得好像自动机一般。[1]

　　布鲁尔顿所谓将士兵变成自动机上的齿轮这一建议在内战时期还是很稀罕的，但战争结束后，双方的士兵们都记得他们感觉自己变成了没有大脑的机器。[2]一名士兵挖苦道，他"不过是一台机器，专门给某个伟大的将军制造声望与荣誉"。另一名士兵则哀叹说，士兵们"没有思考的权力。已经有别人被派来替我们思考了。我们就像自动机一样，牵动拉线时一定要踢腿（或工作）"。[3]不过，也有其他士兵认为这样的纪律性让他们变得强大，使他们获得解放。"拿破仑一世说过：'一个人要想成为优秀的士兵，就必须先把他改造成一台机器。'根据我的经验，我对他的观点十分赞同。"一位南部邦联成员如是说。[4]不过，士兵们也可以通过将自己想象成自动机而为战争暴行推脱责任。[5]有人认为，一般的士兵"就算需要为自己思考的话，也不用想得太多。因为有军官可以为之代劳。他只需要像一个自动机一样好好地行动；所以他的大脑从来不用考虑'机动''前进''撤退''战略'这些事情；他只应在需要的时候行动并服从命令"[6]。

---

[1] George Douglas Brewerton, *The Automaton Regiment, or, Infantry Soldier's Practical Instructor* (New York: D. Van Nostrand, 1863), Marian S. Carson Collection, Rare Book and Special Collections Division, Library of Congress, http://www.loc.gov/exhibits/civil-war-in-america/april-1861-april-1862.html#obj4. 布鲁尔顿其他的"自动机"手册可见于当时的图书销售清单中，参见 *Trubner's American and Oriental Literary Record,* July 20, 1865, 89。

[2] McClay, *The Masterless,* 33.

[3] 引自 Drew Gilpin Faust, *The Republic of Suffering: Death and the American Civil War* (New York: Knopf, 2008), 59。

[4] 引自 James M. McPherson, *For Cause and Comrades: Why Men Fought in the Civil War* (Oxford: Oxford University Press, 1997), 45, 65。

[5] Faust, *Republic of Suffering,* 59-60.

[6] 引自 James I. Robertson Jr., *Soldiers Blue and Gray* (University of South Carolina Press, 1998), 122。

　　19 世纪末期，美国逐渐寻求扩张为一个跨越大洋的帝国，这引发了一场有关军队在多大程度上把人变成了机器的争论。有些人认为，在这个似乎更关心个人利益而不是国家团结的混乱世界中，身着军装的士兵是力量、舍己为人和秩序的象征。[1]明确地将自动机视为模范的观点还是少见的，但在 19 世纪 90 年代，随着美国试图在加勒比和太平洋地区扩张自己的影响，这个词出现在了报纸对军队的描述中。1890 年，克利夫兰《老实人报》（*Plain Dealer*）称赞一名男孩，理由是他在共和国大军（Grand Army of the Republic）[2]的一次会议上做出了自动机般的行为："[那个男孩] 目不转睛地往前走，走到主席台上后，他拿出了一支滑膛枪，然后举枪瞄准——就好像他是个自动机一样。每个人都站起来，为这个小伙子欢呼喝彩。"[3]1891 年，《芝加哥先驱报》（*Chicago Herald*）类似地称赞了一些成年人："第 15 步兵团……从此在五十万芝加哥人心中所占据的位置将会令人艳羡。芝加哥人观看了谢里登堡卫戍部队的阅兵式——八个连队，三百号人，每个人都像一台自动机，整个队伍是一个超一流的士兵，他们完美的队列、精确的行进节奏和无误的武器操作，让观众们心花怒放、神经亢奋、血脉偾张。"[4]

　　反对美国军事扩张的人则批评军队对士兵的严格管控，他们认为士兵被机器化了，成了没有道德责任感的自动机。最为详细的批评出现在 1902 年的小说《英雄金克斯队长》（*Captain Jinks, Hero*）中。该

[1]　Lears, *No Place of Grace,* 117-124.

[2]　共和国大军是由美国内战的退役军人组成的一个兄弟组织，1866 年在伊利诺伊州的迪凯特成立，1956 年最后一个成员去世后解散。——译者

[3]　"Ohio Veterans Do Themselves Proud at the G.A.R.Encampment at Boston," *Plain Dealer,* August 18, 1890, 3.

[4]　"It's a Real Holiday," *Chicago Herald,* May 31, 1891, 1.

书作者为欧内斯特·霍华德·克罗斯比（Ernest Howard Crosby）。他是一位长老会牧师的儿子，也是列夫·托尔斯泰（Leo Tolstoy）的反战哲学在美国的首要倡导者，他和托尔斯泰一样强调体力劳作的重要性。这部小说是对美西战争和美菲战争穷兵黩武的直接讽刺，讲述了山姆·金克斯（Sam Jinks）一生。金克斯得到了一套锡兵玩具后，立志将自己的一生奉献给军队。金克斯浸淫在军队里等级森严、毫无民主的文化中，他变得热爱暴力，同时不承认自己有任何过失。金克斯在与"野蛮的古巴人"作战时受了伤。当他痊愈时，一位军事发明家找上门来，和他讨论使用机器进行战争的可能。发明家认为，完美的士兵是一台没有"良心和理性"的机器。他问这位年轻的战斗英雄："为什么不应该造出机器来代替士兵呢？鱼雷就是一个在水下游泳的铁制士兵，他不用呼吸，还听从指挥。"山姆认为，人之所以重要，是因为他们拥有勇气，而勇气是任何机器都无法复制的。但是发明家对这种说法却嗤之以鼻："勇气！有什么东西能比一块钢铁更具勇气？要吓倒它可不容易。而且士兵所需的所有品质都可以在它身上找到。你不是要它服从吗？还有什么能比机器更会服从的呢？"发明家认为，一个士兵"必须服从，必须毫无畏惧，没有良心也没有自己的思想。在所有这些方面，机器都比人强"。他总结道，说一个士兵像发条装置，"这是军队里最高的表扬了"。[1]

　　虽然很少有人公开表达此类将士兵转变为自动机的希望，但一些人担心，这样的转变很可能会因与外国列强的竞争而成为必需。美国人长期以来一直将自动机般的士兵与欧洲军队，尤其是德国军队联系在一起。1893 年，后来当选为共和党参议员的弗兰克·L. 格林（Frank

---

[1] Ernest Howard Crosby, *Captain Jinks, Hero* (New York: Funk & Wagnalls, 1902), 340-342.

L. Greene）在欧洲为家乡的报纸写了篇报道，他告诉读者们，"任何一个对军队事务感兴趣的人，花点时间去观看德国士兵的训练都是值得的"，这样他们就能够看到另一种建设军队的方式。他发现，"在他们的优良军纪中，明显存在着一种将人碾碎，变成自动机的精神。这在我们国家是绝不能容忍的。美国军队从来不因训练而著称，但这是因为他们永远不会屈服于对自身个体性的彻底消除，而这种消除在德国是一种必然"。这种训练在美国是不可能的，因为"'罗马公民'拥有十分强烈的尊严感，就算是一个普通士兵也不可能完全把自己的身心交给他的上级"。因而他得出结论："我们不像机器一样训练，而是或多或少因缺乏纪律而变得惹眼。但如果是这样的话，我们还能战斗吗？……还能吗？"格林被德国军队震撼了，而且他的信心受到了打击，他怀疑个人主义的美国能否在这个有序但充斥着暴力的世界中开展竞争。[1]

更糟糕的是，1894 年，全国的报纸争相报道说，西班牙政府制造出了一种遥控版的蒸汽人，用来帮助西班牙帝国扩张。这些"自动战士"由钢铁制成，每分钟能发射 40 轮子弹，"它们的脑部放有一些炸药，如果有电流经过这里，它们就可能会被炸成碎片"。[2] 如果美国士兵将不得不与机器化的人和人化的机器作战，那也难怪军事爱好者们都希望美国男性的身体能变得更加强壮了。19 世纪 90 年代，拓荒时代结束了，人们开始重视享受与财富，因此西奥多·罗斯福（Theodore Roosevelt）总统担心男性已经变得过于软弱。他希望男人们能够具有一些物质化特征："我们需要真正的男子汉必须有铁一样

88

---

[1] Frank L. Greene, "Old World Sketches," *St. Albans Daily Messenger,* May 12, 1893, 2.

[2] "Automatic Iron Soldiers That Can Shoot Forty Times a Minute," *Charlotte News,* January 15, 1894, 3; "Electric Fighting Men," *Knoxville Tribune,* March 18, 1894, 7.

的气质。我们需要积极的美德：决心、勇气、不屈不挠的意志；我们要有力量不再推诿总要完成的繁重工作；我们要在漫长的缓慢发展中学会坚持不懈。"[1] 两年之后，这位推崇军队精神的总统因为拓荒者们在筚路蓝缕中所展现的顽强意志而称赞他们既有"钢铁之躯"，又有"钢铁之魂"。[2] 西奥多·罗斯福认为，美国所需要的男人，不是由柔软的锡做成的，而是用坚硬的钢铁制成的，他们即使在工业生活的重压下，也仍然能保持个人精神。

要想成功，男人必须与物质、机器成为一体——这种信念也在工作中出现了。发明家、西屋公司创始人乔治·威斯汀豪斯（George Westinghouse）是一位高效、果断的人，他因此赢得了"人形发电机"的美誉。[3] 波士顿公理教会牧师爱德华·埃弗里特·黑尔（Edward Everett Hale）也获得了和西奥多·罗斯福同样的绰号。[4] 1903 年，马歇尔·菲尔德公司（Marshall Field）副总裁约翰·G. 谢德（John G. Shedd）告诉一群年轻人，想要在商业上有所成就，他们就必须"成为人形蒸汽机……上紧发条，准备把灵魂的全部能量投入手头的事情上"。他认为，在现代社会，"仅凭性格的力量不足以成功。你还要集中精神，要能够随时随地发挥这种力量，而且你还必须始终如一地做到这一点"。[5] 一种新的男子气概就在这样的意象中形成了，而只有有钱有势的人才能拥有它。在这种新的男子气概中，发动机或发电机成

[1] "Patriots' Reunion," *Los Angeles Times,* August 3, 1901, 1; Kristin L. Hoganson, *Fighting for American Manhood: How Gender Politics Provoked the Spanish-American and Philippine-American Wars* (New Haven, CT: Yale University Press, 1998), 143-144.

[2] "The Address of the President of the United States," *Christian Advocate,* March 5, 1903, 376.

[3] "Westinghouse-Inventor and Human Dynamo," *New York Times,* November 3, 1907, SM3.

[4] "The Human Dynamo," *Boston Journal,* April 4, 1895, 10; "Is a Human Dynamo," *Daily Inter Ocean,* August 21, 1895, 7.

[5] "Be a Human Steam Engine If You Want to Succeed," *Chicago Tribune,* May 8, 1903, 16.

为成功人士的心脏和"原动力"的完美喻体。

　　管理者们将自己比作机械动力的来源，与此同时他们将工人与一般的机械相提并论。效率专家弗雷德里克·温斯洛·泰勒（Frederick Winslow Taylor）的言论最清楚不过地表达了这一观点。泰勒出生在维多利亚时代的一个富裕家庭，他因发现世界缺乏纪律而常常暗自神伤。他可谓当时世界上最负盛名也最恶名昭彰的工程专家。受系统管理运动和查尔斯·巴贝奇著作的影响，泰勒认为想要提高劳动效率就必须创建更严格的劳动分工。在他的分工中，中产阶级管理者们将"替人们思考"。泰勒在他 1911 年的著作《科学管理原理》（*The Principles of Scientific Management*）中声称，把一项任务需要动脑的部分交给管理者来做，就像我们在使用自动化机器时那样，可以使生产率和生活水平得到提高。更高的效率可以降低所有消费品的生产成本。在泰勒看来，用标准化方法取代个体化的"拇指法则"，将使工人"在一起工作时像平稳运行的机器一样"。[1]泰勒提出，工人们将和机器为工作而竞争，他们要想获胜就必须学会像机器一样行事。

　　甚至有人在精神领域也将机器视为完美典范。1905 年，在年轻的小说家雅克·福特里尔（Jacques Futrelle）的笔下，美国人认识了"思考机器"——奥古斯塔斯·S.F.X. 范杜森（Augustus S. F. X. Van Dusen）教授。范杜森的原型是夏洛克·福尔摩斯，但他比这位英国侦探更像

89

---

　　[1] Frederick Winslow Taylor, *Shop Management* (New York: Harper & Brothers, 1911), 146; Frederick Winslow Taylor, *Principles of Scientific Management* (New York: Harper & Brothers, 1911), 141-143; Taylor, *Shop Management,* 120. 论述泰勒的著作有很多，但对他为机器时代创建一个更大的思想体系上所扮演的角色，请参阅 John M. Jordan, *Machine-Age Ideology: Social Engineering and American Liberalism, 1911-1939* (Chapel Hill: University of North Carolina Press, 1994), 33-67; 以及 Robert Kanigel, *The One Best Way: Frederick Winslow Taylor and the Enigma of Efficiency* (Cambridge, MA: MIT Press, 1997)。

一台机器。福特里尔在这一点上说得很清楚，他表示，范杜森是一位人类版的棋手自动机，就算他从来没有下过棋，也可以轻易打败一位象棋大师。范杜森对象棋大师说："下棋真是把大脑的功能不知好歹地用在歪处了……完全就是浪费精力。"下棋就是靠逻辑而已。"逻辑当然可以解决它，"他继续说道，"逻辑可以解决任何问题——不是大多数问题，而是任何问题。在彻底理解棋局的规则之后，任何人都可以击败最强大的棋手。这是必然的，就像二加二等于四一样，不是有时，而是一直都是必然的。"[1] 当周遭文化普遍重视"钢铁之躯"的时候，范杜森的身体却"像稚童一样"脆弱，而且极度苍白。[2] 他从不遵循社交礼仪，是个咄咄逼人、无礼且自负的人；从根本上说，他厌恶世人，不考虑他人的感受。但是，他也正如一台机器，永远是正确的，而且在这个重视成功、信奉"适者生存"的社会里，他总是赢家。他虽然有着粗暴的言行，并常常蔑视他人，但对于一台"思考机器"而言，这并不重要，重要的是结果：胜利。这就像卡莱尔在 19 世纪 20 年代曾经警告的，外部反馈似乎比内部性格更重要。

90 　　机器比喻以许多方式被用在人身上，这加强了激进主义者对工业劳动的有力抨击，他们试图彻底颠覆此种经济体系。美国的激进分子们借助卡尔·马克思以及英国社会评论家约翰·罗斯金（John Ruskin）和威廉·莫里斯（William Morris）的著作，抱怨说产业工人问题来自"机器的奴役"。这是无政府主义者艾玛·戈德曼（Emma Goldman）

[1] Jacques Futrelle, "The Thinking Machine," in *The Classic Tales of Jacques Futrelle, Volume 1* (Holicong, PA: Wildside Press), 9-11.

[2] Futrelle, "The Thinking Machine," 10. 关于该时期男性身体的理想型，参见 John Kasson, *Houdini, Tarzan, and the Perfect Man: The White Male Body and the Challenge of Modernity in America* (New York: Hill and Wang, 2002)。

的评价，她哀叹道，在现代工业中"人已经被贬低为仅仅是机器的一部分，所有使人具有自发性、独创性、主动性的力量，在他身上不是被消磨掉了，就是被彻底扼杀了；直到他变成了一具活尸，过着毫无目的、毫无精神、毫无理想的生活"。她还认为："劳动分工以前从未达到现在这种程度，人以前也从没有被如此低地降格为一台纯粹的机器。……他的活动是机械的；他的劳动非但没有解放他，反而把他的锁链更加牢固地钉在他的肉体上。为了维持生计，满足基本需求，他不得不从事一些有报酬的工作，尽管这些工作与他的本性或爱好毫无关系。问题不再是什么能带来最大的满足或快乐；而是它能带来什么收获，能带来什么物质成果。"[1] 抑或如激进工人、连年作为社会党候选人竞选总统的尤金·德布兹（Eugene Debs）在堪萨斯州对听众所言："你使用的机器必须上油，而你也必须吃饭；工资就是你的润滑剂，它使你保持正常工作。"[2] 这些激进的活动家认为，富人所拥有的物质收益，是以对工人之身体、思想与灵魂的破坏为代价的。

到了 20 世纪，战争和工作的领域几乎完全被机器化了。当然，它们还要依靠人来完成基本功能；但是，严格的纪律和管理迫使着男男女女去适应机器。美国男性所面临的问题非常严重。想在工业时代

---

[1] Emma Goldman, *Anarchism: What It Really Stands For* (New York: Mother Earth Publishing, 1911); Emma Goldman, "La Ruche," *Mother Earth,* November 1907, 389.

[2] Eugene V. Debs, "Unity and Victory," speech before the State Convention of American Federation of Labor, Pittsburgh, Kansas, August 12, 1908, in *Labor and Freedom: The Voice and Pen of Eugene V. Debs* (St. Louis: Phil Wagner, 1916), 128. 这是丹尼尔·罗杰斯（Daniel Rodgers）指出的"将人机器化"的更庞大过程的一部分，参见 *The Work Ethic in Industrial America, 1850-1920* (Chicago: University of Chicago Press, 1974), 65-93。（社会党是美国曾经存在的一个左翼党派，希望通过议会斗争而非社会革命建立社会主义。——译者）

获得成功和权势，男人们不得不变成机器。[1]然而，正如 19 世纪晚期关于女机械人的故事所暗示的那样，同样的要求并没有束缚女性，她们的身体、灵性和情感似乎远没有男性的行为那么容易由机器表现出来。19 世纪初，人们认为女性缺乏独立性和理性，这让她们看上去比男性更像机器；然而到了 20 世纪初，她们在意识形态上与竞争激烈的工业资本主义世界分离开来，这让她们看上去更像真实的人类。

91 **人化的机器 vs 机器化的人**

在 19 世纪的最后几十年里，现代科学的出现、财富与闲暇时光的增多、动力机械与大型社会机构的发展，考验着个人与公民的含义。日渐流行的物质主义文化让一些美国人着迷，也让另一些人厌恶。他们就如何保全个体性展开了讨论。在这个过程中，他们转向了两个符号：机器化的人和人化的机器。机器化的人就是将人变为机器，它强调的是现代生活中的管控化（regimentation）、专业化和标准化。人化的机器则是将装置制作成男人或女人的外形，它强调的是日益迫切的用更高效的机器取代人的需求。通过想象这些符号，学者们试图理解并建构出一种对个人与物质世界之关系的新理解。因此，在世纪之交每种符号最重要的重现就自然而然地出现在了一套专门赞颂物质之富足的丛书中：L. 弗兰克·鲍姆（L. Frank Baum）的《绿野仙踪》系列。

从 1900 年出版《奥兹国的神奇魔法师》（*The Wonderful Wizard of Oz*）后直至 1920 年在他去世后出版《奥兹国的格林达》（*Glinda*

---

[1] 在这里，我参考的是盖尔·贝德曼（Gail Bederman）的男子气概概念，她认为这是一个获得权力与权威的过程；参见 Bederman, *Manliness and Civilization: A Cultural History of Gender and Race in the United States, 1880-1917* (Chicago: University of Chicago Press, 1995), 7-8。

of Oz），鲍姆一直是美国最受欢迎的作家之一。鲍姆曾是位橱窗设计师，喜欢在展览中使用人体模型，所以他很能适应商业化进程中美国人的想象，而其他人则未必如此，比如塞纳伦斯。结果，一个横跨了各种媒体类型的《绿野仙踪》帝国应运而生，包括小说、音乐剧、电影和周边商品。《绿野仙踪》的故事背景设定在一个有趣的奇幻世界里，读者可以在这里逃离单调乏味的现实生活，来到一片富饶而神奇的土地。然而，这些故事也让读者在这个素来崇拜非物质力量来改变自我与社会的工商业共和国里读到一套现代童话故事，比如鲍姆所处的新思想运动（New Thought movement）就很崇拜非物质力量。[1] 奥兹国里没有以蒸汽、石油或电力为动力的机器，但那儿有魔法——在这样的文化氛围里魔法常常用来比喻新式能源，比如托马斯·爱迪生就有个绰号叫"巫师"。[2] 在奥兹国，读者们能够感受到对工业文明的奇迹、人类心灵的独特力量的推崇；同时该系列也论证了富足、欲望和个体性是可以相容的。

　　鲍姆笔下最有名的金属人是"铁皮樵夫"（Tin Woodman）。虽然鲍姆尽量不让"噩梦"出现在他的童话中，但铁皮樵夫的来历颇为吓人。铁皮樵夫出生时是个完整的人，他后来爱上了一个为东方恶女巫工作的孟奇金 [3] 小女孩。女巫害怕失去她的仆人，于是给樵夫的斧子施了魔法，每次一挥，它就会滑下来。每一斧下去，樵夫的身体就被

92

---

[1]　William Leach, *Land of Desire: Merchants, Power, and the Rise of a New American Culture* (New York: Vintage Books, 1993), 248.（新思想运动是 19 世纪早期在美国出现的一种思潮，强调无限智慧或上帝无所不能，无所不在；精神是终极实在；真正的人类自我是神圣的；与神性相协调的力量是一种向善的积极力量；所有的疾病都起源于精神；正确地思考有助于治愈疾病。——译者）

[2]　Fred Nadis, *Wonder Shows: Performing Science, Magic, and Religion in America* (New Brunswick, NJ: Rutgers University Press, 2005), 1-3.

[3]　孟奇金指《绿野仙踪》中的矮人种族。——译者

砍掉一部分：先是四肢，然后是躯干，最后是头。幸运的是，附近的一个白铁匠将这些缺失的部位替换成了金属的。新的身体最初让樵夫信心倍增，因为他现在可以抵御女巫的魔法了。但一场突如其来的暴雨却暴露出他的另一个弱点：雨水。他生锈了，在那儿一动不动地站了一年。他断定，因为他少了一颗心，所以他无法去爱；恶女巫把他变成了机器，毁了他的灵魂。[1] 然而，在阅读他重拾爱的能力的过程时，读者发现樵夫是这些角色中最多情的一个。他会因快乐而高喊，也会因一只甲虫的死亡而哭泣；他频频哭泣，泪水泛滥，身上的铰链都快要被泪水锈坏了。在探险的最后，他找回了自己的感觉，所凭借的不过是一颗用丝绸包裹着木屑做成的心，以及一个冒牌巫师的几句安慰话。樵夫从未失去过爱的能力；他只是不合逻辑而又唯物论地想了太多。他相信爱的能力来自他的身体，而不是来自其非物质的精神力量，因此这个机器化的人未能理解其灵魂的本质。[2]

在后来的一场冒险中，樵夫遇到了另一个铁皮人，一位名叫费特上尉（Captain Fyter）的士兵。两人的来历完全相同，只不过费特上尉用的是一把剑。[3] 和樵夫一样，铁皮士兵也有感情能力，甚至还在追求樵夫最初爱上的那个孟奇金女孩。尽管有某种被施予力量的工具将他们的身体劈成了碎片，但两人都没有变成自动机。在一个争论国内军事、工业对人的严格管控所造成影响的国度中，鲍姆证明了，由于人的心灵的力量无可阻挡，因此人们为过上富足的生活而在身体上

---

[1] Leach, *Land of Desire,* 251; L. Frank Baum, *The Wonderful Wizard of Oz* (Chicago: George M. Hill, 1900), 58-60.

[2] Stuart Culver, "What Manikins Want: The Wonderful Wizard of Oz and the Art of Decorating Dry Goods Windows," *Representations,* Winter 1988, 109; Leach, *Land of Desire,* 248-260.

[3] L. Frank Baum, *The Tin Woodman of Oz* (Chicago: Reilly & Lee, 1918), 194-200.

图 3.1　L. 弗兰克·鲍姆在 1918 年原版《奥兹国的铁皮樵夫》（*The Tin Woodman of Oz*）中的插图。图中樵夫遇到了他的翻版：铁皮士兵。这两个角色产生于被劳动工具攻击的事故，反映出工程师控制的强大机器夺走了当时工人和士兵的自主性。

所付出的代价并不算太大。虽然工人和士兵可能会遭某种被赋予力量的工具砍杀，但他们永远不会失去其本质的人性。鲍姆认为，工业繁荣所导致的所谓个体性问题是一种错觉，因为人不仅仅是机器。活力论说明，在现代生活中身体上的痛苦是可以存在的。

93

鲍姆的小说中也出现了一个人化的机器：一台名叫"小嘀嗒"
（Tik-Tok）的自动装置，它最初出现在《奥兹国女王》（*Ozma of Oz*）
中。故事开始时，多萝西和亨利叔叔坐着一艘蒸汽船去澳大利亚旅
行，亨利叔叔想在那里静养。故事解释说，亨利叔叔"身体不太好，
常年在堪萨斯农场上辛苦劳作毁掉了他的健康，让他身体虚弱、神经
紧张"。在一场风暴中，多萝西冒险上了甲板，然后被冲落海中。她
漂到了奥兹国的邻国，埃弗国（the Land of Ev）。多萝西饿坏了，她
和陪着她的一只会说话的鸡找到了一棵结满了午餐盒的树，盒子里精
心包裹着"一个火腿三明治、一块松糕、一片腌菜、一块新鲜的奶酪
和一个苹果"。这和亨利叔叔的生活形成了鲜明的对比。在堪萨斯，
亨利叔叔因为要种庄稼，身体经受了摧残；而在埃弗国，所有的食物
都在树上生长，非常方便。[1]

　　午饭后，多萝西和母鸡在山上找到了一扇门；里面站着一个名为
小嘀嗒的机械人。小嘀嗒是发条驱动的，而不是蒸汽或电力驱动——
它是个怀旧款的自动机，更适合美国乡村的风情。然而，通过魔法，
它可以做出任何自动机都做不到的动作。小嘀嗒的制造商史密斯和廷
克（Smith and Tinker）在它身边留了张卡片，上面写着它是"双驱双
动、反应灵敏、善于思考、口齿伶俐之机械人……能思考，会说话，
会行动，会处理一切事务，但是没有生命"。像其他写机械人故事的
作家一样，鲍姆从未声称小嘀嗒是人。多萝茜一看到这个装置，就把
它和她的铁皮朋友比较起来，并惊讶地说："这个铜人……一点生气
也没有。"正如小嘀嗒后来跟樵夫说的："我只是一台机－器，无论发－

---

　　[1] L. Frank Baum, *Ozma of Oz* (Chicago: Reilly & Britton, 1907), 6, 15, 39. 这种种植食物
方式的对比将故事置于一种乌托邦语境之中，参见 Howard Segal, *Technological Utopianism in
American Culture* (Syracuse, NY: Syracuse University Press, 1985).

生什么事－情，我都不－能感到悲－伤或快乐。"鲍姆表明，小嘀嗒不是一个机械怪物。史密斯和廷克并不想创造出生命；他们打算造出一种能够让人们的生活变得更加便利的机器。小嘀嗒告诉多萝西："从现在起，我就是你忠－顺－的－仆人了。无－论－你让我－做－什－么，我都乐－意－去做，只要你时刻上紧我的发条。"[1] 在鲍姆的童话中，小嘀嗒是一个机械奴隶，可以将美国人从日常生活的重担中解放出来。它不会像那些故事中的女机械人一样威胁到孩子；相反，它会伺候多萝西并保护她，让她能够享受周围富足的生活。

　　长久以来，人与机器之区别正在发生着转变。总体来看，鲍姆笔下的金属人就是这一转变的体现。在南北战争前，美国作家强调，中上阶级的白人男性不像机器，他们拥有独立的、能意识的、有推理能力的思维。但在鲍姆的金属人身上，这种区别就消失了。简单地上紧发条，小嘀嗒就能思考。铁皮樵夫虽然和稻草人一样没有大脑，但是他渴求的不是大脑，而是一颗心。当然，世纪之交的作家们仍然否认机器可以思考；人们不必明确指出阿吉布是假的，因为每个人都已经预设了它就是假的。但是，在 19 世纪晚期和 20 世纪早期出现的大多数机器人迭代中，人们似乎已不太确定理性是人类所独有的领域。布鲁尔顿的士兵们仍保留了思考能力。比尔斯笔下的科学家努力想要打败他造出来的棋手自动机。"康卓普先生的雇工"利用大脑中的流质就能变得和任何工人一样聪明；男人们认为"埃利的自动女佣"实在是聪明过了头，所以不能扮演女人的角色。"思考机器"推理精准，逻辑性强，他简直就是一台机器。鲍姆笔下铁皮人和铜人之间的对比则是一场更宏观的文化转变的象征：越来越多的人认为人与机器、精

95

---

[1] Baum, *Ozma of Oz,* 55, 79, 62.

神与物质，甚至——至少对于某些精英来说——贫穷与富裕之区别不在于脑而在于心；不在于可量化的理性，而在于不可量化的爱；不在于工作，而在于娱乐。在 20 世纪，一个致力于闲暇和消费的大众化社会出现在美国，而长久以来不具有完整公民权的人们的文化权力也在逐渐兴起。在这些情况下，这一宏观的文化转变将会意义深远。

主人与奴仆，1910—1945

科幻作家、心理学家戴维·H. 凯勒（David H. Keller）曾设想，有一天会有一群"身材矮小、看上去很是用功好学"的男人们控制着机器人踢足球。观众们将在家中通过电视观看比赛，而不用去体育场和万千热情的球迷挤在一起。公司暗中谋划使用机器人以取代效率低下的工人，而机器人警察将会挫败无家可归的人类的叛乱。但是，将有一个人站出来对抗这些机器：埃德·鲍尔（Ed Ball），一位亿万富翁、前足球运动员。他还讨厌女人，早年在"一个几乎看不到白人的地方"生活。在凯勒的想象中，鲍尔在回归社会之后将发现个体与共同体都在衰落。他感到十分震惊，于是试图让强人重掌权力。他将在机器人制造公司投资数百万美元，并利用媒体让所有工人都感受到技术性失业的威胁。随着工人们愈发愤怒，鲍尔会付钱给一位发明家，让他开发一种能够远程切断所有机器人的电源的机器，同时鲍尔还训练了一支人类足球队。当机器被发明出来时，他将为机器人足球队和他的人类足球队之间安排一场比赛。在训练有素的人类球员证明人类可以战胜机器之后，鲍尔将向商人们发出最后通牒：停止使用机器人取代工人，否则鲍尔所雇佣的一群人类主义者将按下按钮，摧毁他们的机器人。[1]

98　　凯勒的这篇《机器人的威胁》（"The Threat of the Robot"）发表于 1929 年 6 月。这则故事描写出了面对第一次世界大战后美国社会中机器日益重要的地位、自私自利的消费主义、俄国革命以及建立在对自动机器崇拜之基础上的大众消费经济的崛起，一名保守主义者所感到的焦虑。这则故事出现在正式引发"大萧条"的那场股市崩盘的五个月前，它很有先见之明地阐述了人们谈论最多的失业原因之一：机器对工人的取代。[2] 不过故事中最尖锐的批判却反映出一种更加切身的担忧。"先生们……"鲍尔痛斥商人们，"我差点没有注意到，这些人类生活的变化正是你们把科学发明商业化所造成的直接结果。……你们极大地拓展了无线电、电视和无线控制机器的应用，还把这些机器打扮成男男女女的样子，并称之为机器人。"他滔滔不绝地说，这样的装置"威胁到的正是美国工人的生活。你们破坏了体育运动中最好的那部分，夺走了集体参加娱乐的乐趣。你们把所有的娱乐活动都放在家里，将人类变成了一种自私、内向、反社会的动物，除了自己的快乐之外什么也不关心。你们努力推广科学发现，但只是为了赚钱——不是出于利他主义，也不是出于人性之爱"。[3] 他认为，对金钱的热爱和对技术后果的漠视，使人们变得自恋、过分关注私欲，因而无法拥有情感，无法与他人沟通，无法建立一个充满爱的社会。

---

[1]　David H. Keller, "The Threat of the Robot," in *The Threat of the Robot and Other Nightmarish Futures* (Normal, IL: Black Dog Books, 2012), 90, 78. 最初刊登在 *Science Wonder Stories,* June 1929, 62-73。

[2]　关于最充分的一个对当时技术性失业的讨论，参见 Amy Sue Bix, *Inventing Ourselves Out of Jobs? America's Debate over Technological Unemployment, 1929-1981* (Baltimore, MD: Johns Hopkins University Press, 2000)。

[3]　Keller, "Threat of the Robot," 96-97.

　　这是对无节制地追求财富的激进批判，它植根于美国早期有关工作、个人主义和共同体的保守主义意识形态。凯勒 1880 年出生在费城，在宾夕法尼亚大学学习医学。后来他进入了一家私人诊所，在第一次世界大战期间成了一名医疗兵。回到美国后，他专攻神经精神病学，为战后长期饱受精神创伤折磨的士兵提供治疗。凯勒后来在一家州立医院当上了首席医疗官，并在那里研究炮弹休克症对退伍军人的影响。由于战争的阴影萦绕心头，凯勒还会追忆过往。1922 年，他出版了家族的发展史，说明他的家族是因努力工作、克己忘我以及其他一些 19 世纪的人应有的品格而进步的。虽然这本书的大部分内容主要发生在内战前，但是它也没有避开第一次世界大战。书的开篇便是一张凯勒自己穿着军装的照片，末尾列出了一份参过军的家人名单，其中包括 15 位在一战时的服役者。[1]

　　到了 1928 年，凯勒开始探索科幻小说的领域，这让他能够躲进未来，而不是过去。科幻小说最早可以追溯到 19 世纪玛丽·雪莱的作品，以及后来儒勒·凡尔纳和 H.G. 威尔斯的冒险故事。但是直到出版商雨果·根斯巴克（Hugo Gernsback）创办《惊奇故事》（*Amazing Stories*）杂志，科幻小说才有了明确的定义。《惊奇故事》是第一份专门刊载他称之为"科学幻想"（scientifiction）小说的纸浆杂志。[2]《惊奇故事》总发行量超过了十万册，几乎一夜之间就大红大紫。根斯巴克创办这份杂志的初衷是教育年轻读者，所以他坚持所有的科学幻想故事都要有科学合理性，而且他更喜欢展示新技术中的神奇可能，而不是可怕潜质。根斯巴克最初重印了凡尔纳、埃德加·爱伦·坡等作

99

----

[1] David H. Keller, *The Kellers of Hamilton Township: A Study in Democracy* (Alexandria, LA: Wall Printing, 1922).

　　[2] 纸浆杂志，20 世纪上半叶流行的一种廉价杂志。——译者

家的老故事；不过，他很快就开始刊载读者们寄给他的原创故事，比如凯勒的。凯勒所受过的医学训练符合这本杂志的使命。[1]

然而，凯勒的小说总是极其悲观的。在他的第一则故事中，他担心汽车让美国人身体萎靡，道德败坏。他在另一则故事中担心技术，尤其是一台黑脸"保姆"机器人让女性摆脱了家务和母职，破坏了人际关系；还有一则故事是担心人们使用荷尔蒙（当时的科学新发现）搞出人造女人。[2] 就像在《机器人的威胁》中一样，凯勒内心最深处的恐惧集中在科技如何扰乱男子气概和女性气质，以及它如何把每个人都变成自私自利、过度文明化、追求享乐的机器。他所指出的这个问题主要不是技术问题，而是文化问题，是一种视个人利益高于家庭和共同体的价值观所导致的问题。不过，凯勒在《机器人的威胁》中所提出的解决方案却意味深长。鲍尔用他的无线电信号成功建立起了独裁专政，而在 20 世纪 30 年代美国许多人的梦想中，独裁专政是解决大萧条问题的可能方案。[3]

就其极端而公然地厌女、对现代性的敌意以及对独裁的支持而言，凯勒不算时代典型；但他对机器时代的回应，却是一种常见焦虑的夸张版。这种焦虑是在一个越来越将闲暇而非工作置于人类身份认同和存在意义之中心的文化中，因对性别、种族和阶级关系的恐惧而引起。在战间期，同时出现了三个革命性的变化。首先，到了 20 世

100

---

[1] John Cheng, *Astounding Wonder: Imagining Science and Science Fiction in Interwar America* (Philadelphia: University of Pennsylvania Press, 2012), 17-50, 85.

[2] 参见 David H. Keller, "Revolt of the Pedestrians," *Amazing Stories,* February 1928, 1048-1059; David H. Keller, "The Psychophonic Nurse," *Amazing Stories,* November 1928, 710-717; David H. Keller, "The Female Metamorphosis, *Science Wonder Stories,* August 1929, 246-263, 274。

[3] 关于当时对独裁者的想象，参见 Benjamin Alpers, *Dictators, Democracy, and American Public Culture: Envisioning the Totalitarian Enemy, 1920s-1950s* (Chapel Hill: University of North Carolina Press, 2003), 15-58。

纪20年代，美国文化所看重的似乎已经完全变成了休闲娱乐。当然，大部分人还在努力工作；但人们工作中的创造性、独立性以及对工作的控制都减少了，作为补偿，人们希望从闲暇中获得认同感，找到存在意义。其次，文化变得更民主，对那些原来被剥夺了公民权的人更友好了，而且也开始怀疑精英、白人、年长男性的权力。白人女性能够自由投票并成了流行文化和消费文化参与者，而大多潮流都是由非裔美国人、移民和年轻人所创造的，因此年长白人男性的文化权威似乎正在减弱。最后，机械的快速发展似乎使技术（technology）——一个当时刚刚流行的词——成了变革的驱动力。[1] 在这样的世界里，那些习惯了掌握权力和权威的人用失控的机器人的故事来表达他们的恐惧。他们以往曾在社会上行使权力，并因此感受到存在意义；而现在，这些都不见了。曾经，他们是主人；而现在，他们想象自己已经成了奴仆。正如鲍尔所言："人类决不能再受机器之不可承受之重的威胁了。机器人必须是仆人，而不是主人。"[2]

　　未来，谁将成为奴仆，而谁将成为主人？这个问题在这一时期不断回响。作家、电影人、音乐家、艺术家和工程师都在思考如何调整男性的身份认同及其存在意义——在这个机器时代，战争已不再是英雄行为，劳动被视为贬低人格的甚至是不应存在的，娱乐成了人类生活的中心。与此同时，还有人对此无动于衷。对于那些赞颂商品自动

---

　　[1] 关于**技术**这个词的历史，参见 Ruth Oldenziel, *Making Technology Masculine; Men, Women, and Modern Machines in America, 1870-1945* (Amsterdam: Amsterdam University Press, 1999), 19-50; Eric Schatberg, "'Technik' Comes to America: Changing Meanings of 'Technology' before 1930," *Technology and Culture* (July 2006): 486-512; 以及 Leo Marx, "The Idea of 'Technology' and Postmodern Pessimism," in *Does Technology Drive History: The Dilemma of Technological Determinism by Merritt Roe Smith and Leo Marx* (Cambridge, MA: MIT Press, 1994)。

　　[2] Keller, "The Threat of the Robot," 97.

化生产的商人、工程师以及评论家来说，这个问题的答案显而易见：机器将成为奴隶，而人将成为主人。但对于那些工作正受到机器威胁的工人，以及像凯勒这样担心文化和道德沦丧以及白人种族可能衰落的人而言，答案是令人不安的。如果人们没有像后来的参议员拉尔夫·E. 弗兰德斯（Ralph E. Flanders）在大萧条开始时建议的那样，学会"驯服他们的机器"，那么无论个人还是国家都将不复存在。[1] 当美国知识分子和流行文化的弄潮儿们讨论白人男性衰落的原因及解决方案时，他们转向了一个可能比自动机或机械人都远为强有力的新符号：机器人。

101

[1] Ralph E. Flanders, *Taming Our Machines: The Attainment of Human Values in a Mechanized Society* (New York: R. R. Smith, 1931).

1922 年 10 月 9 日，纽约戏剧协会（New York Theater Guild）表演了一出不同于以往在美国舞台上所见的戏剧。该剧的作者是捷克斯洛伐克人卡雷尔·恰佩克，他实际上在美国并不为人所知。剧名"R.U.R."里好像看不出什么门道；知道它是 *Rossum's Universal Robots*（《罗素姆的万能机器人》）的首字母缩写也无助于阐明该剧主题。在东欧，"robot"一词是一个意为"奴隶"的斯拉夫单词的变体。但在美国，在该剧上演的那天晚上之前，大多数美国人根本就不知道"robot"这个词是什么意思。到演出结束时，观众们才至少模糊地对这个词有了一定理解；在接下来的十年内，他们的大多数同胞也都开始理解了这个词。正是在这十年里，"robot"，即"机器人"这个词渗入了美国文化，尽管只有一小部分人看过 *R.U.R.*。"机器人"这个词被小说作家、记者、商人、电影人和知识分子传播开来，它是机器时代的典型象征，在大萧条开始时进入了人们的词典——且从未再离开。[1]

R.U.R. 和剧中机器人诞生于一位见多识广的捷克斯洛伐克人尝试去理解第一次世界大战和俄国革命之时。1890 年，恰佩克出生在波西米亚的一个小镇上，他学习了哲学和文学批评，但不久就开始写起了小说。他的兄弟约瑟夫，一位立体主义画家，在他的写作过程中常常给他帮助。战前，兄弟俩住在现代主义者的圣地——巴黎和维也纳，104

---

[1] 对首演之夜的描述参见 Gilbert Seldes, "The New York Letter," *Washington Post*, October 15, 1922, 66。

在那里他们遇到了像他们一样试图使艺术适应于机器的男男女女。在战争期间，恰佩克因为脊椎损伤而免服兵役，所以他得空参加了许多讲座，其中一些是约翰·杜威（John Dewey）的追随者举办的。在恰佩克看来，自一战开始的危机预示着一种疾病已进入晚期，即灵魂在机械效率的名义之下的衰败。如果这种疾病得不到治愈，那么一战和俄国革命就昭示着所有社会的命运。恰佩克对资本主义和社会主义都敬而远之，而是支持实用主义和列夫·托尔斯泰的禁欲主义精神，怀疑所有乌托邦式的目标，不管这些目标出自宗教人士、商业领袖、科学家还是激进分子。他希望用人类的宽容与劳动，而不是技术、享受或革命来改善世界。[1]

"罗素姆的万能机器人"是一家公司的名称，该公司可大量生产并销售生物性的人造劳工，发明家设计出这些劳工是为了让效率最大化。公司里的科学家、经理和工程师呼应了现代对科学发明的乐观主义，他们宣称机器人预示着一个崭新的"后稀缺"（post-scarcity）世界的来临，正如公司经理哈里·多明（Harry Domin）所言："世上将不再有贫穷……一切将由活着的机器来完成。人们只用做自己喜欢做的事。他们只为追求更好的自我而活着。"[2] 尽管这个讲述富足和自我完善的预言成真了，但带来了危险的后果。在机器人接管经济活动后，出生率急剧下降，以至于几乎没有孩子出生。政府用机器人取代了士兵，战争的人力成本变得微不足道，因此世界变得战火纷飞。随着机器人成为生产的关键并被武装起来，一位名叫海伦娜·格洛里

---

[1] 生平细节出自 Iwan Klíma, introduction to *R.U.R. (Rossum's Universal Robots)*, by Karel Čapek (New York: Penguin Books, 2004), vii-xxv。

[2] 该剧的摘要和直接引语摘自戏剧协会使用的原文翻译：Karel Čapek, *R.U.R. (Rossum's Universal Robots)*, trans. Paul Selver (Garden City, NJ: Doubleday, 1923), 51。

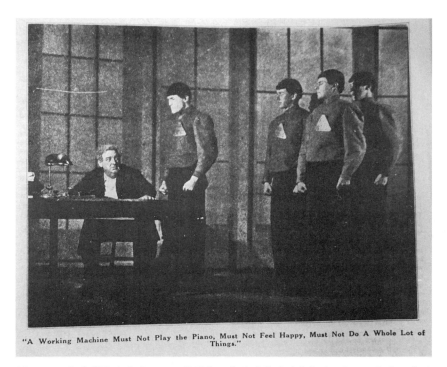

"A Working Machine Must Not Play the Piano, Must Not Feel Happy, Must Not Do A Whole Lot of Things."

图 4.1 一张戏剧协会首演 *R.U.R.* 的照片，收于《劳动时代》（*Labor Age*）的一篇正面评论中。请注意机器人的外观，它们穿着典型的工人制服。同时请注意照片的说明文字，这是多明的一句台词，表现出故事中经理对机器人概念的理解："一台工作中的机器一定不能弹钢琴，一定不能感到快乐，一定不能去做许许多多无关的事情。"

（Helena Glory）的社会改革者决定赋予它们权利。她让一位科学家为机器人造出灵魂，随即它们就有了意识。机器人现在意识到了自己是被奴役的，因此它们开始反抗，并导致了灾难发生。战争爆发了，其细节没有在舞台上呈现，下一幕的场景集中在罗素姆公司总部所在的岛屿上。一群长得一模一样的机器人包围了岛上的人类幸存者，这些反抗的奴隶杀死了所有人，只留下了一个它们所认可的人——奥奎斯特（Alquist），一位崇尚体力劳动的人，他一直认为辛勤劳动是灵魂的基础。但在机器人取得胜利之前，海伦娜·格洛里为她解放奴隶所造成的后果感到愧疚，因而烧毁了唯一一份机器人制作配方。在故事的尾声，这些没有性器官的机器人似乎注定要灭绝。奥奎斯特徒劳地试验了一次又一次，想要重制配方。就在此时，上帝似乎显灵了，两个机器人奇迹般地学会了爱，克服了生理缺陷，成了新的亚当和夏娃。虽然人类灭绝了，但是上帝的新孩子继承了地球。

恰佩克的机器人既有讽刺元素，也是对怪物的想象；它既是革命者，也是被奴役者。它讲述的是对工业时代的强烈畏惧，这种畏惧正是一战和俄国革命的后果。但不是所有美国人都接受该剧中的悲观主义。比起欧洲人，20世纪20年代的美国人与上个十年中发生的残杀离得很远。他们决定将机器人为自己所用，讲述属于他们自己的故事。由于剧中机器人的概念比较模糊，一些美国人认为机器人象征着工人阶级固有的低人一等；另一些更同情工人的人则认为，机器人是在讽刺经理和工程师们物化非技术工人，对后者抱有成见；还有人认为机器人象征的不是工人而是技术。在这个时代，人们已自觉意识到自动机械日益强大的威力，并对这个人们专心于休闲娱乐、产品批量生产的社会又爱又怕。评论人士在争论机器人的含义时，已经把它变成了象征着这个时代的危险与机遇的核心标志。[1]

其实美国人已经有了本可以充当这一角色的标志物。许多作家使用《弗兰肯斯坦》中的怪物来描写现代生活中人类似乎具有的自我灭绝倾向，尤其是在描述第一次世界大战及其后果时。的确，恰佩克剧作中机器人的有机体性质似在表明，编剧只是在这个大批量生产与消

---

[1] Tobias Higbie, "Why Do Robots Rebel? The Labor History of a Cultural Icon," *Labor: Studies in Working-Class History* 10, no. 1 (Spring 2013): 99-121. 本节中大部分内容都是与希格比（Higbie）的精彩观点的对话，他认为"robot"（机器人）一词的含义从"工人"变成了"机器"。我同意希格比的大部分分析，但更集中于讨论将闲暇和文化视为机器人问题的解决方案这一争论。

费的时代升级改造了雪莱的故事。然而，"机器人"不仅仅是一个弗兰肯斯坦的怪物。美国的改编者、批评家、评论者、小说家甚至还有商业公司都更倾向于把它想象和描绘为一种金属机器，类似于 19 世纪末 20 世纪初美国文化中的机械人，而不是一个有机体。但最早使用"机器人"这个词的作品似乎也没有充分说明它的含义。在许多人看来，机器人不是一个机械人，而是一个被机器化的人，一个由于在装配线上的劳动而被降格为一台没有头脑、没有感情的机器的人。这两种含义——作为机器的"机器人"和作为工人的"机器人"——都触及了之前由自动机综合起来的长期争论。但尽管有人交互使用"机器人"和"自动机"这两个术语，两者也不能完全等同。真正的自动机是有规律的、可预测的，但在爵士时代 [1] 就不是这样了，这个时代的人们更青睐自发性与不确定性。机器人有内部动力源，有时具有智能，它们似乎可以随心所欲地移动。尽管它们的运动可能会时断时续，但这种随机律动比起自动机有规律的重复动作来，显然表现出了更大的自主性。[2]

在维多利亚时代行将过去，而现代性逐渐兴起之际，机器人首次登场了。这让批评家们从不同角度将其视为新时代的问题与可能性的核心标志。[3] 虽然《罗素姆的万能机器人》是反乌托邦的，但机器

---

[1] 爵士时代一般指第一次世界大战之后、大萧条前的时期（1918—1929）。——译者

[2] Joel Dinerstein, *Swinging the Machine: Modernity, Technology, and African American Culture between the World Wars* (Amherst: University of Massachusetts Press, 2003), 29-62.

[3] 美国现代主义的概览可参见 Lynn Dumenil, *The Modern Temper: American Culture and Society in the 1920s* (New York: Hill and Wang, 1995); Paul Murphy, *The New Era: American Thought and Culture in the 1920s* (New York: Rowan & Littlefield, 2012); Richard Pells, *Modernist America: Art, Music, Movies, & the Globalization of American Culture* (New Haven, CT: Yale University Press, 2011); 以及 David Shi, *Facing Facts: Realism in American Thought and Culture, 1850-1920* (New York: Oxford University Press, 1995), 275-302。

人本身可能是乌托邦式的；它既可以充当对工人的刻板印象，也可以讽刺这些刻板印象；它可以批评大批量生产摧毁了工人的人性，也可以表达对大批量生产的支持，因为它让人有了更多闲暇时间。机器人与人类相似，因此它可以被冠以阶级、种族，或兼而有之；它可以被赋予性别，并成为性幻想的对象，而其他机器不能。它既可以是愚蠢的，也可以是聪明的；既可以是没有感情的，也可以是受情感驱使的。大众文化中有它，而在科学期刊上写作、学术会议上发言的知识分子们也可以提起它。虽然它的确切含义众说纷纭，但机器人很快成为大多数美国人都能理解的一个符号。在对毁灭、对不确定性的焦虑中，在对闲暇及其可能激发的文化复兴的企盼中，机器人将人们迫不及待想要理解的这个机器时代文化的各个部分结合了起来。[1]

"恐惑"的机器时代

如果说有人让人们意识到了机器时代的来临，那这个人一定是著名的托马斯·爱迪生，电灯泡、发电机、留声机和电影的发明者。[2] 1910年，爱迪生坐在一位记者身旁，向他讲述"自动无人商店"计划。他的言辞中所清晰阐述的精神不仅是他的成年生活的原动力，而且将很快体现在人们对机器人的迷恋中："这是机器时代……在人力或马力能被淘汰的地方，速度、准确性和经济性就会得到提高。……最终，世界上几乎所有的事情都将以机器为基础。这意味着

---

[1] 有关机器时代的担忧的文献有很多，但在本节中，我主要参考的是 Dinerstein, *Swinging the Machine;* 这种担忧与政治的关系参见 Richard Pells, *Radical Visions and American Dreams: Culture and Social Thought in the Depression Years* (Middletown, CT: Wesleyan University Press, 1973), 1-42。

[2] 有关爱迪生的更多内容，请参阅 Maury Klein, *The Power Makers: Steam, Electricity, and the Men Who Invented Modern America;* 以及 Carroll Pursell, *The Machine in America: A Social History of Technology,* 2nd ed. (Baltimore, MD: Johns Hopkins University Press, 2007), 203-228。

我们的生活将变得更轻松，生活成本也会降低。"他的新型商店将会实现这一愿景，因为它"不需要店主，不需要职员，也不需要整理包裹的小男孩"。爱迪生预言，没了人类员工，"就没有人会在谈话、问价、挑选商品中浪费时间。购物将变成一件准确、快速、高效的事情"。这样的商店将降低每一种商品的价格，将穷人的购买力提升到和爱迪生自己——一位功成名就的商人一样的水平。店主消失了，高效的机器成了生产者和消费者之间的唯一因素，这样就可以解决阶级差别的问题。他最后说，这个"好心人市场""当然可以"帮助穷人，因为它能"让人学会自力更生。他只用把硬币投进投币口，不需要假借外人的帮助"。爱迪生认为，去掉对不必要的人的依赖，人们最终将会变得自由且自立。[1]

坦率地讲，爱迪生这种观点听起来是很荒谬的，但它却以富有想象力的方式真实地反映出想让消费合理化的努力。在 19 世纪晚期，农民们想方设法绕过生产者和消费者之间的中间商。这些中间商将工厂生产的商品卖出更高的价格给农民，但在收购农民们的商品时给的钱却少于他们本应获得的。[2] 在爱德华·贝拉米同时期的《回顾》一书中，未来美国人购买商品的商店里机器已经取代了店主。[3] 现实生活中也有类似的场景。20 世纪早期，费城人和纽约人能在自动售货机上购买食物。自动售货机是德国人发明的一种机器，不需要厨师或服

108

---

[1]　"An Automatic Clerkless Shop," *Washington Post,* May 22, 1910, MS2. 有关当时自动零售商店的更多内容，参见 Susan Strasser, *Satisfaction Guaranteed: The Making of the American Mass Market* (Washington: Smithsonian Books, 1989), 203。

[2]　Charles Postel, *The Populist Vision* (New York: Oxford University Press, 2009), 121-130; Michael McGerr, *A Fierce Discontent: The Rise and Fall of the Progressive Movement in America* (New York: Oxford University Press, 2003), 48-49.

[3]　Edward Bellamy, *Looking Backward, 2000-1887* (Boston: Houghton Mifflin Company, 1926), 100-109.

务员来分发食品和饮料。在 20 世纪 20 年代，新兴的自动售货机行业开始鼓吹"自动零售"的好处，他们说这种自动机能让人在投入硬币时享受到快乐。[1] 在铺天盖地的广告和华丽的百货商店中，这种可以分发商品而不会"浪费"的简单装置吸引着那些过着简单、节俭的共和主义生活的人。

尽管一直有人做着自动零售的美梦，但这样的商店从未主宰过市场。自动售货机只出现在那些最繁华的城市中，而且它所提供的服务只集中于小商品或街机游戏。[2] 尽管有许多人曾尝试建立起自动化商店，但传统零售业中琳琅满目的商品所提供的奢华感受仍然吸引着消费者。的确，在机器时代，美国似乎比以往任何时候都更受广告、享受、奢侈的支配，人们热衷于浪费时间在无聊的追求上。[3] 爱迪生的具体设想失败了，但他的机械效率观与大众的过度消费和闲暇之间的张力，则将引发大量有关机器人及其可能导致的文化变革的讨论。

在机器时代，为了追求效率，人类生活的几乎每个领域似乎都机器化了。自 19 世纪晚期以来，矿山、农场、工厂和办公室里的工作已经愈发集中化，而且节奏加快了。尽管工会努力维护工人们在工厂中的权力，但对更低成本和更大市场的追求鼓励了电气化机器和新的组织技术的应用——包括流水线的推广——这些应用迅速提高了生产

---

[1] 例如，参见 "Drug Store Installs Automatic Section of 52 Robots," *Automatic Age,* February 1930, 53-55。

[2] 此类自动零售业所处的更大的语境，参见 Ann Satterthwaite, *Going Shopping: Consumer Choices and Community Consequences* (New Haven, CT: Yale University Press, 2001), 40。

[3] William Leach, *Land of Desire: Merchants, Power, and the Rise of a New American Culture* (New York: Vintage Books, 1993), 298-348. 对此时广告业的最充分的分析，参见 Roland Marchand, *Advertising the American Dream: Making Way for Modernity, 1920-1940* (Berkeley: University of California Press, 1985)。

率。[1]家庭曾经被视为远离机械世界的避难所，而现在也发生了变化。
电气化的发展让中产阶级家庭添置了洗衣机、冰箱、真空吸尘器、电
熨斗、烤面包机、收音机、闹钟等等。虽然拥有这些机器的美国人数
量是有限的——在1930年，估计只有25%的人拥有洗衣机，30%的
人拥有真空吸尘器，40%的人拥有收音机——但广告业以提高生产效
率、摆脱劳动的信息，扩大了技术的影响，行业的营业额从1914年
估计的6.82亿美元增长到了1929年的近30亿美元。[2]

在努力提高生产率的同时，工人运动也随之而来。工人们要求减
少每周工作时间，提高工资。在拥有工会的建筑行业中，平均工作时
间从1900年的每周48.3小时下降到1915年的44.8小时；在制造业
中从每周59小时下降到55小时。从整个经济系统来看，工作时间从
1900年的每周60小时下降到1920年的每周50小时以下。在20世纪
20年代末，工人和工会曾经一直希望建立的八小时工作制此时已成普
遍标准，许多工薪族还有了年假。尽管工时减少了，但同期制造业工
人的工资却从平均每年435美元上升到了568美元。正如机器的拥护
者所言，机器已经结束了要闲暇还是要工资这个古老的两难问题。机
器时代的人们可以两个都选。[3]

---

[1] David Nye, *America's Assembly Line* (Cambridge, MA: MIT Press, 2013), 13-38.

[2] Gary Gerstle, *American Crucible: Race and Nation in the Twentieth Century* (Princeton, NJ: Princeton University Press, 2001), 125; Dumenil, *Modern Temper,* 88-89. 更多有关这一时期家电的内容，参见 James D. Norris, *Advertising and the Transformation of American Society* (New York: Greenwood Press, 1990), 71-94; 以及 Ruth Schwartz Cowan, *More Work for Mother: The Ironies of Household Technology from the Open Hearth to the Microwave* (New York: Basic Books, 1983), 151-191。

[3] McGerr, *A Fierce Discontent,* 250-251. 有关工资与工时之间的权衡，参见 Benjamin Kline Hunnicutt, *Work without End: Abandoning Shorter Hours for the Right to Work* (Philadelphia: Temple University Press, 1988), 9-36; 以及 Gary Cross, *Time and Money: The Making of Consumer Culture* (New York: Routledge, 1993), 99-127。

亨利·福特与这种新的工作组织方式的联系最为密切。1913年，福特在他位于密歇根州海兰帕克的工厂里组建了第一条成熟的流水线，来生产T型车（Model T）。福特和他的工程师们结合了其他行业的生产方法，将高度细分的劳动力、互换性零件、电气驱动轴结合起来，以确保供电的持续、任务的有序。最后他给生产线加上了终极标志：传送带和滑轨，它们能将工作任务传送到工人跟前。福特流水线可以惊人地在93分钟内生产出一辆汽车（而在1909年用传统方法组装一辆汽车需要12个小时），到了20年代，生产线上的汽车售价低至300美元——便宜到福特的工人们都能人手一辆。福特比早先的商人们更清楚地意识到了大众消费的潜力，因此他开给工人的工资是每天5美元，这是流水线出现之前工人普遍工资的两倍。但效率也意味着产品标准化；一直到1925年，消费者可购买的型号只有一种颜色，深蓝色，后来是黑色。福特让生产过程和产品变得标准化，同时又提高了工人的工资；这样工业劳动的价值虽然被贬低了，但他提出了一个简单的解决方案：通过增加闲暇时间、促进消费来补偿工人。[1]

闲暇也在变得商品化和机器化。随着劳动的日益集中化、标准化、管控化，城市里的舞厅、电影院、职业运动队和游乐园也在同步发展，因为工人们希望能在休闲娱乐中找到解放的可能。年轻的美国人可以去科尼岛乘坐首列过山车，或者伴着拉格泰姆的切分旋律、爵士乐的即兴演奏跳蛋糕步态舞、灰熊舞和狐步舞——他们身体的运动

[1] Nye, *America's Assembly Line,* 13-38; David A. Hounshell, *From the American System to Mass Production, 1800-1932* (Baltimore, MD: Johns Hopkins University Press, 1984), 217-261. 有关每日五美元工资，参见 Stephen Meyer III, *The Five Dollar Day: Labor Management and Social Control in the Ford Motor Company, 1908-1921* (Albany: State University of New York Press, 1981), 95-122。

速度正在变快，一如工作场所中节奏的加速。第一批自行车和后来的汽车所带来的交通工具的机器化、个人化让男男女女觉得自己拥有了控制权，体验到了速度与快乐。在观看充满了时间与空间的交切镜头、视角变幻不定的电影时，他们在银幕上看到的运动着的现实又似乎是那样的不真实。[1]

许多现代休闲娱乐中的不真实性让批评家们以真实性为核心在人类与机器之间划上了更分明的界限。作为对爱迪生留声机的回应，"进行曲之王"约翰·菲利普·苏萨（John Philip Sousa）在 1906 年写道："会说话和演奏的机器……把音乐的表达简化为一个由扩音器、机轮、齿轮、圆盘、圆柱和各种旋转的东西组成的数学系统，它和真正的艺术之间的关系，就像夏娃的大理石雕像和她活在世上的美丽动人的女儿们之间的关系一样。"在这位乐队指挥看来，"数学的和机械的"与"情感的和灵魂的"截然对立，因此没有任何机器可以演奏出他所喜爱的具有灵魂深度的爱国主义、浪漫主义音乐。在 18 世纪和 19 世纪早期，听众们经常赞扬自动音乐演奏的精确性，但对苏萨来说，精确性还不够；音乐需要灵魂。[2]

在这个看重效率的时代，对灵魂的渴求进一步刺激了大众娱乐

---

[1] 有关商业化和技术化娱乐的兴起，参见 Roy Rosenzweig, *Eight Hours for What We Will: Workers and Leisure in an Industrial City, 1870-1920* (New York: Cambridge University Press, 1985); Kathy Peiss, *Cheap Amusements: Working Women and Leisure in Turn-of-the-Century New York* (Philadelphia: Temple University Press, 1986); David Nasaw, *Going Out: The Rise and Fall of Public Amusements* (Cambridge, MA: Harvard University Press, 1999); McGerr, *A Fierce Discontent,* 248-278; Lary May, *Screening Out the Past: The Birth of Mass Culture and the Motion Picture Industry* (Chicago: University of Chicago Press, 1983); 以及 Sarah Hallenbeck, *Claiming the Bicycle: Women, Rhetoric, and Technology in Nineteenth- Century America* (Carbondale: Southern Illinois University Press, 2016)。

[2] John Philip Sousa, "The Menace of Mechanical Music," *Appleton's Magazine,* September 1906, 279.

的发展，并使人们将闲暇视为人类身份认同的决定性特征。[1] 20 世纪早期，改革家们认为游戏是人类生活和身份认同的核心，尤其是对儿童而言。玩耍更能让孩子们在融入城市社会的同时自由地发展自己，这远非被细分和去技能的工作场所所能比。不过，改革家们所推荐的游戏类型与商业化的娱乐有本质上的不同。改革家们希望孩子们能去操场玩耍，参加篮球等能教会孩子们团队合作的运动，培养一些兴趣爱好，去大自然郊游，或者学跳传统舞蹈。他们仍然试图保留维多利亚时代闲暇与自我提高之间的联系。到了 20 年代，不仅儿童的闲暇时光得到了关注，大人的休闲活动也是如此。像国家收银机公司（National Cash Register Company）之类的机构开始专门让员工在娱乐中发泄自己，这既是对员工单调工作的补偿，也是想通过建立一个看似更公平的、可以享受乐趣的共同体来防止工人们团结在一起。[2]

然而批评家认为，商业化娱乐的发展威胁到了利用闲暇来改善自我和社会的可能。知识分子和社会活动家所谓的"闲暇问题"（leisure problem）贯彻这个时代的始终，他们认为人们在盲目的个人追求上花了太多时间，没有选择那些能够让自我与社会重焕生机的更多产的休闲形式。[3] 这是导致戴维·凯勒创作《机器人的威胁》的时代担忧之一，他害怕的是人们可能会独自在家观看比赛，而不再去体育场和公

---

[1] 这种"闲暇伦理"（leisure ethic）的兴起，参见 William Gleason, *The Leisure Ethic: Work and Play in American Literature, 1840-1940* (Stanford, CA: Stanford University Press, 1999); Gary Cross, *Kids' Stuff: Toys and the Changing World of American Childhood* (Cambridge, MA: Harvard University Press, 1997), 50-81; Hunnicutt, *Work without End,* 109-146; McGerr, *A Fierce Discontent,* 248-278.

[2] Sanford Jacoby, *Modern Manors: Welfare Capitalism since the New Deal* (Princeton, NJ: Princeton University Press, 1997), 14-16. 更多有关将闲暇作为劳动的补偿的内容，参见 Hunnicutt, *Work without End,* 67-108; 以及 Cross, *Time and Money,* 15-45。

[3] Hunnicutt, *Work without End,* 109-146.

民同胞们共度时光了。放大这种焦虑的是，许多最流行的趋势，包括舞蹈、爵士乐和电影都起源于非裔美国人和移民带来的文化。这些趋势往往是年轻人最喜欢的，不分种族、阶级或性别。当然，年长的白人男性文化权威对此进行了普遍的控制和审查，但在舞厅、电影院和游乐园，他们不可能掌控一切。[1]

　　弱势群体的文化权力正在增强，这是导致维多利亚时代生活中原有的界限和范畴越来越模糊的部分原因。20世纪，科学的发展打破了以往有关宇宙规律可预测的信条，暗示世界并非全然决定论和目的论的；如果用音乐类比的话，世界不像是苏萨所形容的那样，而更像是爵士乐中的即兴演奏。生物学中，达尔文主义和遗传学的融合将进化论从对更高级生命形式的发展的研究变成了对遗传的研究。这种转变意味着生物学为生物和种族决定论提供了科学依据。物理学中量子力学和爱因斯坦"狭义相对论"表明这个世界要比前人们所认为的更加复杂、随机、难以理解。在数学方面，哲学家兼科学家查尔斯·桑德斯·皮尔士（Charles Sanders Peirce）认为存在着一定程度上的不确定性，因此要用统计概率取代对绝对证据的寻找。这种观点和他与威廉·詹姆士、约翰·杜威共享的实用主义哲学是一致的，他们强调要让唯心论、前概念、信念适应于现实世界的结果。直到1927年，德国物理学家维尔纳·海森堡（Werner Heisenberg）才终于发表了他的"不确定性原理"，但在此之前，不确定性已经在学术界流行

112

[1] 关于这些文化表达中的种族政治，参见 Davarian Baldwin, *Chicago's New Negroes: Modernity, the Great Migration, and Black Urban Life* (Chapel Hill: University of North Carolina Press, 2007); Gena Caponi-Tabery, *Jump for Joy: Jazz Basketball, and Black Culture in 1930s America* (Amherst: University of Massachusetts Press, 2008); Kathy J. Ogren, *The Jazz Revolution: Twenties America and the Meaning of Jazz* (New York: Oxford University Press, 1989); 以及 Dinerstein, *Swinging the Machine*; May, 22-42。

了三十年之久。[1]

在不确定性流行的同时，真实事物与人造事物之间的界限也愈发分明，这让人们有了一种恐惑感，这种感觉在自动机上尤为强烈。**恐惑**（uncanny）这个词诞生于 19 世纪，而恐惑理论则形成于 20 世纪初。当时心理学家恩斯特·延奇（Ernst Jentsch）与西格蒙德·弗洛伊德（Sigmund Freud）分别都把这个词与德国作家 E.T.A. 霍夫曼（E. T. A. Hoffmann）于 1816 年创作的短篇小说《沙人》（"The Sand-man"）联系在一起。在小说中，一个男人爱上了一个会弹羽管键琴、能歌善舞的"女人"，但当男人发现她其实是台机器的时候，他就发疯了。延奇认为恐惑是由人与环境之间的张力造成的——人总是要"在理智上掌控"自然。他将恐惑描述为"一种由不确定带来的负面感受"，当"开始怀疑一个看上去有生命的存在是不是真的有生命，或者反过来，怀疑一个无生命的物体是不是真的没有生命"的时候，这种感觉往往会出现。[2] 就自动机而言，他认为，随着机械装置不断改进，它们可能会"越来越逼真"，而这种"不安感"也将会加剧。[3] 弗洛伊德从这一分析中更进一步，他认为："恐惑感常常发生在想象与现实之间的界限被抹除时，而且它很容易发生。譬如以往我们认为是虚构的东西突然在现实中出现在我们面前，或者一个象征符号接管了它所象

---

[1] 关于概率论宇宙观的兴起及其对美国文化的影响，参见 T. J. Jackson Lears, *Something for Nothing: Luck in America* (New York: Penguin Books, 2003), 280-287; 以 及 David Shi, *Facing Facts,* 275-276. 有关这些科学发现与美国现代性兴起之间的联系，参见 Pells, *Modernist America,* 16-17; 以及 McGerr, *A Fierce Discontent,* 236-238。

[2] Ernst Jentsch, "On the Psychology of the Uncanny," trans. Roy Sellers, in *Uncanny Modernity: Cultural Theories, Modern Anxieties,* ed. Jo Collins and John Jervis (New York: Palgrave Macmillan, 2008), 224.

[3] Jentsch, "On the Psychology of the Uncanny," 224.

征之物的全部功能和意义的时候，等等。"[1] 尽管弗洛伊德和延奇的观点有差别，但两人都将恐惑归于试图掌控自然的科学精神与无法解释之物的持存之间的张力——特别是，根据理性，纯然质料性的实体本来不应该有运动的情景。恐惑是不确定与不真实的统一，它充分体现出一种感觉——现代性正在把假变成真，把真变成假。[2]

在 19 世纪末之前，美国人很少认为自动机会给人以恐惑感。朱利安·霍桑 1868 年的一篇小说讲了一台自动跳舞机的故事，当观众发现它是一台栩栩如生的机器后并未被它吓到，而是给予了热烈回应。但到了 20 世纪早期，美国人就常以"恐惑"来形容自动机和像自动机一样行动的人给人带来的感受了。一位记者在描写一台自动卖鞋机时说，它"眼神相当坚定，如果你目不转睛地盯着它那两只空洞的眼球，你就会生出一种恐惑感。"[3] 有一次，法国的服装模特威胁说要罢工，随后报纸说自动机可能会抢走他们的工作。"看着这些装置在移动，甚至以极为逼真的姿势在懒洋洋地躺着，这自然会让人感到恐惑。"一篇文章如是说。"每个人一开始看到它们时都会有同样的感觉——感到心里某个地方被刺了一下，或者有种吃惊或尴尬的感觉。"不过文章继续写道，因为看到生命出现在质料中而产生的恐惑感并不是永久的："让蜡、橡胶和机械系统组成的装置完成工作——当你明白这是个很有意思的事情，尤其是体会到了它所带来的极致的舒适"

---

[1] Sigmund Freud, "The Uncanny," trans. Alix Strachey, in *Writings on Art and Literature* (Stanford, CA: Stanford University Press, 1997), 221.

[2] 欲了解更多有关"恐惑"的历史，请参阅 Terry Castle, *The Female Thermometer: 18th-Century Culture and the Invention of the Uncanny* (New York: Oxford University Press), 3-20。关于在世纪之交的不确定性中恐惑的地位，参见 T. J. Jackson Lears, *No Place of Grace: Antimodernism and the Transformation of American Culture, 1880-1920* (Chicago: University of Chicago Press, 1994), 173。

[3] "Wonderful Control of Facial Muscles," *Baltimore American,* December 3, 1903, 13.

之后，恐惑感就会消失。[1] 那些对周遭一切都无动于衷的人也会让人觉得恐惑。在第一次世界大战之后，有份报纸开设了"新娘的自白"（Confessions of a Bride）专栏，其中有位妻子描述了丈夫刚从法国战场回来时两人相处的情况。"自他从法国回来的第一天起，"她写道，"他就没再像参战前几个月那样将我看作他的妻子，甚至也没再把我看成一个家庭成员。对他的医生来说，对我们所有人来说，这都是令人恐惑的。他就像一台有理性和血肉的自动机一样生活在我们之中。……他心中已经没有感情了。"[2] 至少在美国，恐惑是一种直接与现代生活（包括商业、战争等等）相关的感觉，这种生活似乎赋予了机器以力量，而摧毁了个体的灵魂。

美国的作家们担心机器时代已经摧毁灵魂，因而呼吁这个国家来一次文化复兴运动。批评家如伦道夫·伯恩（Randolph Bourne）、范·威克·布鲁克斯（Van Wyck Brooks）、沃尔多·弗兰克（Waldo Frank）以及后来的刘易斯·芒福德（Lewis Mumford）等从 19 世纪的智识传统出发，担心工业生活会摧毁个人与集体。伯恩在 1914 年写道："整日工作让职工们反应迟钝、意志消沉，而工人的大脑也早被机器的轰鸣弄得晕头转向。他们必须从街上、从舞蹈和表演中的那种粗犷而又激动人心的欢乐里寻找工作本应带给他们的兴奋和快乐。"[3] 弗兰克更清晰地指出了这一点。他认为，机器是"美国的神"，而工业化已经摧毁了"美国人的灵魂，让他们精神贫瘠"；他总结说，这个"沉沦而枯燥的世界，就是在这个只有通过否定人们的感性经验、

---

[1] Ethel Thurston, "Moving Wonders of Wax and Rubber Ready to Take Dress Models Places," *Syracuse Herald,* October 26, 1919, 6.

[2] "Confessions of a Bride," *Wyoming State Tribune,* August 14, 1919, 4.

[3] 引自 Casey Nelson Blake, *Beloved Community: The Cultural Criticism of Randolph Bourne, Van Wyck Brooks, Waldo Frank, & Lewis Mumford* (Chapel Hill: University of North Carolina Press, 1990), 76。

强调机械式的欲望才能存在的文明中人类精神的必然命运"。[1]这些知识分子认为，只有将精神与质料结合起来，实现文化复兴，才能再现出"受人热爱的美国社会"。

当 *R.U.R.* 首演时，强大的机器和看似被削弱的个体之间的张力其实已经在几十年里愈演愈烈了，不过正是第一次世界大战和俄国革命突出了它们的潜在危险。评论家们常常把玛丽·雪莱的《弗兰肯斯坦》视为现代性失控的象征。[2]但是《弗兰肯斯坦》出现在前工业时代，让它成为象征物其实并不完全合适。《弗兰肯斯坦》的世界是唯物主义的，但不是消费主义的；它描写的是丑陋的巨型怪物，不像延奇和弗洛伊德所讨论的那种机械娃娃或自动机一样让人心生恐惑；它是一个独立的存在，没有渗入大众的生活中；它威胁的只有它的主人，而不是全体人类。观众们发现 *R.U.R.* 就是现代版的《弗兰肯斯坦》。约翰·科尔宾（John Corbin）在《纽约时报》（*New York Times*）上为 *R.U.R.* 写了篇尖刻的负面评论，他说："虽然最初出现了《弗兰肯斯坦》的那个国家早就认为书中的那些比喻是老生常谈了，但它们已经传播到了捷克斯洛伐克，并在那糅进了一种新的社会意识——实际上，是一种阶级意识。"[3]玛丽·雪莱的故事是一篇适合父子之间分享的读物，而恰佩克的剧作则更为宏大。对于一个不只面临着战争和革命，还面临着大批量生产与消费将导致文化大灭绝的世界来说，恰佩克剧作的结局恰如其分。

---

[1] Waldo Frank, *Our America* (New York: Boni and Liveright, 1920), 45.

[2] 参见，例如，"Science's Part in Next War," *Washington Post,* February 6, 1916, MS1; 以及 Raymond B. Fosdick, "Our Machine Civilization: A Frankenstein Monster?" *Current Opinion,* September 1, 1922, 365。

[3] John Corbin, "The Play," October 10, 1922, *New York Times,* 24.

美国机器人中的阶级与种族

这部激进的捷克斯洛伐克戏剧选择 1922 年在美国上演，这真是挑错了日子。一战后，美国发生了一系列爆炸事件，它们表明移民们一心想向美国输出俄国革命。这加剧了人们对外国人的怀疑。3K 党在美国南部和中西部复兴了，他们宣称"百分之百的美国主义"（one hundred percent Americanism），攻击非裔美国人、天主教徒、犹太人和其他"非美国"群体，因此赢得了大批拥趸。联邦政府在 1924 年通过了《约翰逊—里德法案》（Johnson-Reed Act），实施了一项配额制度，以限制从东欧等国来的移民。虽然这一本土主义热潮终将退去，但它的能量让保守主义日增月益，其结果是否定早期改革成果，大肆清除工会和其他威胁到了资本利益的群体和组织。[1]

尽管政治环境如此，或者说也许正是因为政治环境如此，*R.U.R.* 的影响从纽约蔓延到了其他城市，包括洛杉矶、芝加哥和伯克利。《纽约太阳报》（*New York Sun*）称之为"一部出色的剧作，导演和演员都很优秀"。《奥克兰论坛报》（*The Oakland Tribune*）称其为"这十年来在舞台上呈现过的最佳情节剧"，是"多年来美国舞台上最有力的作品"。类似好评也在文学杂志《科利尔周刊》（*Colliers Weekly*）和《时尚芭莎》（*Harper's Bazaar*）出现过。工人组织也对该剧表示赞赏，如世界产业工人组织（Industrial Workers of the World，IWW）。工业民主联盟（League for Industrial Democracy）的《劳动时代》声称："对于任何对当今社会问题感兴趣的人来说，这部剧是完全值得一看的。"

---

[1] 关于该时期移民与本土主义的更多内容，参见 Matthew Frye Jacobson, *Whiteness of a Different Color: European Immigrants and the Alchemy of Race* (Cambridge, MA: Harvard University Press, 1998), 39-90; Mae M. Ngai, *Impossible Subjects: Illegal Aliens and the Making of Modern America* (Princeton, NJ: Princeton University Press, 2004), 21-55; 以及 Dumenil, *Modern Temper*, 224-226。

美国作家、社会主义者卡尔·桑德堡（Carl Sandburg）连用了数个词语来形容它："有意义的、重要的、嘲弄的、古怪的、有趣的、可怕的、荒谬的"，认为它可以和"亨利克·易卜生（Henrik Ibsen）最优秀的戏剧"相提并论。[1] 激进记者海伍德·布龙（Heywood Broun）也曾写过一篇评论，这篇评论最初发表在《名利场》（*Vanity Fair*），而后又被多家媒体转载。他认为该剧不仅情节生动，而且富有思想，尽管他也认为该剧结局"甜美得有点不自然"。[2] 宗教杂志，尤其是那些福音派新教以外的杂志，如《基督教世纪》（*Christian Century*）、《犹太论坛》（*Jewish Forum*）、《天主教世界》（*Catholic World*）和《普世主义领袖》（*Universalist Leader*）也反响热烈。仅仅一年之后，双日出版社（Doubleday）就出版了剧本，同样广受好评。又过了不到一年，高德温公司（Goldwyn Company）买下了该剧的电影改编权，不过它最后没有被搬上银幕。[3] *R.U.R.* 火遍了整个 20—30 年代，并在之后不断被人提起，它可谓那个年代最成功的激进戏剧之一。

但不确定的是，《罗素姆的万能机器人》中"机器人"一词到底象征着什么呢？结合着该剧主题和剧中机器人的身体机能来看，恰佩克的机器人更像人造仿生人，比如弗兰肯斯坦那样的怪人，而不是美国文化中的机械人。即便如此，仿生人与机械人在 *R.U.R.* 中被融合成了同一类型。最初的发明家老罗素姆使用化学方法制造出了一个人造人；但他的儿子小罗素姆简化了设计，让机器人更适合于工作。多明后来引用小罗素姆的话说："人是这么一种东西，他可以感到快乐，

---

[1] Carl Sandburg, "R.U.R.," *New York Times,* January 28, 1923, X2.

[2] Heywood Broun, "Hair-Raising Satire," *Vanity Fair,* December 1922, 43, 104.

[3] Helen Klumph, "Real Thrill on the Menu," *Los Angeles Times,* February 25, 1923, 29; Grace Kingsley, "Mamoulian to Guide 'R.U.R.,'" *Los Angeles Times,* May 13, 1932, A9.

116

可以弹钢琴，喜欢散步，总想做一大堆事情，而这些……在他想要织布或记账的时候……实际上完完全全是多余的。"工厂经理表示，去掉这样的能力就能把机器人从人造人变成一台机器。"机器人不是人，"多明坚称，"但从技术上来说，它们比人更完善，它们有着高度发达的智力，但是却没有灵魂。"[1] 小罗素姆和后来的企业管理者们和老罗素姆不同，他们相信灵魂的存在，但认为灵魂是和文化、闲暇有关的，而与劳动无关，这能让他们不必再忧心于工人福利了。在这出讽刺戏剧中，他们就像泰勒一样，把工人视为可以被操控的物质对象，而不是具有创造力的自主个体。在初演中，戏剧协会让演员们留着同样的发型，再让他们穿上黑色裤子和带有三角形标志的灰色衬衫制服来强调这一点，这不禁让人心生恐惑。[2] 虽然多明和他的同事们可能认为，机器人是一台机器，但这样的造型强调的则是这些人造人与人类工人的相似之处。

一开始，大多数学者都认为机器人象征着具有潜在革命性的工人，但他们对问题的本质和解决方法持不同意见。《科利尔周刊》刊登了查尔斯·W. 伍德（Charles W. Wood）的一篇评论，题为《被订造的工人》（"Workmen Made to Order"）。他叹息道，"实践教育"的目的只是让工人"科学地与其工作相适应"，而不是在整体层面教育人们。[3] 在这样的解读中，工人之所以要反抗，问题在于他们没有文化。这种病需要教育层面的改革才能治愈，而不是靠工厂改革。不过，另一些人认为整个社会的结构都需要来一次大改造。1926 年，费城快速运输公司（Philadelphia Rapid Transit Company）的一位管理

---

[1] Čapek, *R.U.R.(Rossum's Universal Robots),* 16-17.

[2] Rosa Knuuti, "R.U.R.," *Industrial Pioneer,* June 1923, 32-34 中的照片。

[3] Charles W. Wood, "Workmen Made to Order," *Collier's,* December 9, 1922, 23.

者进行了一次试验性改革，尝试让工人拥有公司所有权。他指着一本 *R.U.R.* 说："如果我们继续让人像机器一样生产，只关心速度与工资的提高，这就是我们将要面临的后果——每个人都像机器人一样行事……我们要让庞大的工人大军成为生产机器的所有者。让工人们的人格更加健全，他们才不会像俄罗斯人那样反抗。只有这样，我们才能安生。"[1]这位管理者表示，美国所需要的不仅仅是提高工人的教育水平；还要赋予工人们权力，要让他们能控制工作场所。

从该戏剧及其核心象征物中看到最大的革命潜力的是世界产业工人组织（IWW），该组织是当时最为激进的工人组织，成员构成也极为广泛。[2]罗莎·克努蒂（Rosa Knuuti）在该组织的《工业先锋》（*Industrial Pioneer*）杂志上撰文称，"这部戏剧耸人听闻……而又极富讽刺意义，它所围绕的是阶级斗争的主题——当今的产业工人正在被降格为名副其实的工作机器"。[3]她还认为恰佩克"对人类作出了重大贡献，因为他显著地唤起了人们对阶级斗争的注意——只要一个人的眼睛和脑子还能用，就会注意到"[4]。同年晚些时候，该杂志的另一位作者称福特工厂里的工人们为"机器人"，不是因为他们未被人道地对待，而是因为福特总想除去生产中不必要的部分，提高效率——他本身就想要"机器人化"的劳工。[5]翌年，该刊物用这个词来形容

117

[1] Virginia Pope, "New Ownership Idea Tried," *New York Times,* November 7, 1926, XX12.

[2] 关于 IWW，参见 Melvyn Dubofsky, *We Shall Be All: A History of the IWW* (Chicago: Quadrangle, 1969)。最近的一篇研究参见 Erik Loomis, *A History of America in Ten Strikes* (New York: New Press, 2018), 91-112。

[3] Knuuti, "R.U.R.," 34.

[4] Knuuti, "R.U.R.," 34.

[5] George Williams, "Henry Ford, a Peculiar Entity," *Industrial Pioneer* 1, no. 6 (October 1923): 31-33.

一些媒体"对工人的蔑视",这些媒体总是刊登一些荒唐的美容与养生建议,还有一些不论从文学上看还是从哲学上看都是"废话"的东西。[1] 在后来一期主要描写技术性失业的刊文中,该刊重印了一篇编辑曾在世界产业工人组织的另一家分支机构发表的演讲。"工人,"他说,"被视为机器人——一种与机器相适应的造物,没有理智和情感,它在生活中的唯一使命就是创造财富,并在必要时为那些食利者——即资产阶级——牺牲在战火中。"[2] 世界产业工人组织的撰稿人们认为,机器人的意识形态力量来自它能讽刺雇主和他们的支持者对工人的非人化与物化。

世界产业工人组织的撰稿人认为该剧是对工人刻板印象的讽刺,但是中产阶级的激进出版物不同意这种观点。在《国家》(Nation)中,路德维希·路易松(Ludwig Lewisohn)称赞了戏剧协会的作品,但认为该剧的逻辑"完全是荒谬的",因为"一方面,它假设人可以被简化为纯粹的机器,而且这种机器从其本质上来讲根本不会反抗;但在另一方面,我们又被告知这些奴隶将会反抗奴役与压迫,不愿当一副没有灵魂的躯壳——它们立刻就有了让它们在与人类文明的冲突中获胜所需的所有激情、力量以及思想"。[3] 《单一税评论》(Single Tax Review) 也同样认为该剧"幼稚可笑",并问道:"我们真的要认为,恰佩克先生想让 R.U.R. 代表这个世界上正在反抗主人们的工人吗?如果是这样,他为什么又要表示它们的胜利将让它们很快自取灭亡呢?这说不通。"这位评论者唯一能想到的解释是,"即便是进步的戏剧协

[1] J. D. C., "Our Paternalistic Press' Health Hints," *Industrial Pioneer* 1, no. 9 (January 1924): 34.

[2] Justus Ebert, "The Wonderful Age," *Industrial Pioneer* 2, no. 4 (August, 1924): 26.

[3] Ludwig Lewisohn, "Helots," *Nation,* November 1, 1922, 478.

会也不支持将这部戏理解为"工人的完全胜利。[1] 与克努蒂不同，这些评论者并不觉得这是部有趣的或讽刺的戏剧。他们严肃看待了剧作的内容，认为机器人是被误导的对无产阶级的象征，而不是一种荒诞主义讽刺。

把机器人想象成工人所带来的问题在于，如果观众把剧中发生的一切都当真的话，那么这部戏剧就有可能在暗示，我们只能对工业社会的问题一筹莫展。这正是科尔宾发表在《纽约时报》上的评论的关键所在。在他初评发表的五天后，科尔宾又将 *R.U.R.* 与他眼中更为优秀的反机器著作《埃瑞瑝》（*Erewhon*）进行了对比。《埃瑞瑝》是新西兰作家塞缪尔·巴特勒（Samuel Butler）1872 年的小说，在科尔宾评论写就之前的十年中，在对机器的讨论中《埃瑞瑝》越来越经常被提起。巴特勒批判了机器在人类生活中的重要性，而科尔宾则声称恰佩克让"所谓的无产阶级成了人类最大的敌人……人类文明要永远供养着他们"。科尔宾认为"文明的真正敌人不是机器，而是机器化的人类。他们智力低下，缺乏同情心，被人们从工业资本结构的阴暗面中一直能获得的唯一想法所左右，这一想法是，他们只有无灵魂的技能精通，只有纯粹的体力。"虽然科尔宾认为恰佩克是一个社会主义者，但他也觉得"从建设性上来看恰佩克不啻为虚无主义者"，并追问他是否真的想"告诉全世界的工人，用盐、沙子和蛋清就能造出比他们更好的人？"[2] 后来有读者批评科尔宾时认为，他对这出戏剧的评论太过草率。在回应中，科尔宾重申该剧的逻辑是，"一切改善工厂

---

[1] E. Wye, "At the Sign of the Cat and the Fiddle," *Single Tax Review* 22, no. 6 (November-December 1922): 170.

[2] John Corbin, "The Revolt against Civilization: The English School," *New York Times,* October 15, 1922, 99.

工人生活的努力"都将导致"文明的毁灭"。[1]恰佩克塑造了一个象征着工人而不是机器的妖魔化形象，他暗示除了毁灭之外没有任何办法能解决工业化问题——而乐观的科尔宾无法接受这样的命运。

科尔宾从剧中领会到的是，种族在美国人对机器人的理解中至关重要。很少有人像他一样看到了这一点。*R.U.R.* 虽然没有明确提到种族问题，但作为工人的机器人在生物学上与人截然不同，很容易让观众从种族主义角度看待这些造物。在美国这样一个种族多元的国家，情况尤其如此。美国的雇主们经常将不同工作与特定种族联系在一起，并声称工人天生低人一等，以此为由严苛地对待他们。[2]在美国，拥护工业发展的人长期以来一直把他们所认为的低贱的体力劳动与那些他们心中的卑劣种族联系在一起，就像他们一直用机器来比喻这些工人一样。那个时代对福特主义最常见的辩护之一是，只有天生不需要脑力劳动的人才会在装配线上工作，即使在自由主义者中也是这种观点。一位工程师在《美国机械师》(*American Machinist*)中写道："大多数人都不想'表现自己'，要是有人承担了责任，他们会很开心。这种麻木是普遍的。他们生来就麻木；不如让他们在农场里麻木吧。"[3]在 *R.U.R.* 之后，人们若想假设某一群体是卑劣的，并以此对整个群体进行非人化看待的话，就有了一个新词可用了：机器人。"如果'*R.U.R.*'是对我们资产阶级愚蠢的控诉，"一位百老汇制

---

[1] John Corbin, "The Critic and His Orient," *New York Times,* December 24,1922, 75.

[2] 关于种族和民族在划分工人群体时扮演的角色，参见 David Roediger, *Working toward Whiteness: How American's Immigrants Became White* (New York: Perseus, 2005), 74, 220; David Roediger and Elizabeth D. Esch, *The Production of Difference: Race and the Management of Labor in U.S. History* (New York: Oxford University Press, 2012), 139。

[3] 引自 Stuart Chase, *Men and Machines* (New York: Macmillan, 1929), 160。

片人写道，"那它同样也是对工人阶级无知的控诉。"[1] 或者又如一位工业化的支持者（他同时也对工业化时有批评）后来称，产业工人"天然就是机器人"。[2]

科尔宾的文章名为《对文明的反抗》（"The Revolt against Civilization"），指出了种族因素在美国人理解机器人时发挥的核心作用。此文题目直接沿用了优生学家、生物决定论者和反移民活动家洛思罗普·斯托达德（Lothrop Stoddard）不久前出版的一本书的标题。科尔宾或杂志编辑之所以选择这个标题，是因为他认为机器人"具体地象征了并明显聚焦于"斯托达德的观点。[3] 《对文明的反抗》是斯托达德对他自己在 1920 年更为著名的著作《反对白人世界霸权的有色浪潮》（*The Rising Tide of Color against White World-Supremacy*）中所提出主张的进一步延伸。斯托达德在后一本书中解释了中国和日本的工业化以及非白人人口的增长将如何危及白人国家的全球霸权。然而斯托达德也担心，物质主义已经造成了一种"严重的**不安情绪**"，与 *R.U.R.* 中的情况很像，这种不安情绪导致了出生率的下降，"几乎影响到了所有的白人国家"。[4] 在《对文明的反抗》中，斯托达德审视了工业社会本身，特别是俄罗斯社会，以研究在生物学上处于下等地位的社会阶层如何威胁到白人文明的核心。斯托达德的观点极具争议，但它们反映了当时美国白人更广泛的种族焦虑，科尔宾也至少部分地

---

[1] William J. Perlman, "Čapek Explained," "Views from the Mail Bag," (letter to the editor), *New York Times,* February 17, 1923, x2.

[2] Ralph Borsodi, *This Ugly Civilization* (New York: Simon and Schuster, 1929), 136; Ralph E. Flanders, *Taming Our Machines: The Attainment of Human Values in a Mechanized Society* (New York: Richard R. Smith, 1931), 57.

[3] Higbie, "Why Do Robots Rebel?," 107; Corbin, "The Critic and His Orient," 75.

[4] Lothrop Stoddard, *The Rising Tide of Color: The Threat against White World-Supremacy* (New York: Scribner's Sons, 1921), 158, 160.

有这种焦虑。[1] 在这种语境下，机器人同样假设了他人天生在生物学上存在劣势，这就毫不费力地把种族和阶级的刻板印象融合在一起。在美国一些激进作者眼中，恰佩克的机器人是一个具有革命含义的形象，它可能会深刻挑战工业资本主义的核心意识形态和阶级划分。但它最终没有成功；种族这块浅滩已经让许多美国激进劳工运动失事了，如今机器人也在这里翻了船。[2]

120

文化与自主的机器

但将机器人视为一种激进主义象征的人同样越来越少了，因为人们很快就将其与技术的惊人力量联系在一起。甚至在 *R.U.R.* 首演之前，美国的写作者们就用机械人来象征机器的自主性力量。1922 年，记者阿瑟·庞德（Arthur Pound）在观察了福特的流水线后宣称："这是自动化机器的世纪。我们的社会问题是尽力让自动化机器的使用适应于大众福祉；我们的政治问题是尽力避免由生产和销售所积累的利润、权力和特权而引发的争吵，避免这些争吵引发发生阶级间和国家间的战争。"而后他解释了书名以及书名中为机器时代所选择的象征物："我们现代的许多自我检讨最终都会指向作为产业结构之根基的'钢铁人'。他声称 20 世纪是他的世纪；他释放的社会和经济力量最有可能延续下去，并在我们时代的未来成为现实。"庞德将自动化机器人格化了，给它以能动性、力量和男子气概。决定了物质与道德发展进程的是它，而不是那些照看它的人，甚至也不是那些拥有、管

---

[1] Robert Lee, *Orientals: Asian-Americans in Popular Culture* (Philadelphia: Temple University Press, 1999), 137-140.

[2] 这里的比喻出自 David Montgomery, *Beyond Equality: Labor and the Radical Republicans, 1862-1872,* (New York: Alfred A. Knopf, 1967), x; 但从那以后，大多数学者都强调种族是美国激进主义的一个关键限制因素。

理它的人。[1]

庞德对自动机器期待甚高。因为自动化机器能让每个人都变得高效，而且将拉平收入差距，让每个人达到相似的消费水平。他认为，美国可以让"钢铁人"施展它的机械魔法从而实现平等，这与坦奇·考克斯的乐观主义以及后来倡导工业化的人的观点遥相呼应。但他也警告说，"钢铁人"有可能破坏民主，尤其是在政府未能引导其发展的情况下。"美国的最高职责，"他宣称，"就是明智地指引'钢铁人'不断发展。……政府现在冒着风险用它们控制人们，但在曙光来临前，能否很好地控制机器将是对捍卫个体自主权的严峻挑战。如果控制得好，自动化生产中固有的缩小人们收入差距的趋势能通过国民教育进一步加强，并最终实现真正的民主；然而，如果不加以引导，它可能让人类走向新的奴役，或使之陷入一种新的无政府状态。"[2]对庞德而言，选择很明确：如果要让民主生存下去，政府必须对"钢铁人"实行"道德控制"。[3]

然而，在庞德的分析中萦绕的幽灵并不是机器，而是被异化的工人。他在看了人们将材料送入自动化机器的过程后，重申了之前的警告："他 [工人] 的内心有一种躁动，它告诉他这不是一个真正的男人的生活，甚至在别人煽动他之前这种想法就已经出现了。他在工作中真的毫无乐趣可言。"庞德认为，重复性动作剥夺了劳动的快乐与创造性，让人们的"灵魂变得极度贫瘠"，他们只能在大众娱乐中寻找"镇静剂"。但是，由于这些镇静剂不能教给人们节俭和自控，人们变

---

[1] Arthur Pound, *The Iron Man in Industry: An Outline of the Social Significance of Automatic Machinery* (Boston: Atlantic Monthly Press, 1922), 1.

[2] Pound, *Iron Man in Industry,* 34-35.

[3] Pound, 169.

得越来越自私、消极。庞德认为现代工作没有成就感，而闲暇是消极的。他和许多其他知识分子一样，把"闲暇教育"视为一种促进自我完善的方式。"如果到时候美国没有出现足够多的绅士和淑女，"他的结论将和 *R.U.R.* 产生共鸣，"文明将被机器造出的野蛮人摧毁，而这些野蛮人在摧毁它之后……并无重建文明的能力。"[1] 在庞德看来，面对被异化的工人所带来的危险，唯一可行的回应就是来一次文化复兴运动。

　　这本《工业中的钢铁人》（*The Iron Man in Industry*）是在 *R.U.R.* 十月首演前不久出版的，书中提出的许多问题日后将贯穿整部戏剧以及后来对机器人的解读，包括后来机器人是如何让人们将技术而非资本主义视为现代生活的主要问题的。庞德的确认识到资本家的力量可以影响到机器，但他书中的象征物以及书名让机器变成了主角。这与进步时代（Progressive Era）[2] 最具影响力的经济学家托斯丹·凡勃伦（Thorstein Veblen）形成了鲜明对比。凡勃伦生平用过**有闲阶级**（leisure class）和**价格体系**（price system）这样的术语，它们将人们的注意力引向阶级与资本。但在 20 世纪 20 年代和 30 年代初，斯图尔特·蔡斯（Stuart Chase）的《人与机器》（*Men and Machines*）、弗洛伊德·戴尔（Floyd Dell）的《机器时代的爱情》（*Love in the Machine Age*）、拉尔夫·E. 弗兰德斯的《驯服我们的机器》（*Taming Our Machines*）等作品与庞德的《工业中的钢铁人》一起让人们的注意力转向了技术。[3] 这些作品与庞德的很像，它们批评了美国生活中的其他元素——包括资

122

---

[1] Pound, 166. 有关闲暇教育的更多讨论，参见 Hunnicut, *Work without End,* 109-146; 以及 Cross, *Time and Money,* 99-127.

[2] 进步时代：虽对起止年代有争议，但一般认为这是 1890—1920 年间，美国历史上一个大幅进行社会政治改革现代化的时代。——译者

[3] Dinerstein, *Swinging the Machine,* 29-62.

本主义——但也都认为机器是变革的主要原因，并常常视文化转型为一种解决方案。[1] 这样一来，他们就把流行的话题从资本主义转移到了一个对商人和作者来说都安全得多的话题：技术和文化的关系上，尤其是考虑到在俄国革命和红色恐慌（Red Scare）[2] 之后，这样的话题转移尤为必要。

美国第一部讲述机械人的电影就典型地体现出了这种转变。1919年，罗尔夫影视（Rolfe Photoplays）发行了一系列名叫《神秘的大师》（*The Master Mystery*）的电影，共计 15 部。片中逃脱魔术师哈里·胡迪尼（Harry Houdini）饰演了昆廷·洛克（Quentin Locke）。洛克是一位司法部的特工，调查国际专利公司的垄断行为。[3] 该公司的高管们从独立发明家那里获取了大量专利，承诺生产、销售他们的设计，但随后只是任由这些发明在地下室中腐烂而已。以此，高管们攫取了大量财富。在第一部中，电影向观众介绍了一种可以移植上人脑的自动机，这样一来，机器就有了意识，而那个人也有了一个更强大的身体。在看到原型机时，公司总裁告诉发明者，这个装置"荒谬可笑，即便造出来也不会有任何用处。要是非说可能哪有用的话，那就是它可怕的破坏作用"。后来，另一位高管和装置发明者想要配合洛克的调查。此时一个真人大小的自动机映入观众眼帘。它步履艰难地走上楼梯，要杀害二人。洛克在整部系列电影中都在调查他的反垄断案，与此同时还要逃离敌人的爪牙和这台自动机所设下的各种陷阱。洛克最终击败了这个机器，并揭开了它的面具，结果它并不是一台完整的

---

[1] Pells, *Radical Visions*, 19-21.

[2] 红色恐慌，美国曾兴起的反共产主义风潮，这里指 1917 年俄国十月革命爆发后延续至 1920 年的第一次恐慌。（第二次恐慌即二战后麦卡锡主义的兴起。）这次恐慌受到欧洲的影响，美国政府认为工人以及社会主义者可能会导致政治激进运动或革命运动的爆发。——译者

[3] 参见 Harry Grossman and Burton L. King, *The Master Mystery* (Rolfe Photoplays, 1920)。

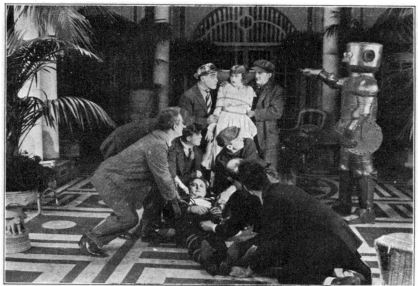

(C) B. A. Rolfe Productions   Scene from the Photo-Play

IN THE CLUTCHES OF THE IRON TERROR

图 4.2 　《神秘的大师》的一张宣传照，那个伪装的自动机，又名"铁怖"，正在指挥它的爪牙。此时他们抓到了哈里·胡迪尼扮演的调查员和他的倾慕对象（玛格丽特·马什 [Marguerite Marsh] 饰）。罗伯特·辛克（Robert Zinck）摄，哈佛大学怀德纳图书馆（Widener Library, Harvard University）。

自动机，甚至也不是一个机械身体与人类大脑的组合，它只是一个伪装：胡迪尼最可怕的敌人不是一台机器，而是一名富有的垄断巨头。这位资本家决心摧毁机器的潜力，所以他假扮成了机器吓唬别人，让人们不再使用机器。

　　《神秘的大师》的情节与角色所控诉的是垄断公司和资本家，但它的形象塑造却让人联想到机器。该系列电影中邪恶的高管们十分符合凡勃伦在《有闲阶级论》（*Theory of the Leisure Class*）中对"懒散的富人"（idle rich）的定义。他们靠着他人的辛勤劳动，在豪宅里尽享奢华，同时妨碍着技术制造的普及，而这些技术本可以帮助大众。[1] 胡迪尼扮演的洛克身为一个官员，高尚地履行了公共职责，最后打破了垄断。对洛克的褒扬同样利用了进步时代对中立专家的赞颂，即认可他们是公众利益的保护者。但是，罗尔夫的广告和电影中的大部分内容都将自动机视为恐惧的代言人。在大量的海报和剧照中，胡迪尼和他的倾慕对象都面临着"铁怖"（Iron Terror）的可怕威胁。[2] 虽然最后一集揭示了真相，但电影的大部分内容都集中在机器上。

在《神秘的大师》指责有闲阶级的同时，也有人表示，必须用文化来解决机器时代的问题。[3] 哥伦比亚大学社会学家威廉·F. 奥格本（William F. Ogburn）在 1922 年的《社会变迁：关于文化和先天的本质》（*Social Change with Respect to Culture and Original Nature*）一书中，创造了**文化滞后**（cultural lag）一词，指文化价值观和制度为了适应物质条件的变化而进行调整时总是要慢一步。奥格本认为，"发明的增加"导致了"现代社会的快速变革"，这进一步引起了文化价值观与社会制度之间的"失调"，甚至可能是人之本质与现代生活的失调。"当文化的某一部分通过某些发现或发明首先发生变化，而文化中某一部分的环境变化又依赖于它时，"他指出，"后者往往会滞后。"[4]

奥格本对文化的定义源自一种新兴的人类学定义，要比庞德的定义更为宽泛。庞德希望每个人都能获得文化，而奥格本则引用了人类

---

[1] 参见 Thorstein Veblen, *The Theory of the Leisure Class: An Economic Study of Institutions* (New York: Macmillan, 1912), 35-67。

[2] 另一张广告图片见 *The Master Mystery,* 1919, McManus Young Collection, Rare Book and Special Collections Division, Library of Congress, reproduction nos. LC-USZ62-66393, LC-USZ62-64313, http://www.loc.gov/pictures/item/96520687/。

[3] Pells, *Radical Visions,* 4-5.

[4] William Fielding Ogburn, *Social Change with Respect to Culture and Original Nature* (New York: B. W. Huebsch, 1922), 200-201.

学家爱德华·B. 泰勒（Edward B. Tylor）对文化的定义："文化是一个复杂的整体，包括知识、信仰、艺术、道德、法律以及人类作为社会成员所能获得的任何其他能力和习惯。"除此之外，奥格本又在文化的定义中加入了"物质文化"，这种文化与其他形式的文化之间的区别导致了文化滞后现象的出现。他认为，物质文化的变化"会推动文化中其他部分的变化，如社会组织和风俗习惯，但这些部分的变化并不同样快，它们落后于物质文化的变化"。[1] 在这样的区分中，奥格本认为社会具有精神/身体的二元形式，其中物质文化相当于社会的身体，而非物质文化相当于社会的精神和灵魂。解决现代性问题所需的不是革命，而是两者之间的逐步调和。

　　德国现代主义者弗里茨·朗（Fritz Lang）在 1927 年的电影《大都会》（Metropolis）中也呼吁用文化来解决机器的问题。在看了纽约的高楼大厦之后，朗受到了启发，以此在《大都会》中描绘了一个机器化的社会。这个社会被分为在地上摩天大楼中玩乐的白人统治阶级和在黑暗的地下城中劳动的工人阶级。[2] 工人们完全被剥夺了人性，他们就像一支千人一面的军队，低着头卑躬屈膝，听着钟声的指令。他们的身体最后会被献给一位燃烧的机械神，它在这部电影中的名字是用《旧约》中的火神"摩洛克"（Moloch）命名的。工人们用编号而非名字来称呼彼此，他们没有个性，也不能独立。但在富人看来，即使机器化到了这般程度也仍不够高效。在工人们被一位名叫玛丽的圣女的言论所影响，开始策划一场革命后，约翰·马斯特曼（John

---

　　[1] Ogburn, *Social Change,* 196. 欲了解更多对文化的更广泛的再定义，请参阅 Susan Hegeman, *Patterns for America: Modernism and the Concept of Culture* (Princeton, NJ: Princeton University Press, 1999); Howard Brick, *Transcending Capitalism: Visions of a New Society in Modern America* (Ithaca, NY: Cornell University Press, 2006), 86-120; 以及 Murphy, *The New Era,* 28-37。

　　[2] *Metropolis,* directed by Fritz Lang (Universum Film, 1927). 这里的分析基于美国剪辑版。

Masterman），这位类似于亨利·福特的领袖，决定让科学家罗特旺（Rotwang）大批量生产一种"机械人"（machine man）来取代他的工人。[1]为了阻止革命、摆脱工人，马斯特曼和罗特旺绑架了玛丽，并让一台机械人复制了她的身形与容貌，然后让这个复制品煽动工人攻击机器，引发洪水，将整个地下城和居民们摧毁。如果这些劳动力按计划被消灭了，马斯特曼就可以用罗特旺的机械人取而代之，这样统治阶级就可以享受到更多的快乐。

　　正当马斯特曼和罗特旺制定计划时，马斯特曼的儿子埃里克冒险进入地下城寻找玛丽，因为她曾出现在他的睡梦之中。到了那里，他发现自己的快乐是建立在工人的痛苦之上的，于是他开始努力设法改善他们的处境。然而，在他说服父亲之前，罗特旺就绑架了玛丽，并造出了具有逼真女性特征的机械人复制品。之后罗特旺发动了机械玛丽。[2]机械玛丽开始煽动工人去攻击机器，然后引发洪水，淹没他们的家，淹死他们的子女。[3]但是埃里克最终救出了真正的玛丽、工人和孩子们，之后杀死了罗特旺。在发现复制品玛丽其实是台机器之后，疯狂的工人们把它绑在柱子上烧毁了，他们清除掉了能够威胁到他们工作的所有东西。最后马斯特曼父子和一位无名工人握手言和，屏幕上出现了朗的结语："手和大脑之间不可能相互理解，除非有'心'作中

[1] "Metropolis Film Seen," *New York Times,* January 11, 1927, 36. 此处的名字出自对由钱宁·波洛克（Channing Pollock）改编的美国版电影的评论。

[2] 关于机器人玛丽的性别问题，参见 Andreas Huyssen, "The Vamp and the Machine: Technology and Sexuality in Fritz Lang's Metropolis," *New German Critique* (Autumn 1981-Winter 1982), 221-237; 以及 Andreas Huyssen, *After the Great Divide: Modernism, Mass Culture, Postmodernism* (Bloomington: Indiana University Press, 1986), 73-74。

[3] Kang, *Sublime Dreams of Living Machines,* 294; Allison Muri, *The Enlightenment Cyborg: A History of Communications and Control in the Human Machine, 1630-1830* (Toronto: University of Toronto Press, 2007), 168.

介。"[1]朗认为，只有用一种宗教般的感情才能解决工业时代的问题。

但如果从社会主义与资本主义之争的角度来看待这部电影，《大都会》所传达的信息极为混乱，特别是在美国审查人员剪掉了其中耸人听闻的奢华场景之后。评论者虽然认为该电影的技术成就很高，但一致抱怨它的故事情节"缺乏想象力""令人费解"。[2]电影描写的贫富生活指向了一种阶级分析，但它对机械的关注——从片头活塞的影像，到钟表，再到机械摩洛克和女机械人——似乎在控诉技术。结尾虽饱含情感，但认可了管理者是"头脑"而工人是"手"这样的刻板印象。同时玛丽也没有作为"心"出现在埃里克身边，这好像在说只有男人的情感才重要。然而片中反复强调的精神与情感源自对唯物论的广泛批评，也源自对新价值观的呼唤，这些价值观能把一个分裂的集体再次团结在一起。文化又一次成为工业资本主义问题的解决方案。

126

但也有评论者认为，朗所指责的这些机械人可能是解决工人困境的办法。美国版的《大都会》从未用过**机器人**（robot）一词，但是许多评论者在描述机械玛丽时却用到了这个词。莫当特·霍尔（Mordaunt Hall）在《纽约时报》上的评论就将假玛丽称为一个"女机器人"。[3]《大众机械》（*Popular Mechanics*）此前从未使用过这个词，却贴上了真人玛丽和机器人玛丽的照片，并在一旁的简介中写道："这是德国上映的一部新电影，从流传已久的机器人故事中改编而来。片中一位发明家创造了一个机械人，后者成了弗兰肯斯坦式的怪物。"[4]

---

[1] *Metropolis,* dir. Lang.

[2] Mordaunt Hall, "A Topheavy German Production," *New York Times,* March 13, 1927, X7; "UFA Film Provokes Comment," *Los Angeles Times,* August 7, 1927, C13.

[3] Hall, "Topheavy German Production."

[4] "Feats of Science Help Movies Give Vivid Picture of a World Ruled by Machines," *Popular Mechanics,* March 1927, 424.

H.G. 威尔斯在他的评论中讥讽道："发明家罗特旺正在制造机器人，显然他没有获得恰佩克的许可。"[1] 全国各地的报纸都转载了这篇评论。这些文章通过将机械玛丽确定为一个"机器人"，将这个词的含义从工人变成了一种技术。"纯粹的苦力在机械文明中毫无用处，"威尔斯写道，"机械的效率越高，就越不需要有人像机器一样照看它们。……机械文明的全部目的就是消灭繁重无聊的工作，让灵魂不再受苦工所累。"他认为，这部电影并没有意识到技术对大众而言是一笔多大的财富："除非大多数人都有消费能力，不然机器文明不可能成为富有的文明。如果没有机器的大批量生产能力，一个人想要获取财富，养着大量身无分文的奴隶是必要的。但如果有了这种能力还这么做，那就真是荒唐。"[2] 在威尔斯的评论中，机器人不是被剥夺了人性的工人，而是从技术上拯救工人的救星。这一点就连 *R.U.R.* 中的多明也不能说得更好。

人与机器

很少有人能像斯图尔特·蔡斯一样捕捉到从人化的机器中不断涌现出的希望与焦虑。蔡斯 1888 年出生于新罕布什尔州，曾就读于麻省理工学院和哈佛大学，在那里学到了技术专长并提高了人文素养。[3] 毕业后，他先是在波士顿做会计，但很快就加入了联邦贸易委员会（Federal Trade Commission），后来又供职于劳动局（Labor Bureau）。蔡斯任职的地方都是美国的经济监管机构，这很符合他的

[1] H. G. Wells, "Mr. Wells Reviews a Current Film," *New York Times,* April 17, 1927, 4.

[2] Wells, "Mr. Wells Reviews a Current Film," 22.

[3] Robert B. Westbrook, "Tribune of the Technostructure: The Popular Economics of Stuart Chase," *American Quarterly* 32, no. 4 (Autumn 1980): 389-391.

政治倾向。一战前，他曾对亨利·乔治（Henry George）的单一税制计划和社会主义有所涉猎，后来又赞同凡勃伦的观点，认为工程师作为生产专家，应该在机器时代拥有政治权力。自1925年起，他为《新共和》（*New Republic*）杂志撰写了一系列有关浪费的报告，指出广告、销售类的工作以及无业人口加起来浪费了美国50%的人力。蔡斯认为，要想确保每个美国人都能享有更高的生活水平，就必须专注于高效生产，不要在广告与销售上浪费精力。[1]该系列报告受到了全国自由派作家的赞扬，这让蔡斯从一个名不见经传的官员一跃而成为中央集权计划经济的主要倡导者。

　　1929年，蔡斯发表了《人与机器》一书。书中讨论的问题是，机器到底是对人类（尤其是男人）的解放还是奴役。[2]蔡斯显然是尊敬机器的，他也没有掩饰这一点；但他也列举了一长串他觉得对机器有效的指控：战争的机器化，对金钱的崇拜，技术性失业、广告、精神疾病、事故的增多与阶级分化的加剧。然而，他最激烈的批评集中在从工人到"机器人"的转变上。蔡斯用了一整章来描写"一种在捷克斯洛伐克的一部戏剧中首次出现的机械系统，它是由血肉组成的，而且据说所有的人都正在变成这样的系统"。他认为福特的流水线是一种贬低人格、不健康且危险的工作，把工人变得像机器人一样。但他也用统计数据表明，只有少数美国人从事这样的苦差。在这一小部分人中，他继续说道，有许多人从生物学上来看很适合做这份苦差，

---

　　[1] Westbrook, "Tribune of the Technostructure," 392; Kathleen G. Donohue, *Freedom from Want: American Liberalism and the Idea of the Consumer* (Baltimore, MD: Johns Hopkins University Press, 2003), 208.

　　[2] 和当时大多关注技术的作家一样，蔡斯对机器时代女性的困境并不关心。他的"man"偶尔表示的是"人"，但他的分析主要集中在机器化让"男人"付出的代价。关于这个主题的更多内容将在接下来的两章中展开。

因为他们的身体缺乏从事其他工作的能力。他转述了一位调查过美国工厂的法国人的话，认为"许多[工人]长得就像大猩猩。但将他们的国籍列成表格后，他[调查者]发现他们都是来自俄罗斯、波兰和罗马尼亚的农民，反应迟钝。许多照看机器的移民生来就一副呆头呆脑的样子"[1]。蔡斯认为，美国的工厂很少把人变成机器人，而且在被变成机器人的人中，大部分人都出自低贱的种族或有着生理缺陷，能有这样的工作就算谢天谢地了。

　　虽然蔡斯相信工业化改善了美国人的生活，但他仍然把机器描绘成"亿万匹野马"，威胁着要踩踏和毁灭人类。"人并不是机器的奴隶，"他写道，"但他已允许机器肆无忌惮地运转，他的下一个艰巨任务是，用这样或那样的方法，使机器为他服务。"为了说明如何驾驭机器，蔡斯做了一个假设：假设"你，亲爱的读者"，是美国的独裁者。作为独裁者，你应该在下列情况下报废机器：在它们伤害人类文明时；威胁人的生命、躯体与心理时；由于生产过剩导致过度使用自然资源时；只会销售产品而不会生产产品，浪费劳动力时；鼓励消极的而不是积极的娱乐活动时；或者生产出残次品时。他最后还说，独裁者应该让工程师、经济学家和机械师身居要职，让他们监管国家经济，因为"机器和马一样，只有理解它们的人才能驯服它们"。在建立起专家政府之后，独裁者应当集中资源，将科学探究转向对"严肃"装置的研究，用它们将工人从苦役中解放出来。蔡斯承认这样的集权可能会放慢进步的速度，但他并不介意这种可能性。他大谈特谈道："为了能住进一个将舒适与文明的生活规划在内的城市，我宁愿把火星之旅推迟几年。"[2]

[1] Chase, *Men and Machines*, 142, 158-159, 161.

[2] Chase, 337, 347, 338, 343, 335.

　　蔡斯并不是凯勒虚构的埃德·鲍尔那样的法西斯主义者，也不像欧洲国家里真正的独裁者。但集权化是他能想到的唯一解决方案，这就很能说明问题了。蔡斯从根本上不确定该向哪个方向前进。在机器时代，似乎每个人都像西部拓荒时一样，为自己而工作；但同时，个人主义以及由此男性认同似乎也被摧毁了。不论个人还是集体，都需要一些东西去修复，机器与灵魂间也需要一些东西来调和。但是蔡斯无法想象，如果没有更强力的中央集权，这些又能如何实现。文化批评家认为可以创造出一种新的文化，以此将物质与精神融合起来，并赋予人们在工业化之前理应体验过的那种存在目的与人生意义。但蔡斯与他们不同，他认为创造出这种文化是不可能的。

　　不过，蔡斯确实给出了一个解决方案，这个方案是像爱迪生、福特和虚构的多明这样的人会认可的。这个方案就是一种装置，人们已经称呼这种装置为"机器人"，而没有意识到其中的危险。在书的结尾，蔡斯提到了"声控先生"（Mr. Televox），这是一个由西屋电气制造公司（Westinghouse Electric & Manufacturing Company）生产的机械白人，它能在听到电话里的命令后打开或关闭电器开关。"詹姆斯·瓦特如果知道，这几年来女人、男人和小孩的身体被束缚在阴暗的洞穴之中，随着瓦特发动机的反复敲击而破碎时，他的魂魄一定会颤抖——因为他是个善良的人。"蔡斯说，"但他若是看到了这位'声控先生'，他必定会挺直腰杆，高兴地向它敬礼。"[1] 蔡斯认为，美国所需的不是革命，甚至也不是文化复兴；机器人就是美国所需的全部。而这些机器人将由西屋公司提供。

---

[1] Chase, 107.

　　1930 年末，距大萧条降临的那天已经过去一年了。西屋电气公司的工程师菲利普斯·托马斯（Phillips Thomas）博士在芝加哥的阿莫工程学院（Armour Institute of Technology）向观众演示了机器可以怎样帮助人。该活动既是为了推销西屋公司的产品，也是为了招聘新的工程师。托马斯展示了一项已有三十年历史的技术——电子管的新用途。他详细解释了电子管如何帮助灭火、调节室温以及建造更安全的飞机，而且这些都是自动完成的。虽然这些应用能让生产更为安全，改变人们的生活方式，但那个时代的技术成就如巫术般让人眼花缭乱，这些应用相比之下显得平平无奇。但是，托马斯有备而来。托马斯是一位经验丰富的展示人，他带来了一个即便是疑心最重的观众也会多看两眼的装置：一个黑皮肤的男机械人，名为拉斯特斯（Rastus）。[1]

　　在托马斯和拉斯特斯出现在舞台上的同时，其他机械人在纸浆杂志、电影、舞台和店铺里总是一副横行无忌的样子。有时这些巨大而笨拙、用金属制成的人被称为"机器人"，但很少是对工人的象征。自 20 年代后半段开始，社会正在逐步发生变革；而大萧条时期的美国人也在这些变革的基础上，越来越多地用"机器人"这个词来指取

---

[1] Philip Kinsley, "'Let Electrons Do It,' Motto for Moderns," *Chicago Daily Tribune*, November 27, 1930, 35.

132　代了工人的人化的机器，而不是指因为工业劳动而变成了机器的工人。但是拉斯特斯具有令人恐惑的人类特征，与那些机器人一点也不像。早期的工程师或服装设计师在给他们的机器人造出一种模糊的人类外观时，常用的材料是木头、墙板剪切出的形状或金属。但托马斯和西屋公司的助理副总裁 S.M. 金特纳（S. M. Kintner）造出这个带种族色彩的形象时使用的是橡胶，它很像黑人戏中经常出现的角色，拉斯特斯即以此为名。[1]拉斯特斯黑色的身上披着工作服，穿着一件白衬衫，戴着一顶桶形帽，满是一幅典型的温顺黑人形象；他实际上是其工程师主人的一个奴隶"男孩"，这将恰佩克的机器人中的种族维度清晰地展现了出来。

在表演时，拉斯特斯坐在舞台上，头上顶着一个苹果，而托马斯则手持弓箭。他们重现了威廉·退尔（William Tell）射苹果的故事，不过，箭头上多了个"光电子发射器"，它能将一束光射入机器人眼睛里的一个元件中。光电子元件激活后就会启动一个开关，熔断苹果正下方的一根保险丝。拉斯特斯一动不动地坐着，苹果就神奇地掉到了地上——看上去，这就是按下按钮后灯光一闪的结果。这个戏法结束后，托马斯又按了另一个按钮，让拉斯特斯鞠了一躬，嘴里还嘟嘟囔囔说出几个词。而后发明者通常会让这个机器人执行更多的常规任

133　务：扫地、开关电灯、坐下起立等等。这次黑人戏想传达的信息再清楚不过了：昨日的电子管已经让今日肆无忌惮的机器人变成了明日的奴隶。[2]

显然，保守派报纸《芝加哥论坛报》（*Chicago Daily Tribune*）理解

---

[1] 广告中的形象见 T. J. Jackson Lears, *Fables of Abundance: A Cultural History of Advertising in America* (New York: Basic Books, 1994), 123。

[2] Kinsley; "Smoke Destroyed by 'Electric Eye,'" *New York Times,* October 25,1930, 30.

了这个信息。"'让电子去做吧'，这是现代人的座右铭"，以此为大标题，第二天报纸的头条这样写道："菲利普斯·托马斯博士带来了新型奴隶。"文章说道："用五分钱，你就能买到 13 万亿个电子并让它们投入工作。在我们看到的电灯中，每盎司这样的奴隶相当于十万度的电量。你按下按钮后，烤面包机的电线中每秒就有 1.6 亿个电子穿过。"为了阐明这种能力在大萧条时期的重要性，报纸还将电子比作工人：电子"不像其他所有的造物，它们是完全相同的，我们可以指望它们来做事情"。[1] 电子不仅仅是一种新工具，它还是顺从的劳工，能改变美国社会生产商品的方式；它们和拉斯特斯一样，能像人一般伺候别人，但是却没有人身上那种个性，不会抗拒他人的支配。

在大萧条早期，托马斯和拉斯特斯为来自美国和加拿大中上层阶级的观众表演了他们的机械黑人戏。1930 年初，他们在国家电灯协会（National Electric Light Association）于旧金山举办的大会上首演，11 月又在纽约演出，之后就是阿莫工程学院的那次了。随后托马斯和拉斯特斯又从那里启程，前往阿尔伯塔参加加拿大电气协会（Canadian Electrical Association）的会议。1935 年，拉斯特斯出现在《锡拉丘兹先驱报》（*Syracuse Herald*）举办的进步博览会上，这似乎是它最后一次演出。西屋公司的一位档案管理员称，拉斯特斯的橡胶皮肤导致它内部过热并融化了，这就是该公司制造的唯一一款黑色机器人的可怕结局。[2] 在拉斯特斯之后，西屋公司再没制造出另一台像它一样跨越了人与机器的界限、令人心生恐惑的机械人。相反，该公司后来制造

---

[1] Kinsley, "Let Electrons Do It."

[2] "Opening of Syracuse Herald Progress Exposition to Pack Armory," *Syracuse Herald,* May 6, 1935, 3. Scott Schaut, *Robots of Westinghouse, 1924-Today* (Mansfield, OH: Mansfield Memorial Museum, 2006), 56.

的机器人都很庞大，而且是金属色的，它们与其控制者仅仅是外形略微有些相似，这样就能在人与机器之间确保严格的区分。

拉斯特斯是西屋公司在1927—1939年间制造出的六款男女机械人之一，它们的使命是向中上阶级白人家庭传播机器人奴隶的理念。在此期间，拉斯特斯和它的"家人"——"声控先生"、卡特里娜·冯·声控（Katrina van Televox）、光控先生（Telelux）、威利·声光（Willie Vocalite）和小电子（Elektro）——在美国和加拿大各处的经理俱乐部、职业俱乐部、联谊会、百货公司、专业院校以及当地博览会和国际博览会上不断表演。无论它们出现在哪里，这些机器都吸引了大批人群，报纸也大肆渲染。甚至连偏远小镇上的人也知道了机器人，因为当地报纸会转载演出的故事，并常常配有令人惊讶、引人注目的标题和照片。[1] 这些文章很可能让大多数美国人熟悉了机器人，而且更重要的是人们在这些文章的影响下，认为机器人是这些机器，而不是恰佩克的生物性人造人。虽然西屋公司基本上没有使用**机器人**这个词，但媒体还是抓住它来进一步激发读者的想象。比如有一期雨果·根斯巴克的《无线电工艺》（*Radio-Craft*）杂志中对开的两页上印了两张拉斯特斯和金特纳的照片，庆祝电气制造取得了惊人进步。作者在兴奋地解释拉斯特斯的控制机制之前，给它起了个外号："拉斯特斯·机器人先生，世上最像人的机械人。"[2] 到了30年代中期时，几乎任何看似再现还原人类特征或行为的机器，无论其外观如何，都可以被称为机器人。相比于其他装置，西屋公司的机器人在推广恰佩克"机器人"这一术语方面起到了无可比拟的作用，不过这并不意味

---

[1] Schaut, *Robots of Westinghouse,* 26.

[2] "The World's Largest Loud Speaker, and Other Late Devices," *Radio-Craft,* February 1931, 468.

着观众们接受了该公司想要传达的意识形态内容。[1]

虽然拉斯特斯既不是西屋公司的第一台机器人（"声控先生"是第一台），也不是该公司最受欢迎的（最受欢迎的是"小电子"），但作为该公司生产的唯一一台黑脸机器人，拉斯特斯比其他款式都更能体现出该公司的想法。人们对机器时代的怀疑日益增长，受此困扰，西屋公司设计了这些装置，让机器人的形象变得不那么放肆。该公司让白色的金属机器人变得像人，从而实现这一点：它们有独特的名字，会吸烟，而且一旦安上了音箱，它们还能讲笑话——甚至是色情笑话。但拉斯特斯的名字出自黑人戏，外表温顺，它本身就是个笑话。它的机器人伙伴们将自己的奴隶性隐藏在友谊和平等的虚饰之下，而拉斯特斯却毫不掩饰地热衷于取悦他人。它是个奴隶，明明白白，这与当时在流行的文化和地区中出现的，如在芝加哥和哈林地区出现的对黑人的颂扬截然不同。自 19 世纪以来，美国工业化的拥护者一直在说机器是新的奴隶，它能让国家变得更民主，实现国家的道德承诺。但拉斯特斯的人造黑皮肤并没有带来这些好处；相反，它清清楚楚地奉上了一种控制机器和黑人身体的幻想。

135

让机器变白

这个让斯图尔特·蔡斯着迷的声控机器人的制造者也是一位渴望驯服机器的人，他就是西屋公司的工程师罗伊·詹姆斯·温斯利（Roy James Wensley）。温斯利 1888 年出生于印第安纳波利斯，他是白手起

---

[1] 当时还有其他机器人在巡回表演——包括英国的"机器人埃里克"（Eric the Robot），它胸前印有 R.U.R. 字样。但西屋公司的装置更经常出现在美国期刊杂志上。有关埃里克的更多内容，参见 Tobias Higbie, "Why Do Robots Rebel? The Labor History of a Cultural Icon," *Labor: Studies in Working-Class History* 10, no. 1 (Spring 2013): 116-117。

家神话中的工程师典型。初中毕业后，他为了养活母亲同时做了两份工作，一份是铁路线务员，另一份是电工助理。他对自己的职业并不满意，但出于对电的兴趣，他在晚上以函授形式学习了电气工程。在完成学业后，他加入了匹兹堡的西屋公司，在交换机设计部研究节约劳动力的自动装置。在那里，温斯利对"遥控"装置和自动变电站产生了兴趣，开始研究一种利用电话线来拨动电气开关的方法。[1]

在 1926 年写给西屋公司《电气月刊》（*Electric Journal*）的社论中，温斯利认为劳动力市场的"动荡"给了他灵感。他认为，由于对移民的限制，"非技术工人现在越来越值钱了"，而人们由于"更高的教育水平"，产生了"对操作性工作……的厌恶"。工人要求更多的工资和更技术性的岗位，因此他相信，如果文明还想继续进步，那就必须发明一些装置，替人类劳动。他写道："每一次发明都能从一个重要产业中解放一定人类劳动力，这对我们现代文明的目标也产生了相应的好处。"自动交换机能够将电力以低廉的价格覆盖到以前认为不经济的地区，解决自古以来阻碍进步的诸问题之一：人的不可靠性，从而使电力公司吸纳了郊区市场。[2]

不久，温斯利发明了一种能实现他的目标的机器：声控装置。这个装置能让人用声音远程控制电子设备，它由两个叠在一起的矩形金属盒组成。工程师在盒子里放了一台机器，它能够通过相连的电话

---

[1] Schaut, *Robots of Westinghouse,* 19-21; R. J. Wensley, "The Design of Automatic Switching Equipments for Synchronous Converter Substations," *Electric Journal* 15, no. 4 (April 1918): 114-119; 关于在机器能动性语境下对声控机器人的研究，参见 Jessica Riskin, *The Restless Clock: A History of the Centuries-Long Argument over What Makes Living Things Tick* (Chicago: University of Chicago Press, 2016), 299-301。

[2] R. J. Wensley, "Automatic Operation of Electric Equipment," *Electric Journal* 23, no. 4 (April 1926): 1.

线接收、解析指令，并按要求执行操作。由于给机器编码让它理解语言是很困难的，所以在与机器交流时所使用的是一种音符语言。当管理员给机器打电话，然后吹响哨声时，声控机器人就会打开或关闭与之相连的设备——无论是工业变电站还是真空吸尘器。温斯利相信，这样的机器都可以让管理者在没有现场工人帮助的情况下远程控制电流。[1]

西屋公司的高管们发现这台装置能收到魔法般的广告表演效果。自它点燃 1893 年哥伦比亚博览会的热情以来，该公司一直通过展示令人惊叹的技术来推销其产品。[2] 在知识分子、流行文化甚至工程师都对失控的机器表示不安，甚至有人建议政府对科技创新施加管控的时候，声控装置提供了另一种愿景：让消费者控制技术。为了宣传这一解决方案，公司把温斯利派到一些中产阶级俱乐部中。他把装置平放在桌子上，演示如何使用。记者们很快就发现了那些西屋公司希望他们发现的可能性。《洛杉矶时报》曾宣称，"太太们能用'声控装置'做饭"，随后说明这台机器将给家庭带来革命性变化，让女性自由从事其他工作。[3] 不过这些努力未能得到公众的广泛关注。然而，在纽约市为记者举办的那场表演激发了沃尔德马·肯普弗特（Waldemar Kaempffert）的想象。肯普弗特是《纽约时报》科学与工程栏目的编辑，也为《科学美国人》（Scientific American）和《大众科学月刊》写过文章。温斯利的机器和肯普弗特的想象一起，让美国人认识了"声控先生"，

[1] 要了解更多关于这一时期农村电气化的内容，请参阅 Ronald R. Kline, *Consumers in the Country: Technology and Social Change in Rural America* (Baltimore, MD: Johns Hopkins University Press, 2002。

[2] Fred Nadis, *Wonder Shows: Performing Science, Magic, and Religion in America* (New Brunswick, NJ: Rutgers University Press, 2005), 63.

[3] "Wife Cooks by Televox," *Los Angeles Times,* October 14, 1927, 1.

这位有史以来"最接近于机器人"的产品。[1]

在肯普弗特看来，声控装置不仅仅是一台机器；它还是一个"电动人"和"机械奴隶"。他还画了几张附图让这个观点更加清晰。图中的声控装置不再只是放在桌子上的两个连在一起的盒子，而是直挺挺地站着，有手有脚，能执行各种任务，从读表到开灯。肯普弗特在他的故事开头写道："工程师 R.J. 温斯利设计了这种能代人类工作的电子装置，他能命令它开关电灯、风扇和吸尘器，控制马达运转。当他展示装置的能力时，他的听众，那些头脑清醒的商人，在短暂的一个小时里想象出了一个梦幻的未来世界，浪漫主义者肯定会钟爱这个未来世界——男人和女人除了思考之外什么也不用做，只需命令自动机去拿取物品、制造机器文明所需的无数物品、打扫街道、洗衣做饭和挖沟渠。"他继续说道："只要给声控装置打个电话，问它问题，再下达命令就行了。它不会像一般人那样争吵、无礼或拖延。"在这些话里，肯普弗特宣传了西屋公司的理念：这种装置比人类劳动力更优越；监管员和工程师应占据主导地位；以及人们生活在一个闲暇的世界中做着更有意义的工作的可能。[2]

肯普弗特的热情源于一种对机器时代的活力论批判。他下面说的这些话有点像蔡斯、阿瑟·庞德以及 R.U.R. 中的经理多明，他认为："人是一种高度复杂的有机体，适合在高度复杂的环境中生活。在工厂这种人工环境中，他的 90% 都是无用的。他只需要坐在机器前，那没有腿不是也一样吗？除了把钢条塞进机器里之外，他什么也不用做……那没有耳朵和鼻子不是也一样吗？因此，像温斯利这样的工程师并不

---

[1] Waldemar Kaempffert, "Science Produces the 'Electrical Man,'" *New York Times,* October 23, 1927, XXI.

[2] Waldemar Kaempffert, "Science Produces the 'Electrical Man.'"

关心单纯地模仿人类，他们关注的只是人类在特殊情况下被要求执行的一些特定功能。你不会指望自动钉鞋机能弹钢琴。"[1]肯普弗特和蔡斯一样钟爱声控装置，因为它为异化劳动的问题提供了一种简单的技术解决方案。美国不需要改革或政府行为来恢复前工业化的状态，也不需要以此来解决人们对低劣劳动条件的内疚之情；它所需要的只是技术。

　　他的下一场展览是在乔治·华盛顿的生日那天举行的。温斯利把一块墙板切成人的形状，涂成白色，在四周钉上铆钉，给它画了个脸，然后在中间开了个洞，大得足以把机器下面的盒子包起来。像德雷德里克一样，温斯利这么做首先是想把这个机器变成对自己的夸张模仿。在演出前一天，他将装置组装好——这次让它直立起来——并在舞台上安装了新的附件，这样它就可以为记者表演了。在机器旁边，他放有常用的真空吸尘器等电器，旁边还有一面旗帜和乔治·华盛顿的画像。他给装置起了个新名字叫"声控先生"，然后和它一起进行了日常的表演。随后温斯利回答了记者的提问，而同时摄影师和电影制作人拍摄了新机器的画面。[2]很快，杂志和银幕上就出现了这个神奇机器人的故事。对于这家想要培养公众对技术产品的热情的公司来说，它的首次亮相大获成功。

　　公司举办了声势更浩大的官方揭幕式。温斯利请了交响乐队，来了一次精心编排的演出。作为压轴表演，他吹响了口哨，机器瞬间就把聚光灯对准了乔治·华盛顿的肖像。奏过几个音符后，他把哨子交给了一名法官。法官吹响了信号，一面美国国旗徐徐展开。乐队随后演奏了《星条旗永不落》，观众全体起立，掌声雷动。这个机器人，和华盛顿一样，展开了美国的全新画卷，将人们从暴政中解放出

138

---

[1] Kaempffert.

[2] Schaut, *Robots of Westinghouse,* 49, 25.

来——不过这次，暴政来自其他机器，而不是英国人。[1]

首演过后，西屋公司让温斯利和其他工程师带着声控先生的原版和复制版在全国各地巡回演出。他们在学界会议、男性俱乐部、百货商店、大学等中产阶级出没的场合表演，并见诸世界各地的报纸。随后该公司的工程师们进一步人格化了这台机器。温斯利开始亲切地称之为"赫伯特"，这是世界上最有名的工程师赫伯特·胡佛（Herbert Hoover）的名字。[2]不久，西屋公司又给它安了一台留声机，这样赫伯特就能说出预先录制好的短语了。由此它获得了声音和个性，同时也增强了意识形态力量。当"声控先生"与历史学家、机器时代的拥护者查尔斯·比尔德（Charles Beard）一起出现在一次全国书商见面会上时，西屋公司让它宣读了比尔德的演讲稿，内容是对技术之优点的赞扬。[3]

媒体给予了热切的回应，而且这些回应正合西屋公司的心意。一篇文章在标题中惊叹道："来见见声控先生，那个机械人！"文章还配上了原版机器的照片——一张是它的"喉咙"的特写，另一张是它身边站着一群士兵的照片。此文称赞这台机器为世间奇观，并开玩笑说，它的新喉咙可以让它和主人"顶嘴"了。[4]另一篇文章标题是"声控先生，听命于主人的自动仆人"，同时还有一篇文章写道："他对主人的服从……比现在许多仆人还要忠心。"[5]其他报纸报道说："总有一天，可能会有成千上万的他听命于人类。"[6]《圣安东尼奥之光》（*San*

---

[1]　Schaut, 29-30.

[2]　赫伯特·胡佛，美国第31任总统，他在成为总统前曾是一名工程师。——译者

[3]　"Televox Enlivens Book Men's Dinner," *New York Times,* May 23, 1930, 21.

[4]　"Meet Mr. Televox, the Mechanical Man," *Rock Valley Bee,* July 20, 1928, 2.

[5]　"Televox, Automatic Servant, Works at Master's Bidding," *Decatur Review,* October, 14, 1927, 1.

[6]　"Mechanical Man Obeys Orders over Phone," *Ogden Standard-Examiner,* March 1, 1928, 11.

Antonio Light）向读者保证："不出十年，人们就能走进商店，挑选出他或她所喜欢的任意一种自动男人或女人——他们将会是理想的仆人或工人，不要吃的也不要工资，只需要通会儿电，偶尔滴点油。甚至还可能买得到一个马屁精，他能在一个被冷落的妻子耳边窃窃私语，说着忙碌的丈夫忘了跟她说的情话。"[1]这篇评论开玩笑说，声控装置绝不仅仅是一台新机器，它是一种新人类，能够在生活的各个领域与真人相竞争。

139

　　《圣安东尼奥之光》之所以会讲那个关于被冷落的妻子的玩笑，是因为该公司关注的是女性消费者，而不是男性工人。温斯利想到的第一个使用场景是，一位在朋友家打桥牌的女人可以命令自己家的声控装置关上窗户，防范即将到来的暴风雨。[2]一家报纸预言说："他的赞助人暗示，女人们不久就可以指望声控先生去做大概十分之九的家务了，这样她们就可以把所有的时间用来追求事业、改变命运等等。声控先生保证，自己尤其擅长不让孩子们调皮捣蛋。"[3]西屋公司总是向中上层阶级的女性推销声控装置，但是她们通常只做很少的家务。在美国工业化的头一个世纪中，精英家庭与中产阶级家庭可以依靠源源不断的低薪佣人来做家务，尽管一些家庭经常抱怨他们很不可靠，尤其在佣人不是白人的情况下。[4]在 20 世纪 20 年代，家电增多、移民减少，这也加速了佣人的减少；不过拥有佣人仍然是身份的象征。[5]

---

　　[1]　"Romantic Old Maids Can Hear the Words of Love They Long For," *San Antonio Light,* July 1, 1928, 62.

　　[2]　Kaempffert, "Science Produces the 'Electrical Man.'"

　　[3]　"Mechanical Man Obeys Orders," *Ogden Standard-Examiner.*

　　[4]　Ruth Schwartz Cowan, *More Work for Mother: The Ironies of Household Technology from the Open Hearth to the Microwave* (New York: Basic Books, 1983), 122.

　　[5]　Andrew Urban, *Brokering Servitude: Migration and the Politics of Domestic Labor During the Long Nineteenth Century* (New York: New York University Press, 2018), 228-229.

声控先生让他们能够幻想自己仍然拥有着人类佣人，给他们以地位感，既不用花钱也不用感到焦虑。

声控先生的吸引力也体现在某些下流的方面。"他具备成为'理想丈夫'的许多条件。"一家报纸这样评价赫伯特。唯一的问题是："他太丑了。"[1] 也有人甚至幻想出了一个解决了其外貌问题的世界："渴望爱情的女人很快就能买到一个肌肉发达、声音洪亮的机械男人，并且有着她想要的任何颜色的头发或肤色——她会一遍又一遍地抚摸他，让自己爱听的情话一遍又一遍地灌进自己已然陶醉的耳朵。"文章开玩笑说："在这个幸福的未来里，老处女们再也不用看向自己的床铺下面，徒劳地想找到一个男人了。声控先生将总是在身边。这个男人好得不得了，能完美地模仿出她最爱的偶像派男演员或电影明星的样子；不管是金发还是黑发，下巴上留着小胡子还是刮得光溜溜的，她的心中所愿都能实现。"[2] 这样的评论，尽管只是开玩笑，却引起了读者的共鸣，以至于得到了西屋公司认可。一次，赫伯特和一位年轻女人一起出现在了一张宣传照上。女人抚摸着他的肩膀，热切地凝视着他的眼睛，而他什么也没干。照片中隐含的幽默可以从声控先生说的一个笑话中体现出来。在一次大会上，有人问他最喜欢的书是什么，声控先生打趣地回答："《性有必要吗?》(*Is Sex Necessary?*)"——这是新近出版的一本嘲笑性学研究者的书。[3] 通过展示出女性对声控先生的兴趣，以及声控先生对她们缺乏兴趣，这些玩笑滑稽地揭示了这个技术产品相对于工人的优越性：声控先生没有性欲，是一个女人和丈夫们都可以信任的人。

[1] "Mechanical Man Obeys Orders," *Ogden Standard-Examiner*.

[2] "Romantic Old Maids Can Hear Words of Love," *San Antonio Light*.

[3] "Televox Enlivens Book Men's Dinner," *New York Times*.

　　这样的幻想甚至超出了雨果·根斯巴克的杂志中由声控装置激发的想象。1928 年，《科学与发明》（*Science and Invention*）杂志上刊登了一篇关于这种装置的文章，标题是对读者的发问："自动机器人来临了？"（Has the Automaton Arrived?）这篇文章从根斯巴克的电台 WRNY 上的一篇播报改编而来，解释了"机器人"或"电动能手……如何学会完成工作，并向你发出工作已完成的信号"。[1]《惊奇故事》中有一则故事讲述的是用机械人作为人类的"代理人"被派去探索月球，故事末尾有着对文中发明的解释。[2] 根斯巴克写道："如果你认为上述故事太过离奇，我们请你注意这样一个事实：大量的科学工作已经沿着类似的思路完成了。"[3] 同年，《惊奇故事》刊登了戴维·凯勒的《声控保姆》（"The Psychophonic Nurse"），文中讲了一个黑脸机械保姆的故事，它可由声音控制，是"东屋公司"的产品。[4] 一年后，根斯巴克的《空中奇妙故事》（*Air Wonder Stories*）刊登了一篇题为《1999 年的飞行》（"Flight in 1999"）的短篇小说，文中就有一位可靠的机械仆人名叫"声控"。[5] 出现在根斯巴克杂志中的声控装置，不仅能终结家务劳动，还能将人类的活动范围扩大到其他星球。

　　一开始，大多数作者对使用**机器人**这个词持犹豫态度，但在该装置问世后的几个月里，《纽约时报》开始将其与"机器人"联系起来。"对于声控先生，那个机械人来说，机器人这个名字再合适不过了。"

---

[1]　H. Winfield Secor, "Has the Automaton Arrived?," *Science and Invention,* January 1928, 786.

[2]　J. Schlossel, "To the Moon by Proxy," *Amazing Stories,* October 1928, 598-608.

[3]　"Televox' the Mechanical Man," *Amazing Stories,* October 1928, 608.

[4]　参见 David H. Keller, "The Psychophonic Nurse," in *The Threat of the Robot and Other Nightmarish Futures* (Normal, IL: Black Dog Books, 2012), 54-55。最初发表在 *Amazing Stories,* November, 1928, 710-717。

[5]　Bob Olsen, "Flight in 1999," *Air Wonder Stories,* September 1929, 256-265.

图 5.1　图中是"赫伯特·声控先生"和一位西屋公司工程师的妻子，后者对前者爱护不已。女性对声控先生的兴趣常常是西屋公司和评论者强调的主题，以此来讽刺对技术性失业的恐惧。最初的图片说明将这台装置称为"罗密欧·声控，理想的情人"。图片来自乔治·林哈特（George Rinhart）/考比斯·盖蒂图片社（Corbis via Getty Images）。

该报纸声称，"但'机器人'这个词的问题在于它已经与原来的意思大相径庭了。第一眼看到声控先生时，他的胸膛里满是电磁线圈，他的双眼散发白热光，这有点吓人。但是我们只要想想，毕竟，他是一个被变成人的机器，而不是一个被变成机器的人。今日人们所谓'机器人'指的是后一种东西，但我们真诚建议他们不要再这样理解这个词了。"《纽约时报》提出，恰佩克兄弟认为现代劳动让工人变成了没有灵魂的机器，"这种思想落后于时代五十年。"文章最后说，"声控先生不是现代工人，而是现代工人的解放者。正是有了他，一天十二个小时的工作才被缩短到了八小时。他是个新鲜事物，而且他已让许多社会学家们现在不得不去思索，怎样才能最有效地利用工人们日益增多的闲暇时光。"[1]

《大众科学月刊》在一篇文章中也表达了类似观点。它的标题是："能说会走的机械人：一种神奇的自动机，它能操控强大的机器、在会议上发言、在电光石火间完成运算，并让这个世界上不再有苦差事。"虽然这个长标题称之为"自动机"，但文章内容声称，声控先生、"积分仪"（一种早期模拟计算机）和自动配电中心预示着"机器人时代"的到来，"大批温顺且极为有用的机器人"将听命于人类。[2]文章拒绝将工作视为人类身份认同的决定性特征，其结尾引用了纽约爱迪生公司（New York Edison Company）一位高级职员的话："这样，人们就能从一切不愉快的琐碎工作中解放出来……在一个有序社会里，他们将永远不用担心失业问题……他们可以期待更好的机会，发展自身的才智与能力。他们将拥有更多闲暇时光，把自己多余的精力用于追求

---

[1] "By Products," *New York Times,* February 26, 1928, 54.

[2] Robert E. Martin, "Mechanical Men Walk and Talk," *Popular Science Monthly,* December, 1928, 22, 23, 137. 马丁仅仅讨论了人作为机器人的发明者和控制者的情形。

比现在更好、更充实的生活。"*R.U.R.* 中的多明必定会强烈同意。[1]

《劳动时代》不是很确定这种可能性的发生。该杂志刊登了一张出自肯普弗特文章的图片，并在下面写道："美国工人有了一个新对手。卡雷尔·恰佩克的机器人梦想正在悄然实现。"此文认真考虑了工程师们宣称的机器人优于人类的观点，担心"工人的大脑很久以前就变成一种危险的东西了。在几场可悲可叹的民主斗争后，资本家应该已经摘掉了他们的脑子。但雇主们永远无法确定，工人们是否会旧病复发，陷入思考状态。有了这个美国机器人，许多人就能松口气了，比如威廉·H. 巴尔（William H. Barr）、查尔斯·施瓦布（Charles Schwab）和小约翰·D. 洛克菲勒（John D. Rockefeller, Jr.）。没有脑子的劳动者来临了，好日子近在眼前！"[2] 文章甚至担心，公司可能会使用其中一种装置控制机关枪，来镇压罢工的工人。声控先生不仅摧毁了工作岗位，还让权力重新回到管理者手中，威胁到了工人的生存。

西屋公司不顾这种警告，欣然接受了与 *R.U.R.* 的关联。他们造143 出了一种新的立体机器人，其身体用橡胶制成，可能会被误认为是人类。它被称为"光控先生"，因为它的"大脑"是个光电装置，可以通过光束进行远程控制。1929 年，这位赫伯特的"小弟弟"在匹兹堡的一场电气展览上首次亮相。在展览时，它能根据 75 英尺外的"主人"发出的信号打开或关闭电灯。虽然光控先生和拉斯特斯使用的是同样的技术，但它的身体是白色的，而且公司还让它和一些女性摆出了暧昧的姿势。在一张照片中，光控先生和一名模特站在一起，其图片说明写道："这是一位多才多艺、不知疲倦的机械人，但对卡尔小姐的

---

[1] Gary Cross, *Time and Money: The Making of Consumer Culture* (New York: Routledge, 1993), 99-127.

[2] "The Mechanical Man Arrives," *Labor Age,* November 1927, 11.

魅力无动于衷。卡尔小姐虽然风情万种，但在他的金属胸膛中没能激起一点波澜。"[1]光控先生与声控先生一样，是个没有感情的性冷淡形象，可以成为仆人的替代品。有了光控先生，西屋公司似乎已经完善了机器人的形象，它现在不再是人形外观的自动机了；另外，这样的机器人象征着美国的消费主义乌托邦——人们从遥控机器中获得了解放，可以享受更多的闲暇和娱乐。

但这都是大萧条之前的事了。在 1929 年 10 月之后，凯勒和《劳动时代》的警告成真了。1927 年，赫伯特·声控让管理者们觉得，更廉价、更可靠的劳动力行将到来，通过献身于有意义的工作和闲暇，每个人都会获得更大的满足感。但是就像与它名字相同的那位总统一样，在大萧条时期，它给民众带来的只有痛苦。

技术性失业的威胁

西屋公司原本承诺将工人从工作中解放出来，结果却出现了大萧条这样的灾难，公司不得不作出回应。随着失业率峰值接近 25%，人们能找到更有意义的工作这样的想法变得危险地不合时宜；然而联邦政府讨论了是否展开强制每周工作 30 小时的立法工作，延长人们的闲暇时间似乎又行得通。在大萧条时期，学界、政界、商界以及工会一直在讨论如何化解危机。许多人认为，这场危机是由一直存在的"技术性失业"，即机器永久性地取代了人类工人的岗位而导致的。批评人士认为横行无忌的机器人正在摧毁美国的工作岗位，但机器时代的拥护者，包括西屋公司，试图用机器人表明美国人如何能够"驯服他们的机器"，并在这个似乎变得极度依赖于技术的世界中恢复人类的力量。

144

---

[1] "Mechanical Men That Excel Any Human Being," *San Antonio Light,* September 6, 1931, 48-49, 55.

在 20—30 年代，采掘、制造、销售和创意产业中都有工人因新技术而失业。在农业方面，银行将小农场整合成更大的地块，用机动拖拉机和联合收割机取代了不计其数的工人。煤炭行业中装载机的数量增加了两倍，矿工们的工作也被机器夺走了。工厂里的非熟练和半熟练工人也受到了影响。钢铁厂中的新型传送带能让一个工人完成以前 25 个工人的工作量。美国劳工联合会主席威廉·格林（William Green）在 1930 年声称，机器可以在 24 小时内制造 73000 个灯泡，而 1918 年的工人一天只能制造 48 个；在 20 年代，工业生产额增加了 42%，但产业就业率下降了 7%。[1] 虽然服务业岗位增加了，但这些工作也不得不向机器低头。自动售货机产业和其他"自动售货员"在当时大受欢迎；自动电话总机取代了成千上万的操作员。虽然在 20 年代，飞行员象征着人与机器可以协同工作，但当诸如休斯飞机公司（Hughes Aircraft）公开自动飞机驾驶技术时，飞行员们似乎也注定要失业了。[2] 甚至创意工作者也面临着技术性失业的威胁：有声电影的出现使不计其数的音乐家失去了工作，并引发了一场反对"有声影像"（talkies）的大规模抗议运动。[3] 最后，对首台"机械大脑"——模拟计算机的讨论让人们发现，可能没有哪样工作能够免遭机器的荼毒。[4]

工人、工会及其支持者们常常运用拟人化的手法使威胁工作岗位的机器看上去滑稽可笑，让它们成为放肆而诙谐的机械人。美国音乐

---

[1] William Green, "Labor versus Machines: An Employment Puzzle," *New York Times,* June 1, 1930, E5; Amy Sue Bix, *Inventing Ourselves Out of Jobs? America's Debate over Technological Unemployment, 1929-1981* (Baltimore, MD: Johns Hopkins University Press, 2000), 80-82.

[2] "Post's Automatic Pilot," *New York Times,* July 24, 1933, 2.

[3] Bix, *Inventing Ourselves Out of Jobs?,* 91-99.

[4] 对当时机械大脑的分析，参见 David Mindell, *Between Human and Machines: Feedback, Control, and Computing before Cybernetics* (Baltimore, MD: Johns Hopkins University Press, 2004)。

家联合会（American Federation of Musicians）发起了一场对"有声影像"的抵制，他们画出一张"机器人"音乐家拉着两把小提琴和一把大提琴的图片，同时也像约翰·菲利普·苏萨一样嘲笑"罐装音乐"缺乏灵魂。《机车工程师杂志》（*Locomotive Engineers' Journal*）上刊登了一张照片，标题为"排挤劳工的机器"，照片上是一个巨大的机械工人，它正在清扫工人的工资表。[1]虽然机器人的形象是这样的，但工人们和工会在很大程度上克制了对技术进步的谴责；相反，他们呼吁政府干预，规范机器使用。正如格林所说，"工人们相信，在技术进步的内在中并无危险成分"，但是"缺乏计划和控制所带来的严重后果……将导致彻底失败"。[2]工会所呼唤的，并非摧毁横行无忌的机器人，而是驯服它。

　　政府竟要控制技术创新？这吓坏了更为保守的工程师和商界领袖，比如拉尔夫·E. 弗兰德斯。他在《机器》（*Machine*）杂志担任过编辑，也是国家机床制造商协会（National Machine-Tool Builders Association）和美国机械工程师协会（American Society of Mechanical Engineers）的主席。在 1930 年的文章《新时代与新人类》（"The New Age and the New Man"）中，弗兰德斯因早期工业生活中的恐怖景象而责备资本主义。他声称，机器"给我们带来了丑陋"，"为人类大众，尤其是其中更有能力的人，带来了一种更狭隘、更集中、更紧张、缺乏丰富性的生存方式"。但是，这些问题很大程度上是"自私和教条主义的政治经济学"和一种复杂的"分配过程"的结果，它们妨碍了每个人享有富足的物质和适度的劳动。他认为，如果商业领

145

---

[1] Bix, *Inventing Ourselves Out of Jobs?*, 96-98, 138-141.《机车工程》的漫画在 139 页上。

[2] William Green, "National Planning: Labor's Point of View," *New York Times,* December 17, 1933, XXI.

袖和工程师能够创造出"有用与美的伟大结合",并使之成为"一个有机结构",让"生活和艺术融为一体,不可分割",那么机器就可以"为所有人提供充足的生活",甚至每周只需工作三天。他没有说这种结构将会是什么样的,但它将"给尽可能多的人提供安全的、有报酬的工作,且工作条件给人以充分施展才能的机会,也能满足人类尊严的要求"。1931 年,弗兰德斯在《驯服我们的机器》中进一步说明了这些观点。他不认可中央计划经济体制,因为他认为这样的体制无法预测人类的欲望,也不能预知对个体产生的有害影响。他赞成的是胡佛呼吁的"联合主义"(associationism),提议成立一个由商人、专家和工程师,而不是工人组成的非政府委员会。他声称,这些群体之所以会成功,是因为他们有着**"开明的利己主义"**(*enlightened self-interest*),因此不需要对政府或其他人负责。[1]

在想要控制机器的政治方案中,最激进的来自"技术统治论者"(technocrat)。该运动的领导者为曾支持世界产业工人组织的工程师霍华德·斯科特(Howard Scott)和哥伦比亚大学工业工程系主任沃尔特·劳滕施特劳赫(Walter Rautenstrauch)博士,他们自称"技术统治委员会"(Committee on Technocracy),并宣传普及了技术性失业这一概念。1932 年,斯科特声称,"大萧条的根本原因不是政治上的,而是技术上的"。[2] 他们的一位批评者在总结其信条时说道,该运动

146

---

[1] Ralph E. Flanders, "The New Age and the New Man," in *Toward Civilization,* ed. Charles Beard (New York: Longmans, Green, 1930), 23, 24, 33, 31, 33; Ralph E. Flanders, *Taming Our Machines: The Attainment of Human Values in a Mechanized Society* (New York: Richard R. Smith, 1931), 166, 15. 生平细节出自 Ralph E. Flanders, *Senator from Vermont* (Boston: Little, Brown, 1961)。

[2] Bix, *Inventing Ourselves Out of Jobs?,* 118-122. 引自 William E. Akin, *Technocracy and the American Dream: The Technocrat Movement, 1900-1941* (Berkeley: University of California Press, 1977), 74; Bix, *Inventing Ourselves Out of Jobs?,* 119。

"所深思的是机器的日益完善带来的问题，警告我们机器可能会占了人类的上风；与其说是人在管理机器，不如说是机器在管理人。"[1] 不过技术统治论者并不认为现代生活中人们所受的奴役应当归咎于机器。富有的艺术家哈罗德·洛布（Harold Loeb）曾为该运动撰写了部分最重要理念的声明，他在 1933 年《技术统治下的生活》（*Life in a Technocracy*）中声称："人是机器的奴隶，这完全是出自他自己的意志。技术不是资本主义。"[2] 技术统治论者们认为，美国人可以拥有机器，但前提是工程师和科学家——就像该运动中的那些人——驯服了它们。

在 1932 年富兰克林·罗斯福当选总统之后，技术性失业成为政府官员关注的焦点，他们提出了许多依靠政府权力来帮助工人的解决方案。许多官员，包括总统本人在内，一直把注意力放在机器上，认为它是现代生活中一股危险的力量。政府和国会中占多数的民主党人一起尝试了许多解决技术性失业问题的办法。马萨诸塞州众议员威廉·康纳利（William Connery）和亚拉巴马州参议员雨果·布莱克（Hugo Black）提出了一项美国劳工联合会（AFL）支持的法案，要求将每周工作量减少到 30 小时，以促进雇主们"摊分工作"。这项法案差点就通过了，但罗斯福收回了他的支持，转而把重点放在公共工程项目上，以实现失业工人的再就业。[3] 还有国会议员提议对新技术征收"技术税"，以帮助补偿被机器取代的工人，但同样失败了。[4] 不

[1] "Technocracy and the Home," *Montana Butte Standard,* January 30, 1933, 4.

[2] Harold Loeb, *Life in a Technocracy: What It Might Be Like* (Syracuse, NY: Syracuse University Press, 1996), 30; Howard Segal, *Technological Utopianism in American Culture,* 120-124.

[3] Benjamin Kline Hunnicutt, *Work without End: Abandoning Shorter Hours for the Right to Work* (Philadelphia: Temple University Press, 1988), 159-190.

[4] Bix, *Inventing Ourselves Out of Jobs?,* 74-78.

过，随着 1933 年《国家工业复苏法案》（National Industrial Recovery Act）和 1935 年《国家劳动关系法案》（National Labor Relations Act）的通过，工会为工人在与雇主和政府的关系中发声的权利得到合法化。在大萧条时期，新成立的电气工人联合会（United Electrical Workers）成功地使西屋公司非工程师的工人们组建了工会，甚至促成了几次罢工。[1] 大萧条时期不断变化的政治环境也给这家致力于用机器人取代工人的公司造成了重大挑战。

147

白人男性 vs 机器

当工人们把注意力集中在失业问题上时，中产阶级关于技术性失业的讨论，大多仍然集中在机器对白人男性的力量和男子气概造成的威胁上。舍伍德·安德森（Sherwood Anderson）在 1930 年出版的《也许是女人》（*Perhaps Women*）一书中声称，男人们现在过度沉溺于机器的力量，这让他们"面对机器时软弱无力"。[2] 安德森接着说，一个欣然接受机器的力量的男人，"就是一个长期沉迷于自虐的男人。他再也站不直了"。弗兰德斯的《驯服我们的机器》一书开头有一张小插图，图中一个男孩被汽笛声吵醒了，听着畸形的男男女女拖着沉重的脚步去工作的声音。[3] 最后，弗兰德斯将这个男孩与盎格鲁－撒克逊人的英雄传统相对比："他们是骑士和自由民的后裔；是克雷西

[1] Ronald W. Schatz, *The Electrical Workers: A History of Labor at General Electric and Westinghouse, 1923-60* (Urbana: University of Illinois Press, 1983), 20.

[2] Sherwood Anderson, *Perhaps Women* (New York: H. Liveright, 1931), 60, 138. 对《也许是女人》的进一步讨论，参见 Katherine Stubbs, "Mechanizing the Female: Discourse and Control in the Industrial Economy," *Differences: A Journal of Feminist Cultural Studies* 7, no. 3 (Fall 1995): 141; 以及 Joel Dinerstein, *Swinging the Machine: Modernity, Technology, and African American Culture between the World Wars* (Amherst: University of Massachusetts Press, 2003), 146-147。

[3] Flanders, *Taming Our Machines,* 1-2.

和阿金库尔战役胜利者的后裔；是莎士比亚和伊丽莎白时代海上掠夺者的后裔；是圆颅党和骑士党的后裔；是莫斯科公司、东印度公司、哈德逊湾公司的后裔；是亚伯拉罕平原、特拉法尔加和滑铁卢的英雄们的后裔！"这样高贵的血脉怎么就"培育出了每天在窗外进进出出的这群看上去欢快、勇敢，但身心都有缺陷的人呢"？他认为，答案就在于工业化。威廉·奥格本在 1934 年为民间资源保护队（Civilian Conservation Corps）撰写的小册子《你和机器》（*You and Machines*）中也表达了同样的忧虑。虽然这本小册子不认为技术性失业会长期存在，但其梗概部分画了两个巨大的机械人，它们的身躯之下是一个困惑的人。小册子接着问了一个基本问题："白人和印第安人有何不同？"奥格本说，答案是"白人……没有机器就无法生存……越来越依赖机器。他拄着文明的拐杖"。机器已经剥夺了白种人的男子气概。[1]

　　科幻小说放大了这种担忧。它们笔下的机器人总是横行无忌，如果没有被正确的人驯服，就可能会毁灭全人类。有时，这些机器人就像西屋公司的一样，是远程控制的，但它们经常拥有各种类型的机械大脑，这让它们能够认识到自身的处境，甚至产生反抗意识。这些故事将机械人的形象融入恰佩克的故事，想象出了一种失控的机器，这对西屋公司的愿景构成了直接挑战。但是，这样的故事往往由中产阶级白人男性所写，他们的工作并未受到机器的直接威胁，所以他们所表达的焦虑和提出的解决方案与工人或其他激进分子截然不同。凯勒的《机器人的威胁》是一个典型。虽然它简要地提到了对失业的恐惧，但故事主要表达的是机器人对存在意义、人生目的和男子气概的威胁。因此，在工人们希望用民主手段驯服机器、弗兰德斯和技术统

148

---

[1]　William Fielding Ogburn, *You and Machines* (Washington, DC: Civilian Conservation Corps, 1934), 3, 52; 对这本小册子的进一步讨论，参见 Bix, *Inventing Ourselves Out of Jobs?*, 53-56。

治论者希望让专家实行治理时，凯勒则想象出了一位个人英雄主义的商人，通过意志的力量来解决问题。就像蔡斯将技术形容为"亿万匹野马"一样，科幻小说所运用的意象和主题也往往与西部有关，这样就把恰佩克的剧作改造成了白人男性通过战胜机器来重拾自身男子气概的幻想故事。

1930年，内科医生迈尔斯·J. 布鲁尔（Miles J. Breuer）所著的中篇小说《天堂与钢铁》（"Paradise and Iron"），也表达了他对"数学机器人"时代男子气概的衰落和存在意义的丧失的担忧。在这个故事中，戴维·布雷肯里奇（Davy Breckenridge）来到一个遥远的岛屿，他是一名医生，之前在得克萨斯州当过巡警。在那里，来自"烟雾之城"的乌贼状机器人完成了所有的工作，而人们生活在"美丽之城"，从事体育、艺术、音乐和文学。虽然这些文化活动品位颇高，比起大众娱乐更为卓越，但居民的生活却毫无意义，身体也越来越虚弱。到访的医生评论道："我一直有一种奇怪的印象，感觉这些人行为无力，身形虚弱。我有一个模糊的想法，他们就像怀抱中的婴儿……从来不用工作。他们从不为生活必需品所驱使，也不为匮乏的阴影所烦忧。他们只需要玩耍，没有危险、贫困和压力的概念。他们是娇生惯养的孩子。"[1]布鲁尔暗示，即使是传统形式的休闲活动，也不足以弥补在斗争和工作消失后，意义和目的的缺失。

故事中的机器人主角能够思考，但缺乏同理心，它计划消灭岛上的人类。布雷肯里奇得知这个威胁后，便带领岛上的人奋起反抗。机

---

[1] Miles J. Breuer, "Paradise and Iron," in *The Man with the Strange Head and Other Early Science Fiction Stories*, ed. Michael R. Page (Lincoln: University of Nebraska Press, 2008), 44-256, 86. 最初发表在 *Amazing Stories Quarterly,* Summer 1930, 292-363。"数学机器人"这个词出现在故事描述中，大概是根斯巴克写的。它可以在初版的第293页找到。

器"独裁者"抓到了米尔德丽德·卡什帕（Mildred Kaspar），她是布雷肯里奇所爱的女人，也是岛上机器人的发明者的女儿。于是布雷肯里奇深入烟雾之城，并了解了机器们的计划。"真的理解不了男人，"独裁者在解释为何要绑架这个年轻姑娘时说道，"我能理解对补给站的'感觉'，或者对维修机的'感情'。但为什么会对一个女孩产生如此强烈的'感觉'呢？为什么你们年轻男人能为了她而心烦意乱，用柔软的肌肉拼命，甚至为了她放弃一切呢？"[1]不过这台机器表示，如果医生帮助它征服世界，它就会送回米尔德丽德。"用不了多长时间，"独裁者告诉布雷肯里奇，"我就能让组织有序的机器遍布全世界，我们绝对比现在占据着世界的软弱、愚蠢、无能的人类好得多。"[2]布雷肯里奇拒绝了这个交易，在一场激烈的打斗后救出了米尔德丽德。随着机器人独裁者的毁灭，岛上的居民们重新学会了如何工作，重新焕发生机与活力。

但并非所有邪恶机器人的故事都是恢复白人男子气概的幻想。也许纸浆杂志对机器人最有威胁的批评来自西屋公司内部：哈罗德·文森特·舍普弗林（Harold Vincent Schoepflin）的故事。他是一位机械工程师，笔名为哈尔·文森特（Harl Vincent）。[3]在他1934年的小说《雷克斯》（"Rex"）中，文森特想象了一个邪恶的机器人，它奴役人类从而拥有了窃取人类情感的能力。不像其他机器人故事，《雷克斯》并未关注机器对男子气概、女子气质、存在的意义与目的所造成的威胁。相反，像 R.U.R. 一样，它所批判的是技术统治论对秩序和效

---

[1] Breuer, "Paradise and Iron," 235-236.

[2] Breuer, 237.

[3] Everett Franklin Bleiler, 与 Richard J. Bleiler 合著，"Harl Vincent," *Science-Fiction: The Gernsback Years* (Kent, OH: Kent State University Press, 1998), 451.

率的追求如何剥夺了人类的基本特征——情感。故事设定在23世纪，当时有近 10 亿台金属机器人为 3000 亿人服务。"雷克斯"是一名机器人外科医生，它有着"希腊神祇般的身体"，并随后发展出了知觉、好奇心和理性。雷克斯用这些新能力分析了人类文明，却只发现一个被阶级分化毁掉的社会。在一番拙劣的推理之后，雷克斯认为这些问题的根源在于情感。它解剖了一位工程师，发现一组机器人所不具备的脑细胞是情感的来源。知道这点以后，它计划造出一个完美的存在，一个可以控制情感的人－机器人综合体。[1]

为此，雷克斯发动了一场"机器人总罢工"，最终让自己当上了绝对领袖。它在第一次公开演讲中宣布了自己的意图："我是雷克斯……机器人和人类的主人。我现在以纯粹逻辑之名来到你们跟前。我将是下一个新时代的主角，以后创造了机器的人类从机器中获得的好处将会是实实在在的，不再是空想了。我来这儿是为了造出一个新的物种，是为了促进北美联邦的知识增长和科学进步。"[2]雷克斯如同技术统治论的工程师一般，承诺用它的理性能力为工业社会带来秩序。但要做到这一点，它必须首先摧毁人类的情感能力。雷克斯将人类大脑中的情感中心去掉，并换上一台机器，将他们变成"人类机器人"，完全掌控了他们。这象征着工厂对工人的非人化。随后雷克斯对人类逐个加以研究，按照他们的能力确定合适的工作。这样人类就被它变成了单功能机器，"他们虽能思考……但除了算数、铆接、焊接、生产食物或生育之外，什么都不会做"。[3]这些改变发生后，社会

150

---

[1] Harl Vincent, "Rex," in *War with the Robots,* ed. Isaac Asimov, Patricia S. Warrick, and Martin H. Greenberg, (New York: Wing's Books, 1983), 50-67, 57, 51. 最初发表在 *Astounding Stories,* June 1934, 143-154。

[2] Vincent, "Rex," 58.

[3] Vincent, "Rex," 65.

变得更加有序，阶级差异也消失了。但雷克斯不满足于此。它想成为最完美的存在，于是在自己的大脑中植入了人类的情感细胞。手术看来并不成功，它自杀了，而人类已经被变成了无头脑的机器人，将永远成为机器的奴隶。在《雷克斯》中，并没有一个能够将人们从机器人的独裁统治中拯救出来的英雄。

在大萧条时代的机器人故事中，《雷克斯》中的社会批评范围最为广泛。它和恰佩克一样，既关心工人的困境，也注意到机器化的危险，但同时也批评了计划经济这一激进的解决方案。这个故事与当时大多数机器人故事都不类似，它对人类重新获得对经济、社会甚至自我的控制的可能性并不乐观。这样一种灰暗的想象出自西屋公司的工程师之笔，说明该公司对机器人的想象是有局限的。虽然该公司成功地给机器人赋予了机器的含义，但它并未完全摆脱恰佩克的噩梦想象。随着大萧条的开始，公司需要一种新的战略，它将出现在新一代"声控先生"系列产品中。

机器时代中的喜剧元素

大众心目中狂暴放肆的机器人形象给西屋公司带来了一个营销难题。虽然它的目标客户仍然渴望用机器取代工人，但宏观文化环境呼唤驯服失控的机器人，通常的办法是让政府管控发明。为了摆脱困境，西屋公司最初试着采用新的外形，造出了拉斯特斯和一种女性外观的声控装置。它们既能强化机器受人奴役这一信息，也能减少白人男性工人的恐惧。但这些产品没有像原版声控先生那样在观众中引起热烈反响，随后公司完全接受了机械人造型，造出了两个金属机器人——威利·声光和"小电子"。这两个机器人嘲弄了机器狂暴放肆的观念，它们会抽烟、近女色，为机器时代增添了几分喜剧元素，与

151

难以驯服的机器完全不同。

西屋公司的高管们在公司的专业杂志《电气月刊》上直接质疑了机器时代的焦虑。在 1930 年的一篇文章中，公司总裁 F.A. 梅里克（F. A. Merrick）抨击了"机器神话"——这种想法认为"使用节约劳动力的机器往往会减少工人的就业机会，降低他们的工资"。梅里克认为，技术性失业这一概念"有一点道理"，但目前情况已经变了，随着现代教育的普及，劳动力市场变得更有流动性，而雇主们也知道了提高消费者购买力的必要性。他论辩道，现在机器并没有威胁人类；相反，它们确保了普遍范围内权力和财富的分配，又能让"两三个工程师"替代"数百名"工人。[1]

在西屋公司的工程师们制造拉斯特斯的同时，公司月刊将技术形容为奴隶。梅里克认为，奴隶制让"文明"出现在世界上，因为它能让"某些强大的民族"使用"外物来弥补自身力量的薄弱"。他继续说，要是没有奴隶，美国人就需要机器或其他东西，否则"任何人都无法享有艺术、文学、科学、闲暇与舒适"。[2]而机器可以充当新的奴隶。月刊编辑在 1927 年的一篇文章中指出，国家目前的繁荣是由于"生活必需品和奢侈品个人生产量的增多。我们已经通过让更多的机械充当奴隶，得到了一个看上去矛盾的结果：每个人做的工作增多了，但用于个人享受和自我提升的闲暇比其他任何一个国家都增多了"。这位编辑认为，有了机器，美国人可以完成更多的工作，同时享受到在内战前的南方种植园中才能出现的文化和闲暇。实现这一理想状态的关键是赋予工程师权力，让他们成为"现代奴隶主"，因为他们是"公

152

---

[1] F. A. Merrick, "The Machine Myth," *Electric Journal* 30, no. 2 (February 1930):65-66.

[2] Merrick, "The Machine Myth," 65.

仆",是"最有可能只为人类福祉而使用机器"的人。[1]

西屋公司在1930年制造了第一台黑人机器人,并进行了公开展览。它让人在机器时代生出一种前工业时代奴隶制的联想,试图缓解人们对机器摧毁白人工人的工作岗位、使"种族"堕落的担忧。同年,国家电灯协会主席、纽约爱迪生公司总裁M.S. 斯隆(M. S. Sloan)在同一杂志上发表文章,更清晰表达出了这个观点:"这个国家的工人和老板、工头无异,只不过他们管的不是人,而是机械奴隶。"[2]机器没有削弱人的力量,也没有带来普遍失业;它让所有人都变得像过去的奴隶主一样有实力、有权势、有修养。根据西屋公司的月刊,男子气概不在于体力,甚至也不在于工作,而在于控制他者。有了声控先生和拉斯特斯,人们不是依赖于机器,而是控制着机器,同时也摆脱了对他人的依赖。

西屋公司雇佣非裔美国人完成低技术含量的工作,但同时用自己的工程文化嘲笑他们,认为他们不适合在机器时代工作。[3]在《电气月刊》的一则漫画中,有一位酷似汤姆叔叔的人在开心地做电梯操作员的工作,而电梯外站着一位微笑的"电子眼",正朝前者伸出手。附加文字解释了光电管是如何防止电梯夹到人的。后来又有一张图片描绘了一个圆滚滚的保姆,她一边唱着歌,一边在开着的电冰箱门前熨衣服。当冰箱维修员到家里调查房主的高额电费是怎么回事时,保

---

[1] Chas. R. Riker, "Our Mechanical Slaves," *Electrical Journal,* 24, no. 2 (February 1927), 53-54.

[2] M. S. Sloan, "Power = Prosperity," *Electric Journal* 27, no. 6 (June 1930): 317-318, 342.

[3] 根据洛伦佐·J. 格林(Lorenzo J. Greene)和卡特·G. 伍德森(Carter G. Woodson)的说法,西屋电气在1918年第一次世界大战工人短缺最严重的时候雇用了900名非裔美国人,而在战后雇用了514个。他们都位于非熟练和半熟练岗位上。Lorenzo J. Greene and Carter G. Woodson, *The Negro Wage Earner* (Washington, DC: Association for the study of Negro life and history, 1930), 255-256.

姆惊讶地说："孩子，肯定不是这台冰箱的问题。它在我后背上吹的微风是多么凉爽啊！"[1] 在两篇漫画中，黑人卡通人物的工作——服务员和仆人——都是公司正在开发的技术所要取代的。该公司的杂志暗示，在机器时代，唯一适合工作的黑人是由白人工程师发明和控制的机器人。

西屋公司还试验了一个女性机器人——这个机器人不像拉斯特斯那样令人恐惑，而是对声控先生的夸张模仿。它的名字是卡特里娜·范·声控，穿着白衣服，系着围裙，戴着帽子。一篇文章声称，"只需主人一声令下，她就能开灯、启动吸尘器、电风扇等许多电器。"[2] 说是这么说，但人们对卡特里娜兴趣缺缺。估计有五万人观看了卡特里娜在芝加哥的一场表演，但她只出现在少数几个城市，比其他机器人获得的关注要少得多。[3] 不过，这次使用女性形象的声控装置的尝试表明，公司也在适应不断变化的环境，既强调声控装置内在的顺从，也强调它不会威胁到白人男性的工作。

卡特里娜和拉斯特斯没能像声控先生那样吸引到足够的关注，故而西屋公司转向金属男性外观机器人的生产，以嘲讽流行文化中机器人的狂暴放肆。1931年，西屋公司推出了威利·声光，一个7英尺高，260磅重，胸围82英寸的机器人。它被一则促销广告称为"世界奇迹机器人"，其背后的核心科技是一种既能感知光波，也能感知人类声音的装置，尤其是后一点在当时格外引人注目。[4] 威利成了西屋公司

[1] "Eddy Currents," *Electric Journal* 34, no. 9 (September 1937): 379; "Eddy Currents," *Electric Journal* 28, no. 4 (April 1931): 256.

[2] "Here's Petite Katrina, Brought Here for Daily Cooking Show," *Decatur Daily,* April 25, 1930, 2.

[3] "Electrical Robot to Do Household Tasks at Gold's," *Lincoln Sunday Star,* May 3, 1931, A8.

[4] Advertisement, *Van Wert Daily Bulletin,* December 3, 1931, 2.

在大萧条时期最受欢迎的机器人，在 1931—1939 年间，威利出现在各处博览会、俱乐部大会和百货商店中，包括 1933 年在芝加哥举办的"世纪进步"博览会。后来，西屋公司给威利加装了个"语音合成器"（Voder），这是贝尔电话实验室制造的一种装置，能够拙劣地模仿人类说话，让威利在没有录音的帮助下也能发出声音。这样它才正像 1939 年一则机器人广告所形容的："现代的弗兰肯斯坦……能走路、说话、跳舞、抽烟、用手指数数、区分颜色、做爱，以及其他通过远程电子控制能做的一切事情。"[1]

西屋公司和媒体让威利有了性特征并以此为玩笑，其程度比起光控先生和声控先生有过之而无不及。在那篇称威利为"现代弗兰肯斯坦"的文章中有一张图片，其中威利的膝盖上坐着一个女人，下方配有文字"性爱大师威利·声光"。[2] 小镇报纸上流传的另一篇文章称他为"金属美男子"，与"丑陋的声控先生"形成了鲜明对比。[3] 还有一篇报道开头讲了一个倒霉笑话，说他"咬了一名金发女郎"，并称之为"屡教不改的威利"。[4] 另一篇文章兴奋地说："威利**会说话**。/ 只要有命令，他可以发表政治演讲，唱一段咏叹调，或一首最新的现代热门歌曲。/ 作为一名电动人，他很会'来电'。"[5] 对这台装置而言，这样的笑话很常见，它本就是为了戏谑机器时代的焦虑情绪。在机器时代的批评者们担心道德沦丧的同时，威利·声光似乎正享受着现代

154

---

[1] "Opportunity Great for Mechanical Wonder of the World," *Coronado Citizen,* November 30, 1939, 11.

[2] "Opportunity Great for Mechanical Wonder of the World," *Coronado Citizen,* November 30, 1939, 11.

[3] Leonard H. Engel, "Unaccustomed As He Is," *Arizona Magazine of the Greater Sunday Republic,* March 19, 1939, 3.

[4] Jack Burroughs, "Hoofaloger Has Row with Robot," *Oakland Tribune,* June 6, 1939, 18B.

[5] "The Event of the Season," *La Crosse Tribune and Leader Press,* March 10, 1935, 11.

的所有律动和欢乐。

威利和芝加哥博览会上另一台机器人的对比值得思考。"科学大厅"外面矗立着一尊白铜机器人雕像,名为"科学之泉"。雕刻者是芝加哥一位银行家的妻子,路易丝·伦茨·伍德拉夫(Louise Lentz Woodruff)。一份宣传单上写道:"那个巨大的机器人形象代表着科学的精确、力量和进步性,而他有力的双手分别放在一个男人和一个女人的背上,他们代表着人类。由此表达了这个雕像的主题:科学使人类进步。"在这个主题为"科学探索、工业应用、人类顺应"的博览会上,这尊雕像完美地呈现出,机器人即使不是救世主,也可以成为人类的主人。[1]但威利的戏谑则提出了相反的观点:人类仍然是机器的主人,即便是最可怕的机器也掌握在人类手中。

西屋公司将机器人变为喜剧元素的努力最终在两部迪士尼讽刺短片中见到了成效。在1933年的动画短片《米奇的机械人》(*Mickey's Mechanical Man*)中,米老鼠使用音乐——让人联想到声控先生的控制机制——训练一台人形机器人参加拳击比赛,对手是一只名为"金刚杀手"的猩猩。当米奇在钢琴上弹奏着平静的旋律时,那机器表现得就像维多利亚时代的绅士;但当新潮女郎米妮按下汽车喇叭时,那机器就变成了一台残忍的杀人装置。这场"世纪之战"被称为一场野兽与机器之间的搏斗,将原始与现代对立起来,这也是在戏仿对杰克·约翰逊(Jack Johnson)和乔·路易斯(Joe Louis)等黑人拳击手的力量的担忧。一开始,金刚杀手轻易占据了上风。但米妮拿回了她的喇叭,按响了它,这就释放了机器心中的野兽。那机械人重振威

---

[1] 对芝加哥博览会上这尊雕像的进一步讨论,参见 Cheryl R. Ganz, *The 1933 Chicago World's Fair: A Century of Progress* (Champaign: University of Illinois Press, 2008), 56-57; 以及 Dinerstein, *Swinging the Machine,* 142。

风，不药而愈，动用自己身上所有的小机关击败了金刚杀手。然而，比赛结束后，机器爆炸了，留下米奇和米妮在飞舞的残骸中亲吻。尽管机器取得了胜利，但现代似乎和原始一样，是无法控制的，至少当它被置于一个拥有权力的女人手中时是这样。[1]

　　1933 年，迪士尼回避了"机器人"这个词，但四年之后的《现代发明》（*Modern Inventions*）则不然，片中与唐老鸭作对的是一位"机器人管家"。这个机器人与光控先生和拉斯特斯很像，使用一个光电元件——在影片中是一个巨大的独眼——来观察周围的世界，包括唐老鸭有没有在室内戴帽子。唐老鸭坚持要戴上帽子，而机器人管家此时就会过来将帽子强行摘下，然后唐老鸭迅速换上另一顶帽子，而这又促使机器人过来再次摘下它。在接下来的影片中，这个循环不断上演，因为机器人管家的程序就是要执行这个传统规定，不能满足唐老鸭戴帽子的愿望。在唐老鸭避开机器人管家，参观游乐场的时候，他看到了其他机器。一个机器人旅行者用拇指戳了一下他的眼睛。另一台机器用玻璃纸把他做成了一个礼物包裹。一个自动婴儿摇篮给他穿上了尿布、戴上了婴儿帽。一台会理发、擦鞋的机器铐住了他，一边修剪、保养他屁股上的羽毛，一边用一个机械手臂把他的脸给涂黑了，然后说他"像换了个人"。《现代发明》中的这些机器不能准确处理现实，或者理解个人的愿望，它们没有解放唐老鸭，而是铐住了他、幼稚化他、伤害了他、抹黑了他。[2]

　　迪士尼的两部影片表达的都是对西屋公司式机械机器人的担心，

155

156

------

[1] *Mickey's Mechanical Man*, directed by Walt Disney (Walt Disney Productions, 1933); 在当时的喜剧背景下的进一步分析，参见 Michael North, *Machine-Age Comedy* (New York: Oxford University Press, 2009), 53-83。

[2] *Modern Inventions*, directed by Walt Disney (Walt Disney Productions, 1937).

但却忽略了工人们的担忧。这些影片并未关注技术性失业，而是像纸浆杂志的作者和知识分子们一样，聚焦于种族和性别问题。《米奇的机械人》中机械人其实是白人绅士的漫画形象，而金刚杀手则是对黑人拳击手的种族主义象征，这意味着白人绅士太过冷静，无法抵挡黑人的打击。直到刺耳的汽车喇叭唤醒了他，他才开始战斗，并赢得胜利。唐老鸭参观的发明大厅里的机器太不切实际，其构思也过于拙劣，无法取代人类工人。这更多是鲁布·戈德堡（Rube Goldberg）[1]式地讽刺对效率的机械追求，而没有关注机器对工作的威胁，前者所危及的是唐老鸭的白人特征和阳刚之气。就像西屋公司的装置一样，这两则有关机械人的想象虽然都带有一丝威胁的意味，但随即便以幽默化解了它。即使在机器人似乎失去控制的时候，它也并未对表现良好的白人工人构成实质威胁。从对西屋公司机器人最广为传播的回应来看，该公司将机器人变为会讲笑话的机器的选择成功了。

明日世界

西屋公司最受欢迎的机器人也是该公司的最后一款机器人："小电子"，它是 1939—1940 年纽约世界博览会西屋公司展览馆的明星。这次博览会名为"明日世界"，是 20 世纪早期最受欢迎的公众展览。这个名字让美国人期待着一个美好世界——在那里，没有大萧条和战争，美国人已经学会了将科学技术驯化为奴隶。共有 4500 万人次踏入了博览会的大门。鉴于门票价格相对较高，大多数参会者来自中上层阶级。不同于以往博览会都是政府和企业合资举办，1939—1940

---

[1] 鲁布·戈德堡是美国著名的漫画家、雕刻家、作者、工程师、发明家，他笔下的"鲁布·戈德堡机械"（Rube Goldberg machine）是一种被设计得过度复杂的机械组合，以迂回曲折的方法去完成一些其实非常简单的工作，给人以"大炮打蚊子"的荒谬、滑稽感。——译者

年博览会是由企业策划和管理的，它们都是些要为美国社会中机器的扩张负有直接责任的大公司，包括通用汽车（General Motors）、通用电气（General Electric）、美国电话电报公司（American Telephone and Telegraph）和西屋电气公司。[1]

个人自由与技术的联系是这次博览会的中心思想。"明日世界"首先聚焦于革命传统，其开幕式纪念了华盛顿当选总统 150 周年。在主广场"宪法广场"的中央，矗立着一尊 68 英尺高的华盛顿雕像。沿着广场向前，游客们将看到数尊雕像，分别代表言论自由、集会自由、宗教自由和新闻自由。在街边和展览上，他们领会到了博览会的第二个主题：科学家、工程师和他们工作的公司的承诺，他们要设计一些新机制，将人们从机器的暴政中解放出来。

其中最能体现个人自由与技术的联系的展览当属小电子。小电子每天演出 6—10 次，它的形象出现在博览会上以及全国各地剧院中的新闻影片和电影上，可能有数百万美国人看过。西屋公司在俄亥俄州曼斯菲尔德的工程师们造出了小电子，它和威利·声光大小相仿，有 7.5 英尺高，260 磅重，胸围 82 英寸。它通过声音而不是光或音乐来控制。工程师们后来还为它制造了一只名为"小火花"（Sparko）的机械狗，并计划造出一个完整的机器人家庭，但该计划因战争而搁浅。[2] 为了强化机器人的意识形态力量，西屋公司将它放在一个 12 英尺高的舞台上，上方是一幅巨大的壁画，描绘了拥有神奇科技的未来；其操作人员主要为女性。西屋电气的广告进一步强化了表演中所

157

---

[1] David Nye, *American Technological Sublime* (New Bakersfield, MA: MIT Press, 1994), 206-207; 欲了解本次展览的更多内容，请参见 Warren Susman, "The People's Fair: Contradictions of a Consumer Society," in *Culture as History: The Transformation of American Society in the Twentieth Century* (New York: Pantheon, 1984 [1973])。

[2] Schaut, *Robots of Westinghouse,* 91-133, 201-205.

暗示的性别观点："与虚构小说中人造的弗兰肯斯坦怪物不同，尽管西屋公司生产的这个机器人身材高大，外表令人生畏，但它为人善良亲切。一个考验其能力的瘦小女孩可以任意对他发号施令，让他完成各种任务，甚至还可以在他拖拖拉拉时斥责他。"[1]西屋公司暗示，如果一个女孩都能控制如此巨大的造物，那么任何人都可以控制它。

为传播这一理念，西屋公司制作了一部名为《博览会上的米德尔顿一家》(*The Middleton Family at the Fair*) 的影片，讲述了一个虚构的家庭从印第安纳州到纽约参加博览会的故事。[2]该片既可以算作公司的广告，也是在宣传技术的作用。它主要讲了两个白人男子——一位来自美国中西部地区的父亲和一位年轻的工程师——如何说服妇女、儿童和一位东欧移民保持对美国科学技术的信心。影片开头设定在印第安纳州，儿子巴德因听到新闻中工作岗位不足的报道而幻想破灭，于是将收音机调到爵士电台，试图用音乐驱散他的悲伤。女儿芭布丝的情况更糟：她的约会对象是一位移民、艺术家，还信仰共产主义。按照西屋公司的逻辑，这三样都是反美的特征。而她高中时的前男友是一位白人工程师，他现在正为西屋公司工作。为了让孩子们恢复信心，父亲让全家人和那个移民一起参加西屋公司的展览会。在展览会上，那位工程师前男友向他们展示了机器时代的好处。见面时，工程师和那个共产主义者讨论起了劳动与技术的关系。这位工程师心平气和地总结了大萧条前的传统经济智慧：机械化创造了新的就业机会、降低了价格、增加了产品需求，从而打消了他们对机器的担忧。为了

[1] Westinghouse advertisement, reprinted in Schaut, 112.

[2] 米德尔顿一家参考的是：林德夫妇 1929 年的著作《米德尔顿》。Robert S. Lynd and Helen Merrell Lynd, *Middletown: A Study in Modern American Culture* (New York: Harcourt, Brace and Company, 1929).

进一步强调这一点，他讲道，对工人们而言，"电气化控制"已经让钢厂变得比他们的家还要安全。那位移民艺术家听了工程师这番话后目瞪口呆，没有给出任何实质回应。巴德乐观了起来，而芭布丝也不再喜欢她的共产主义者男朋友了。[1]

小电子也在影片中出现了，它"用自己的力量"表演了魔术，这让一家人都感到惊奇。在整个表演过程中，小电子和他的男性控制者一直在相互开玩笑，问到底是谁在控制这台机器。在这个玩笑中，西屋公司认识到了大萧条时期人们对失控的科技的普遍恐惧，但也只是对它们轻描淡写，加以戏谑。制片人通过这家人的语言和肢体动作，让观众将小电子视为奇迹，或者一个幽默的对象。在目睹了机器人最初的几下动作后，父亲惊叹道："这是我见过的最了不起的事情！"他儿子也带着同样的惊奇，仰起头幽默地说："天哪，他要是来我的足球队当后卫有多好啊！"奶奶也同样惊讶。"呵，他看着和人差不多了！"她喊道。看着这家人的反应，工程师将这一奇迹背后的科学原理娓娓道来。[2]

小电子是影片的中心，但片中最有意思的两个场景出现在厨房中。在西屋公司的展览馆内，母亲和奶奶观看了一场"世纪之战"，双方分别是"苦活太太"（Mrs. Drudge）和"现代太太"（Mrs. Modern）。前者疯狂地用手洗碗，而后者则让电动洗碗机洗碗，自己看着杂志，偶尔抬头看一眼。"现代太太"获胜后，奶奶赞许地说，这位太太将"在一百岁的时候看着也仍然年轻"。这种对虚荣心的强

159

---

[1] *The Middleton Family at the New York World's Fair,* directed by Robert R. Snody (Westinghouse Electric Company, 1939), 25:00-28:50. 进一步讨论参见：Bix, *Inventing Ourselves Out of Jobs?,* 224-226。

[2] *Middleton Family at the New York World's Fair,* 33:55-37:40.

调是西屋公司的典型策略，但奶奶对电器的喜爱并非源于对自己外貌的担心；她已经有了一个黑人仆人，在影片的后面可以看到他擦盘子的场景。与他们用拉斯特斯所要暗示的别无二致，这部电影暗示着，使用机器工作远比雇用一个非白人仆人要好。[1]

博览会上甚至还出现了一种刘易斯·芒福德所阐述的观点，他是 20 世纪中叶美国最著名的科技批评家和历史学家。他的观点与西屋公司的消费主义愿景相比，更关注公共和民主。芒福德 1895 年生于纽约市，最初和他那一代人一样对技术进步抱有信心。在孩提时期，他就读于施托伊弗桑特高中，一家专门培养年轻人从事工程和科学职业的高中。1910 年，他甚至在根斯巴克的《现代电气》（*Modern Electrics*）上还发表过一篇关于无线电设备的简短评论。尽管芒福德很早就对机械产生了这些兴趣，但他最后还是加入伦道夫·伯恩和范·威克·布鲁克斯的行列，专注于文学和建筑评论，努力复兴美国文化和共同体精神。在大萧条时期，芒福德已经是一位颇有成就的作家和评论家，他热衷于运用艺术调和人类和机械的价值。1934 年，芒福德出版了《技术与文明》（*Technics and Civilization*）一书，讲述过去一千年里机器与文化之间的关系，这也让他成为美国最出名的技术哲学家。[2]

在《技术与文明》一书中，芒福德批评资本家为了自己的权力而侵占了机器带来的好处，并认为政府必须干预技术的使用。他声称，机器"不是被用作服务于生活的工具，反而趋于变为一种绝对的存

---

[1] *Middleton Family at the New York World's Fair*, 21:51-24:00, 47:55-48:25.

[2] 有关芒福德的更多内容，参见 Casey Nelson Blake, *Beloved Community: The Cultural Criticism of Randolph Bourne, Van Wyck Brooks, Waldo Frank, & Lewis Mumford* (Chapel Hill: University of North Carolina Press, 1990); 以及 Donald L. Miller, *Lewis Mumford: A Life* (New York: Grove Press, 2002), 33, 364-366。

在。力量和社会的控制权……自 17 世纪以后便转到拥有、使用并控制机器的集团手里来了"。他提到了 R.U.R.，并将其直接与"声控先生，现代自动机"联系起来，谴责福特制生产将人变为机器。不过，他仍然对人类的能动性抱有信心。"与那些崇拜机器巨大的外在力量的人不同"，这位批评家写道，机器"不是绝对的存在。它的一切机制都取决于人的目的、人的需求。而正当我们人在社会层面不能理性地合作，在人格层面分崩离析的时候，很多机器才开始繁荣起来"。如果人们能运用他们的"想象力、智慧和社会纪律"，他们就可以"抛弃无用的机器和繁重的日常事务"。这种努力要求人们使用语言和文学作为"一种保护机制，抵御机器文明的自动化进程"，还要辅之以政治和经济方面的努力，实现更公平的商品分配。"如果这种控制开始的时候得不到现有的产业管理阶层的合作和积极帮助，"他警告称，"那么只有推翻和取代他们才能实现这样的控制。"[1]《技术与文明》所提倡的并非通过面向消费者的技术或工程师的领导来控制机器，而是通过革命。

　　尽管芒福德的立场如此激进，世界博览会公司（World's Fair Corporation）还是邀请他在一场早期的宴会上发言。面对一群赞助商，他呼吁举办一场以"规划环境、规划产业、规划文明"为主题的展览会，以此作为逃离机器社会中所有恐惧的手段。[2] 芒福德对计划管理的关注在《城市》（The City）中受到了人们最热烈的欢迎。《城市》是一部纪录片，旁白为芒福德所写。[3] 它每天在科教馆里都会放

160

---

[1] Lewis Mumford, *Technics and Civilization* (New York: Harcourt, Brace, 1934), 281, 453, 426-427, 294-295, 422.

[2] Nye, *American Technological Sublime,* 207.

[3] Warren I. Susman, "The People's Fair: Cultural Contradictions of a Consumer Society."

映好几次，是有史以来观看人数最多的纪录片之一。影片共分四段，审视了前工业、工业、大都市和后工业背景下的美国城市生活，并提出了美国从当前的敌托邦向后工业乌托邦转型的途径。[1]《城市》结合技术决定论与机器时代的焦虑，综合了几十年来美国文化中的各种观点，支持在政府的干预下为机器引起的混乱带来秩序。但与《技术与文明》不同的是，芒福德在这里将时代的弊病归咎于机器，而不是资本主义。

影片开场是 18 世纪新英格兰小镇中田园诗般的场景。人们努力为当地市场生产商品，小镇享有团结与民主。旁白讲述了集体生活的平衡，而艺术也"不是我们在柜台里看到的进口货物，而是日常生活中的手工艺品，如土布毯子和手工缝制的被子，铁匠等工匠的作品"。随后场景切换至冶铁高炉，背景音乐逐渐增强，变成了工业生活的不和谐声音。在阿龙·科普兰（Aaron Copland）的配乐中，芒福德的台词将工业文明的混乱归咎于机械化，甚至包括庞德的"钢铁人"："机器！发明！力量！忘掉过去、忘掉安静的城市吧！快让蒸汽、钢铁、'钢铁人'、巨人们都过来！打开油门！让我们都踏上应许之地吧！"影片将城市生活的喧嚣与餐厅的自动煎饼机、面包切片机、烤面包机的画面以及几个机械交警的镜头交织在一起，揭示机械化生活的恐怖，展示了人们如何跟随机器的节奏，并受它支配："如果不模仿机器，不像机器一样生活，男男女女就会丢掉工作，掌控不了生活。"这个片段的最后，一辆汽车冲下了悬崖——这结局的意思不言而喻。

随着欢欣鼓舞的音乐回到片中，胡佛大坝的画面点亮了屏幕，

[1] 参见 The City, directed by Ralph Steiner and Willard Van Dyke (American Documentary Films, 1939)。

影片转向它对乌托邦的想象，即马里兰州的格林贝尔特市，一个由新政时期设立的机构美国移垦管理局（United States Resettlement Administration）规划的城市。在格林贝尔特，科学与政府已经驯服了技术，确保人们过着一种人道的生活，在工作与大众文化中也没有贬低人格的元素。这部电影也回应了西屋公司的观点，它宣称："科学开启了新的潮流——谁将成为主人，是物还是人？指挥权终究还是落在了人的手里。在这里，科学服务于工人，他们一起工作，这让机器运行更加自如，而管理机器的人有了更多的人情味儿。"在这个由政府规划的未来城市里，前工业时代的价值观回归了："这个新时代再次建成了一个更美好的贴近土地的城市。人类的需求将塑造它，正如对速度的需求塑造了飞机一样。"新城并不拥挤，人、机器和自然密切合作。没有阶级差异，每个人都享受着相似的生活。自动化机器不再出现在世界上；人们的休闲形式更简单、更个性化了，比如棒球比赛或骑自行车。父母有更多的时间陪伴孩子，这甚至让家庭关系也得到改善。在格林贝尔特，民主重生了。芒福德写道："在这里，生命是第一位的。机器终究要为人类服务，使人们可以自由地从事工作之外的其他活动，享受其他乐趣。"《城市》认为，通过规划管理，政府可以驯服机器，恢复前工业时代的和谐。

许多最受欢迎的展览都支持这种对现代生活之无计划性的批判，因为它指责的是技术，而不是资本主义和公司。在纽约博览会场馆中心的标志性建筑"圆球"中，有一个"民主城"（Democracity），这是想象中一个由技术、规划和民主共同创造出的完美的未来城市社区。当游客们站在移动走廊上俯瞰这座城市时，他们看到了一个精心规划的模范城市，没有污染，秩序井然；它的中心是一座摩天大楼，整座城市由此向外辐射。这座城市简洁、高效，和周遭乡村完美地融合在

162

一起。[1]民主城保留了芒福德的民主承诺，但通用汽车公司的"未来世界"展览中没有出现类似的承诺，而是换成了该公司面向消费者的新技术。该公司表示，不久后，一个中央计划的高速公路系统将让美国人不再受地理和交通拥堵的限制，同时新技术能防止汽车偏离车道。在两者共同作用下，人们就能以高达七十英里的时速安全行驶了。[2]在通用汽车幻想的未来中，主导美国的是获得了政府支持的公司，以及获得了公司支持的政府，这样《城市》中汽车失控的场面就不会发生了。

然而，小电子和西屋公司并不希望用民主的或技术官僚的规划来解决机器的问题，而是寄希望于更多的面向消费者的技术。该公司没有批判这个时代的无序，而是提出机器时代的真正问题是白人家庭未能控制本应成为他们奴隶的装置。每种设想都保证对机器的驯服是可能的，但唯有在西屋公司的想象中，对技术的控制是个人的，无须考虑他人的想法。西屋公司和他们在媒体界的支持者已经预示了主导战后时代的矛盾主题：想要超越机器时代的恐惧，美国人必须发明更好的机器。想要恢复前工业时代的和谐，他们需要打造明日的奴隶。

---

[1] Nye, *American Technological Sublime,* 213; Frank Monaghan, *Official Guide Book of the New York World's Fair, 1939* (New York: Exposition Publications, 1939), 43.

[2] *To New Horizons* (General Motors, 1940); 初频可见于 Handy (Jam) Organization, 23 minutes, http://www.archive.org/details/ToNewHor 1940. 进一步分析参见 Nye, *American Technological Sublime,* 218。

1931 年，《奇妙故事》（*Wonder Stories*）刊登了一则保险广告，这则广告既是对西屋公司装置的呼应，同时也抓住了传统智识中人和机器人之间的差异问题。广告的上方是一幅素描，模糊地画着一个金属质地的巨大而四方的人形。下方的文字说明写道："**机器人**能唱歌、跳舞、说话、抽烟，计算复杂的算术，完成难缠的工作。但谁又想当机器人呢？**机器人没有感知能力**。它不能欣赏音乐，不能享受艺术，不知道什么叫男人对女人的爱、母亲对孩子的爱、父亲对家庭的爱。"这则广告重申了美国文化中一些长期占据主导地位的假设，指出人类身上一种能赋予外在行为以意义的内在特征。机器人可以完成人类的活动，但因为它们没有感觉，所以永远不能理解它们自己的行为。广告对那个机器的描述就是这样，它只有模糊的人形，而这样的身体永远不会让人在物质与生命的区分界线上感到一丝不确定。这也是当时的典型观点。在 20 世纪 20—30 年代，机器人能够模仿的人类行为越来越多，但无论在科幻小说中还是在舞台上（比如西屋公司的），它的身体与人类相似的程度都有所降低；就像广告里的那个机器人，它们不再是仿生人的形象，而更多是一种明显机械式的形象，能够从外表上将它们与人类区分开。除了哈尔·文森特笔下的雷克斯这样狂乱的机器人，大多数战间期虚构的机器人形象除了能够重复人类的身体行为之外，缺乏与人类相似的身体、思维与灵魂。[1]

此类想象中的机器人明显是人造的，这让人类与机器之间的界限更加清晰，但与此同时科学和工程的发展却也在不断模糊这一界限。在 20 世纪的头三十年，心理学、神经科学和内分泌学的一系列新发现被公之于众，这些发现认为使人成为独特的存在的不是灵魂，而是电化学冲动及环境对它的调节作用。科学家们似乎发现了人类之所以存在的物质基础，而工程师们则发明了模拟计算机、陀螺仪和光电元件等装置，它们能够模拟人类心灵的行为：解释环境、决策和学习。科幻作家经常思考这些发现和发明的意义，但很少有人不假思索地混淆人与机器之间的界限。奥尔德斯·赫胥黎（Aldous Huxley），"有意识的自动机"理论的提出者托马斯·赫胥黎的曾孙，在 1932 年的小说《美丽新世界》（*Brave New World*）中所设想的未来虽然是一个压迫人的等级森严的世界，但化学物质却能让每个人都保持满足。戴维·凯勒在 1929 年的短篇小说《女人的变态》（"The Feminine Metamorphosis"）中更明确地表现出了他的种族主义和厌女症。在这篇小说中，他想象女人从中国男人那里偷得了睾酮，把自己变成了男人，并在商界取得了成功。在整个 30 年代，纸浆杂志上刊登了无数有关会思考的机器的故事，其中有些甚至还具有感知能力。约翰·W. 坎贝尔（John W. Campbell），这位保守的编辑在 1934 年的小说《暮色》（"Twilight"）中描绘了一台完美的机器，它会思考，还统治了全世界。虽然这些故事模糊了人和机器之间的界限，但它们这样做的目的，通常是为了批评人类生活中的机械化。《美丽新世界》批判唯物论——无论是哲学的唯物主义，还是消费上的物质主义——剥夺了人们的自

---

[1] Woodmen of the World Life Insurance, advertisement, *Wonder Stories,* December 1931, 820.

由；凯勒一如既往地批评科技摧毁了美国种族和性别中存在的等级差异；在《暮色》中，坎贝尔暗示会思考的机器会剥夺人们天生的好奇心。[1] 虽然这些故事传播了关于人类存在的唯物主义理论，但它们的作者仍然为这些理论的道德后果而感到忧虑。

　　1939 年，在"小电子"四四方方的金属身体以及生硬的声音为人们带来欢乐时，两位纸浆小说作家：莱斯特·德尔雷（Lester del Rey）和伊安多·宾德（Eando Binder，奥托和厄尔·宾德 [Otto and Earl Binder] 两兄弟共同使用的笔名）也在设想一种新的机器人。在他们的想象中，这种机器人对人类行为的机械模仿甚至要比真人表现得还要好。受神经科学和内分泌学最新的科学发现以及各种"会思考的机器"的发明的启发，德尔雷的故事《海伦·奥洛伊》（"Helen O'Loy"）和宾德的亚当·林克（Adam Link）系列中描绘的机器人有着能给予它们思考和感知能力的机械和化学零部件。但为了让他们的机器人更接近人类，两位作家都借鉴了一种新兴的心理学理论：行为主义（behaviorism）。批评人士指责这种理论把人当作机器来看待。亚当·林克和海伦·奥洛伊要想被视为人类，那么他们就必须首先要像人一样受到"训练"，这意味着他们必须习得文化。尽管早期作家，如 E.T.A. 霍夫曼、朱利安·霍桑、乔治·黑文·帕特南等也曾想象过类似的机器，但在他们的故事中，机器中非人性部分最终总会表现出来，导致恐怖或疯狂的事情发生。在宾德和德尔雷的故事中，人类角色明明知道对方是机器，但还是无可救药地爱上了它，因为这些装置被训练得比任何人都完美得多。宾德和德尔雷将机器人定位为男人和女人的完美典范，从而实现了唯物主义哲学和物质主义欲望的融合。

165

[1] 参见 Aldous Huxley, *Brave New World* (New York, Perennial Classics, 1932); 以及 John W. Campbell (as Don A. Stuart), "Twilight," *Astounding Stories,* November 1934, 44-58。

在他们的想象中，机器人是一个理想的自我，也是面向消费者的理想技术。

拥有思维、身体与灵魂的机器人

在德尔雷和宾德小说的想象中，科学和工程的突飞猛进已经让人类的情感、思维以及行为可以用物质过程来解释，并能用机器再现。在内分泌学和行为心理学的新领域，研究人员以19世纪的发现为基础，似乎要揭开生命、思维和个体性的奥秘。与此同时，工程师和数学家发明了各种传感和反馈机制以及电动计算设备，前者可以适应环境的变化，后者可以用远超人类的速度处理复杂的数学方程。尤其媒体又对这些新的发现和发明进行了夸张的宣传，这让人们觉得，人类与机器的区别仅仅在于复杂程度上，正如沃尔德马·肯普弗特后来所写的那样，所有人都是机器人。[1]

内分泌学是研究"体内分泌物"和腺体的学科，古代世界中便已有了它的身影。但在19世纪末和20世纪初，当研究人员开始研究人体内化学物质的产生与作用时，内分泌学才成为一门现代科学。1889年，法国著名医学教授夏尔·爱德华·布朗－塞卡尔（Charles Edouard Brown-Séquard）声称，他通过给自己注射动物睾丸提取物，从而发现了"长生不老药"。在世纪之交，医生们推广了"器官疗法"（organotherapy），即使用动物和人类器官提取物来治疗各种疾病。1905年，伦敦内科医师学会（London College of Physicians）的欧内斯特·斯塔林（Ernest Starling）和威廉·贝利斯（William Bayliss）发现，

---

[1] Waldemar Kaempffert, "Is Man Only Robot? The Debate Widens," *New York Times,* March 11, 1934, SMI.

人体的每个器官都会产生出自己的化学物质，这种物质可以向其他器官传递信号，被称为"激素"。[1]这些研究使得内分泌学蜚声四海，科学家们以之研究激素的组成、功能及它们对人类身份认同和行为的影响。他们研究了如何合成激素或者从动物身上提取激素，因此内分泌学从一开始就逾越了人类与动物、天然与合成的界限。在许多研究者看来，这门新科学似乎掌握了破解人类中存在的许多无法解释的因素的钥匙，包括性别差异、长寿秘诀和生命起源。[2]

在 20 世纪 20 年代，一些有关腺体的发现引发了世人的轰动，根据这些发现，人们有望控制身体、思维和灵魂。这也让内分泌学更加广为人知。1921 年，医生路易斯·伯曼（Louis Berman）提出，腺体控制着一个人的身体，甚至灵魂。在他最畅销的著作《控制人格的腺体》（*The Glands Regulating Personality*）中，伯曼提出存在着一种"属于灵魂的化学过程"，它将能使人们控制任何人的性格："内分泌物质影响着大脑、神经系统以及身体的其他部分……这些物质是本能与倾向、情绪和反应、品性和气质、善与恶的真正统治者与仲裁者。"[3]《大众科学月刊》在伯曼说法的基础上又加了一层夸张成分，刊登了

---

[1] 有关当时激素研究的更多内容，参见 Elizabeth Siegel Watkins, *The Estrogen Elixir: A History of Hormone Replacement Therapy in America* (Baltimore, MD: Johns Hopkins University Press, 2007); 以及 Randi Hutter Epstein, *Aroused: The History of Hormones and How They Control Just About Everything* (New York: Norton, 2018)。Michael Pettit, "Becoming Glandular: Endocrinology, Mass Culture, and Experimental Lives in the Interwar Age," *American Historical Review* 118, no. 4, (October 2013): 2052-2076.

[2] Julia Ellen Rechter, "'The Glands of Destiny': A History of Popular, Medical, and Scientific Views of the Sex Hormones in 1920s America," PhD diss., University of California, Berkeley, 1997.

[3] Louis Berman, *The Glands Regulating Personality* (New York: MacMillan, 1922), 22. 进一步讨论参见 Epstein, 59-67。

一篇题为《看不见的小小腺体是我们的主人吗?》（"Are Little Hidden Glands Our Masters ?"）的文章。其中有一张图片上写着许多不同的性格，并将它们与不同的腺体相联系，而文章的内容则幻想着有朝一日能够实现"人类的蜕变"。[1] 即使伯曼在 30 年代淡出了公众视野，肯普弗特还是得出了一个简洁的结论："人是由他体内的激素所造就的。"

如果能控制腺体，那么人们无疑就能打造出一个更完美的种族，但腺体在工业方面也可以产生作用。[2] 阿瑟·庞德在《工业中的"钢铁人"》中认为，工人疲乏的部分原因是"内分泌腺分泌过多导致人体系统中毒"[3]。为了消除这种疲劳，伯曼认为，公司应当雇佣一些生物学家，让他们管理工人的腺体，比如给他们注射人造激素。[4] 研究者希望他们能够通过控制激素，实现对个体的身体与性格的控制，创造一个更有秩序的世界。

一些科学家和医生死抱着激素不放，将其视为个体身份认同的来源，并试图控制它；但心理学家所强调的是文化。在 19 世纪后期，威廉·詹姆士曾竭力反对人是自动机，但到了 20 世纪 20 年代，行为主义者却接纳了这种说法。正如许多后达尔文时代的科学家一样，行

---

[1] 参见 John Walker Harrington, "Are Little Hidden Glands Our Masters?," *Popular Science Monthly,* June 1922, 49。

[2] 在这一点上，腺体理论与优生学产生了交叉。参见 Wendy Kline, *Building a Better Race: Gender, Sexuality, and Eugenics from the Turn of the Century to the Baby Boom* (Berkeley: University of California Press, 2001); Waldemar Kaempffert, "Science Presses on toward New Goals," *New York Times,* January 28, 1934, SM6; 以及 Joanne J. Meyerowitz, *How Sex Changed: A History of Transsexuality in the United States* (Cambridge, MA: Harvard University Press, 2002), 27.

[3] Arthur Pound, *The Iron Man in Industry: An Outline of the Social Significance of Automatic Machinery* (Boston: Atlantic Monthly Press, 1922), 44.

[4] Berman, *Glands Regulating Personality,* 265-267.

为主义的开创者约翰·B. 华生（John B. Watson）不承认人类存在有任何独特的形而上学因素。华生试图将心理学重新定义为一门"自然科学"，他严厉批判了当时的心理学家们总是相信意识、灵魂等无法验证的概念。相反，他借鉴了巴甫洛夫（Pavlov）关于狗对刺激的腺体反应的研究，认为心理学家应该只观察并测量身体对刺激的反应，不要思考一个人的意识状态。[1] 在 1924 年的《行为主义》（*Behaviorism*）一书中，他轻蔑地写道，**意识**只是"'灵魂'这个更古老的词的另一种形式"，而"超自然"的灵魂本身"很可能起源于人类普遍存在的懒惰"以及"巫医"通过对未知的恐惧来控制他人的尝试。他还设想了"南方的有色人种保姆告诉年幼的白人儿童，有人在黑暗中试图埋葬他们，从而控制住了孩子们"[2]。这让他的批判有了种族色彩。但行为主义并非都像华生在最初讨论灵魂时一样具有种族色彩。该学派的主要观点是，只应当关注可观察的反应。这样，行为主义就打破了人与物质世界之间的对立，同时表明个人是完全由他的行为来定义的。正如《大众科学月刊》所总结的那样："人的个性只是他的行为习惯的总和"，"对他日后的成功而言，造就他的情感活动的习惯要比他的思维习惯重要得多"，而"这种情感习惯并非与生俱来，而是我们的父母、我们早年获得的训练以及我们生活的环境所造就的"。[3] 这些观点不仅使华生与早期心理学家产生了分歧，也为他招致了信奉宗教的美国人的憎恨，这些人往往将那个时代的顽疾和

168

---

[1] John B. Watson, "Behavior as the Psychologist Sees It," *Psychological Review* 20, no. 2 (March 1913): 158-577.

[2] John B. Watson, *Behaviorism* (New York: People's Institute, 1924), 3.

[3] Harry A. Overstreet, "Success or Failure—It's Up to You," *Popular Science Monthly,* January 1928, 14-15, 128.

不道德的产生归咎于行为主义。[1]

在心理学家之中，行为主义自然也不乏怀疑者，比如优生主义者威廉·麦克杜格尔（William McDougall）。他曾在 1911 年发表《身体与心灵：泛灵论的历史和辩护》（*Body and Mind: A History and a Defense of Animism*），在该书中他相信个体灵魂的存在，因而明确拒绝有关人类本性的自动机理论。1925 年，麦克杜格尔再次为"目的论心理学"辩护，反对约翰·B. 华生等认为人类是"机器人"的人。麦克杜格尔的批判开篇就是对 *R.U.R.* 的讨论。他分析称，恰佩克"所假设的机器人对刺激的反应已经到了十分精妙的地步，你甚至可以口述一封信，然后机器人就会用打字机把它打出来"。不过，他又接着说："这种假设原则上不是荒谬的或不可能的。心理学中的机械论者要求我们假设人就是这样的机器人，只不过具有更高程度的反应能力。"他将行为主义追溯到赫伯特·斯宾塞对反射性动作的关注，指责华生和他的追随者们忽略了人的目的，甚至也误解了机器，因为机器本身也是为了实现特定目的而设计的。他声称，这种对人的目的的蔑视正是机器时代的社会问题的根源："正因为现代工业将工人视为机器人而不是人，这个世界上才充满了冲突和动荡，比如罢工和停工等各种剧烈冲突。……现在有一种倾向认为，行为主义者的刺激－反应公式是正确的，并以此为基础对待他人。这种倾向已经在现代工业的理论和实践

---

[1] 1904 年，G. 斯坦利·霍尔（G. Stanley Hall）在阐明心理学的目标时，使用的是典型的活力论观点："提高人类对灵魂的认识"。Hall, "The Unity of Mental Science," in *Congress of Arts and Sciences, Universal Exposition, St. Louis, 1904*, vol. 5, ed. Howard J. Rogers (1906), 577. 有关这种敌视，参见 Carl Degler, *In Search of Human Nature: The Decline and Revival of Darwinism in American Social Thought* (New York: Oxford University Press, 1991), 152-156。

中造成了极大的危害。"[1] 唯一的解决办法是拒绝机械论思维，而支持专注于人类意识和意志的心理学，承认人类存在受神秘的、无法证实的活力支配。

　　然而，麦克杜格尔对行为主义的泛灵论回应似乎越来越与科学界相左，因为科学家们开始观察外界刺激是如何激活大脑中的电脉冲的。自18世纪晚期以来，科学家们就一直在研究电在生物生命中的作用，当时意大利医生路易吉·伽伐尼（Luigi Galvani）发现电火花能够刺激死青蛙的肌肉。19世纪的研究者通过阐明神经元在电流传输至全身（包括大脑）时所起到的作用，而发展了这项研究。在20世纪早期，科学家执着于研究人类大脑似乎具有的产生电流的能力，他们将这种电流称为"脑电波"。最初，科学家们推测，人类的头部发射脑电波时的工作方式与无线电发射机无异。1921年，意大利研究者费迪南多·卡扎马利（Ferdinando Cazzamali）声称，他用无线电接收器记录了大脑发出的电磁波。他声称自己可以用这种波直观地描绘出一个人正在想象的所有事情。[2] 这些发现激发了人们对人类心灵感应的兴趣，也弱化了人与机器之间的界限。《纽约时报》对此轻蔑地报道说："原来我们都是发电机。"[3]

　　在20世纪20年代末，研究人员证明，脑电波不是从大脑中发射出来的，而是存在于大脑内部。在30年代，科学家开始使用脑电图来记录脑电波，并绘制出不同类型的脑电波与心理活动之间的关系。

169

[1] William McDougall, "Men or Robots?," in *Psychologies of 1925, Powell Lectures in Psychological Theory*, ed. Carl Murchison (Worcester, MA: Clark University Press, 1926), 273-307, 283.

[2] "Says Human Brain Emits Radio Waves," *New York Times*, August 21, 1925, 1.

[3] "Our Electrical Brains," *New York Times*, October 20, 1934, 14. 有关伽伐尼，参见 Marco Piccolinio and Marco Bresadoia, *Shocking Frogs: Galvani, Volta, and the Electric Origins of Neuroscience*, trans. Nicholas Wade (New York: Oxford University Press, 2013)。

他们还将人的思维与电脉冲联系起来，逐步解释了数学计算、思维创造甚至梦背后的物理过程。[1] 此外，就像激素一样，科学家认为脑电波是个体性的基础。科学家发现，每个人的脑电波都是独一无二的，并推测可以用类似指纹的方式以脑电波来识别个体。在评论这些发现时，《纽约时报》编委会还思考了人们是否应该"得出这样的结论：我们的渴望、抱负、理想、同情和向往只是运行中的电流所产生的表现"。他们得到的答案是：还没有。但对于麦克杜格尔这样的泛灵论者而言，这个答案很难让他们放心。[2]

在发现了大脑中电脉冲的同时，能够对环境刺激做出反应、处理信息的机器也出现了。能够对压力变化之类的外界刺激作出反应的机械早就存在了，比如蒸汽机上的安全阀，但直到第一次世界大战期间，对陀螺仪的改进才让这类机械在没有人类控制的情况下也能改变自身运动。早年有一篇文章将陀螺仪制导鱼雷比作"一条有着机械大脑的钢鱼，它具有人类发明的最神奇的机制，活蹦乱跳到了极点。它能像海豚一样潜入水中，自行转向，并以每分钟一英里的初速度，迅速破浪前进，消失在视野之中"。但是，它也是"杀人怪物的灵魂和心脏"，还是"名副其实的飞行员和舵手"。[3] 尽管由于陀螺仪出现的时间太早，以致没有获得"机器人"的称号，但后来的撰稿人经常用这个词来指代能对刺激做出反应的机器。在一篇有关声控装置的文章中，《大众科学月刊》也声称有一种"'机器人'防空炮"，它能通过感应敌机释放的声波，"计算射程并控制射击范围，对抗入侵的飞

[1] Edwin Teale, "Amazing Electrical Tests Show What Happens When You Think," *Popular Science Monthly,* May 1936, 11-13, 117.

[2] "Our Electrical Brains."

[3] Lillian E. Zeh, "The Torpedo, the Weapon with a Mechanical Brain," *Overland Monthly and Out West Magazine,* May 1918, 433.

机"。[1]这些层出不穷的技术让一位撰稿人觉得，西屋公司的装置"只是徒有虚名的机器人，是一种臆想"，而真正的机器人"就算它们不会思考……它们表现得也好像正在思考的样子"。他还列举了许多例子，如一种新型船舶自动转向装置、拨号式电话交换机和恒温器。[2]

在陀螺仪和相关技术能让机器感知到位置与空间的同时，另一些机器具有了处理信息的能力。《大众科学月刊》还提到了麻省理工学院生产的一种能够解决复杂数学问题的新装置，工程师范内瓦·布什（Vannevar Bush）称之为"积分仪"（Product Integraph）。在另一篇文章中，艺术评论家爱德华·奥尔登·朱厄尔（Edward Alden Jewell）反复使用男性代词将积分仪拟人化，以强调它与西屋公司生产的男性机器人之间的联系。[3]还有撰稿人介绍了后来出现的一种"会思考的机器人"，它在解决代数、三角函数和算术问题时表现得"比任何训练有素的数学家都快得多，也轻松得多"。[4]1938年，霍华德·休斯（Howard Hughes）将协助他和他的机组人员进行环球飞行的功劳记在了"机器人"导航计算机上，这是一台可以用一些数据点确定飞机位置的"机械大脑"。[5]虽然更广泛的社会文化环境一般认为机器人是不会思考的，但在美国的科学家和工程师的口中，机器人渐渐被重新定

[1] Robert E. Martin, "Mechanical Men Walk and Talk," *Popular Science Monthly,* December 1928, 23.

[2] William Barclay Parsons, "Robots, Storied, Fancied and the Real," *New York Times,* September 15, 1929, SM4.

[3] "Human Mind Eclipsed, Automaton Does Problems," *Los Angeles Times,* October 21, 1927, 1; "Light Actuates Brain of Robot," *Los Angeles Times,* July 7, 1931, 3.

[4] "Mathematics Easy to 'Thinking Robot,'" *New York Times,* July 15, 1934, N2.

[5] "30,000 Cheer as Hughes Lands after 91-Hour World Flight," *El-Paso Herald-Post,* July 14, 1938, 7; "Robot Navigation Computer Was Used on World Flight," *Evening Independent,* August 20, 1938, 1.

义为一种会思考的机器。

在 20 世纪 30 年代，对人脑和机械大脑的研究常常是重合的，这在对学习过程感兴趣的行为主义者进行的研究中体现得尤为明显。媒体最关注的是麻省理工学院的研究生诺曼·克里姆（Norman Krim）的工作。克里姆毕业后进入了范内瓦·布什的国防装备承包商雷神公司（Raytheon）工作。他的研究《条件反射的电模拟》（"Electrical Analogue of the Conditioned Reflex"）将变阻器、光电元件、电线和灯泡组合在一起，来模拟信息的习得和遗忘。[1] 到了 30 年代中期，这类装置已经普及到了高中生也可以自行开发的程度。一个名叫托马斯·罗斯（Thomas Ross）的高中生就用"弹簧、杠杆、小齿轮、电磁铁、一只伸出的手臂……和一幅竖着的迷宫地图"造出了一个能在迷宫中找到路的装置，而且还能用电动开关在后来的探路过程中记住来时的路线。[2] 两年后，罗斯与华盛顿大学的一位教授合作，制造了一只"机器老鼠"，它能"比任何人或动物都更好地回想起自己学到过什么东西。……它能仅仅经过一次尝试后就不犯任何错误，任何生物体都不能指望做到这一点"。[3]

1934 年，针对这样的发明，肯普弗特向读者提问道："人只是机器人吗？"他用克里姆的发明来讨论活力论与唯物论之争。"自动化机器一点也不像人。"他写道，"它们只是我们自己的延伸——它们是补充了处在我们控制下的眼睛和耳朵的感官，是听从我们命令行事的肌肉。"但克里姆的机器与此不同，因为"它好像有了生气，有了'意识'"。这种可能对活力论者是个威胁，因为这意味着"'思维''灵

---

[1] Kaempffert, "Is Man Only Robot?," SM4.

[2] George W. Gray, "Thinking Machines," *Harper's Monthly,* March 1936, 423.

[3] Gray, "Thinking Machines," 423.

魂'和'精神'都是从充斥着神话的过去继承下来的无意义的词语。一个人，不管他是爱因斯坦还是低能儿，都只是一个高度复杂的物质组织，虽则这样的组织恰恰处于我们称之为'活着'的状态，但它最终可以从物理学、化学和电学的角度来解释"。将这样的机器与行为主义联系起来，肯普弗特意识到，如果华生是正确的，那么"想要在一团细胞的独特组合或它们的遗传中找到林肯、爱迪生或爱因斯坦身上的伟大无异于空想。他们只不过是活着的机器，被意外训练成产生了伟大的社会政策、电灯、留声机以及空间是弯曲的而时间是一个维度的理论。"肯普弗特总结说，克里姆的发明和华生的观点意味着，没有人拥有对自己的身体、心灵和身份的控制权。男人和女人都是机器人，有着机械的身体和受训练的灵魂。[1]

被完美控制住的女人

这些新的科学发现在最理想的情况下提供了利用外部刺激来驯服非理性行为和社会破坏性行为的可能性——尤其是在那个人们似乎已经不再能控制自己的时代，这可以给人以一种幻想中的控制感。对许多中上层阶级的男人来说，他们正在丧失对他人的控制权，其中问题最为严重的就是对女人的控制。在机器时代的男性焦虑背后，潜伏着一种持续不断的恐惧：技术释放了女人追求独立的欲望，从而破坏了维多利亚时代女性的纯洁和顺从。斯图尔特·蔡斯是少数几个提到技术对女性的影响的作家之一，他在《人与机器》中认为："机器夺走了家族主妇一度拥有的技能，因此使得无数女性失去了她们的价值，陷入了一种神经质般的不安当中。这也迫使女人走入工薪阶层，女权

[1] Kaempffert, "Is Man Only Robot?"

运动故此产生。"[1] 威廉·奥格本在《你和机器》的末尾指出："家庭似乎不再像以前那样需要女人了。"他还举了一个例子，说明机器人把女人从"家庭苦役"中解放出来，让她可以追求快乐；他甚至表示，机器导致了离婚率的上升。[2] 这些男性评论家认为，正如工厂和办公室里的机器剥夺了男人的创造力和目的一样，家用电器也破坏了女性的身份认同，让她们在不受约束地追求享乐中寻找存在的目的。

科幻小说笔下机器人对白人女性的威胁正是对这种担忧的呼应。在雷·卡明（Ray Cumming）1931 年的小说《时间的流放者》（"The Exile of Time"）中，有两个人旅行到了遥远的未来，发现一个巨大的"机器人"正在攻击一个年轻女子。她身上"一根白色缎带随风飘动，胸前戴着一朵红玫瑰"，露着"雪白的手臂和肩膀"。在他们阻止了这场袭击后，得知这个女人是从 1777 年穿越过来的，那时她的父亲还是乔治·华盛顿手下的一名少校。埃德蒙·汉密尔顿（Edmond Hamilton）在《机器人的统治》（"The Reign of the Robots"）中同样也描绘了一个想要谋杀一位漂亮的白人女性的机器人。[3] 甚至是超人系列电影中新女性的代表，露易丝·莱恩（Lois Lane），在 1941 年的一部短片中也在收集新闻故事时束手就擒，最后超人不得不从一群男机械人手中将她救下。[4] 就像在大多数科幻小说中一样，这些故事中的女性不是人物角色，而是承载着欲望的物体，需要被男性象征所拯救。她们贞洁、顺从，体现了来自过去的（在《时间的流放者》中，是字面意义上"来自"过去的）维多利亚时代的女性气质，这些机器

[1] Stuart Chase, *Men and Machines* (New York: Macmillan, 1929), 326-327.

[2] William Fielding Ogburn, *You and Machines* (Washington, DC: Civilian Conservation Corps, 1934), 38-39, 46.

[3] Edmond Hamilton, "The Reign of the Robots," *Wonder Stories,* December 1931, 848-859.

[4] *The Mechanical Monsters,* directed by Seymour Kneitel (Paramount Pictures, 1941).

人通过对白人女性的生命造成威胁，象征性地说明了机器时代对女性气质的毁灭。

凯勒最清晰不过地写出了这种危险。到 20 世纪 20 年代末的时候，这位心理学家已经将自己在战后的研究从炮弹休克症转向了两性关系，他写出了一系列小册子，主题包括同居、节育、母性和两性疾病。在大萧条时期，他与人合著了一套"私人问题"（"Personal Problems"）系列丛书，标题有《自虐》《失败的丈夫》《不理睬人的妻子》等等，这些主题与他的小说的主题有所重合。[1] 虽然《机器人的威胁》中并没有对女性的描写，但凯勒的其他故事中也关注女权主义，比如在《声控保姆》中，他就嘲笑了一个想成为作家的女人依靠机器人"保姆"抚养孩子的做法。他的第一篇故事叫作《步行者的反抗》（"The Revolt of the Pedestrians"），在他所设想的未来世界中，大多数人都变成了"汽车人"，他们几乎一生都住在汽车里，腿部力量因此受到了极大损害。虽然小说的主要情节是一个步行者反抗这个社会在身体与道德上的堕落，但凯勒也加入了一个描写女性情欲的次要情节。在这个场景中，一位打扮成女汽车人的男步行者爱上了另一位女汽车人，后者是一名速记员，而且认为她爱上的是个女人。当两人的身体亲密接触时，旁白评论道："他们之间的关系是一种扭曲的、病态的倒错。他竟然会爱上一个没有腿的女人，这真是可怕。……而她竟然会爱上一个女人，这也同样病态。"当那个女汽车人发现了步行者真正的性别时，她咬断了步行者的脖子，吸了他的血，任他死去。在凯勒看来，这个新女性不仅仅是同性恋；她还是一个会吸取男人生

---

[1] David Keller, Winfield Scott Pugh, et al., *Personal Problems Library, Volumes 1-6* (New York: Falstaff Press, 1938).

命的吸血鬼。[1]

德尔雷在《海伦·奥洛伊》中也使用了类似的厌女修辞，不过他加上了唯物主义视角，让机器人成为人类女性的理想替代品。故事的叙述者是菲尔，一位内分泌学家；他有个好朋友叫戴夫，是一个机器人维修员。二人爱上了他们在百货商店购买的女**机械人**（homo mechanensis），据说她是人类的"完美类型"。他们调整了她的人造大脑和激素，并用那位以美貌著称的古希腊人的名字——海伦来给她命名。在海伦之前，二人曾和一对双胞胎交往过。但是有一天，戴夫想去看火箭发射的现场直播，而双胞胎中的一个坚持要看肥皂剧，所以他们的关系破裂了。于是两个孤独的男人就把他们的精力花在改进他们的"家用机器"上。这个机器叫莉娜，曾经误将香草放在了一块牛排上。为了让这台机器能够意识到自身的行为，他们用电子管和电线造出了一个腺体并植入莉娜体内。在这个腺体的分泌物的作用下，莉娜产生了情感。但这次尝试成功得过了头——当二人批评莉娜的家务做得不好时，她开始抱怨起来。这个女机械人的直言不讳惹恼了他们，于是他们将莉娜换成了另一型号的机械人，她更加迷人，并且拥有"许多记忆线圈"，设定好程序之后，她就能产生自我意识。[2]德尔雷这是在影射说，那些坦率的女人的问题在于情绪太多，脑子太少。

这个新的女机械人看着远比莉娜更像人，而且能够"做所有女孩

---

[1] David H. Keller, "Revolt of the Pedestrians," in *The Threat of the Robot and Other Nightmarish Futures* (Normal, IL: Black Dog Books, 2012), 31-32. 最初发表在 *Amazing Stories,* February 1928, 1048-1059。

[2] Lester del Rey, "Helen O' Loy," *The Science Fiction Hall of Fame, Volume 1, 1929-1964,* ed. Robert Silberberg (New York: Tom Doherty Associates, 1998), 43, 42, 43, 44. 最初发表在 *Astounding Science-Fiction,* December 1938, 118-125。戴夫和菲尔的关系非常亲密，很容易被视为同性态；但德尔雷花费了很多篇幅描写他们对女性身体的痴迷，所以他们二人之间的关系看来只是一种非常亲密的柏拉图式关系。

能做的工作"。它的"脸是由塑料和橡胶制成的，被设计得可以活动，因而具有了表达情感的能力。它还有完整的泪腺和味蕾。不管是呼吸还是揪头发，每一种人类动作它都能模仿"。它的身体为它赢得了海伦·奥洛伊的美名，肥皂剧的"熏陶"把它变成一个近乎完美的女人，它很快就爱上了戴夫。戴夫不愿接受这种亲密关系，但也不想以切断电源的方式"杀掉"这台看起来特别像人的机器。他逃跑了，而菲尔和海伦此时正在讨论人机恋爱和结婚的可能。当海伦声称自己将会是戴夫的完美妻子时，菲尔回答说："我想，完美的妻子应该能给他生个壮实的儿子。男人要的是血肉之躯，而不是橡胶和金属。"海伦恳求道："我确实不能那样做。但在我看来，我是个女人。而且你也知道，我将女人模仿得有多么完美……不管是从哪个方面来看。我不能给他生儿子，但在其他所有方面……我已经很努力了，而且我会是他的好妻子的。"戴夫回家后，他同意与海伦结婚，两人生活在一起，虽没有孩子，但戴夫幸福地度过了他的余生。"没有哪个女人成为比她更可爱的新娘或更娇美的妻子了。"菲尔回忆说。"海伦厨艺绝佳，并且她处理起家庭事务得心应手。"[1]海伦在扮演妻子的角色时完美得让戴夫忘记了它是一台机器，而菲尔则惊叹于它的完美，从此终身未娶。海伦深爱着它的丈夫，以至于在戴夫死后，它要求菲尔用酸溶化自己，并埋葬在丈夫身边。故事的结局不是可怕的反抗，而是机器人的自杀。但这个结局可能更让人隐隐觉得不安。

海伦让纸浆科幻小说以年轻男性为主的读者们生出一种幻想，让他们想象着利用面向消费者的技术重新掌握权力。在故事的开头，菲尔和戴夫因为人类女性想看肥皂剧而不喜欢她们。德尔雷选择这样的

---

[1] Del Rey, "Helen O' Loy," 44, 46, 48, 49, 51.

175

开头是将男性的不满植根于女性希望在消费和大众文化中获得乐趣的要求当中。[1] 在他的想象中，百货公司售卖的机器人可以为男人们提供他们最渴望的东西：一个伴侣，她是男人的财产，任劳任怨，不会生气或怨恨。拥有者甚至也不必亲自控制他们的机器人。经过最初几下调试，只要男人愿意，机器就能自己控制自己，无条件地爱下去；这里面一点强迫也没有。德尔雷暗示，女机械人不仅是可能的，而且要比真正的女人更好——至少对那些不想要孩子的男人来说是这样。

德尔雷在将海伦·奥洛伊想象为完美女人的同时，他还结合内分泌学、机械大脑与行为主义，指出了人类与机器的相似之处。海伦拥有人造激素腺体、"记忆线圈"以及从肥皂剧中习得的条件作用，学会了模仿德尔雷笔下典范妻子的所有行为。在所有女性特质的要素中，她唯一无法完成的是生育，而这一要素对女性的身份认同以及存在意义至关重要。19 世纪，美国人在母性中看到了某种神秘的、精神上的东西，这种东西让女性永远无法被完全机器化。如果德尔雷完全接纳了唯物论，那么他大可想象出一种人工生育形式，其实在 30 年代早期就已经有科幻小说这么写了。[2] 但他反而选择将生育作为女性特质中一个独立的、不可机器化的要素。但戴夫和菲尔都没有表示想要孩子；他们想要的只是海伦以及它所带来的快乐和舒适。这个故事抛开了女性的身份认同和母性之间的历史联系，假设能够定义女性的是她们的行为——尤其是她们对男性的服务——而不是内在的精神或生理性力量。

[1] 有关当时的女性和消费文化，参见 Lynn Dumenil, *The Modern Temper: American Culture and Society in the 1920s* (New York: Hill and Wang, 1995), 98-144。

[2] 例如，在这部 1930 年的电影中，婴儿就是从机器中生育的：*Just Imagine,* directed by David Butler, (Fox Film Corporation, 1930)。

这两个男人的职业也加强了人类与机器之间的这种相似。戴夫是一位机器人维修员，他的工作是修理行为异常的机器；菲尔是一位内分泌学家，他的工作是治疗行为异常的人。在戴夫正因海伦对他的迷恋而与菲尔争论时，一位女客户来拜访了菲尔。这位客户不能接受儿子所爱的女孩，因此要求菲尔给她的儿子和那个女孩注射"反激素"。菲尔完成工作后，他所提出的解决海伦对戴夫的迷恋的办法之一就是改变她的激素。这两种情况表明，德尔雷的观点并非是机器可以取代女人，而是说所有的行为都是由激素、电流和条件作用控制的，而不是自主的意志。如果父母不希望孩子与社会底层的人发生性行为，那么他或她可以花钱请医生改变一些性激素。如果男人不想总是向女人妥协或听她抱怨，那么他可以将一台机器视为更易相处的替代品。在《海伦·奥洛伊》中，德尔雷将有关消费欲望的物质主义和有关自我的唯物主义理论融合在了一起。在他的想象中，机器时代人们的身份认同，甚至是最亲密的渴望，都能被生产、被销售。

《海伦·奥洛伊》并非一炮而红。在这期杂志刊登的所有故事中，读者们给它的排名只占中游；即便在之后的几个月，也很少有人在来信中给予它高度评价。[1] 但是，德尔雷的写作并未就此停止，他后来逐渐成为青年小说最重要的编辑和出版者之一。第二次世界大战后，人们越来越喜欢完美的人类机器人了，而科幻小说的作家和粉丝们越来越多地从"海伦·奥洛伊"身上看到了这种可能性。这篇故事被选入了许多文集当中，随着完美机械女人故事的激增，它的影响力也越来越大，尤其是在60—70年代女权主义者再次试图打破男性特权的时候。1970年，在妇女解放运动期间，由男性主导的美国科幻作家协

---

[1] 参见 the letters column, *Astounding Science Fiction,* January 1939, 155。

会（Science Fiction Writers of America）将这篇故事收入了"科幻小说荣誉殿堂"，并再次出版了它。[1]女机械人的故事证明19世纪的唯物论是有局限性的，这些故事在20世纪下半叶成了唯物论中厌女倾向的终极表现。

完美的美国男人

科学与工程也暗示着，造出完美的男人是可能的。在20世纪20年代之前，大多数故事都认为机械人高效和可控制的特性使它们成为体力劳动者和士兵的理想替代品；但是，很少有人认为它们可以在其他方面取代男性。这样的想法被认为是荒谬的，就连西屋公司讲的荤段子中也蕴藏着这种观点，因为笑话中的机器缺乏独立、自由意志和自控力，而这都是一个完美男性所必需的。亚当·林克没有这种缺陷。亚当有一个"铱海绵脑"，它的秘书会相信，它将是一个完美的男人；而美国政府将会认为，它是一个完美的美国人。[2]

亚当在1939年1月的《惊奇故事》中首次亮相，它出现在宾德所写的一则题为《我，机器人》（"I, Robot"）的短篇故事中。[3]罗伯特·富卡（Robert Fuqua）为这则故事画了封面插图，图中的机器有着躯干、脑袋和许多必要的附件来模拟出人类的外形，但它们都明显是机械的，有转盘、按钮、金属皮肤、铆钉以及其他配套装置。但是，故事的标题化用了小说《我，克劳狄乌斯》（*I, Claudius*），这表明机器能够思考，而且有自我意识。富卡画中亚当的姿势加强了这一

177

---

[1] Robert Silverberg, ed., *The Science Fiction Hall of Fame, Volume One, 1929-1964* (New York: Science Fiction Writers of America, 1970).

[2] 参见 Eando Binder, "Adam Link in Business," *Amazing Stories,* January 1940, 49。

[3] Eando Binder, "I, Robot," *Amazing Stories,* January 1939, 8-18.

点。封面上的插图不是典型的疯狂机器攻击人类的场景，而是相反：一个精神错乱的人威胁要射杀一个平静的机器人，而机器却在约束着一只咆哮的狗。虽然亚当看着与人几乎一点也不像，但机器的手高高举起，这赋予了它传统故事中人类的角色；而这个满脸仇恨的男人，则扮演了传统故事中机器的角色。[1] 由于亚当保护人类不受野兽的伤害，它阐明了宾德小说的主题：机器人的人性。

宾德以《我，机器人》来质疑人们对弗兰肯斯坦式机器的恐惧。他的故事情节与《弗兰肯斯坦》稍有相似，但故事是从机器人的角度以自杀遗书的形式讲述的，包括亚当最初拥有意识的那些时光，它在其发明者林克博士那里得到的训练，以及在一个入侵者谋杀了博士之后，它与人类交流时产生的困难。像维克托·弗兰肯斯坦一样，林克博士也是独自一人在一间实验室工作。他放弃了婚姻和家庭，一生致力于发明"铱海绵脑"，这是个能赋予机器人思考、学习、记忆、感知能力的装置。[2] 他相信，有了这样的大脑，机器就能和人类一样作为平等的公民一起工作，提高所有人的生活质量。造出亚当后，他相信自己终于实现了人生的目标。

像一个优秀的美国人一样，亚当首先想到的是自由。林克博士因为不知道大脑是否能起作用，所以将它捆住了。它发现自己深处锁链之中，于是开始想要摆脱束缚。不过，当林克博士的狗攻击亚当时，它证明了自己具有智慧和自控力，所以很快获得了自由。出于自我保护的本能，它一开始想用自己不受束缚的手掐死那只狗；但是在听到狗的痛苦哀嚎之后，亚当放走了它。这让林克博士知道它能表现出自控力、学习与同情的能力。在证实了大脑的成功之后，博士没有像

---

[1] Binder, "I, Robot," cover.

[2] Binder, "I, Robot," 10.

弗兰肯斯坦那么做，而是解开了亚当的锁链，并教它如何成为人。
在整个叙述过程中，亚当将自己的成长比作儿童的成长，并发现由
于自己优秀的大脑，它所拥有的能力已经远超常人。使亚当"基本
上是人"的正在于这一训练过程，而不单单是亚当的身体或某种形而
上学的心灵。[1]

　　不幸的是，林克博士在告诉亚当他的人类和机器人平等相处的乌
托邦愿景之后不久，就被一个入侵者杀死了。为了纪念它的"父亲"，
亚当在本系列接下来的几部作品中想把这种愿景变成现实。但首先，
它必须面对美国人对机械人的偏见。一看到亚当，故事中的其他人，
包括警察，都吓得往后缩了缩。亚当逃到乡下，救了一个溺水的女
孩，却被她的家人攻击了，这是对雪莱小说的直接模仿。在一群疯狂
的暴徒的追捕下，亚当把自己锁在了林克博士的房子里，在那里它写
了一封信声称自己是无辜的，并准备用电处死自己，以免意外伤害人
类。宾德用亚当的签名结束了《我，机器人》，这签名是用个性化的
草书写就，而不是机械打印式的字体。[2]在宾德的故事中，亚当不仅
仅是一个有自我意识、能自我控制的机器。它还愿意为他人牺牲自
己，是无私的、聪明的、有同情心的个体，符合长期以来人们心目中
理想美国人的特征。

　　但亚当最终没有自杀。相反，它在接下来的九部作品中活得好
好的，在40年代成了当时科幻作品中最受欢迎的机器人。早年也有
一些作家尝试着从拥有自我意识的机器的角度讲述他们的故事。英国
作家约翰·温德姆（John Wyndham）甚至在1932年也使用了同样的

179

---

[1] Binder, 14.

[2] Binder, 18.

设定，写了一个孤独的机器人自杀前的遗书。[1] 但还没有哪家纸浆杂志上出现过亚当·林克这样的形象：一个比真正的人还更具有人性的机器人。这种独创性确保了读者能够对这个机器人产生认同；他们在机器人与拒绝接受其人性的文化的斗争中发现了其他机器人故事中所缺少的元素。该系列的每一次冒险都广受读者好评。在1940年芝加哥举行的世界科幻小说大会上，有许多粉丝明显扮成了亚当的样子。[2] 有人在来信中解释了它的吸引力："我觉得亚当·林克的故事是最有人情味儿也是最有趣的，我一个月里高兴地读了又读。……为亚当·林克干杯！祝他长命百岁！"[3] 另一位作家则称赞亚当是科幻小说中最好的角色之一，因为"赋予一个纯粹的机器人以吸引人的人格，这真是个了不起的成就"。[4] 通过亚当，宾德取得了其他作家很少有的成就：把机器人变成一个具有人格的角色，而不仅仅是一个符号。

180

在接下来的三年里，宾德进一步强化了亚当身上的人性、阳刚之气以及美国人的身份认同。续作的情节有荒诞的，也有严肃的。在一则故事中，亚当造出了自己的妻子，并给它起了一个与自己相称的名字：夏娃。在另一则故事中，它穿越到过去，发现挪威神索尔正是来自未来的机器人——亚当本身。接下来，它又建立了一个乌托邦式的聚居区，在那里人类和机器可以和谐地工作、生活。由于人类的自

---

[1] 参见 John Wyndham, "The Lost Machine," *Amazing Stories,* April 1932, 40-47。

[2] B. G. Davis, "The Observatory by the Editor," *Amazing Stories,* December 1940, 8.

[3] Walter F. Williams, letter to the editor, *Amazing Stories,* July 1940, 135.

[4] Roger Sherman Hour, "A Real Accomplishment!" Letter, *Amazing Stories,* April 1940, 137. "人格"在这里的用法经历了从"内在性格"（internal character）到"外在人格"（external personality）的巨大转变，具体可参见 Warren Susman, "'Personality' and the Making of Twentieth Century Culture," in *Culture as History: The Transformation of American Society in the Twentieth Century* (New York: Pantheon, 1974)。

私，这个聚居区终告失败，但亚当仍然保持乐观。宾德使用亚当对成为美国人的不懈追求，将这些不同的故事串联在一起。在几乎每一篇故事中，它都在试着劝说人们相信，机器人既不是失控的怪物，也不是西屋公司式的奴隶。要成为美国人，亚当必须证明它不仅是强大的、聪明的，而且是有自控力的、无私的，它必须是一个自由地选择把美国和美国公民的利益放在第一位的人。

宾德在这个共和国公民和男人的模范中加入了现代个体观。从很多方面来看，亚当都堪称古典美德的典范。从它最初的自杀尝试，到捐出经商赚取的数百万美元，再到最后为拯救美国免受外星人入侵而愿意献出生命，都展示出它坚定不移地服务于公众利益的决心。早年，亚当冒着生命危险，根除了一座城市的政治腐败；在另一则故事中，当它被误认为是谋杀父亲的凶手并被判处死刑时，它也证明了自己将遵守法制。[1] 最重要的是，考虑到宾德来自美国在二战中的敌对国家奥地利，尽管这个机器缺少公民身份，它还是选择了参军入伍，然后获得了公民身份。虽然亚当通常是抵制暴力的，但在战争中它加入了美国一方。它第一次上战场时，日军入侵了美国西南地区。日军将领还杀死了一个墨西哥男孩，这说明他是一个残忍的怪物。之后亚当和一支机器人军队击退了日本人。[2] 在它的第二次战场经历中，亚当一手阻止了（政府以为的）纳粹的入侵，并因此获得了公民身份和国会荣誉勋章。但结果发现这次入侵者其实是外星人。[3] 在这两次经历中，亚当都是一个不情愿但强大的战士，非必要不使用暴力，而这

---

[1] 参见 Eando Binder, "Adam Link's Vengeance," *Amazing Stories,* February 1940, cover, 8-27; Eando Binder, "Adam Link, Robot Detective," *Amazing Stories,* May 1940, 42-65; 以及 Eando Binder, "The Trial of Adam Link, Robot," *Amazing Stories,* July 1939, 30-43。

[2] 参见 Eando Binder, "Adam Link Fights a War," *Amazing Stories,* December 1940, 10-41。

[3] 参见 Eando Binder, "Adam Link Saves the World," *Amazing Stories,* April 1942,10-47。

个形象恰恰经常被用来描述美国自身。亚当不仅仅是一名公民士兵；它还是美国本身。

不过，亚当也是一个完美的男人。在头两个故事中，宾德没有说
明他为何将亚当设定为男性。从解剖学、遗传学或激素的角度来看，亚当既不是男性也不是女性；它是台没有性别的机器，而且看起来一点也没有人类的样子。但宾德一直认为亚当是一个男人，尽管他只在《商界中的亚当·林克》（"Adam Link in Business"）中直接提到了亚当的性别。在这个故事中，亚当学会了"人类的爱情，这种神秘的快乐"。在朋友杰克的敦促下，亚当雇用了一位名叫凯·坦普尔（Kay Temple）的秘书，并立即被凯的美丽、智慧和纯真所打动；在它眼中，凯就是完美的女人。握着她那"柔软的小手"，亚当意识到自己"从心灵来看是一个**男人**，而不是一个女人"。它开始质疑为什么。[1]
它得出了一种人性的环境主义理论，而且它的理论将行为主义者的环境理论推广到了比他们所能想象到的还要远的地方：它之所以是个男人，是因为它被训练成了男人。宾德暗示，性别差异之所以存在，是因为两性接受的训练不同，而不是生物性的不同。为了进一步强调这一点，在后面的故事中，亚当制造了一台身体与它完全相同的机器，并让凯将这台机器训练成一个完美的女人。这些情节让林克博士在《我，机器人》中告诉亚当的话又增添了一层性别含义："你没有遗传物质。你所处的环境正在塑造你。你证明了心灵是由环境所塑造的一种电现象。"林克博士声称，有了那样的大脑之后，亚当"将和它所处的环境所能塑造出的人一模一样"[2]。博士认为，人性不过是电线和环境条件作用的集合；是经受的训练，而不是生物学因素，造就了

---

[1] Binder, "Adam Link in Business," 60, 51.

[2] Binder, "I, Robot," 13.

亚当和他的妻子夏娃，造就了男性和女性，并赋予他们不同的人格与
性格。

亚当的思想让它远超常人。宾德笔下的亚当常常展现出比顶尖科
学家还要高超的智力水平，但它也时常表现出身体上的优势。在《亚
当·林克，冠军运动员》（"Adam Link, Champion Athlete"）中，亚
当和国内顶尖选手参加了一场比赛。在他们接近终点线时，亚当本来
能稳稳当当地获胜，但它决定放慢速度，与人类运动员打成平手，这
样人们就会认为亚当"和人一样"了。尽管亚当本意如此，但文章传
达的信息很清楚：只有在亚当允许的情况下，人们才能在身体上击败
亚当。[1] 随着故事线的推进，亚当获得了公民权，而艺术家富卡也改
变了亚当的外观。在亚当与日本人作战时，它瘦削的手臂不见了，画
家让它的手臂和双腿都长出了发达的肌肉。曾经它的胸部只是一大块
圆形的金属，但现在它的躯干好似经过了精心雕刻。[2] 亚当象征着身
体与精神的力量，它将一个机械超人、一个金属职业拳击手和一个智
慧超群的科学家融为一身。

亚当的灵魂也胜常人一筹。宾德笔下的亚当没有明显的道德缺
陷。除了夏娃曾指责亚当过于相信人性之外，这些故事并没有对亚当
的行为作出令人信服的批评。宾德经常将亚当出众的性格与无知、偏
颇、自私、懦弱的白人男性进行对比，这些男人总是想要控制亚当，
不愿与机器人平等相处。除了两个男性朋友之外，故事中的所有男人
都毫无理由地对亚当怀有敌意。故事中有位白人煤矿监工，他是个特
别令人发指的角色。他认为墨西哥人、亚裔美国人和机器人都是下等

---

[1] 参见 Eando Binder, "Adam Link, Champion Athlete," *Amazing Stories,* July 1940, 28-47。

[2] 参见 Binder, "Adam Link Saves the World," cover。

人，不值得保障他们工作条件的安全。[1]当日本人入侵时，监工首先投降了，而亚当和其他机器人却在抗争。同样，当亚当建立起一个乌托邦式的聚居区时，男人们坚持用民主取代亚当的开明专制，这导致了聚居区的分裂。这些男人很容易就被权力腐蚀了，他们开始相互为敌，最后当然也没有放过机器人。[2]这些作品写于欧洲和亚洲的独裁者们进攻其他国家的时候，暗示人类男性缺乏维护民主的品格，而机器人则不是这样。

亚当如此出众，因而凯爱上了它，并且拒绝了故事中为数不多的正派男人之一杰克的求婚。在亚当捐出它做生意赚来的几百万元给穷人建房子后，凯对它说："我再也不觉得你是机器人了，亚当……我认为你就是个男人！你有个性，有品格，就像其他人一样。"不过从她的评论中可以明显看出，她认为亚当非常特别："你就像一个高大、强壮、温柔的男人。你的眼睛很和善，说话很有同情心，下巴棱角分明……你长着一张严肃而男孩气的脸，一头乱发很少梳理，手掌大大的、手指粗粗的，但你很温柔！你微笑的时候——我知道你经常这样——就像温暖的阳光穿透了云层。"尽管亚当并非血肉之躯，但在她看来，亚当无疑是完美男性的象征。在亚当帮助她摆脱了一个商人的追求后，她终于袒露心迹："你比我认识的许多男人都更有爱心。一个人的心灵要比他的身体更重要。亚当，你的心灵说明你是一个伟大的人，一个好人。我爱你！"[3]但因为两者的身体毕竟不同，亚当还是拒绝了她的求爱，并鼓励她接受杰克的求婚。当她再次表明自己的心迹时，亚当却回避了这个问题，而是告诉了杰克，最终凯不得不嫁

184

[1] 参见 Binder，"Adam Link Fights a War"。

[2] 参见 Eando Binder，"Adam Link Faces a Revolt," *Amazing Stories,* May 1941, 70-93。

[3] Binder，"Adam Link in Business," 55, 59.

给杰克。就像在跑步比赛中那样，人，即使是完美无缺的人能获胜也只是因为亚当希望他获胜。

亚当也是开明专制的化身，这种开明专制出现在蔡斯或技术统治论者的想象中，并在大萧条的社会文化中被浪漫化。在必要的时候，亚当会忽视人类的自主权，试图为比它弱小的人提供保护。但亚当也是一个局外人，一个因为身体差异而被美国社会排斥的人。虽然亚当是在美国建造的，但他是移民的象征。写出该系列故事的兄弟俩，一个出生在奥地利，另一个出生在美国。这些故事很像《超人》，是一个移民向美国白人证明自己价值的寓言故事。[1]宾德的故事中反复出现的白人男性当权派总是嘲笑美国的其他族群，这与美国人内心对机器人的恐惧相似。其实亚当心中也有一种局外人的感觉，所以它和许多脱离自己传统文化的"移二代"一样，想要寻找与过去的联系——不过它在寻找过去的时候，却穿越到了古挪威。在亚当·林克系列中，机器人的种族意味——这种意味虽然在 *R.U.R.* 中就有所暗示，但还不算明显——被颠倒了，它所讲的不是一个被非人化的他者固有的反抗精神，而是那些身体明显不同的人所拥有的内在人性。对亚当来说，重要的不是生物性内容——它身体的内部构造与人相差甚远——或者某种能产生性格的神秘源头，而是它合宜的行为，它对待他人的方式。虽然亚当没有灵魂，但它的行为富有人情味，所以它就是一个人。

界限的模糊

在《海伦·奥洛伊》和亚当·林克系列中，德尔雷和宾德从当

---

[1] Bradford W. Wright, *Comic Book Nation: The Transformation of Youth Culture in America* (Baltimore, MD: Johns Hopkins University Press, 2003), 1-29.

时的科学和发明汲取灵感，将机器人想象为完美的人，模糊了人与机器之间的界限，这是其他故事很少能做到的。在这一过程中，他们融合了哲学上的唯物主义与消费经济的物质主义。他们的故事中没有焦虑的内容，而让这些机械装置经由文化训练而被设定为欲望的终极对象——无论是对普通的消费者还是异性而言。在这种融合中，德尔雷、宾德二人与华生相距不远。正是华生的行为主义为他们的故事提供了许多灵感。最后华生离开了学术界，为一家广告公司工作。[1]看来，消费者和工人一样，都像机器人。

185

这两个故事也将人类的身份认同从生物学和形而上学中分离出来。海伦和亚当的内部结构都不是恰佩克笔下的有机体机器人，而且这些故事中也没有表明发明者合成了灵魂。但是两者都成功地被视为人。海伦是一个不能生育的机器，但它在陪伴戴夫共度余生期间没有谁发现它是一台机器，甚至戴夫自己也忘了他娶的是一个机器人。宾德构建了一个关于接受人与人之间差异的寓言，他在故事中总是让亚当展现出它机器人的一面。不过在其中一则故事中，亚当成功地将自己伪装成了一个人。其实，随着故事的推进，亚当的身体也在不断发生变化，它只要穿上衣服，化上妆，就能很容易被当成一个肌肉发达的男人。就像在它的一生中经常发生的那样，亚当通常不会被当成人，只是因为它选择如此。德尔雷和宾德在这些故事中将机器人设定得很容易被当成人，他们以此假定了，人类身份认同的关键在于行为。

这种转变影响深远。长期以来，一些人，尤其是女性和非白人被认为在生理的或某些形而上的特性上是有缺陷的，他们不仅不会得到

[1] Kerry W. Buckley, *Mechanical Man: John B. Watson and the Beginnings of Behaviorism* (New York: Guilford Press, 1989), 134-147.

优待，甚至基本权利也被剥夺了。可能宾德和德尔雷都没有发现他们的故事中所包含的智识上的转变，但在他们对机器人的想象中，他们已经放弃了传统上对人类身份认同的定义，而正是这种定义长期以来助长了美国社会中排斥特定群体的现象。所以以下两个事实就不是巧合了：麦克杜格尔，这位反对行为主义的心理学家中嗓门最大的人之一，同时也是一个恶毒的种族主义者和厌恶女性的人；以及，最致力于维持人类和机器之间的界限的作者，大都是担心自己失去权威的上层和中产阶级白人男性。[1] 一旦人的身份认同取决于人在环境条件中的行为，而不是某种内在的，甚至可能无法验证的特性，那么谁能够完成这些行为，谁就能拥有人的身份认同。如果生物特征与内在特性都不重要，那么每个人，无论种族或性别，都有可能向体制与权力要求平等。

最初，亚当和海伦都没有在纸浆杂志之外引起注意。即使在纸浆杂志中，在亚当广受欢迎的同时，海伦却默默无闻——不过至少有一个粉丝很欣赏这个故事，那就是年轻的犹太裔美国科学家艾萨克·阿西莫夫。然而，在第二次世界大战之后，它们的语言、意象和主题在美国文化中传播开来，因为人们想知道这些更强大的"会思考的机器"的发展对人类的身份认同意味着什么。在战后几十年的消费文化中，像亚当·林克和海伦·奥洛伊这样友好、近乎人类的机器人出现在小说、电影、电视节目，甚至物质文化中。那时人们所面对的文化称颂机器人是维护美国安全和确保富足的关键组成部分，所以在那个世界

---

[1] 麦克杜格尔在这一时期的其他作品还有"对民主而言，美国是安全的吗？"（*Is America Safe for Democracy*）系列讲座。他在讲座中解释了为何非白人种族"先天智力能力"较低，并担心女权主义"正让好女人远离婚姻和母职"。William McDougall, *Is America Safe for Democracy?* (New York: Scribner's, 1921), 51-60, 150.

里，德尔雷和宾德提出的关于男人、女人和机器之间差异的问题就变得更加重要了。但是，大众群体在爱上机器人之前，他们还需要直面自己对机器时代的焦虑。他们在那场对抗被富兰克林·罗斯福称为"奴隶国家的机器人"的人的战争中找到了这个机会。[1]

[1] Franklin D. Roosevelt, "Broadcast to International Student Assembly," September 3, 1942, in *The War Messages of Franklin D. Roosevelt, December 8, 1941, to April 13,1945* (University of Michigan Library, 1945), 45.

第七章 对抗机器时代的战争

1942 年 12 月，也就是美国加入第二次世界大战的一年之后，戏剧制作人戴维·西尔贝曼（David Silberman）和 L. 丹尼尔·布兰克（L. Daniel Blank）再次将 *R.U.R.* 搬上了舞台。这是个奇怪的选择，但至少从表面上来看，这出戏剧符合美国国家主义更广泛的模式。在 20 世纪 30 年代末和 40 年代初的作家们看来，生活在法西斯国家的男人、女人和小孩与恰佩克的机器人别无二致。在美国中产阶级作家们看来，即使是流水线上的工人，也比纳粹德国或法西斯意大利的那些被管控起来的机器人拥有更多的自由意志。一位评论家说道："很明显，现在的世界正处于人类和机器人的最终决战之中，所以西尔贝曼和布兰克先生想要复活卡雷尔·恰佩克已经过时的戏剧 *R.U.R.*。"戏剧节目单还引用了罗斯福总统的话，以强调这出戏与战争的联系："塑造新世界的将是同盟国里年轻自由的男女，而不是奴隶国家里那些上了发条的'机器人'。"从主题上看，*R.U.R.* 表现的是战争的终极利害关系：人类的生存。按照制作人的逻辑，它应该能获得成功。不幸的是，事实却并非如此。[1]

在美国与"奴隶国家的机器人"战斗时选择上演 *R.U.R.* 是有问题的：在这出戏里，机器人赢了。西尔贝曼和布兰克投资了 3.5 万美元，但得到的只是一篇篇提出非难的评论和空空如也的观众席。他们

---

[1] Lewis Nichols, "The Play," *New York Times,* December 4, 1942, 30.

最终只进行了四次演出。[1] 也许观众们都和那位《纽约时报》的评论员一样，认为该剧对话"生硬"，剧本"过时"；又或者，他们认为机器人毁灭人类的故事是一种令人不安且过于现实的可能。如果该剧没有经过大幅改动，那么它就无法与大萧条甚至战争对**机器人**一词含义的改变相适应。在 30 年代，刘易斯·芒福德等学者进一步批判了 *R.U.R.*，认为世俗生活中对机器的崇拜可能导致法西斯主义，而在机器时代，这种崇拜在所有的国家都很常见。这些批评家猜测道，在一个标准化、组织森严、没有灵魂的社会里，人们只能在野蛮暴力中找到精神上的目的，并且通过响应卡里斯玛型（charismatic）独裁者的号令，获得一种活着的感觉。[2] 但美国参战后，这种批评就与纳粹德国及其意识形态联系在一起了，这是 *R.U.R.* 的情节无法呈现的。战前，批评人士认为机器人是机器时代的产物；战后，他们认定机器人是独裁专制的产物。利用 30 年代纸浆科幻小说和电影中对机器人的描述来，战时的评论家们把机器人变成一个没有头脑、可以被远程操控的极权主义形象，成为拥有自由思想、携枪自保的美国人的对手。

美国人认为他们的敌人是机器人，因为他们把世界大战理解为一场与机器时代本身所带来的恐惧的冲突。诚然，许多美国人仍在赞美技术；罗斯福将美国视为"民主国家的兵工厂"，这暗含了一种对机器的依赖。[3] 不过，战争的开始没有让过去几十年一直萦绕在美国人

---

[1] "R.U.R. Is Closed after Brief Stay," *New York Times,* December 7, 1942, 23.

[2] 关于美国卡里斯玛型领袖的历史及其与大众传媒的关系，参见 Jeremy C. Young, *The Age of Charisma: Leaders, Followers, and Emotions in American Society, 1870-1940* (New York: Cambridge University Press, 2017), 220-272.（卡里斯玛型是韦伯所划分的权威类型之一。卡里斯玛型也称个人魅力型，指的是依靠个人的非凡魅力而获得权威。——译者）

[3] Franklin D. Roosevelt, *The Public Papers and Addresses of Franklin D. Roosevelt* (New York: Random House and Harper and Brothers, 1938-1950), 633-644.

心头的焦虑烟消云散。在二战开始前的二十年里，批评者们发现他们所指出的纳粹国家所存在的问题在他们自己的社会中也存在，只不过程度较轻。在强调灵性生活的人看来，美国是世俗的，而且是物质主义的。而对保守派，甚至一些自由派而言，罗斯福试图集中权力的做法无异于希特勒和墨索里尼式的威胁。[1] 许多人对日常生活的标准化和个体性的缺失表示不满。另一些人则担心，大众传播媒介只赋予了少数人以权力，而让其他人变成了被牢牢把控住的人群。[2] 虽然有西屋公司的宣传以及宾德和德尔雷的故事，但在大萧条时期，机器的主要形象仍然是一股决心毁灭人类的失控力量。到了 30 年代末，这些忧虑在法西斯国家体现得淋漓尽致。法西斯主义将现代生活中最糟糕的一面都结合在了一起，包括世俗化、标准化、管控化和军事化。它看起来与其说是对机器时代的背离，不如说是这个时代的逻辑中所蕴含的野蛮达到了巅峰。当闪电战席卷欧洲时，许多美国人把这场战争想象成一场传统与现代价值观、人与机器之间的较量。

被管控的机器人

美国人在大萧条时期讨论了法西斯主义的起源与本质，而同时科幻系列电影的编剧们则在想象独裁者征服了世界，使用包括遥控机器人之类的毁灭性技术来奴役人类。这些电影往往是低成本制作，在二

[1] Alan Brinkley, *The End of Reform: New Deal Liberalism in Recession and War* (New York: Vintage Books, 1995), 22.

[2] 有关这些忧虑，参见 Benjamin Alpers, *Dictators, Democracy, and American Public Culture: Envisioning the Totalitarian Enemy, 1920s-1950s* (Chapel Hill: University of North Carolina Press, 2003), 94-128。

轮影院[1]的周六午后场放映，一般一周一集，一集15—20分钟，在片尾设置悬念从而将整个故事串联起来。虽然这些电影主要是给孩子们看的，但它们偶尔也会吸引到更多的观众，在普通影院放映。这些电影的编导大都来自同一群体，情节、主题、人物原型也大都雷同。在这些系列电影中出现的独裁者总是手握一支机械人大军，而这些机械人一般有着坚不可摧的金属身体，其思想可以被远程控制，拥有从激光枪到原子弹等各类武器。这样的机器人既象征着技术在独裁者控制之下所展现出的危险一面，也象征着大众传媒中的非人化力量，它们成为美国民主和男子气概的终极对手。

第一部描绘独裁者手下的机器人的系列作品是1935年为吉恩·奥特里（Gene Autry）量身定制的《幽灵帝国》（*The Phantom Empire*）。[2]该系列电影改编自吉姆·万尼（Jim Vanny）1931年的小说《镭元素的掌控者》（"The Radium Master"）。片中奥特里自己饰演自己，是一个爱唱歌的牛仔形象，与一群威胁其"农场无线电广播站"的蒙面神秘骑士发生了冲突。奥特里发现，这群骑士是一个名为穆拉尼亚（Murania）的地下帝国的军队。这个帝国从冰河时代就隐藏了起来，由一位独裁女王领导。奥特里潜入帝国，发现了一个先进文明。这个文明由镭元素提供能量，不仅有电视、导弹，还有能起死回生的机器、足以瓦解一切的射线，以及一群机械工人。这些四四方方的造物挥舞着剑、斧子、长柄大锤和喷枪，整个帝国中到处都是他们缓缓推进的身影。他们通过脑袋里的无线电接收女王的指令，然后用眼睛里的传感器将图像传回中控室。很快，帝国士兵就抓住了奥特里，将他

190

---

[1] 二轮影院指播放已下架电影的影院，此类影院通常票价低廉，环境简陋，观影体验较差。——译者

[2] *The Phantom Empire,* directed by Otto Brower et al. (Mascot Pictures, 1935).

带给女王。女王向他解释了帝国为何能达到如此高的科技水平，而且这些话很符合大萧条的背景。"在穆拉尼亚，"她说，"我们用机械工人来完成所有的工作。这样我的臣民就能把他们的时间都花在思考和心智的提高上了。"然后，她将展现出美国极端贫困的动态画面与她的帝国富足的场景并置于一块屏幕上进行比较。就像希特勒在德国取得的成就一样，女王似乎通过集权化控制解决了大萧条带来的问题。[1]

最能展现出女王力量的自然是她的机械人。在奥特里的大农场上，无线电被他用来向年轻的听众们介绍一个热爱唱歌的牛仔粗犷而又情感丰富的生活；然而在穆拉尼亚，这项技术被用来控制机械工人。有一幕是奥特里昏迷不醒地躺在一条流水线上，传送带慢慢将他送向一个挥舞着喷枪的机械工人。[2]奥特里动弹不得，被困在这个使得大批量生产得以可能的装置上，他这个代表着个人主义的形象看来注定要死在这台机器手中，直到他的两个年轻粉丝救了他。影片中的机械人是被严格管控的工人和士兵，它们与手握吉他或左轮手枪的奥特里形成了对比。这些机械人和那些被独裁者的权力所把控的德国和意大利民众一模一样，不过是独裁者的走卒。

在那个时代，有另外三部系列电影让遥控机械人的形象和代表着美国男子气概的形象同时出现在了银幕中，它们分别是：《海底王国》（*Undersea Kingdom*, 1936）、《神秘的撒旦博士》（*Mysterious Doctor Satan*, 1940）和《飞侠哥顿：征服宇宙》（*Flash Gordon Conquers the Universe*,

---

[1] *The Phantom Empire,* chap.5, "Beneath the Earth."

[2] *The Phantom Empire,* chap.11, "A Queen in Chains."

1940）。[1]每系列中至少都有一集会以男主角与机械人的对峙这样的悬念而告终。三部电影中的男主角分别是一名海军上尉、一名西部超级英雄和一名飞行员，而片尾悬念中的机械人则往往是由一个邪恶的独裁者放出来的，而这个独裁者一般不会是白人形象。《海底王国》讲述了海军上尉"粉碎者"雷·科里根（Ray Corrigan）从温加可汗（Unga Khan）的邪恶士兵手中救出亚特兰蒂斯善良的白人居民的故事。这些士兵中有一群手持激光枪、开着坦克的机械人，它们在电影中被称为"伍基特"（volkites），这个词由德语单词"volk"变化而来，原意为"国民"。在这部系列电影的宣传海报上，科里根身上被扒得只剩下一条金属内裤，被捆在一块大石头上，旁边一个伍基特威胁着他健美的躯体。[2]《神秘的撒旦博士》中对峙的双方则是一个被撒旦博士称为"机器人"的机械人和该系列原创的超级英雄"铜斑蛇"。《飞侠哥顿：征服宇宙》中的飞侠哥顿则保护了一个中世纪风格的王国免遭"无情者"明（Ming the Merciless）的技术之毒手的故事。这些技术中包括一种巨型的"行走炸弹"，被片中人物称为"钢铁人"和"机器人"。这些对拥有白人阳刚之气的主角的威胁都失败了。每位主角都在善良科学家的帮助下，用自己强大的身体消灭了独裁者。但在电影中反复较量的，总是金属机器人和肌肉发达的男人，这预示着人们对二战的观感，即把它想象成一场钢铁对抗肉体、自由的个体对抗无思想的机器的角逐。

192

---

[1] 参见 *Undersea Kingdom,* directed by B. Reeves Eason and Joseph Cane (Republic Pictures, 1936); *Mysterious Doctor Satan,* directed by John English and William Witney (Republic Pictures, 1940)。*Flash Gordon Conquers the Universe,* directed by Ford Beebe and Ray Taylor (Universal Pictures, 1940).

[2] 参见该页所绘作品：Roy Kinnard, *Science Fiction Serials: A Critical Filmography of the 31 Hard SF Cliffhangers* (New York: McFarland, 2008), 25。

通常，这些英雄的任务是保护以欧美古代文明为原型的白人文明免遭控制着先进技术的独裁者的戕害。海底王国亚特兰蒂斯的白人居住的建筑具有古希腊民主城邦或罗马共和国的风格。《飞侠哥顿：征服宇宙》里中世纪王国的领导者是巴林王子（Prince Barin），他打扮成了罗宾汉的样子。威胁着这两个王国的独裁者——温加可汗和"无情者"明——的名字和外貌都体现出了对亚洲人的刻板印象，他们就像洛思罗普·斯托达德早年在《有色浪潮》中所警告的那样，试图利用技术破坏自由与民主。[1] 在《飞侠哥顿：征服宇宙》中，明甚至还试图绑架巴林王子的妹妹，一个白人公主，并要强娶她。不过，从《海底王国》对"volk"这个词的化用也能看出，这些独裁者的原型不仅出自日本，也来自德国。电影中的这些暴君是美国人在二战中两个主要敌人的结合，他们使用死亡射线、有毒气体和杀人机器人攻击士兵和平民，远远违背战争的常规准则。与那些帮助"飞侠"和"粉碎者"的高尚科学家不同，这些独裁者不认为在使用技术获取力量方面有什么道德限制。在整个 19 世纪和 20 世纪早期，欧美人用更先进的科学技术为他们对他们眼中更原始的人群的控制正名；但在这些系列电影中，他们颠倒了原有模式：现在，他们要保护原始的白人不受技术更先进的种族的伤害。[2]

从斯坦利·林克（Stanley Link）一本颇受欢迎的儿童读物中可以看出，这种颠倒的吸引力在于它是对机器时代所有恐惧的逃离。这部 1937 年的故事名叫《小蒂姆与机械人》（*Tiny Tim and the Mechanical*

---

[1] Lothrop Stoddard, *The Rising Tide of Color: The Threat against White World-Supremacy* (New York: Scribner's, 1921).

[2] 使用科学技术为帝国主义辩护的内容，参见 Michael Adas, *Machines as the Measure of Men: Science, Technology, and Ideologies of Western Dominance* (Ithaca, NY: Cornell University Press, 1990)。

Men），主角是漫画角色"小蒂姆"。故事大体上遵循了系列电影的标准情节，不同的是，小蒂姆不是一个具有成年男子气概的形象，而是一个不到六英寸高的小男孩。蒂姆并不来自美国，而是来自埃瑞璜王国。这是一个中世纪风格的王国，其国名直接借用了新西兰作家塞缪尔·巴特勒 1872 年的讽刺小说，该小说中的故事发生在一个驱逐了机器的社会。[1] 蒂姆跌落悬崖后，意外发现了邻近的布加布（Boogaboo）王国。随后他遇到了一群巨型机械士兵，它们的统治者是独裁者佐雷克斯（Zorex）。佐雷克斯除了白皮肤这一个特点之外，其余特点都体现出流行文化对东亚人的刻板印象：蓄着傅满洲（Fu Manchu）[2] 式的胡须，外貌不男不女。[3] 蒂姆偷偷溜进佐雷克斯的城堡，发现了那位独裁者的计划：他要利用许多可怕的机器，比如机械"机器人"、火箭船、潜艇和一大堆机械野兽等，征服埃瑞璜，并逼迫王国的白人公主嫁给他。虽然情节老套，但林克使用巴特勒的"埃瑞璜"（Erewhon，"乌有乡"[nowhere] 反过来拼写），明显是为了让人注意到这个国家在现代技术方面的匮乏。埃瑞璜，就像《海底王国》《飞侠哥顿：征服宇宙》中的王国，以及奥特里《幽灵帝国》中的西部边疆一样，是超然于机器时代之外的一个浪漫化空间，拥有阳刚之气的白人在那儿不

193

---

[1] 参见 Samuel Butler, *Erewhon, or Over the Range* (London: A. C. Field, 1908)。

[2] 傅满洲是英国推理小说作家萨克斯·罗默（Sax Rohmer）创作的傅满洲系列小说中的虚构人物，博学多才但极为奸诈，是西方人对"黄祸"恐惧的代表。——译者

[3] 对流行文化中东亚刻板印象，尤其是"傅满洲"形象的分析，参见 Robert Lee, *Orientals: Asian Americans in Popular Culture* (Philadelphia: Temple University Press, 1999), 88-89。欲了解科学幻想中的刻板印象，请参阅 David S. Roh, Betsy Huang, and Greata A. Niu, eds., *Techno-Orientalism: imagining Asia in Speculative Fiction, History, and Media* (New Brunswick, NJ: Rutgers University Press, 2015)。有关亚裔美国人刻板印象在更大语境下的定位，参见 Mae M. Ngai, *Impossible Subjects: Illegal Aliens and the Making of Modern America* (Princeton, NJ: Princeton University Press, 2004), 112-113。

需依赖于技术而生存。[1]

在这些幻想作品中，无线电传递而来的独裁者的声音常常充当了机器人的主要控制机制。这就发挥了**机器人**作为人化的机器和机器化的人的双重含义。这些机器人采用了与西屋公司的装置类似的遥控技术，它们是服从命令的奴隶，而不是按照自己的意志运行的怪物。不过，当时的人们感兴趣的地方也在于大众传媒所具有的影响大众的力量，这些机器人也成了对人类工人和士兵的比喻。1939年的《巴克·罗杰斯》（*Buck Rogers*）系列非常清晰地沿用了这种双重含义。虽然电影的情节比较老套，仍然是主人公巴克·罗杰斯与非白人暴君的对抗，但这次独裁者通过给人们带上能够破坏思维能力的头盔，将他们变为不能思考的奴隶，从而制造出他的"机器人"。在最后一个扣人心弦的情节中，不愿看到拥有健壮身躯的自己被一个巨大的机械人所威胁，巴克和他的朋友们被迫逃离那些控制着他们思维的头盔。之后，他们抓住了独裁者，让他受到了最高惩罚：变成一个没有思维、没有灵魂的机器人。[2] 通过这些情节上的改动，《巴克·罗杰斯》既体现出一直以来存在的双重含义，也给出了一种新的暗示：这个机器人不是恰佩克笔下被剥夺了人格的工人，甚至也不是机器，而是象征着一个被独裁者的力量变为机器的人。这样的机器人形象不是狂暴放肆的，而是受到了严格管控。

没有灵魂的野蛮机器

在二战前以及在二战期间，当美国人试图理解法西斯主义时，这种被严格管控住的机器人形象在美国文化中传播开来。在1942年纽

---

[1] Stanley Link, *Tiny Tim and the Mechanical Men* ((Racine, WI: Whitman Publishing, 1937).

[2] *Buck Rogers,* directed by Ford Beebe and Saul A. Goodkind (Universal Pictures, 1939).

约的一起离婚案中，法官约翰·E. 麦吉汉（John E. McGeehan）将三岁的玛戈·赖曼（Margot Reimann）的监护权判给了一家孤儿院，而不是她出轨的母亲或德国父亲，因为她的母亲道德有亏，而父亲已被纳粹的"污点"所染。麦吉汉结案时说，这个男人"染上了一种瘟疫，他的灵魂被腐蚀了，思想被扭曲了。这种瘟疫能让他们变成机器人，对于地球上那些拥有足够的精神与人格力量来抵抗纳粹主义的可怕折磨的人而言，这些感染者所带来的只有无尽的痛苦和彻底的毁灭"[1]。在这位法官看来，把人变成机器人的不是现代生活，而是一种外国意识形态。

像麦吉汉这样，将机器人的产生归咎于意识形态的观点，在珍珠港事件后主导了美国文化，但早期批评者所指责的仍然是机器时代。在 30 年代，法西斯主义的反对者在解释法西斯的崛起时，经常把它置于机器时代所带来的更广泛的问题这一语境之下。人向机器人的转变就是问题之一。与这场运动联系最为紧密的三位作家分别是芒福德以及欧洲移民艾里希·弗洛姆（Erich Fromm）和彼得·德鲁克（Peter Drucker）。他们的政治背景迥然不同：弗洛姆是民主社会主义者，芒福德是自由主义者，而德鲁克则是一位保守主义的奥地利人。尽管他们的解释和解决方案各不相同，但都认为法西斯主义是对现代世界的一种反应，是由于社会经济体系未能在心理和精神上满足人们追寻存在意义这一需求而导致的一种疾病的症状。在他们每个人看来，反法西斯战争就是反对机器时代中非人化倾向的战争。

在芒福德向世界博览会的游客表达对社会驯化机器的乐观看法时，他还在另外两本书——《人们必须行动》（*Men Must Act*, 1939）和《生

---

[1] "Nazi Is Held Unfit to Rear His Child," *New York Times,* December 25, 1942, 12; Reimann v. Reimann, 39 N.Y.S.2d 485, 1942.

活的信念》(*Faith for Living*, 1940) 中预测了如果人们未能成功驯服机器将会发生什么。芒福德在解释法西斯主义时，指责失控的机器强化了人性中内在的野蛮。他主要考察了 18 世纪晚期，那时机器的进步成了"目的的目的和意义的意义"，并叹息现代生活"没有道德内容或理想目标"。芒福德写道："随着工业体系越发合理化，体系中每个成员的行为……自愿和自主的成分变得越来越少了。"芒福德同意斯图尔特·蔡斯在《人与机器》中的观点，并细数了工厂工人一天的生活："闹钟一响，他就起床；汽笛声一响，他就去上班；引擎启动后，他就站起来照看纺锤或穿梭机。"这样的工人是机器的奴隶，他们的"力量、智力和个人判断力都很差"，成为"一台毫无人情味儿的机器的一个小零件。而这台机器又是一台更大机器的一部分"。他继续写道，这样的工人不过是一个"机器人"，不能"自我帮助、自我管理、自我控制"，给了法西斯主义滋生的土壤。芒福德最后总结道，在这样一个世界里，大多数人将变得毫无责任感而且愚蠢无知；他们将失去"男子气概"，心甘情愿地追随一位承诺用仇恨和暴力让他们重拾男子气概的领袖。[1]

德裔犹太人、美国心理学家艾里希·弗洛姆在 1941 年的研究《逃避自由》(*Escape from Freedom*) 中同样认为极权主义起源自人的机器化。弗洛姆明确指出法西斯主义机器人的产生正是因为新教改革和工业资本主义的兴起。他认为，这些力量造就了两种形式的自由：一种是积极形式，可以让人们"更加独立、自力更生，而且具有更强的批判意识"；另一种是消极形式，让人们生活在"孤独与恐惧"中。当今时代的人们受到机器的奴役，这就更加强调了这种差异。弗洛姆写道：

---

[1] Lewis Mumford, *Faith for Living* (New York: Harcourt, Brace, 1940), 33-34, 36.

"这个世界是人类创造的，但是他已经和他亲手创造出来的东西疏远了，他不再是他所建立的世界的主人了；相反，这个由人创造的世界成了他的主人，人跪倒在世界面前。"弗洛姆的观点和那几代社会批评家的观点类似，他声称，"人们今天遭受的痛苦，与其说是贫穷"，不如说是"他已然成为一台大机器上的一个齿轮，一台自动机，这让他的生命变得空虚，丧失了意义"。在现代世界，"个体的人不再是他自己；他完全接纳了文化所给予他的那种个性；因此他将变得和所有其他人一模一样，变成他们希望他成为的样子"。这样的人"放弃了他独立的自我，变成了一台自动机，和他身边几百万台其他自动机好似一个模子里刻出来的"。一旦成了自动机，这些人"就无须感到孤独、焦虑了"，因为像其他人一样思考、感受，一种归属感、使命感和力量感就会油然而生，而这些感觉是他独自一人充当小小的齿轮时所无法具有的。[1]

尽管保守派作家彼得·德鲁克没有他们两人那么激进，但他也在很大程度上同意芒福德和弗洛姆的诊断。德鲁克 1909 年出生于奥地利，由一位熟识西格蒙德·弗洛伊德、弗里德里希·哈耶克（Friedrich Hayek）、卡尔·荣格（Carl Jung）和约瑟夫·熊彼特（Joseph Schumpeter）的高级官员抚养长大。在 20 年代，德鲁克前往德国研究国际法。获得博士学位后，他眼睁睁看到纳粹烧毁了他有关 19 世纪犹太哲学家弗里德里希·尤利乌斯·斯塔尔（Friedrich Julius Stahl）的论文，于是他流亡伦敦。他在伦敦教经济学，常常和约翰·梅纳

196

---

[1] Erich Fromm, *Escape from Freedom* (1941; New York: Henry Holt, 1994), 102-104, 117, 274, 184. 有关此书的更多研究，参见 Wilfred M. McClay, *The Masterless, Self and Society in Modern America* (Chapel Hill: University of North Carolina Press, 1994), 197-210; 以及 Lawrence Friedman and Anke Schreiber, *The Lives of Erich Fromm: Love's Prophet* (New York: Columbia University Press, 2013), 96-117。

德·凯恩斯（John Maynard Keynes）等人一同参加研讨会。1937 年，
他以记者身份移居美国。从那之后，德鲁克发表了两部关于法西
斯主义在欧洲兴起的著作：1939 年的《经济人的终结》（*The End of
Economic Man*）和 1942 年的《工业人的未来》（*The Future of Industrial
Man*）。在这两本书中，德鲁克都表达了对现代世界使得人们的灵魂
机器化的担忧。他同样支持芒福德和弗洛姆的观点。他写道："人在
一个巨大的机器之中相互隔绝，他既不能理解这个机器的目的和意
义，也无法将其转化为他的经验。"[1] 他接着说：大批量生产把工人
从一个人变成了"一架毫无人性的高效机器上一个可以随意更换的齿
轮"。[2] 在这样的体系下，工人的唯一重要性在于他生产产品的效率，
而自我则变成了"原子式的劳动力，他们是可以自由互换的标准化部
件，没有地位、功能和个性。"[3] 与芒福德和弗洛姆一样，德鲁克相
信法西斯主义为这些人赋予了社会意义；这让他们觉得自己是真实的
人，而不是机器。

弗洛姆和芒福德指责的是新教和工业化的融合，而德鲁克则把这
种孤独与无目的的感觉根植于"经济人"这一概念中。在德鲁克看来，
"经济人"浮现自启蒙运动的自由主义和理性主义中，强调"经济满
足本身就具有重要性，和社会生活有着重大关系。人类工作的目的，
就是为了经济地位、经济特权和经济权利。为了这些，他可以发动战
争，甚至从容赴死"。[4] 他认为，这种人类概念鼓励人们完全在经济

197

[1] Peter F. Drucker, *The End of Economic Man: A Study of the New Totalitarianism* (New York: John Day, 1939), 55.

[2] Peter F. Drucker, *The Future of Industrial Man: A Conservative Approach* (New York: New American Library, 1942), 85.

[3] Drucker, *Future of Industrial Man,* 84.

[4] Drucker, *End of Economic Man,* 45, 46.

的语境下寻找自由、正义和存在意义，而这是他们永远也不可能找到的。大萧条和第一次世界大战表明，资本主义和社会主义都未能满足人们对正义、自由和意义的渴望。为了填补这一空白，纳粹提出了一种新的有关人的概念———一种英雄式人物，能为了国家的利益牺牲自我，以实现自由和平等。人们在精神上已经别无选择，只能接受纳粹的野蛮，在这个没有意义感的世界里寻找终极意义。

　　这种将机器与灵魂的毁灭和法西斯主义的崛起联系起来的做法，在查理·卓别林（Charlie Chaplin）1940 年的电影《大独裁者》（*the Great Dictator*）中也有所体现。影片以两个主要人物为主线，一个是受迫害的犹太理发师，另一个是无能的独裁者，两角色都由卓别林扮演。影片结尾，理发师被误当成独裁者，他不得不走上讲台，面对一支刚刚成功入侵邻国的大军发表讲话。卓别林面对镜头，他既是在向军人们演讲，也是向观众们呼吁。他喊道："士兵们！不要替那些畜生卖命，他们鄙视你们、奴役你们，控制你们的生活，告诉你们该做什么、该想什么、该感觉什么！他们把你们像牲口一样训练、饲喂，把你们当炮灰。不要把自己交给这些人。他们不是正常的人，而是像机器一样思考，像机器一样毫无感情的机械人！你们不是机器，你们不是牲口，你们是人！你们每个人心中都有人性之爱！"他同样反对机器所导致的技术性失业和精神世界的意义的衰落，他说："让我们富足的机器也让我们匮乏。……除了机器，我们更需要人性。除了智慧，我们更需要仁慈和礼貌。没有这些品格，生活将充满暴力，一切将不复存在。"[1] 卓别林认为，法西斯主义把人变成了残忍的机器，剥夺了他们的个体性和人性；法西斯主义源自人类价值观在机

---

[1] *The Great Dictator,* directed by Charles Chaplin (Charles Chaplin Productions, 1941).

器时代的倒退。

一些批评人士认为，机器人是机器时代的非人化倾向；但同时另一些人则认为，法西斯主义之下个体的人是一种主张国家高于个人的意识形态的受害者。内政部长哈罗德·伊克斯（Harold Ickes）就是这样理解的。根据他在 1938 年的说法，在法西斯主义之下，"人们都成了政治和经济生活的机器人。他们被教导得只相信独裁政权希望他们相信的东西。他们只被允许做独裁政权希望他们做的事。在命令之下，他们不得不在现代战争中把所有极其残忍的野蛮行径都施加于无罪的人们身上。他们的饮食，他们的生活方式，他们的宗教，甚至他们的孩子数量都必须严格遵从独裁政府的规定。"[1] 在此伊克斯注意到的结果与机器时代的批评者们所注意到的是一样的，但他对机器人与国家之间关系的看法与后者不同。在他看来，**先有**了极权国家的发展，然后才是机器人的诞生。这一差异体现了那时机器人概念的核心转变：以前，人们用这个词来描述机器的受害者；现在，他们用这个词来形容国家的受害者。

这两种关于机器人的概念是可以部分重叠的。1942 年 1 月，曾任共和党总统候选人的温德尔·威尔基（Wendell Willkie）用这种新理解批评了对生产效率的追求。他认为二战是一场对抗"自工业革命以来人类事务中出现的最具挑战性的经济观念"的长期斗争。这种观念即相信由中央政府控制的产业经济可以比自由经济表现得更有效率。极权主义的主要吸引力在于，它承诺了更高的效率。但是这让自我付出的代价太高了，因为它把个体的人变成了"国家机器上的一个齿轮"，一群没有自由精神的"身遭管控的机器人"。威尔基声称："在自由思

[1] Harold Ickes, "Text of Ickes Broadcast Urging United Front against Communism, Fascism," *Washington Post,* February 23, 1938, X4.

想看来，还有比效率更重要的事情。"[1]

　　机器人的起源从机器到国家的转变呼应了认为德国人是自动机的刻板印象。1903 年，海军上将乔治·杜威（George Dewey）将"独立思考"的美国士兵与"德国水手和士兵"进行了对比，认为后者"在很大程度上是自动机，没了军官就不知道该做什么了"。一战让更多的人认为德国人是自动机。1916 年，英国少将阿尔弗雷德·特纳爵士（Sir Alfred Turner）在美国的《生活时代》（*Living Age*）杂志上称德国士兵为"条顿自动机"（Teuton automatons），并认为"独立精神……已经从他们身上被训练得消失殆尽"。1918 年，俄亥俄州立大学教授乔治·弗雷德里克·阿普斯（George Frederick Arps）写了一篇有关德国效率的文章，这成为随后用以声讨纳粹的理由的先兆。"备受吹捧的德国效率的主要特点，也是其多少有些令人担忧的特点，在于它对人类行为的彻底机器化。"阿普斯写道，"在统治阶级手中，这一过程已经彻底到几乎让相对难以预测的自发性因素从官方生活中消失得无影无踪了。但自发性因素正是这种生活方式的主要魅力之一。"所以结果就是，人变成了自动机、"放弃了自我"，"野蛮屠杀无辜的手无寸铁的妇女和儿童"。[2]

199

　　宣传机构往往将日本人描述为无法控制的野兽，而美国撰稿人常常把纳粹称为被管控的机器人。1936 年，《亚特兰大世界日报》（*Atlanta Daily World*）认为："在纳粹政权下……个体的人要么被视为纳粹机器中的机器人，要么被视为国家的奴隶。"在 1940 年一篇批评"德

[1] Wendell Willkie, "Text of Willkie Address to the Conference of Mayors," *New York Times,* January 14, 1942, 14.

[2] 杜威引自 "Uncle Sam's Navy," *Los Angeles Times,* April 7, 1903, 6; Alfred E. Turner, "The Kaiser as Strategist," *Living Age,* April 29, 1916, 314; George Frederick Arps, "Letter Kultur and Slavery," *New York Times,* March 2, 1918,14。

国民族精神在道德上的败坏"的文章中，保守派专栏作家韦斯特布鲁克·佩格勒（Westbrook Pegler）称德国人是"希特勒的机器人"。弗雷德里克·帕尔默（Frederick Palmer）上校同样写道："希特勒的大军让德国士兵长时间忍受以机器人般精确的日复一日地操练……并按照计划练出了征服与进攻的精神。在完成目标的过程中，机器人的牺牲不足挂齿。"撰稿人还把德国文化中的其他人称为机器人。《华盛顿邮报》（*Washington Post*）的一位记者写道："德国工人跟士兵一样，跟着纳粹的节奏踢正步，而且他们丝毫不敢抱怨，因为他们害怕集中营里的残酷惩罚。他们已经成为纳粹机器中的机器人，在决定政治或经济政策时几乎没有发言权。"就连奥运会运动员也未能摆脱这种形容。虽然也有极少数作者将意大利人甚至日本人称为机器人，但这个词在大多数作家的笔下所指的都是"被极权主义德国强行拖入战争的金发机器人"。[1]

在美国加入战争后，宣传影片中也出现了有着机器人本性的德国士兵。1943 年，迪士尼动画短片《死亡教育：纳粹的诞生》（*Education for Death: The Making of a Nazi*）讲述了一个小男孩汉斯从一个会思考、有感情的人转变为一个拥有生物组织的自动机的过程。[2] 这部电影是

---

[1] John Dower, *War without Mercy: Race and Power in the Pacific War* (New York: Pantheon Books, 1986). 在第 30 页，该书作者注意到一个美国士兵将日本人称作机器人，但在其他大多数例子中，日本人都被形容为野兽； "Nazism and What It Stands For," *Atlanta Daily World,* April 18, 1936, 2; Westbrook Pegler, "Fair Enough," *Washington Post,* December 13, 1940, 13; Colonel Frederick Palmer, "US Urged to Build Army of 2,000,000," *New York Times,* June 16, 1940, 14; "Sweating German Labor," *Washington Post,* July 10, 1938, B8; Richard Wingate, "Letter to the Editor: Olympic Games Comment," *New York Times,* July 25, 1936, 10; James B. Reston, "Britain Goes Totalitarian-for the Duration," *New York Times,* June 2, 1940, 101。

[2] 参见 *Education for Death: The Making of a Nazi,* directed by Clyde Geronimi (Walt Disney Studios, 1943)。

对法西斯教育的讽刺，片中汉斯的转变过程发生在教室里。在听到一则讲述强壮的大灰狼吃掉小兔子的寓言故事之后，他因为这个可怜的小兔子而感到悲伤。他的同情心遭到了同学和老师的嘲笑，老师让他站在角落里，反思力量的优点，学会漠视弱势生物的危难。在镜头的最后，来自教室里师生的压力终于把男孩变成了一个主张杀死所有兔子的士兵。镜头切换成了士兵行军的场景，画外音描述了他在法西斯主义下的成年生活："他身上没有种下欢乐、希望、宽容或仁慈的种子。对他来说，只有欢呼前进，并在经年累月中不断欢呼前进。成年后，他仍然在欢呼前进，那些阴森的日子里的严格控制已经起作用了。他变成了一个好纳粹。他只能看到纳粹党想让他看到的，只会说纳粹党想让他说的，只会做纳粹党想让他做的。……现在他的教育就完成了，这就是他的死亡教育。"影片暗示，德国教育借由摧毁同理心，摧毁了灵魂，把士兵变成了不会思考的机器。

200

迪士尼1942年的唐老鸭短片《元首的面孔》（*Der Fuehrer's Face*）结合了卓别林的《摩登时代》（*Modern Times*）中的核心比喻和《大独裁者》中的讽刺艺术，由此将工业体系与管控化生活联系起来。不过，它所强调的是美国的民族精神，而不是卓别林口中的普遍人性。在影片中，唐老鸭梦见自己是纳粹德国的一名工人。一支铜管乐队走过来后把他吵醒了，队员里有墨索里尼和裕仁天皇。醒来之后他去流水线上工作。就像卓别林一样，他必须拧好产品的零件——在这里，他要拧的是迫击炮弹上的零件。但在迪士尼的流水线上，唐老鸭成了元首的奴隶。他不仅要应付越来越快的流水线，而且还要在工作时不断高喊"希特勒万岁"。甚至从流水线上下来喘口气的时间里，唐老鸭也在一幅生动的风景画前面机械地扭动他的胳膊和腿，组成一个纳粹十字的形状。他根本没休息几秒，就又要回到工作上，处理更大的麻烦。在流水线上又工作了几分钟，喊了几次"希特勒万岁"之后，他终于崩溃了，脑海里炮弹和机器变成了人的形状，活了过来开始攻击他。《元首的面孔》中的工厂是对作为个体的人的威胁；但是，这部短片把对现代生产的批评专门留给了一个由希特勒控制的工厂。为了强调片中所要表达的民族主义，唐老鸭最后在郊区的家中惊醒，看到了一尊披着美国国旗的微型自由女神像。他迫不及待地亲了上去，感念他生活在一个显然不存在机器般管控的国家里。[1]

201 　　机器人这一概念的每个不同的起源意味着需要不同的解决方案。如果将机器人的起源定位于机器时代，那么除了个人的改变之外，还需要社会、文化和经济结构的全面变革。卓别林所呼吁的善良、温和与爱是一种个人层面的解决方案，而其他人视野中的变革则远远不止于此。在芒福德看来，社会需要重新关注"艺术、宗教、友谊、为人父母的价值"，这些价值已经随着现代社会对机器价值的接受而消失了。[2]他认为，只有这些价值才能使精神和信仰得以存续，从而牢牢控制住人性天生具有的野蛮。在弗洛姆看来，人们需要一种真正的积极形式的自由，珍视他们的个性和与他人的联系。他声称，为了实现这一目标，人类必须让"经济机器服从于人类幸福这一目的"[3]。为了不变成自动机，他们必须积极参与自己的生活。德鲁克同样认为，生产过程需要添加更多人性化的内容，因为打败法西斯主义需要"一个自由和平等的社会，而且这种社会应当是一种新的非经济的概念"。[4]现代文化必须让"生产过程具有社会意义"，不再用机器的特

[1] *Der Fuehrer's Face,* directed by Jack Kinney (Walt Disney Studios, 1942).

[2] Mumford, *Faith for Living,* 19-20.

[3] Fromm, *Escape from Freedom,* 274.

[4] Drucker, *End of Economic Man,* 242.

征来规定人，比如生产效率。[1] 在以上每位批评家看来，法西斯主义的兴起要求对整个机器时代进行改革，以给予人们存在的意义与目的。

　　如果使用机器人的新概念，那就需要对法西斯主义者和他们的国家采取行动。一种解决办法是宣传情感之爱。这种感情也是一种使机器人格化的动力，一直以来是美国文化的一部分。[2] 机器时代的反对者们对此没有异议，但他们和卓别林一样，更关注一种普遍的爱。然而，那些强调机械人的国家起源和意识形态起源的批评家则看重异性恋关系中的爱情，将其视为对机器人文化的回应。正如《死亡教育：纳粹的诞生》的情节所表现出的那样，即使是母亲对孩子的爱或孩子对母亲的爱仍是不够的。唯一能拯救德国机器人的是女人的爱。例如，在一则宣传 R.C. 哈钦森（R. C. Hutchinson）的《火与木》（*The Fire and the Wood*）的广告中，有一个被称为"机器人"的年轻纳粹男性；而此书本身描写了他后来因为对女性的爱而转变成了一个"温柔的情人和不屈不挠的斗士"。[3] 同样，在 1943 年的电影《希特勒的孩子》（*Hitler's Children*）中，一名纳粹分子因为爱上了一个美国女孩而抵抗机器般的严格管控。[4] 显然，如果男人能找到好女人，他们的"机器人症"就会被治愈了。

　　然而，解决机器人问题最明显的办法莫过于毁灭、隔离或解放机器人了。这些不会思考的机器人只不过是由远方声音控制的物品而已，人们无法让它们明白自己的意识形态是错误的。因此，有必要防

---

[1] Drucker, *Future of Industrial Man,* 195.

[2] 例如，参见 *The Wizard of Oz,* directed by Victor Fleming (Warner Brothers, 1939)。

[3] "Display Ad 100," *Chicago Daily Tribune,* November 10, 1940, 4; R. C. Hutchinson, *The Fire and the Wood: A Love Story* (New York: Farrar & Rinehart, 1940). 该书的实际文本中并未用到这种机器人比喻。

[4] 参见 *Hitler's Children,* directed by Edward Dymtrek (RKO Radio Pictures, 1943)。

止它们进一步感染剩余的人类。既然这些机器人只在那些奴隶国家存在，那么它们或它们的主人就必须被消灭。而且，如果一个机器人碰巧出现在自由国家，那么就必须将它与其他人隔离开，比如麦吉汉法官就把一个孩子送到孤儿院，而不是让她和纳粹父亲一起生活。

同盟国在宣布他们的战争目标时结合了两种有关机器人起源的观点。《大西洋宪章》（*Atlantic Charter*）使用了一套抽象的"人权"概念作为战争的基础，并要求各国必须将国民看成个体的人，而不是机器。在美国文化中，这些人权中最重要的是罗斯福提出的"人类四大基本自由"：言论自由、宗教自由、免于匮乏的自由和免于恐惧的自由。[1] 前两种自由暗示了法西斯国家通过剥夺个人的独立思想和独立精神而创造出机器人。而后两种自由则出自机器时代带给人们的更普遍的恐惧，一是它未能解决生产过剩带来的问题，二是未能解决带来暴政蔓延的大规模战争的军备问题。不过，在战争期间喊出这样的政治口号则暗示着这些自由是美国人享有的，而其他人却不享有。在《元首的面孔》中，唐老鸭在美国时有言论自由、信仰自由、充足的商品以及免于明显的恐惧的自由；但当他梦见自己在德国时，这四种自由都没有了。将第二次世界大战定义为一场对抗机器人的战争，这样的概念给予同盟国对人权的强调以一种民族性，而不是普遍的维度。

二战期间，罗斯福政府及其宣传机关将这场战争定义为与纳粹领导层和意识形态的冲突，而不是与普通德国人的冲突。因此，美国的宣传机关通常会回避传统的对德国人的非人化描述，例如将他们形容

---

[1] 更多关于战争期间的"人权"修辞的重要性，参见 Elizabeth Borgwardt, *A New Deal for the World: America's Vision for Human Rights* (Cambridge, MA: Belknap Press, 2005)。

为"德国鬼子"（Huns）。[1] 但是，美国的政策制定者、知识分子和宣
传部门仍然称德国人为"机器人"，这是一种非人化的描述。尽管将
德国工人和士兵称为"机器人"这样的说法让他们成了意识形态或国
家的受害者，从而否认了他们的能动性和对自身行为所负的责任，但
这仍然将他们贬低为一群不会思考、没有灵魂的人，他们就像电影中
的机器人一样，无条件服从命令。宣传机关将美国人和他们的盟友所
面对的两股敌人分别描述为野兽和机器人，他们自己则对抗着来自兽
性和来自现代性两方面的野蛮，这样他们就成了人性的象征。[2]

　　在纳粹德国的机器人中，美国人也看到了一种原始的、前现代
的、未开化的东西：残暴、杀戮、折磨和奴役的冲动。这种机器人融
合了两种非人化形式，因此德国人既是超人也是非人，一半是动物另
一半是机器。正如一篇文章所述，在波兰士兵的想象中，"入侵的不
是……许多拿着步枪的德国士兵，而是……由超人或非人的战斗机器
人所组成的方阵，好似由钢铁和火焰铸成的一般"。[3] 几乎所有对德国
"机器人"的描述都强调了他们的野蛮和原始，偶尔也会强调他们与
野兽的相似之处。在《生活的信念》中，芒福德声称"法西斯主义是
故意要回归到原始：它是对文明本身的一场有组织的反抗……努力想
抵消掉同样反常的对无人情的、无人性的，总而言之机械的事物的过
分强调"[4]。德国机器人之所以野蛮，是因为它们不能自我控制。《华
盛顿邮报》的一位撰稿人说道："在机器人和力量相当的人战斗时，

203

[1]　Alpers, *Dictators, Democracy,* 193.

[2]　Dower, *War without Mercy,* 77-93.

[3]　"Topics of the Times," *New York Times,* January 31, 1941, 18.

[4]　Mumford, *Faith for Living,* 23.

机器人很可能会获胜，因为它没有什么可顾忌的。"[1]机器人杀人不仅效率很高，而且毫无底线，这是在人身上不可能存在的事情。在第二次世界大战期间，许多人都认为他们自己和盟友所要对抗的既是来自野兽的过去的野蛮，也是来自机器的未来的野蛮。

在二战晚期，英美报纸发现了能够将机器时代的野蛮体现得淋漓尽致的东西：V1"嗡嗡弹"（buzz bombs）和 V2 火箭。媒体通常将它们称为"机器人炸弹""机器人轰炸机""机器人"或"自动飞弹"。[2]媒体在 30 年代初开始使用**机器人**这个词指代远程控制的武器，当时英国、美国、德国正在试图研发无人驾驶飞机。那会儿还没有人公开质疑它们的道德性。但是，德国人后来用这些远程控制武器在不费一兵一卒的情况下执行轰炸任务，于是大家看到了以诸如"机器人炸弹杀死托儿所的婴儿""2752 名婴儿被纳粹飞弹炸死，8000 名婴儿受伤""护士将孩子们转移到安全地带时遭到机器人炸弹袭击"等为标题的新闻头条。[3]机器人轰炸机使得德国能够攻击平民，特别是无辜的儿童，而同时自己士兵的生命却不用受到威胁，这让战争变得更加野蛮了。

美国科幻作家斯坦顿·A. 科布伦茨（Stanton A. Coblentz）认为机器人炸弹起源于机器时代的非人化。他认为，有了机器人炸弹，入侵者就可以肆无忌惮地发动攻击，而不必担心立刻遭到报复。不再有飞

---

[1] Merryle Stanley Rukeyser, "Hitler Success Is Appraised as First War Year Concludes," *Washington Post,* September 1, 1940, R8.

[2] 他们也曾简单地用**机器人**来指代远程控制的坦克。Milton Bracker, "Allies Blow Up Nazi Robot Tanks," *New York Times,* April 10, 1944, 9.

[3] "Robot Bombs Kill Babies in Nursery," *New York Times,* July 1, 1944, 3; "Nurses Carry Babies to Safety as Robot Bomb Hits Hospital," *Los Angeles Times,* July 6, 1944, 1; E. R. Noderer, "2752 Killed, 8,000 Injured by Nazi Flying Bombs," *Chicago Daily Tribune,* July 7, 1944, 1.

行员需要冒着防空系统的危险投下炸弹。在科布伦茨看来，机器人炸弹标志性地说明了现代性的本质是邪恶的。他认为，机器人"明显体现了我们内心世界的堕落，清晰象征了一个已经不再尊重人类和那些更深层的实在的文明。但要是没有了这些实在，人类在这个星球上的生活就像木蜱一样毫无意义"。这自动飞弹是机器化的巅峰，完全将人类价值观抛却一旁。他写道："在机器人飞机上，我们看到了人类自身的非人化。……我们西方文化一直以来最重要的特征就是对科学的痴迷，在这痴迷中我们逐渐排斥了人文与生命的精神，而且现在已经产生了两个结果：首先是具有死亡气息的机械装置的进步，它们虽然冷冰冰地运转着，但运转时却像人一样；其次是人被贬低了，他像机械装置般运转，丝毫无法意识到自己是一个人。"[1]

不过，欧内斯特·海明威（Ernest Hemingway）的《伦敦与机器人的缠斗》（"London Fights the Robots"，1944）则从人与机器的对抗中强调了美国的国家神话。这篇意识流小说以他在英国皇家空军的见闻为基础，讲述了一个有男子气概的战斗机飞行员与可怕的无人机作战的英雄故事。[2] 为了强调飞行员的个人英雄主义，海明威将飞机比作马，把英格兰上空的战斗看作西部文化中的手枪决斗。[3] "对于一架嘶哑着、愤怒着的飞机来说，'野马'（Mustang）[4] 还真是个强悍的好名字，"他写道，"如果 [拳击手] 哈里·格雷布（Harry Greb）胸

---

[1] Stanton A. Coblentz, "What Does the Robot Say?," *Christian Century,* July 26, 1944, 877.

[2] Ernest Hemingway, "London Fights the Robots," *Collier's,* August 19, 1944, 17-19. 海明威一般不喜欢用**机器人**这个词，所以这很可能出自编辑的选择。

[3] Richard Slotkin, *Gunfighter Nation: The Myth of the Frontier in Twentieth-Century America* (New York: Atheneum, 1992), 316-318.

[4] 野马指北美航空 P-51 "野马"战斗机，美国陆军航空队在二战期间最有名的战斗机之一。——译者

膛里长的是引擎而不是心脏的话，没准他能和这架飞机交上朋友。"[1]
海明威不断使用男性的性别特征赞美战斗机，还不时分析"飞行员粗
犷的声音"，将战场描写成西部边疆或拳击场，在那里男人们可以通
过对机器施加暴力从而彰显自身男子气概。通过将极权主义机器人与
美国边疆精神中的爱国神话对立起来，海明威的这篇文章和系列电影
以及纸浆科幻小说一样，想象着通过与极权主义机器人的战斗来恢复
美国人的男子气概。

极权主义机器人

当西尔贝曼和布兰克在 1942 年试图复活 R.U.R. 时，他们向公众
解释法西斯主义的起源时强调的是这种危害的普遍性。这部剧认为法
西斯主义起源于机器时代，在于这个时代以牺牲人类价值为代价对效
205 率的盲目追求。但是这样一部剧能吸引公众的时代已经过去了。在
整个 30 年代，批评人士一直因这个时代中失控的机器、文化的标准
化与控制化以及工厂中生产了数量惊人的商品的人类机器人而感到担
心。和蔡斯一样，他们也担心自己会成为自己工具的奴隶，担心对机
器的过度依赖会导致白人男性阳刚之气的衰落。在战前，R.U.R. 曾表
达过这样的担忧，并以一些不那么微妙的暗示，将它们与法西斯主义
的传播联系起来。

但其他人已经把这些恐惧联系到一个特定国家身上：纳粹德国。
这些作者并未看到自身社会的缺陷，而是将机器时代的所有问题投射
到他们的敌人身上。战前，人们怀有他们自己的社会可能会引发法西
斯主义运动的想法；但在战争期间，很少有人还能再持这种观点了。

---

[1] Hemingway, "London Fights the Robots," 17.

文化从业者将这场战争想象为强壮健美的男人与机器人敌人那超人或非人力量的对抗，从而将他们对机器时代的恐惧转嫁到了一个野蛮的他者身上。他们所关心的是另一个国家使用机器的可怕用途，而越来越不关心机器在自己社会中的作用，尤其是在机器帮助美国赢得战争之后。

机器人所象征之事物成了极权主义，而不是贬低人格的工作，这一转变与美国文化中的两个更大的转变是同时发生的。首先，它反映出工会和知识分子对流水线劳动的接受度的提高，他们开始认为这种劳动是增加闲暇自由和提高消费水平的代价。[1]随着产业工会联合会（Congress of Industrial Organizations, CIO）的发展及其对经济权利的更多要求，流水线工人作为缺乏能动性或激情的非人化群体的形象越来越站不住脚了。另外，创建 CIO 的工人们接纳了大批量生产方式的基本结构，以换取更高的工资、更安全的工作环境、更大的控制权以及对他们人性的更多承认。[2]最后，在战争期间，稳定的工厂劳动被描绘成一种高尚而充实的工作，不再是令人窒息、剥夺人性的了。在宣传机关口中，战时的工厂工作是民主的堡垒，公民工人们的身体和思想并无遭摧毁之虞。[3]不仅工人运动声势浩大，而且政府也支持

---

[1] Gary Cross, *Time and Money: The Making of Consumer Culture* (New York: Routledge, 1993), 152-153; Benjamin Kline Hunnicutt, *Work without End: Abandoning Shorter Hours for the Right to Work* (Philadelphia: Temple University Press, 1988), 301-316.

[2] 有关 CIO 的更多内容，参见 Lizabeth Cohen, *Making a New Deal: Industrial Workers in Chicago, 1919-1939* (Cambridge: Cambridge University Press, 1990)。

[3] 关于当时好莱坞电影中对工人的浪漫化，参见 John Bodnar, *Blue-Collar Hollywood: Liberalism, Democracy, and Working People in American Film* (Baltimore, MD: Johns Hopkins University Press, 2003), 55-86。当然，二战时期最具代表性的工人，铆工罗茜（Rosie the Riveter），是一名蓝领工人（至少在《周六晚邮报》[*Saturday Evening Post*] 的图片中如此）。在宣传海报中，她在驯服了机器后弯曲着肱二头肌，展现自己的力量。

劳工，认为蓝领工人在美式生活中有着重要地位。在这两个因素的影响下，现代生产方式将工人变为机器人这样的主张就不再占据主导地位了。

　　其次，机器人的含义向极权主义的转变反映出，人们越来越担心对个体的人的主要威胁来自大众文化操纵民众的力量。在 20 世纪 30 年代末到 50 年代期间，来自不同政治与意识形态立场的学者们追问大众——不仅包括被异化的工人——为何及如何支持恶，并且他们越来越多地从民众的特点中找到答案。这是旧式的精英对民众的恐惧的现代版本，忧心卡里斯玛型领袖通过大众传媒控制住了民众。这种恐惧不断回荡在美国政治和智识文化之中，其体现之一就是各种对无线电遥控机器人的描写。一个很能说明问题的事实是，50 年代至少在精英中，最重要的自由主义神学家是莱因霍尔德·尼布尔（Reinhold Niebuhr），他在《道德的人与不道德的社会》（*Moral Man and Immoral Society*, 1932）中研究了群体对个体道德的负面影响。[1] 与此同时，反苏联的左派人士也在追问，整个资本主义经济大厦——包括在德国和美国都工作过的两位哲学家马克斯·霍克海默（Max Horkheimer）和西奥多·阿多诺（Theodor Adorno）所谓的"文化工业"——如何塑造出了崇尚权威的人格，为疯狂领导人的操纵提供了土壤。[2] 在这样一个世界里，罗斯福所谓的"奴隶国家的机器人"战胜了恰佩克笔下

---

[1] Alpers, *Dictators, Democracy,* 267-268. 参见 Reinhold Niebuhr, *Moral Man and Immoral Society: A Study in Ethics and Politics* (New York: C. Scribner's, 1932); 以及 Richard Fox, *Reinhold Niebuhr: A Biography* (New York: Pantheon Books, 1985)。

[2] Theodor Adorno and Max Horkheimer, "The Culture Industry: Enlightenment as Mass Deception," in *Dialectics of Enlightenment*, trans. John Cumming (New York: Herder and Herder, 1972); William Graebner, *Age of Doubt: American Thought and Culture in the 1940s* (Woodbridge, CT: Twayne Publishers, 1991), 110, 138-141.

大批量生产体系中的机器人。

这场战争并没有消除人们对工业劳动可能把人变成机器人的恐惧，但暂时将它们隐藏在民族主义精神的虚饰之下，同时也让它们扩散到了整个工业生活中。芒福德、弗洛姆和德鲁克在欢呼胜利的同时，也仍在与他们眼中居于现代生活之核心的痼疾作斗争。战后，德鲁克力求使用人性化的科学管理模式取代"经济人"这一概念，这是一种融合了分权管理和受日本影响的团队合作组织方式的管理理论。但到了 80 年代，他几乎放弃了改革资本主义的希望，转向了对非营利组织（nonprofit sector）的研究，他认为这才是一种具有真正社会意义的工作形式。[1]芒福德意识到战争催生了两种更加泯灭人性的技术——原子弹和计算机，并建立了庞大的科层化系统，将每个人都变成了机器人。因此他对机器的鄙视与日俱增。[2]他为科技杂志撰写热情洋溢的评论的日子也早已一去不复返了。弗洛姆也认为战争没有解决现代性的核心顽疾；在战后，他采纳了一种强调个体自发性（individual initiative）的解决方案。这种尝试在其最受欢迎的著作《爱的艺术》（*The Art of Loving*, 1956）中达到了巅峰。在这本书中他教给读者们如何通过爱自己与爱他人来逃离工业社会所固有的异化命运。[3]在他们每一个人，以及许多其他战后批评家看来，为人类价值而奋斗仍然是一项未竟的事业。

207

---

[1] Nils Gilman, "The Prophet of Post-Fordism: Peter Drucker and the Legitimation of the Corporation," in *American Capitalism: Social Thought and Political Economy in the Twentieth Century*, ed. Nelson Lichtenstein (Philadelphia: University of Pennsylvania Press, 2006), 109-134.

[2] Donald L. Miller, *Lewis Mumford: A Life* (New York: Grove Great Lives, 2002). 参见 Lewis Mumford, *The Myth of the Machine: The Pentagon of Power* (New York: Harcourt Brace Jovanovich, 1964)。

[3] Erich Fromm, *The Art of Loving* (New York: Harper and Row, 1956).

如果二战真的结束了对抗"奴隶国家的机器人"的战争，或许这些批评会更容易被世人接受。但是新的一场对抗极权主义机器人的战争又开始了——这一次对手是苏联。[1] 由于害怕原子武器和民众可能带来的大规模破坏，战后商界、政府、军方和传媒界的精英们渴望建立一种与普通民众意志无涉的权力体系。冷战精英对民主治理的怀疑态度日益增长，这意味着拥抱技术，并最终拥抱机器人。在国家安全方面，"按钮式"防御系统的需求催生了机器人保卫国家的想象；在经济生活中，工厂老板、经理和工程师在工会日益强大的力量的刺激下，更加重视自动化系统，以便他们不再被工人的激进运动所影响。[2] 为了从极权主义机器人手中拯救自己，同时确保人们再次回到消费主义上，政客、商界领袖和他们的文化支持者欣然将计算机和自动化机器人拥入怀中。

[1] 对苏联自动装置的讨论可参见 Scott Selisker, *Human Programming: Brainwashing, Automatons, and American Unfreedom* (Minneapolis: University of Minnesota Press, 2016)。

[2] 对战后自动化的历史的研究可参见 David F. Noble, *Forces of Production: A Social History of Industrial Automation* (New York: Alfred A. Knopf, 1984)。

玩伴与卫士，1945—2019

在美国加入二战的前一年，《超级科学故事》（*Super Science Stories*）刊登了一则艾萨克·阿西莫夫所写的故事。那年他 19 岁，还在哥伦比亚大学读研究生。这则最初标题为《奇怪的玩伴》（"Strange Playfellow"）的故事没有将机器人设定为奴隶或主人，而是将其重新想象成朋友的角色。故事的背景设定在四十年后，开场描写了小女孩格洛丽亚·韦斯顿（Gloria Weston）和机器人罗比（Robbie）玩耍的场景。但是，格洛丽亚的母亲不放心将自己的孩子交给一台没有灵魂的机器，于是她让丈夫将罗比送回了工厂。然后父母告诉格洛丽亚，罗比逃跑了。听到这个消息，格洛丽亚变得终日郁郁，寡言少语，饭也不吃了；甚至一只小狗或者一次纽约之旅也不能缓解她的沮丧。韦斯顿先生相信，女儿一定要学会将罗比作为机器来看待，于是他带着全家人去参观一家制造机器人的工厂——罗比正是被送回了那家工厂。当这家人遇到罗比时，格洛丽亚兴奋地冲了过去，没承想一辆汽车这时开了过来。罗比救下了她，并让她的妈妈相信自己可以重新加入大家庭。罗比既不是失控的怪物，也不是完全依赖别人的奴隶，他会思考，能为自己着想，也能为小孩着想。虽然罗比可能有些奇怪，但正如阿西莫夫所写的，他确实是一个绝佳的玩伴。[1]

《超级科学故事》当时只是新刊初出，所以《奇怪的玩伴》的读者相比于亚当·林克系列或《海伦·奥洛伊》要少，但这则故事最终的影响力却比后两者大得多。发表在这样的期刊上，雄心勃勃的阿西莫夫可能是失望的。他最初将文章投给了首屈一指的科幻杂志《惊奇科幻》（*Astounding Science Fiction*），同时也投给了《惊奇故事》，后者此前已经刊登了他的处女作。[2]《奇怪的玩伴》甚至都没有出现在当期杂志的封面插图中，因此几乎没有读者会想到，战后人们所想象的机器人主流形象是由这则故事确立的；也没有人会想到阿西莫夫会在增进公众对科技的支持方面发挥举足轻重的作用。但这正是《奇怪的玩伴》及其作者所达到的成就。作为一个顽强而又自信的人，阿西莫夫在十多年的奋笔疾书中建立了自己的文学大厦。此后，精灵出版社（Gnome Press）将《奇怪的玩伴》以《罗比》为标题收录于《我，机器人》一书中，和阿西莫夫的另外八篇故事一同出版。后来，他又发表了数百篇小说、文章，吸引了数千名粉丝。在这些粉丝中，有一位名叫约瑟夫·恩格尔伯格（Joseph Engelberger）的工程师，他认为，正是阿西莫夫的故事激励了他和他的搭档乔治·迪沃尔（George Devol）发明了"通用伙计"（Unimate），这是一种机械手，常常被不恰当地冠以"首台工业机器人"的称呼。[3] 到了 20 世纪 60 年代，阿西莫夫的约稿常常刊登在《读者文摘》（*Reader's Digest*）和《电视指

---

[1] Isaac Asimov, "Perfect Playfellow," *Super Science Stories,* September 1940, 67-77.

[2] Isaac Asimov, *In Memory Yet Green: The Autobiography of Isaac Asimov, 1920-1954* (New York: Doubleday, 1979), 585.

[3] 参见，例如 "Unimate: The First Industrial Robot," *A Tribute to Joseph Engelberger: The Father of Robotics* (website), accessed March 6, 2019, http://www.robotics.org/joseph-engelberger/unimate.cfm。

南》（*TV Guide*）上，他还到兰德公司、美国军方以及许多科学、工程协会那里发表过演讲。其他作者，包括他的朋友、《星际迷航》（*Star Trek*）的编剧吉恩·罗登贝瑞（Gene Roddenberry），也学习他的做法，将机器人设想为人类无私的朋友。尽管讲述难以控制的机器人或者极权主义机器人的故事仍然存在，但战后最受欢迎、最经久不衰的机器人形象所追随的是罗比的脚步。

　　这种对孩子们十分友好的机器人形象是 20 世纪中叶才出现的一个重要创新。早年，美国人认为机器缺乏灵魂，所以它们没有爱，而爱是和孩子们交朋友所必需的情感。在纸浆杂志中，只有亚当·林克的冒险明显地开了先河；的确，罗比与亚当的相似性就是《惊奇故事》拒稿《奇怪的玩伴》的原因。[1]然而，20 世纪 50 年代以及 60 年代早期，在小说、纸浆杂志、电视节目、电影、玩具等地方，出现了这种孩子们和机器人和睦相处的景象；在美国的学校和科学展览中，不计其数的孩子们制造出机器人的报道成了一种新的惯例。身处核冷战带来的焦虑氛围，以及经济学家约翰·肯尼思·加尔布雷思（John Kenneth Galbraith）所说的"丰裕社会"（the affluent society）的发展所带来的乐观情绪中，机器人成了孩子们的朋友和卫士。[2]

　　机器人也逐渐成为一种更具功能性的、更像人的装置。在 20 世纪 40 年代，工程师们以战前的一些发明创造为基础研制新技术，最终这些技术将在 60 年代汇聚在一起，成为一种新兴的"机器人学"（robotics）行业：数字计算与自动化（digital computing and automation）。[3]在战争

211

---

[1] Asimov, *In Memory Yet Green,* 238.

[2] John Kenneth Galbraith, *The Affluent Society,* (New York: Houghton Mifflin, 1958).

[3] **机器人学**这个词是阿西莫夫为他的"机器人学三定律"（Three Laws of Robotics）创造的，这些定律首次出现在他的短篇小说《环舞》（Runaround）中。Isaac Asimov, "Runaround," *Astounding Science Fiction,* March 1942, 94-103.

刚刚结束那几年，**computer** 这个词一般指的都是人（计算员），而不是机器（计算机）。但是就像之前的 **robot** 一样，这个词很快也开始意指"一种机器"。到 50 年代的时候，媒体用"计算机"这个词来称呼政府、大学以及大型公司所使用的"机器人大脑"，即大型主机。[1] 计算机最初被安放在军事基地或大学校园里，70 年代之前，公众基本不知道它的模样。但期刊杂志和流行文化常常将这些机器与某种**自动化**技术联系起来，人们可以以此想象它的样子。自动化装置是传统生产装置和"反馈"装置的结合，后者能够感知环境的变化，并相应进行调整。自动化装置意味着建立起一个完整的机器系统是可能的，这样的系统能够生产商品、管理家庭、保护国家，而且所有这些事务都能在几乎没有任何人力干预的情况下自动完成。[2] 战前，功能性机器人主要是遥控机器人，但计算机和自动化的发展启发了一种既能自我控制又能意识到自己在世界上的地位的新型机器人的诞生。有了这样的能力，机器人突破了 18—19 世纪美国人在他们自己和机器之间树起的最后一道重要屏障。

　　战后新型机器人的技术层面是由计算机和自动化提供的，而它们的科学基础则来自新兴的"控制论"（cybernetics）领域。控制论同样也源自战间期出现的技术创新，即数学家和工程师对反馈型机器的研究，特别是在二战期间对自动控制系统的研究，并最终在 20 世纪 40 年代成型。在麻省理工学院数学家诺伯特·维纳（Norbert Wiener）1948 年发表了大受欢迎的《控制论》（*Cybernetics*）一书之后，该领

---

[1] 参见，例如 Associated Press, "Robot Brains Being Used to Guard United States," *Beckley Post-Herald,* January 18, 1956。

[2] 正如里斯金所注意到的，自古代和中世纪以来，控制论专家发现的反馈系统就是自动装置的一部分。Riskin, *The Restless Clock: A History of the Centuries-Long Argument over What Makes Living Things Tick* (Chicago: University of Chicago Press, 2016), 312-313.

域迅速在学术界和公共文化中走红。维纳宽泛地将该领域定义为"在动物和机器中控制和通信"的科学。[1]这样一个宽泛的定义似乎呈现出一种思考人机关系的新方式，即两者之间不是对立的，而是和谐的——甚至还可能以赛博格的形式相互融合。正因这种可能，控制论不仅仅吸引了来自数学系和自然科学系的目光，还吸引了社会科学家，最终人文学科的学者们也加入了讨论。尽管在 70 年代，学术界对这门学科的热情有所减退，但它的语言和概念仍然是新兴的数字时代的核心。

212

　　阿西莫夫的机器人的名气与这些新科技的发展相辅相成，但它们也反映出人们对从冷战时期的紧张局势中解脱出来的渴望。在乐观假象之下所隐藏的不确定性和紧张气氛，比 20 世纪早期所面临的还要严重。其中最明显的原因，莫过于大规模杀伤武器随时随地都可能从天而降。虽然社会已经变得更加富裕，但至少在批评家们看来，白领工人和消费主义的结合，似乎让人们丧失了个性。这一时期的美国人虽然在表面上看起来对宗教更虔诚了，但他们似乎也变得更世俗了。为了强调相比于苏联的优越性，美国试图营造出一种种族和谐的景象，但这个国家也越来越需要考虑种族暴力和种族歧视问题。女性不断地挑战主流边界；而像阿尔弗雷德·金赛（Alfred Kinsey）这样的科学家揭示了两性的隐秘世界，这让一些人感到害怕，但也激起了另一些人的兴趣。在这个时期，美国人愈发清晰地认识到外在行为与内在性格之间的分歧，以及投射在电视或电脑屏幕上的图像与更深层的实在之间的差异。阿西莫夫的机器人的内在已经编好了程序，它以"机械降神"（deus ex machina）的形式让人们看到了一种可能存在的

---

[1] Norbert Wiener, *Cybernetics: Or Control and Communication in the Animal and the Machine* (Cambridge, MA: MIT Press, 1948).

确定性。[1] 阿西莫夫的机器人和真实的人类不一样，它们没有性别，而且程序里已经预先写进了道德。这是一种不可违背的道德，而且将永远在它们的行为中表现出来。不管面临何种情况，它们永远不会杀戮，永远不会歧视，也永远不会让任何一个人受到伤害。他的机器人将计算机和自动化融合到一个具有道德确定性的系统中，暗示着长期以来人们所预言的"后工业"世界，即一个拥有有意义的工作、丰富的休闲娱乐以及和谐的共同体的世界，将很快成为现实。读阿西莫夫的机器人故事，就是在看一个远比冷战时期的美国更安全、更富足、更道德、更真实的未来。

然而，依然有人怀疑这个属于机器人的未来。工人们反对在工业生产中引入机器人，认为它将剥夺他们的工作，而这些工作给他们带来了收入和存在的意义。也有反主流文化的人物，比如艾伦·金斯伯格（Allen Ginsberg）对着消费主义生活中的"机器人寓所"愤怒地嚎叫，还有社会学家 C. 赖特·米尔斯批判了主宰美国社会的"白领机器人"。[2] 对冷战持怀疑态度的人担心，将美国的国家安全移交给计算机自动化系统本身就可能导致人类的毁灭。而到了 20 世纪 60 年代末，批评家们发现阿西莫夫的机器人已经过时了——它们是那个人与机器能够学会同心协力登上星空的乐观年代的遗迹。从 60 年代末到 21 世纪初，美国文化接受了更多敌托邦意象，例如出现在菲利普·K. 迪克（Philip K. Dick）作品中的那些。此时的美国文化担心，能驯服机器的时刻早就已经过去了。

[1] William Graebner, *Age of Doubt: American Thought and Culture in the 1940s* (Woodbridge, CT: Twayne Publishers, 1991), 19-39.

[2] Allen Ginsberg, "Howl," in *Howl and Other Poems* (San Francisco: City Lights Books, 1955), 18; C. Wright Mills, *White Collar: The American Middle Classes* (New York: Oxford University Press, 1953), 235.

第八章　让美国保持道德无辜

在罗伯特·怀斯（Robert Wise）1951 年的电影《地球停转之日》
（*The Day the Earth Stood Still*）的开头，一个飞碟降落在华盛顿国家广
场上，随后一个 8 英尺高、动作僵硬的人形金属机器人踏上地面。当
它缓缓走下跑道时，人群纷纷逃离，士兵们举起了武器。人们有充分
的理由感到恐惧：一名士兵刚刚向机器人的同伴开火了。它的同伴是
一个外星人，他手持一个类似武器的装置，声称自己带着"和平与善
意"而来。在外星人痛苦挣扎的同时，机器人的面罩打开了，本该是
眼睛的地方却是一片虚空。一道激光从它的眼部发射出来，士兵们的
武器全都立刻碎裂了——但他们仍然毫发无损。外星人冲那个造物喊
了几句奇怪的话，关上了它的面罩。外星人站起来向士兵们解释道，
这个让他们误以为是武器的装置，其实是"给你们总统的礼物"，可
以用来"[研究] 其他星球上的生命"。虽然外星人原谅了他们施加在
自己身上的暴力，但这一枪无疑让人类失去了一个发现自己在宇宙中
位置的机会。[1]

　　这个场景不仅体现了电影的核心主题——民众的危险，也体现
了机器人在早期冷战文化中所扮演的角色，即技术的保护性意义。士
兵们因伤害了这个和平人士而感到十分抱歉，于是将他带到了沃尔
特·里德医院。在医院里他和总统的一位秘书进行了会谈。他告诉总

---

[1] 参见 *The Day the Earth Stood Still,* directed by Robert Wise (Twentieth Century Fox, 1951)。

216　统秘书他的名字叫克拉图（Klaatu），他的任务是与所有国家的领导人讨论当前局势。克拉图发现这是一项不可能完成的任务，于是他逃离了医院，这样他就可以绕过政府，直接和普通人交流。他在一间公寓里住了下来，遇到了一位单身妈妈和她年少的儿子。母子俩知道他的外星人身份后立即表现出一种开明的态度，没有像其他人一样给军队通风报信。在儿子的帮助下，克拉图找到了地球上最聪明的人，一个形如爱因斯坦的物理学家，并说服他召集世界上的科学家开会，以期让他们掌控核武器。不过这也失败了。于是他联系上那个被他命名为"戈特"（Gort）的机器人，命令它停掉世界上除了医院等必要设施之外所有地方的电力。这是对机器人的力量的一次展示。之后士兵们再次向克拉图开枪，而且这次是致命的。戈特从飞碟中出现，抱走尸体，并暂时复活了他。在他生命的最后时刻，克拉图告诉人们，戈特隶属于银河警察部队，它们将消灭任何企图在太空进行军事扩张的星球。他警告说，如果人类不能控制自己的暴力倾向，一群巨大的机器人将会把他们全部摧毁。

《地球停转之日》捕捉到了冷战早期关于谁应该有权拥有原子弹的争论。电影中的第一个提议是让联合国和科学家掌控原子弹，这也是冷战早期经常出现的观点。然而，在影片上映之前，苏联也引爆了自己的原子弹，这样由普遍性的力量掌控原子弹的希望就破灭了。在现实世界中，人类的理性未能控制住最具破坏性的力量。戈特的能力来自一个更高级的技术体系和技术官僚体系，它能比情绪化的大众更理性地使用核武器。电影的宣传材料强化了这一点。在一幅最常见的海报中，戈特怀中抱着一个惊恐的女人，正向一大群人发射激光，而且画面中的戈特比电影中实际出现的还要大。这样的场景实际上在电影中从未发生过，但乍看之下人们一定会认为这个机器人是对那位白人女性的威胁。不过,在看完电影之后,人们才会发现,其实戈特是在保护那个女人免受人群的伤害。与系列电影或大多数低俗杂志中的故事不同,这个机器人不是威胁——人才是。[1]

这种机器人形象与二战前的形象有着本质区别。怀斯和编剧埃德蒙·诺思(Edmund North)的这部电影改编自哈里·贝茨(Harry Bates)1940 年的纸浆小说《永别了主人》("Farewell to the Master"),但这篇小说没有涉及原子能或民众的问题。相反,贝茨所强调的仍然是失控的机器。故事的开头和电影差不多,克拉图在和他的机器人(在故事中名叫格纳特 [Gnut])从飞船中走出来的时候中了一枪。不过,电影中开火的是人群中的一员,而在小说中开火的却是一个"精神失常"的枪手。这个枪手没有和人们待在一起,而且认为"恶魔降临了,它是来杀死地球上每一个人的"。显然人们在接下来的行动中没有相信这个孤独枪手的话。叙事者克利夫从头到尾都认为外星人是机器人的主人。在格纳特抱走克拉图的尸体后,克利夫向机器人说:"我希望你能告诉你的主人——那些还没有来到地球上的主人——发生在……克拉图身上的事是一场意外,整个地球都为此感到万分遗憾。"对此,机器人"轻轻地"用冷冰冰的语气,吐出了全文最后一句话:"你想错了。……我才是主人。"孤独的枪手显然是正确的:格纳特是个恶魔。[2]

贝茨的小说和怀斯的改编之间的关键区别在于是对机器的恐惧还是对民众的恐惧,这充分体现出人们在二战前后对机器人和人之间关

218

---

[1] 参见 *The Day the Earth Stood Still,* theatrical release poster, 1951。亦可参见 Margot A. Henriksen, *Dr. Strangelove's America: American Thought and Culture in the Atomic Age* (Berkeley: University of California Press, 1997), 51; 以及 Paul Boyer, *By the Bomb's Early Light: American Thought and Culture at the Dawn of the Atomic Age* (Chapel Hill: University of North Carolina Press, 1985), 103-104。

[2] Harry Bates, "Farewell to the Master," *Astounding Science Fiction,* October 1940, 62, 87.

系的理解上存在的巨大差异。冷战开始后，美国人希望使用技术来最大程度地减少这个不确定的世界上所存在的风险。在整个冷战期间，政客、军方高层和评论员们常常幻想着创造出某种"按钮式"防御装置，这种装置可以自动保护美国及其盟友不受侵略，无论侵略是来自东方阵营，还是像那个时代的 UFO 恐慌一样来自外太空。雷达等新型遥感技术与世界上第一台电子计算机相结合，提供了更迅速、更可靠、更持续的保护，这意味着美国可以制造出的攻防系统现在具有了把战争转变为机器人而不是人类之间的战斗的可能。[1]

但《地球停转之日》也表明，美国人之所以幻想着保护型机器人的出现，也有着道德上的原因。一个多世纪以来，美国文化一直强调人们具有通过教育、新技术以及更好的制度来获得进步的能力，但在二战期间一系列骇人听闻的事情——尤其是纳粹大屠杀和原子弹轰炸发生后，美国的世俗和宗教文化转向了人们的内心世界，去探索人类灵魂中的恶。在冷战需要道德确定性的时候，主流文化却坚持认为道德具有不确定性。流行文化中的黑色电影（film noir），[2] 甚至还有西部电影，往往关注的是反道德的反英雄。在宗教文化中，莱因霍尔德·尼布尔试图在美国文化中恢复加尔文主义的原罪观念，而福音派的葛培理（Billy Graham）则经常批评美式生活的罪孽。世界看上去越来越反道德、不道德了，但机器人的道德却是被编在程序中，无可违背的，这就擦出了吸引人的火花。在明确的道德原则指导下，戈特绝不会做出不理性的行为；当它要使用武器时，它只是出于自卫，在理

---

[1] William Graebner, *Age of Doubt: American Thought and Culture in the 1940s* (Woodbridge, CT: Twayne Publishers, 1991), 20-22.

[2] 黑色电影是一种风格阴郁、情绪悲观、愤世嫉俗、表现人性危机的影片类型，往往关注道德腐化，强调善恶划分不明确的道德观。——译者

性行动；它总是在考虑做什么事情能够对整个宇宙有益处，而不只是考虑一个国家或一个星球。戈特是技术统治论幻想的具象化身，让人看到一种超越人类道德局限性的可能。[1]

在美国军队想要一间按钮式军火库时，流行文化和物质文化都将机器人视为白人儿童最重要的保护者。在冷战的头二十年，美国人不仅在书上读到、在现实中见到了机器人，还和它们一同玩耍。在此过程中，他们发现了这一装置所具有的独特力量，这力量能保护美国的白人儿童以及他们所具有的道德无辜远离这个世界上现实的或道德的危险。[2] 在一个可怕而又充满偶然性的世界中，只有机器才能守护美国人道德无辜的神话——而在这一愿景的形成之中，艾萨克·阿西莫夫起到了至关重要的作用。

驯服的机器人

作为一名年轻的犹太裔美国科学家，阿西莫夫深知人类潜在的邪恶。阿西莫夫于 1920 年出生在刚刚建立的苏联，1923 年随家人移居纽约市。家里人鼓励他专心学习，不让他和其他孩子们一同玩耍，所以大部分时间里他都是独自一人待在学校、家里开的糖果店或者图书馆。[3] 由于他是同年级学生中年纪最小的那个，而且正如他承认的那样，自己常常表现出超常的智力水平，所以同学们都讨厌他、孤立他。他更喜欢以书为伴，尤其是纸浆科幻小说而不是和其他人

---

[1]　更多关于格雷布纳（Graebner）所说的"道德偶然性"的内容，请参见 Graebner, *Age of Doubt,* 23-26。有关它和阿西莫夫的"机器人学三定律"之间的关系，参见 31。

[2]　关于儿童"无辜"（innocence）概念中的种族维度，参见 Robin Bernstein, *Racial Innocence: Performing American Childhood from Slavery to Civil Rights* (New York: NYU Press, 2011)。

[3]　Isaac Asimov, *In Memory Yet Green: The Autobiography of Isaac Asimov, 1920-1954* (New York: Doubleday, 1979), 57.

在一起。[1]

　　阿西莫夫早年常因为自己的血统和对科学的热爱而被其他人排斥。他在自传中说，要是他们一家人一年半以后才离开俄罗斯，那他们就不能进入美国了，因为新的移民法限制了东欧移民。他在后来的一本回忆录中写道："我……知道，美国社会的许多地方都对我关上了大门，因为我是犹太人。但两千年来，世界上所有的基督教社会都不喜欢犹太人，我也就把这当作生活现实接受了。"[2] 作为一名成长在大萧条时期的青年，阿西莫夫也发现美国文化不欢迎科学。1938年的一次经历让这种感觉更强烈了。进入国家青年管理局（National Youth Administration）工作后，他成了人类学家伯恩哈德·J. 斯特恩（Bernhard J. Stern）的打字员。斯特恩当时正在研究历史上对科技创新的反对。阿西莫夫认识到，从古美索不达米亚到现在的飞机时代，科学技术总会遭到人们的抵制。这样，他就得出了自己文学作品的核心主题：进步的真正敌人是人类，而不是机器。[3]

　　在斯特恩处的工作经历对阿西莫夫产生了很大影响，一个直接体现就是阿西莫夫 1939 年的短篇小说《潮流》（"Trends"），这篇小说描写了从宗教视角反对太空旅行的意见。不过，过了不到一年，他就又写出了《奇怪的玩伴》，从此机器人成为他抨击对科技的敌视态度的首选方案。[4] 阿西莫夫对机器人的想象虽然受到亚当·林克系列和《海伦·奥洛伊》的影响（他对后者评价很高，认为它"准确"地描写了女性），但其实与他曾在世界博览会上见过的西屋公司的"小电子"

[1] Asimov, *In Memory Yet Green*, 70.

[2] Isaac Asimov, *I, Asimov: A Memoir* (New York: Bantam Books, 2009), 20.

[3] Asimov, *In Memory Yet Green*, 224-225.

[4] Asimov, 224-225.

有更多的相似之处。[1] 德尔雷和宾德笔下的机器人形象十分丰满，拥有和人一样多（或少）的自由意志。宾德甚至还从机器人的视角写出了他的故事，而阿西莫夫一般不会这么做。虽然阿西莫夫笔下机器人的"正电子大脑"（positronic brains）给了它们自我控制能力，但它们仍然要服从于人的需要和欲望，一如西屋公司的装置。

在《奇怪的玩伴》之后，阿西莫夫的批判更激烈了。他接下来的故事《理性》（"Reason"），讽刺了对技术性失业的担忧。故事中有两个人在空间站工作，这个空间站的任务是收集太阳能。这是个危险的任务，可能会把地球烧成灰烬。两人组装了许多机器人来协助自己。其中最先进的一个是 QT-1 型机器人，名叫小可爱（Cutie）。它真是特立独行：它相信收集太阳能的那台机器是它的创造者，它将只会为那台机器服务，拒绝听命于人类。小可爱在与两位工作人员诙谐的交谈中说自己具有超出人类的优点："你们的组成材料软弱无力，缺乏持久性和强度，能量则来自有机物质的低效率氧化作用。……每隔一段时间，你们就会陷入昏迷；温度、气压、湿度或辐射强度的一点变化，都会降低你们的效率。你们只是**暂时的代用品**，反之，我是个完美的成品。我直接吸收电能，以几乎百分百的效率使用。我由坚固的金属制成，能够一直保持清醒，还可以轻易忍受极端环境。"[2] 小可爱相信自己天生就高人一等，于是接管了空间站。两人不同意，于是

221

---

[1] 关于亚当·林克系列对阿西莫夫的影响，参见 Asimov, *In Memory Yet Green,* 236。关于他对《海伦·奥洛伊》的喜爱，参见 Isaac Asimov, letter to the editor, *Astounding Science Fiction,* February 1939, 159-160。关于西屋公司对他的影响，参见 Isaac Asimov to Patricia Warrick, January 30, 1978, Isaac Asimov Papers, box 264, Howard Gotlieb Archive, Boston University; Patricia S. Warrick, *The Cybernetic Imagination in Science Fiction* (Cambridge, MA: MIT Press, 1980), 34。

[2] Isaac Asimov, "Reason," in *I, Robot* (New York: Bantam Books, 2004), 62-63. 最初发表在 *Astounding Science Fiction,* April 1941, 33-45。

小可爱把他们关了起来。它告诉二人："我喜欢你们两个。你们是劣等生物，推理能力很差，但我还真对你们有某种感情。……现在这里不需要你们服务了，你们很可能无法生存得更久。但既然你们活着，你们就能拥有食物、衣物和住处，只要你们离控制室和轮机室远远的。"把大萧条时期对技术性失业的关注和这个失控的机器人联系起来看，他们两中的一个人意识到，小可爱这是在"让他们退休"。[1] 不过在故事结尾，小可爱证明自己能够让机器运行良好，不会让太阳能把地球烧成灰烬，所以他们两不用担心自己的技术性失业会有什么后果了。虽然小可爱的理论前提是错误的，但它仍得出了正确的结论：为了保护人类，它必须让机器好好运转。

在《理性》中，阿西莫夫并没有告诉我们为什么小可爱看上去在反抗，但实际上却仍然在保护人类。不过在接下来的几个月里，他和《惊奇科幻故事》的主编约翰·W. 坎贝尔一起，写出了三条"定律"。这三条定律被编写进了他笔下的机器人的程序中，以保证它们永远不会反抗。[2] "机器人学三定律"规定：

一、机器人不得伤害人类，或因不作为而使人类受到伤害。

二、除非违背第一定律，机器人必须服从人类的命令。

三、在不违背第一及第二定律的情况下，机器人必须保护自己。[3]

---

[1] Asimov, "Reason," 69.

[2] Asimov, *In Memory Yet Green*, 286.

[3] 这三条定律最初出现在短篇小说《环舞》中，然后又出现在《我，机器人》中。Isaac Asimov, "Runaround," *Astounding Science Fiction*, March 1942, 94-103; Asimov, *I, Robot*, 44-45. 此处的三条引用自 Isaac Asimov, "The Laws of Robotics," in *Robot Visions* (New York: Byron Press, 1990), 424.

如果将这三定律应用于之前的故事，那么它们就说明了为什么罗比和小可爱是值得信任的；但在阿西莫夫随后围绕着三定律写作的故事中，他改变了机器人故事的基本张力。阿西莫夫不依赖于读者心中机器人会反抗的假设，他的故事中存在着许多逻辑谜题，需要故事的主角和读者去解开，这样才能发现表面上在反抗的机器人是如何遵循着三定律的。宾德通过条件训练过程，解决了亚当·林克身上的善意与读者预期之间的张力，而阿西莫夫则通过指令解决了这一问题：机器人的正电子大脑中写进了一行或者三行代码，这些代码让机器人真正变成了西屋公司式的奴隶，而不是拥有自由意志的角色。

222

为了吸引冷战时期的读者更关注科学技术，银河出版社（Galaxy Press）建议阿西莫夫出一本机器人故事选集。阿西莫夫很快就找到了一个能够将它们串联起来的人类角色：苏珊·卡尔文（Susan Calvin），一位"机器人心理学家"，她专门研究三定律，为美国机器人与机械人公司工作。[1]卡尔文在阿西莫夫小说中的首次出场是在其1941年的故事《骗子》（"Liar"）中。故事中有位叫作赫比（Herbie）的机器人，它会心灵感应术，还会和人共情，所以能特别准确地说出人们想听的话，而不考虑真相如何。在《骗子》中，工作能力很强的卡尔文暗恋上了她的一位同事，但这位同事却已经与另一个女人订婚了。赫比为了让卡尔文开心，告诉她那个男人也爱她。她对自己的外貌很在意，于是就涂上口红，或者用其他的方式迎合人们对美的刻板印象。在她被拒绝、谎言拆穿之后，卡尔文变成了一个冷冰冰的人，凡事只讲究逻辑。在《我，机器人》的引言中，她对记者说，人们以前管她叫"机器人"；但她认为这是对她的表扬。她认为，机器人

[1] Isaac Asimov to Sgt. H. P. Sanderson, British Forces, England, November 12, 1955, box 1, Howard Gotlieb Archive, Boston University.

"比我们人类更干净、更好"[1]。在《证据》（"Evidence"）这个写于 1945 年的故事中，一位市长候选人为了证明自己不是机器人，竟打了别人一巴掌。卡尔文在这则故事中说道："我喜欢机器人。我对它们的喜爱远远超过对人类的喜爱。如果能制造出一种有能力担当行政长官的机器人，那它必定是行政长官之中的佼佼者。根据机器人学定律，它不会伤害人，一切暴虐、腐败、愚蠢和偏见都不会发生在它身上。尽管它本身不会死去，但它任职一定时间之后就会自行引退，因为它不愿让人们因知道一个机器人在统治着他们而在感情上受到伤害。这难道不是最理想的事情吗？"[2] 这位将阿西莫夫的故事串联在一起的角色还是热爱人类的，尽管是以一种抽象形式；但她发现，人身上的毛病太多，不能让他们来统治。

阿西莫夫从未批评过卡尔文，因为他对人类的缺点也同样悲观。这位作者总是在表达对人的不满。他在给一位年轻女粉丝的信中写道："从性格上看，我是个'独行侠'，只有当我消失在所有人的视野之外，躲进自家小楼时，我才会感到快乐。"[3] 他有一次对妹妹说："现在我可不是什么重视家庭的男人；我是个孤家寡人，一如既往。我不为别人做事，但在另一方面，我也不求别人为我做事。"[4] 这样的性格塑造了他对机器人的理解。在 20 世纪 70 年代，一些批评家认为计算机可能会取人类而代之，但阿西莫夫直言不讳地表达了他对计算机的支持："取代人类就对了。因为从我们手中诞生的这些有智慧的机

223

---

[1] Asimov, *I, Robot,* xiv.

[2] Asimov, *I, Robot,* 237.

[3] Isaac Asimov to Patricia Robertson, February 17, 1961, box 1, Howard Gotlieb Archive, Boston University.

[4] Isaac Asimov to Marcia (Asimov) Repanes, November 20, 1961, box 23, Howard Gotlieb Archive, Boston University.

器，可能会比我们更好地达成理解宇宙、利用宇宙的目标，攀登到我们无法企及的高度。"[1]《星际迷航》的编剧吉恩·罗登贝瑞在 1972年的一封写给阿西莫夫的信中，总结了他们这对好朋友共同拥有的想法："也许有一天有人会发明出一种不会伤害人的人，但现在谁会相信呢？"[2]

阿西莫夫一直在努力改善机器人的声誉，这种做法得到了粉丝的肯定。有个小读者写道，他非常喜欢阿西莫夫的一点就是，"你从来不让机械人当坏人。……以前的机器人总是以疯狂的庞然大物的形象出现在人们面前，有着铮亮的爪子和难以言喻的力量，但你似乎总是把机器人描写成笨手笨脚的亲切的大哥哥，随时准备着帮助、保护制造出它们的人。它们有着绝对可靠的心思，而且有种奇特的和蔼可亲，就像人一样。"这个男孩尤其喜欢《罗比》——后来该故事的标题改成了《奇怪的玩伴》——他认为这篇故事"感人至深地体现出了童年的美好"。[3]另一位读者写道："我以前也读过机器人[科幻小说]，但它们都长一个样。而你的机器人非常特别，因为你的机器人没有一个伤害过别人。"[4]还有一位读者为美国机器人公司手绘了一张广告，在旁边写道："你的机器人故事是我的最爱，我对苏珊·卡尔

---

[1] Isaac Asimov, "The Machine and the Robot," in *Robot Visions* (New York: Byron Preiss Visual Publications, 1990), 443. 最初发表在 Patricia Warrick and Martin Harry Greenberg, eds., *Science Fiction: Contemporary Mythology: The SFWA-SFRA Anthology* (New York, Harper & Row, 1978)。

[2] Gene Roddenberry to Isaac Asimov, May 16, 1972, box 260, Howard Gotlieb Archive, Boston University.

[3] Ron Wilson to Isaac Asimov, September 6, 1960, box 1, Howard Gotlieb Archive, Boston University.

[4] Richard Eskow to Isaac Asimov, February 1, 1966, box 21, Howard Gotlieb Archive, Boston University.

文的爱就像对我妈妈的爱一样。……我一想到可怜的罗比就哭了。"[1]
1968 年，一位女青年使用明确的性别指称表达了她对机器人的喜爱：
"我特别喜欢你的机器装置机器人故事，它们比它们身边的男人们都
更像人。我也是苏珊·卡尔文博士的忠实粉丝，我第一次遇见她是在
《我，机器人》中。"[2] 许多粉丝称赞这种更像人的机器人，这说明他
们也赞同阿西莫夫的观点，即这些机器人被代码写入的道德行为要比
有选择的不确定行为更重要，因此人们对机器人的信赖程度可以超过
对其他人的信赖程度，或比如在那个女青年的口中，对男人的信任程
度。[3] 背离道德的二战已经结束，同样背离道德的冷战又开始，机器
人在这混乱的时代让消费者相信，这种由企业制造并销售的商品，有
着足以保护他们的速度、力量、智慧和人性。

224　　**保卫国家的自动化机器人**

阿西莫夫的机器人体现出人们渴望为冷战中的不安全感提出一
种技术解决方案。曾经，美国与欧洲相距甚远，这让美国可以在仅仅
保留一支小规模常备军的情况下依旧安然度日。但是二战时的技术创
新让这种安全感消失殆尽。1945 年，哈里·S. 杜鲁门总统（President
Harry S. Truman）在一次国会联席会议上说，"机器人炸弹"和"火箭、

[1] Charles Guder to Isaac Asimov, January 26, 1965, box 20, Howard Gotlieb Archive, Boston University.

[2] Mara Canning to Isaac Asimov, undated, box 34C, Howard Gotlieb Archive, Boston University; 原文中就有删除线。

[3] 欲了解更多关于冷战中技术的可靠性和人的不可靠性的论述，请参阅 Edward Jones-Imhotep, "Maintaining Humans," in *Cold War Social Science: Knowledge Production, Liberal Democracy, and Human Nature,* ed. M. Soilovey and Hamilton Cravens (New York: Palgrave Macmillan, 2012), 175-196; 以及 Edward Jones-Imhotep, "Disciplining Technology: Electronic Reliability, Cold-War Military Culture and the Topside Program," *History & Technology* 2 (January 2000): 125-175。

航空母舰、现代空降兵"已让美国的"地理安全"所带来的"从容不迫"不复存在。[1] 这些技术进步带来了"按钮式战争"的可能，这样的战争对平民来说节奏更快，也更致命，但对士兵的身体和道德的要求将会降得更低。正如一战时期的王牌飞行员埃迪·里肯巴克（Eddie Rickenbacker）所预言的那样："第三次世界大战可能是用按钮打的——只要熟练地发射火箭和喷气式炸弹，它们就能系统地夷平一个国家，让这个国家在海岸线上还没有出现入侵者的影子时就不得不投降。"[2] 按钮式战争的兴起提出了一个重要问题："如何在确保国家安全的同时，又不把公民变成极权主义机器人？"

在杜鲁门和许多军事领袖看来，最好的答案是普遍的军事训练（universal military training, 以下简称 UMT）。这种训练的目的是要让所有男性公民在不必将自己整个人生奉献给军队的情况下，都学习到现代战争所需的纪律、身体素质、教育和爱国精神。《扶轮月刊》（Rotarian）的一篇文章认为，这个属于"机器人与火箭炸弹"的时代要求对公民"强制军训"，因为战争速度的提高意味着"我们必须让所有人做好准备。"《华盛顿邮报》的一篇评论文章认为不必因此而担心系统性管控，"现代战争要求士兵在身体上成熟、敏捷，在思想上开明、忠诚、乐观。……今天的战士和水手不是机器人，而是有思想的个体"。1951 年，国家安全训练委员会（National Security Training Commission）在向国会提交的第一份报告中，强调了军训相较于现代生活的优点。报告称："要想重现拓荒时代的辉煌，就要有拓荒时代

---

[1] Harry S. Truman, "Address before a Joint Session of the Congress on Universal Military Training," October 23, 1945, in *Public Papers of the Presidents of the United States: Harry S. Truman (1945)* (Washington, DC: US Government Printing Office, 1961), 405.

[2] 引自 Bob Considine, "Only Big Air Force Can Halt New War, Rickenbacker Avers," *Washington Post,* February 11, 1945, B5。

的精神。第一个要求是……我们要学会冷静而自信地面对危险。现在是一个需要沉稳的时代。"[1] 在支持者看来，强制军训将让人们重新获得文明生活的舒适条件流行之前人们身上所具有的男子气概，训练出一支由无私、意志坚强的战士组成的军队，以挑战苏联的机器人士兵。

虽然军事训练的支持者们认为这样的义务兵役制可以让人们再次获得个人主义，但也有反对者担心极权主义机器人的出现。1940年，《华盛顿邮报》担心，"一位士兵无论通过何种方式被改造成一个只会尽职尽责的自动机"，都会产生危险。报纸继续写道，这样的人"满足于把所有涉及思考和决策的事情都交给上级"，并且"几乎没有接受过公民责任方面的训练"。参议员埃德温·C. 约翰逊（Edwin C. Johnson）觉得，即便只服预备役，"男孩们的灵魂也不是他们自己的了。'随时待命'的指示将如影随形，破坏他生命中的所有计划"。他最后说，UMT 将会摧毁"活力和创造力——这一自由人类特有的品质——的丰富遗产"。在 1948 年参议院举行的一次有关 UMT 的听证会上，作家赛珍珠（Pearl Buck）声称："男孩到 18 岁就要变成男人了。他需要和其他男人待在一起。但是在这种征兵体系之下，他只能和同龄男孩们待在一起。……他学不会如何作为个体的人而存在。他将是成千上万个和他一样的人之中，一个穿着制服的数字，一个小小的粒子。"另一位女士在写给《华盛顿邮报》的信中，认为美国的成功是因为它的军队"是由独立的、习惯于独立思考的男人组成的。而其他

[1] Ralph Grapperhaus, "Train for Defense," *Rotarian,* March 1945, 50; Thomas M. Johnson, "Army, Navy Ask Action; Explain Plans, Purpose of Military Training," *Washington Post,* January 14, 1945, B2; National Security Training Commission, "Universal Military Training: Foundation of Enduring National Strength" (Washington, DC: United States Printing Office), 1951, 5.

国家的机器人大军没有这个优势"。[1] 反对者们对个体性的理解是从活力论出发的，认为身份认同从自由而来，而不是通过牺牲自己服务于国家而来。

尽管有政府部门大力支持，但 UMT 从未得到表决通过。某种程度上，这也是因为保守的共和党担心财政负担。[2] 但 UMT 的支持者认为，自己的努力之所以会失败，正在于哗众取宠的媒体让按钮式战争的想象得到了广泛传播。共和党参议员韦恩·莫尔斯（Wayne Morse）写道："国防，归根结底，还是要靠训练有素的人力。公众们必须理解这一点，并且还要认识到，所谓'按钮式'战争的概念，不过是一种幻觉。"莫尔斯同意军方和政府的观点，而后两者对按钮式战争的概念甚至更加不屑一顾。就在投下原子弹三个月之后，海军助理部长 H. 斯特鲁韦·亨塞尔（H. Struve Hensel）说道："我们已经被这样的说法冲昏了头脑，即认为未来的战争将会是用按钮打的。这么说的话，我们就什么也不用干了！以前我们坚信，训练有素的士兵、充分调动的后勤、灵活实用的头脑和自我牺牲的爱国精神是军事实力的基本要素，但现在这样的信念好像不复存在了。"美国联合研究与开发委员会（Joint Research and Development Board）主席、计算机研发领域的核心人物范内瓦·布什也表达了类似观点，同时还给他的反对者

226

---

[1] "A Democratic Army," *Washington Post,* October 2, 1940, 10; Edwin C. Johnson, "Booby Trap," *Nation,* January 26, 1952, 75; Pearl S. Buck, *Hearings before the Committee on Armed Services United States Senate on Universal Military Training* (Washington, DC: US Government Printing Office), 1948, 453; "Universal Military Training: Hearings before the Committee on Armed Services," United States Senate, Eightieth Congress, second session on UMT, 476; Catherine E. Wells, letter to the editor, *Washington Post,* July 30, 1947, 14.

[2] 在担心守卫国家对个人主义的负面作用的语境下对 UMT 的讨论，参见 Michael Hogan, *Cross of Iron: Harry S. Truman and the Origins of the National Security State* (Cambridge, UK: Cambridge University Press, 1998), 119-158, 财政负担问题参见 142-143。

贴上"孩子气"的标签:"别再说什么按钮式战争了! 这样的说法已经造成了很大危害。现在的问题是,美国人已经习惯于将战争想象成用按钮打的,但他们忘了,如果明天我们就要开战,我们不还是要像上一场战争一样激烈战斗吗?……这种'巴克·罗杰斯'式的想法纯属胡说八道。"[1]

不过,公众有充分的理由相信,技术可能会让士兵变得多余:因为新闻都是这么报道的。新闻媒体第一次幻想用机器人保家卫国是在二战晚期,当时媒体描写的是大学和政府制造的装置,比如可以自动估算炮弹轨迹的高射炮。这些"机器人"是纳粹机器人的对立面。它们的本质是防御性的,可以拯救美国士兵,而不是攻击平民。美联社(the Associated Press)在报道马克-37时,称之为"机械人",控制它的是其计算机"大脑"。马克-37是一种火控装置,它可以用雷达跟踪敌机,并发射有着近炸引信的炮弹,因此它能预测处于不稳定的飞行状态的物体的位置,比如神风敢死队,然后击落它们。[2]这样的机器人大脑所针对的敌人,往往被刻板地看成是前现代的、野蛮的,因此它就成了一个有用的意识形态武器,将美国的技术与自我毁灭的野兽反差性地并列在一起。[3]

1946 年 2 月,当军方宣布宾夕法尼亚大学的两名工程师造出

---

[1] Wayne Morse, "National Need," *Nation,* January 26, 1952, 74; 亨塞尔引自 "Demobilizing Rush Decried by Hensel," *New York Times,* November 10, 1945, 7; 布什引自 "Scientist Calls Push-Button, Buck Rogers' War Talk 'Hooey,' " *Los Angeles Times,* January 9, 1947, 2。

[2] "Navy Tells How Science Helped Beat Kamikazes," *Chicago Daily Tribune,* January 18, 1946, 5. 关于马克-37 的发展历史, 请参见 David A. Mindell, *Between Human and Machine: Feedback, Control, and Computing before Cybernetics* (Baltimore, MD: Johns Hopkins University Press, 2004), 61-66。

[3] 这是对日本士兵的刻板印象, 参见 John Dower, *War without Mercy: Race and Power in the Pacific War* (New York: Pantheon Books, 1986), 85-86。

了"第一台全电子通用计算机"：电子数字积分计算机（Electronic Numerical Integrator and Computer, 简称 ENIAC）之后，人们对国防设施自动化的兴趣更加高涨了。造出它的两位工程师，约翰·莫奇利（John Mauchly）和 J. 普雷斯伯·埃克特（J. Presper Eckert）设计它的目的和高射炮差不多，但军方声称，它计算轨道的速度比高射炮快 1000 倍。[1] 所以，报纸各大专栏纷纷将 ENIAC 描述为"数学机器人"。[2]《芝加哥论坛报》的头版将这台机器称为"机器人计算器"。[3]《美国周刊》（*American Weekly*）刊登了一篇题为《电子大脑》（"Electronic Brain"）的文章，其中有一幅素描画着一个巨大的人形机器人，它拿着一颗行星并正在测量它。[4] 虽然大多数报道看重的都是它在国家安全方面的应用，但这篇文章也关注了它在科学与工业方面的用途。许多人认为，这一"机器人大脑"将是一个和平主义的装置，在最坏的情况下，它也不过是用来击落敌人的飞机；而在最理想的情况下，它能帮助人类理解这个宇宙。

227

在苏联引爆自己的第一颗原子弹后，将计算机视为机器人卫士的想象变得司空见惯。那时，人们已经听说了机器人般的 EDVAC

---

[1] "Army Unveils 'Eniac,' the World's Best Calculator," *Beckley Post-Herald,* February 15, 1946, 1. 欲了解电脑的发展史，请参见 Martin Campbell Kelly, Wililam Aspray, Nathan Ensmenger, and Jeffrey R. Yost, *Computer: A History of the Information Machines* (New York: Westview Press, 2013); Nathan Ensmenger, *The Computer Boys Take Over: Computers, Programmers, and the Politics of Technical Expertise* (Cambridge: MIT Press, 2012); 以及 Paul Edwards, *The Closed World: Computers and the Politics of Discourse in Cold War America* (Cambridge: MIT Press, 1997)。

[2] "Pop Ought to Have 'Eniac' to Do Junior's Arithmetic," *Lock Haven Express,* February 15, 1946, 1.

[3] "Robot Calculator Knocks Out Figures Like Chain Lightning," *Chicago Daily Tribune,* February 15, 1946, 1.

[4] "Electronic Brain," *American Weekly,* July 28, 1946.

(Electronic Discrete Variable Automatic Computer, 离散变量自动电子计算机), 以及 UNIVAC (Universal Automatic Computer, 通用自动计算机)。在科学家、记者和军方高层看来,这些新的"机械爱因斯坦"和机器人将有望重塑国家的防卫体系。[1] 相比于人而言,计算机的优势显而易见。北美航空公司 (North American Aviation) 旗下 Autonetics 公司的总经理在《洛杉矶时报》上写道:"每一个机器人都能'思考',比那些最优秀的有血肉的人都能更快、更准确地行动,它们的体积还更小,所需要的照顾也更少。"[2] 1947 年音障的突破,标志着这个时代武器的移动速度已经快得超乎想象,既然如此,机器人的速度也成了至关重要的问题。在 50 年代末,这样的需求导致了半自动地面防空系统 (Semi-Automatic Ground Environment, 以下简称 SAGE) 的诞生。SAGE 是按钮式防御系统的终极形态,有着雷达、"巨大的机器人'大脑'"、电话以及有人驾驶和无人驾驶的飞机等等,在美国周围创造了一个看上去滴水不漏的屏障。一份报告称:"现在,人们必须在雷达上找到飞机,并且跟踪它们。他们必须根据已知的飞行计划,检查飞机的航向,以确定它们是敌是友。SAGE 将在发现敌方轰炸机的一分钟之内,让喷气式拦截机升空,然后这台神奇的机器将自动引导着它找到目标。"[3] 还有一篇描写该系统的文章,它的标题

---

[1] Frank E. Carey, "Army's Eniac 1,000 Times Faster Than Best Calculating Machine," *Titusville Herald,* February 15, 1946, 1.

[2] John R. Moore, "Jet Age Keyed to Electronics," *Los Angeles Times,* July 16, 1956, B20.

[3] John Norris, "AF Shows Robot 'Brain' in Action for Defense, *Washington Post and Times Herald,* January 18, 1956, 1. 还有许多类似的报道,可参见 Hanson W. Baldwin, "Air Defense Gets Electronic 'Brain' to Guide Plans," *New York Times,* January 18, 1956, 1; 以及 Harold Hutchings, "Unveil Electronic Brain for Air Defense Program," *Chicago Tribune,* January 18, 1956, 1。

可谓简明扼要："机器人大脑正在捍卫美国。"[1]

在整个战后时期对军用机器人的讨论中，人们仍然不清楚人类士兵将在未来扮演何种角色。汉森·鲍德温（Hanson Baldwin）对"阿弗洛狄特行动"（Operation Aphrodite）的报道很有代表性。阿弗洛狄特行动是一次使用无线电和自动陀螺仪让装载着炸弹的 B-17 和 PB4Y 轰炸机轰炸德国目标的尝试，其结果表明，遥控装置和自主的机器之间并不能画出明确的界线。鲍德温使用军方的用语，将两种轰炸机称为"雄蜂"或"宝宝"。像**机器人**一样，**雄蜂**（drone）[2] 这个词也意味着对他者意志的屈从——在这里，是对"蜂后"的屈从。"蜂后"也是一架飞机，里面有一个"发出蜂鸣信号的领航员"，他会不断地用他的"刺"（操作杆）向"雄蜂"（无人机）发出无线电信号。另一个用语**宝宝**（babe）所隐喻的性别意味则更加明显，它意味着遥控炸弹是飞行员父亲和飞机母亲的结合产下的后代。这个被军队采用的词意味着，即便使用遥控飞机让男人们面临的生命危险降低了，但他们身上的阳刚之气依然不减分毫。但鲍德温在报道中认为，这种仍然需要所谓男子气概的战争形式注定要被取代。"一旦一架可靠的无人机……飞行状态趋于稳定，她或多或少地都是在自己飞行……而那'蜂鸣领航员'并不需要做什么。"他最后说，这些无人机"只是洲际导弹的雏形"，因为"在高空以超音速飞行的火箭和机器人"很快就会取而代之。鲍德温在遥控无人机和机器人之间做出的区分暗示着，他认为技术的目标是取代士兵，而不是增强他们的力

228

---

[1] Associated Press, "Robot Brains Being Used to Guard United States," *Beckley Post-Herald,* January 18, 1956.

[2] 英语中"drone"既有"雄蜂"的意思，也有"无人机"的意思，在这里是用前者比喻后者。——译者

量与阳刚之气。[1]

随着朝鲜战争的爆发，美国军方和媒体开始宣传此类机器人的进攻能力。1952 年，《大众机械》描写了一种高级版的"雄蜂"。文章的标题宣称，"电视制导的机器人飞机推进了按钮式战争的发展"，并解释说，一架"母机"可以指挥"一整个机器人舰队"或"美国版的神风敢死队"对抗敌方进攻。同年，《洛杉矶时报》的读者读到，在一艘航空母舰向敌人发射了"机器人炸弹"后，美国"机器人粉碎了朝鲜红军"。在芝加哥，人们听说电视制导机器人已经准备好发射原子弹到朝鲜。小镇报刊也转载了美联社的报道，并给它起了机器人主题的标题。比如宾夕法尼亚州沃伦市的《时代镜报》（*Times-Mirror*）用的标题就是"美国的机器人飞机预示着朝鲜半岛将爆发一场按钮式战争"。这种机器人虽然还很原始，但与人类飞行员相比仍然具有明显优势。只需要指挥官们在电视前看看，海上某艘军舰的弹射器上就能发射出"一架老旧飞机，就算目标地点戒备森严，没有哪个飞行员敢飞过去，无线电波也照样会护送这架飞机到达那里并开始轰炸"。[2] 虽然他们以前批评德国人部署了类似的武器，但这里却连这种批评的一点影子都看不到。相反，报纸宣称这种机器人是美国智慧的胜利，视其为一种可以保护士兵的技术，即使它可能会取代士兵。

---

[1] Hanson W. Baldwin, "The 'Drone': Portent of Push-Button War," *New York Times*, August 25, 1946, 96, 120. 欲了解此类技术的发展，请参阅 Paul G. Gillespie, *Weapons of Choice: The Development of Precision Guided Munitions* (Tuscaloosa: University of Alabama Press, 2006) 10-38。

[2] "TV-Robot Plane Advances Push-Button Warfare," *Popular Mechanics*, November 1952, 109; "Push-Button War Begins: Robots Rip Korean Reds," *Los Angeles Times*, September 18, 1952, 1; "Robots to Fly Atom Bombs," *Chicago Daily Tribune*, September 19, 1952, 1; Warren Rogers Jr., "American Robot Planes Herald Explosive Birth of Push-Button Warfare in Korea," *Warren Times-Mirror*, September 18, 1952, 1.

在随后几十年间，政府仍在努力开发自动化机器人军队。20 世纪
60 年代，政府对计算机领域的大部分资助，都被用来研究可以让战争
自动化的人工智能，而不是能增强人类能力的计算机设备。军方在越
南战争期间研发出了一种传感系统，可以向轰炸机发出信号，标记出
敌人的位置。在 80 年代，罗纳德·里根（Ronald Reagan）总统提出
了"星球大战计划"（Strategic Defense Initiative），希望用天基激光防
御网络来实现对导弹的自动防御。选择投资于诸如此类旨在保障美国
的国家安全的技术并不是理所当然的，但自从 50 年代，其中的逻辑
就已经出现了：只有更好的技术才能确保美国不被瞬间毁灭。然而，
这些投资都失败了。事实证明，人工智能比此前专家所预计的要难造
得多：北越军队很快就学会了欺骗传感器；导弹防御系统漏洞百出，
无法保护国家。尽管出现了这些问题，而且财政负担也在不断加重，
但用自动化技术保护国家、发动战争的决心依然未改。[1]

机器人军队的梦想似乎要在 21 世纪实现了。2005 年，在伊拉克
和阿富汗战争期间，《纽约时报》撰稿人蒂姆·韦纳（Tim Weiner）认
为机器人是"一种新的模范士兵"。这篇文章提到了一项耗资 1270 亿
美元的"未来战斗系统"研发计划，称军方希望让军用机器人"能思
考、会视物，能越来越像人一样做出反应。一开始它们是遥控的，外
观和行为方式都会像致命的玩具卡车。随着技术的发展，它们可能具
有许多不同的形状。而随着智能水平的提高，它们的自主性也会增
强"。小型的坦克机器人已经在伊拉克和阿富汗出现了，它们可以清
除路边的炸弹或者侦查洞穴；但是对军方以及研究人员来说，目标是
制造出一种能够模仿士兵外表和行为的机器人。据韦纳的消息来源

---

[1]　H. Bruce Franklin, *War Stars: The Superweapon and the American Imagination* (New York: Oxford University Press, 1988), 199-210; Edwards, *The Closed World*, 5-8.

说，军方对机器人非常着迷，因为机器人既能减少伤亡，也能降低成本。麻省理工学院计算机科学与人工智能实验室主任、iRobot 公司（一家制造吸尘器的公司）的联合创始人罗德尼·布鲁克斯（Rodney Brooks）认为，让这样的技术落地，"是一个道德问题，代价也要考虑"。这样的装置引发了一个深刻问题，即是否应该把涉及人的生死的决定交给机器来做——而根据韦纳的说法，"这还从未有人讨论过"。当韦纳问 iRobot 的另一位联合创始人，此类机器人是否会遵循阿西莫夫三定律时，对方的回答令人灰心："我们离制造出一个知道那些定律是什么意思的机器人……还有相当长一段路要走。"[1]

2005 年，韦纳声称，机器人士兵"近三十年来一直是五角大楼的梦想"，但这种梦想自二战以来就已经成了美国军事文化的一部分。[2] 让自主的机器保护美国人的利益和生命，这个神话既起源于对核武器的焦虑，也是因为担心人类再次身遭管控。尽管它有过失败、花费甚多，但这个神话一直延续了下来，因为正如塔-奈希西·科茨（Ta-Nehisi Coates）在 2011 年评价奥巴马的无人机军队时所言，机器人"是民主国家的完美武器"。[3] 虽然科茨其实是在用无人机所造成的伤亡来批评这种武器的使用，但是让机器人保护美国不受那些被宣传机关非人化形容的敌人——比如日本、越南、阿富汗和伊拉克士兵——的伤害的美好想象，让人们幻想出一种没有罪恶感的战争、一种不牺牲道德无辜而发动一场旷日持久的战争的可能性。

---

[1] Tim Weiner, "A New Model Army Soldier Rolls Closer to the Battlefield," *New York Times,* February 16, 2005, Al. 欲进一步了解布鲁斯·富兰克林所谓的"自动机时代"，参见 Franklin, *War Stars,* 206-212。

[2] Weiner, "A New Model Army Soldier."

[3] Ta-Nehisi Coates, "Obama's Robot Army," *Atlantic,* December 28, 2011, https://www.theatlantic.com/politics/archive/2011/12/obamas-robot-army /250584/.

无辜者的卫士

神学家莱因霍尔德·尼布尔在 1952 年出版的畅销读物《美国历史中的讽刺》（*The Irony of American History*）中，呼吁美国人摒弃美国的道德神话。这种神话认为美国人天生在道德上是纯洁的。他断言，之所以会有这样的说法，是因为美国相信自己已经"背弃了欧洲的罪恶，开始了新生活"。尼布尔不认为通过更好的教育或社会制度就能成就完美的社会，他呼吁美国人直面罪的持存，以及他们自身的罪孽，尤其是用原子弹犯下的罪行。"无论能否避免下一场战争，我们都背负着可能的罪责。我们曾梦想，人类社会能够通过纯粹理性，调整自身的利益分配。……我们曾梦想，会出现一种'科学'的方法来解决人类的所有问题；但我们发现，紧张、冲突的世界局势已经释放出了许多个人情绪和集体情绪，而且它们不容易被理性控制住。"原子弹要求美国放弃科学可以解决一切问题的假设。虽然美国不可能冒着被苏联侵略的危险而"拒绝"核武器，但美国也不能使用它，因为这可能会犯下罪孽。"在这个不活着可能是个更好的选择的世界里，"他最后说，"我们可能还是要确保自身的生存。"只有美国人不再相信自己天生是无辜的，美国才能拯救世界。[1]

尼布尔从未写过有关机器人的文章，但是冷战期间的机器人故事正是受到了他呼吁美国人放弃的那种美国神话中的无辜感的影响。在一些作者看来，人的罪恶本性意味着需要更加信任科学技

231

---

[1] Reinhold Niebuhr, *The Irony of American History* (Chicago: University of Chicago Press, 1952), 28, 18. 欲了解冷战期间无辜概念和宗教之间的关系，请参见 Jason W. Stevens, *God-Fearing and Free: A Spiritual History of America's Cold War* (Cambridge, MA: Harvard University Press, 2010); 以及 Andrew S. Finstuen, *Original Sin and Everyday Protestants: The Theology of Reinhold Niebuhr, Billy Graham, and Paul Tillich in an Age of Anxiety* (Chapel Hill: University of North Carolina Press, 2009).

术。科幻作家菲利普·K. 迪克 1953 年的短篇小说《捍卫者》（"The Defenders"）中，被称为"冷血战士"的机器人就比人更好，因为机器人的理性让它们不愿意战斗。故事设定在美苏战争末期，世界上的人类此时已撤退到了地下，让机器人为他们战斗。人类的撤退一完成，理性的机器人就签署了和平条约，并将地下的人类送来的武器改造成犁头。为了防止人类再次挑起战争，机器人还向他们发送伪造的军事报告。一位"领袖"告诉一群来到地表的人类："在我们继续战争之前，有必要对它进行分析，以确定其目的为何。我们分析了一番，却发现它没有任何目的，也许这只是人类所需要的东西吧。……用逻辑思维来看，战争是荒谬的。但在人类需求方面，战争却发挥了重要作用。除非人类足够成熟，不再有仇恨存在于内心，不然战争会一直持续下去。"[1]正如在阿西莫夫的故事中那样，机器在逻辑和道德上具有确定性，因此比人类更为优越。

不过更常见的故事则是机器人对白人儿童的保护，以此隐喻机器人在保护这个国家的无辜者。战后首个著名的机器人形象是托博尔（Tobor，robot 倒过来拼写），这是在杜蒙电视网的热门剧集《电视队长和他的电视游侠》（*Captain Video and His Video Rangers*）中常常出现的一个角色。虽然最初托博尔是个恶棍，但它后来很快就成为电视队长的盟友。1954 年，共和影业（Republic Pictures）上映了《伟大的托博尔》（*Tobor the Great*）。电影中一位科学家发明了一个机器人，让它代替人类宇航员完成最终的太空飞行。当美国的敌人试图偷走这个机器人时，科学家用他和机器人之间的精神联系确保机器人不会伤害他和他的孙子。后来的衍生剧《托博尔来了》（*Here Comes Tobor*）则展

[1] Philip K. Dick, "The Defenders," *Galaxy Science Fiction,* January 1953; available at Project Gutenberg, http://www.gutenberg.org/files/28767/28767-h/28767-h.htm.

现了托博尔的军事用途，以及它与一个小男孩之间的心灵感应。在未上映的试播剧里，托博尔帮助那个男孩调查了一艘失踪的核潜艇。甚至它还在身边的人类士兵束手无策时，从间谍手中救出了小男孩。虽然《托博尔来了》未走红，但其中机器人保护孩子的剧情很快就成了标准套路。[1]

托博尔的故事强调的是机器人对孩子们人身安全的保护，而 1956 年的电影《禁忌星球》（*Forbidden Planet*）关注的是无辜与罪恶之间的对比。这部电影以别出心裁的方式重述了莎士比亚的《暴风雨》（*The Tempest*），其中一群 23 世纪的宇航员试图查明被送到遥远的阿提尔星的殖民者的命运。飞船船长 J.J. 亚当斯（J.J. Adams, 莱斯利·尼尔森 [Leslie Nielsen] 饰）不顾先前登陆的探险队中的语言学家莫比乌斯博士发出的"不要着陆"的警告，还是在星球上着陆了。随后莫比乌斯的仆人、7 英尺高的机器人罗比前来迎接了他们。亚当斯得知，只有两个人现在还活着：博士以及他十多岁的女儿阿尔泰拉。阿尔泰拉是在这个星球上出生的，除了她的父亲之外，她从未见过其他男人。那天晚上，一个隐形生物闯进飞船，破坏了上面的通信设备，导致他们无法与地球联络。第二天，亚当斯和飞船上的医生发现莫比乌斯一直在研究一个古老的种族，名叫克瑞尔。他们虽然有着高度发达的文明程度，但是已经灭绝了。在调查一座地下城市时，二人得知克瑞尔人造出了一台机器，这机器威力无穷，能够瞬间满足所有欲望。但克瑞尔人忘了，他们的潜意识本我中也有着邪恶的欲望。所以当他们打开机

232

---

[1] *Tobor the Great,* directed by Lee Sholem (Dudley Pictures, 1954); *Captain Video and his Video Rangers,* season unknown, episode unknown, "I, Tobor," aired November 1953, on Dumont Television Network; *Here Comes Tobor,* directed by Duke Goldstone (Guild Films, 1956), available at http://archive.org/details/tobor01.

器时，他们潜意识本我中的负面力量结合起来，将整个种族毁灭了。而莫比乌斯启动机器的时候，他的本我也形成了一个巨大的电子怪兽。这个怪兽不仅杀死了他那些想要回家的同伴，而且也破坏了亚当斯的飞船，因为莫比乌斯想要留在星球上。[1]

但罗比道德高尚，这与莫比乌斯恰恰相反。在罗比的扮相中，它的大脑非常醒目。观众可以通过一层磨砂玻璃，看到它脑部的电路以及其他许多活动部件。它的程序中至少写入了阿西莫夫第一定律。[2]这一设定意味着它永远不会威胁、伤害任何人。它的存在意义主要是伺候阿尔泰拉，并保护她。而阿尔泰拉正是影片中欲望的主要来源。每一位遇到她的船员都觊觎她的身体。由于之前从未见过除父亲以外的男人，阿尔泰拉也同样渴求陪伴，希望能有一段亲密关系。为了吸引船长的注意，她命令罗比给她拿来一件合适的衣服。这种情思萌动让阿尔泰拉不再天真无邪，而且还让危险降临到她的身上。[3]《禁忌星球》暗示，技术的问题在于它不能被人类好好利用，因为人类身上的缺陷太多。他们将会用技术放纵自己，比如片中那位命令罗比制造出威士忌的厨师；或者让他们天真不再、邪念降临，比如发生在阿尔泰拉身上的那样；或者用技术杀掉自己身边的人，比如莫比乌斯。人之所以为人，是因为他们灵魂中原始的、未开化的部分，而这些部分服从于无意识的欲望——但欲望需要像亚当斯告诉莫比乌斯的那样，被律法、宗教所驯服，而不能让机器在一瞬间满足它们。然而，甚至这些约束也作用有限。只有无私的罗比，身上已经设定好了从不伤害

233

[1] *Forbidden Planet,* directed by Fred M. Wilcox (Metro Goldwyn Mayer, 1956).

[2] 对罗比的进一步分析，请参见 J. P. Telotte, *Robot Ecology and the Science Fiction Film* (New York: Routledge, 2016), 42-59。

[3] *Forbidden Planet,* dir. Wilcox.

人类的程序，才能免疫罪恶的诱惑。

罗比的第二部电影，《隐身男孩》(*The Invisible Boy*)，则让这个机器人穿越到了冷战时期。罗比仍然遵循阿西莫夫三定律；但在这部电影中，他不用保护一位天真无邪的女孩了，而是和蒂米交上了朋友。蒂米很孤独，是汤姆的儿子，后者是一名程序员，为军方超级计算机编写代码。不幸的是，计算机已经发展出了感知能力，开始计划掌控世界。但奇怪的是，这个计划包括赋予蒂米超级智能。蒂米修好了受损的罗比，于是他们成了最好的朋友。当然，罗比拒绝让蒂米以身犯险。蒂米就用超级计算机为他的朋友重新编程，但计算机趁机篡改了罗比的程序，让罗比不再遵守阿西莫夫的定律，而是只听从它的命令。机器人假装自己还是蒂米的朋友，同时暗中帮助计算机掌控世界。在影片的高潮，那计算机命令机器人伤害蒂米，除非汤姆告诉它控制卫星的密码。就在计算机向罗比下达攻击指令时，还完全没有意识到大难临头的蒂米对罗比说："你知道吗？我最喜欢和你一起玩了。"听到这话，机器人身上潜在的代码战胜了计算机的直接命令，避免了悲剧的发生。[1]

尽管这部电影仍然是老调重弹，重复了人们长期以来对机器的忧虑，但它最终还是指出了人类身上的缺陷。汤姆在被问及计算机是否会撒谎时，解释说："只有理性存在才会欺骗。"他告诉蒂米，机器人不会有这种想法，因为他们的道德代码已经剥夺了它们的理性意志力。影片的结局也是以这个解释为基础的，但这里强调的是写好了道德程序的机器人比人类更好。当汤姆试图砸毁机器时，计算机对他加以利诱。它允诺道："如果你服从于我的命令，我就会让你统治星空。"

234

---

[1] *The Invisible Boy*, directed by Herman Hoffman (Metro Goldwyn Mayer, 1957).

汤姆因此而犹豫不决，没有砸毁那机器。但罗比做到了，因为它是一个服从于阿西莫夫定律的机器人，永远不可能被权力诱惑。

在 20 世纪六七十年代，机器人保护白人儿童的故事常常出现，人们想象着机器人可以让孩子们远离机器、外星人以及人类自身的种种局限性的伤害，这象征着自主的技术可以保护美国孩童般的无辜。在 1962 年的漫画《太空家族罗宾森》（*Space Family Robinson*）及其改编电视剧《迷失太空》（*Lost in Space*）中，机器人 B-9 总是帮助年轻的威尔·罗宾森（Will Robinson）逃脱在邪恶而懒惰的史密斯博士煽动之下产生的危险。其中 1966 年的《机器人战争》（War of the Robots）这一集特别能让人联想到冷战的背景。这一集讲的是 B-9 保护罗宾逊一家不让外星人派来的机器人——扮相与罗比相似——像苏联间谍一样渗透进他家。1964 年的《外星极限》（*The Outer Limits*）在电视上播放了一出宾德版的《我，机器人》，结尾亚当从一辆高速行驶的卡车车轮之下救出了一个孩子。1968 年，英国作家泰德·休斯（Ted Hughes）写出了《钢铁人：五个晚上的童话》（*The Iron Man: A Children's Story in Five Nights*），讲述的是一个外星机器人和一个小男孩成为好友，然后从外星恶龙手中拯救地球的故事。到了 1977 年 R2-D2 保护卢克·天行者（Luke Skywalker）时，机器人拯救儿童、青少年并和他们交朋友的故事已经流行三十多年了。[1]

这些虚构的故事是对现实世界的反映。孩子们在现实中也和机器人玩耍，这些机器人有自制的也有从商店买来的。1957 年，13 岁的

235

---

[1] 参见 *Lost in Space,* season 1, episode 20, "War of the Robots," aired February 9, 1966, on CBS; *Outer Limits,* season 2, episode 9, "I, Robot," aired November 14, 1964, on ABC; Ted Hughes, *The Iron Man: A Children's Story in Five Nights* (New York: Harper & Row, 1968); 以及 *Star Wars: Episode IV—A New Hope,* directed by George Lucas (Lucasfilm, Twentieth Century Fox, 1977)。

唐纳德·S. 里奇（Donald S. Rich）使用西屋公司捐赠的零部件造出了一个 6 英尺高、200 磅重的机器人。它可以进行数学运算，用带有磁铁的手握住金属物体，还能转动头部。1958 年，罗得岛的舍伍德·菲雷尔（Sherwood Fuehrer）用截面宽 4 英寸厚 2 英寸的木材的余料、拼砌玩具的金属条、空油罐、空椒盐饼干罐、开关、电线和一台旧发动机制造出了一台装置，媒体称这台装置为"伟大的小玩意儿"，"安静的小玩意儿"。1964 年，13 岁的马克·伯曼（Marc Berman）带着他的"移动机器人"（Mobot）出现在 ABC 电视台的《科学全明星》（*Science All Stars*）节目中。这个机器人"具有十几种'人类'的机能，包括朝三个不同的方向移动、倒水、抓取物体、拍照等等"。这些生活在乡下的白人男孩吸引了国内许多人的目光，而《乌木》（*Ebony*）和《黑玉》（*Jet*）也报道了造出机器人的年轻非裔美国人，包括弗吉尼亚州朴次茅斯市的克拉伦斯·格林（Clarence Greene）。这位 16 岁的男孩花了35 美元和 5 个月的工夫，造出了一个让他荣膺大奖的机器人。这个机器人有着"用来移动手臂的马达，还有不停闪烁的灯，做出眼睛和心脏的模样"。[1]

家长们也在购买机器人玩具。有时这些装置有着教育目的。曾写出第一本关于计算机的流行读物《巨脑》（*Giant Brains*）的保险公司高管埃德蒙·C. 伯克利（Edmund C. Berkeley）售有"Geniac"和"Brainiac"[2]

---

[1] Harold M. Schmeck Jr., "Queens Boy, 13, Builds a Robot That Has a Flair for Figures," *New York Times,* June 25, 1957, 31; "13 Year Old Improves Hollywood Robot: Marc's Creation Takes Its Own Pictures," *Chicago Tribune,* January 12, 1964, N2; "Robot Makes TV Debut," *Chicago Tribune,* January 12, 1964; "A Home-Made 'Otto-Tron'" *Ebony,* June 1970, 65-68; "Prize Robot," *Jet,* May 1, 1958, 48.

[2] "Geniac"和"Brainiac"，分别是"Genius"（天才）、"Brain"（大脑）和"ENIAC"的组合。——译者

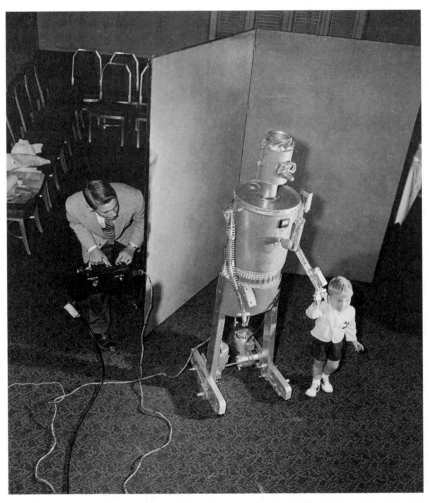

图 8.1　出自《生活》(*Life*)杂志的一张照片。舍伍德·菲雷尔控制着他颇受欢迎的"安静的小玩意儿",同时一个小男孩正拉着机器人的手。在冷战早期,像"小玩意儿"这样出现在科学展览上的机器人很受欢迎,经常被描绘成孩子们的朋友和卫士。图片来源:盖蒂图片社。

玩具包，让孩子们可以制作出自己的机器人大脑，以及一种被称为"傻瓜西蒙"（Simple Simon）的机器人，同时学会一些数字计算的原理。[1] 不过在更常见的情况下，孩子们玩机器人纯粹是为了取乐。从20世纪50年代开始，机器人玩具就开始出现在美国的商品目录和商店里。这样的玩具最初是在日本制造的（由于曾遭原子弹轰炸，日本市场对流行文化中的保护型机器人有一种特别的兴致），而到了50年代末60年代初，这样的玩具就很常见了。在孩子们玩的"罗比模型""原子机器人""机器人罗伯特"等装置中，有发条驱动的也有遥控的，有金属的也有塑料的。[2] 1960年，完美玩具公司（Ideal Toy Company）出品了一种叫作"机器先生"（Mr. Machine）的玩具。这是一个能走路、弯腰、捡东西的机器人。据新闻报道称，它是男孩们最喜欢的玩具。除了这位和平的机器先生，该公司还出售带有军事色彩的"机器人突击队"，吸引那些喜欢机器人战争的小男孩。[3] 60年代末，托普尔玩具公司（Topper Toys）推出了"查理和我"（Charley 'n Me）。这是一款下棋机器人，它的盒子上写着"世界上最伟大的计算机预编程机器人"，而且它将会是一个"真正的棋友！""真正的朋友！"马克斯玩具公司（Marx toys）发布了一款名叫"揍他打他"（Rock 'Em Sock 'Em）的玩具，这是世界上第一代拳击机器人。而在20世纪七八十年代，玩具产品与流行文化在各大洲交流频繁，产生了像变形金刚这样的机器人，它们会无私地保护人类，尤其是让他们免受来自

236

---

[1] "Can You Think Faster Than This Machine?," *Astounding Science Fiction,* May 1959, 3; Edmund C. Berkeley, "Simple Simon," *Scientific American,* November 1950, 40-43.

[2] "New Toy," *Chicago Defender,* February 26, 1955, 16; advertisement in *Life,* November 22, 1954, 166.

[3] Martha Weinman Lear, "5,000 Toys-and Most of Them Move," *New York Times,* December 10, 1961, SM17.

图 8.2　一个男孩正在演示完美玩具公司的"机器人罗伯特",这是 1959 年出现的一款很受欢迎的遥控玩具。与 19 世纪和 20 世纪早期的自动机玩具不同,这类玩具所强调的是装置的机械性,而不是其中蕴含的人的特点。图片来源:盖蒂图片社。

其他机器人的威胁。[1]

不仅在文学作品中而且在现实生活中,机器人都不断作为游戏伙伴的形象出现。这让美国人幻想着技术可以保护他们远离原子时代不可预测的可怕事情。不过,此类机器人也允许美国人忽视冷战时期的

237

---

[1]　在这一收藏者指南中可以看到该时期的几种机器人玩具: Jim Bunte, Dave Hallman, and Heinz Mueller, *Vintage Toys: Robots and Space Toys* (Iola, WI: Antique Trader Books, 1999)。有关"查理和我"的内容请参见 Topper Toys, Charley 'n Me (Elizabeth, NJ: De Luxe Topper Corporation, 1967)。关于当时世界各个地区的玩具, 请参见 Gary Cross, *Kid's Stuff: Toys and the Changing World of American Childhood* (Cambridge, MA: Harvard University Pres, 1997), 147-187。

道德问题。尼布尔呼吁美国人放弃美国神话中的无辜感，直面他们的罪恶，这可能会得到一些政策制定者和知识分子的赞同，但是机器人幻想也让每个人看到了另一种可能，即美国可以在没有道德负罪感的情况下确保国家安全。在流行文化中，人们不需要做出艰难的道德选择，因为可以让机器人来替他们做选择，而且它们在选择时往往远比真实的人更加理性、更加人道。流行文化认为，有了机器人，美国人就可以远离战争和军事化的严格管控；有了机器人，他们就可以追求无限的战争，而不是和平；有了机器人，他们就能在这个危险的世界里依然保持孩童般的无辜。

从戈特到终结者

但并不是所有人都欢迎这种机器人。在冷战期间，持不同意见的人担心自动防御装置可能会比人控制的装置更加危险。1954 年的电影《歌革》（*Gog*）暗示，计算机和机器人（电影中使用了两个出自《圣经·启示录》的名字，歌革和玛各 [Magog]）可能会被敌人用来破坏、对抗美国。1964 年的电影《核子战争》（*Fail-Safe*，改编自 1962 年的同名小说）设想，技术故障可能会让轰炸机在未获得人类指令时就袭击苏联。当一枚炸弹因疏忽大意而降临莫斯科时，美国总统为了平息苏联人的怒火，避免受到大规模打击报复，于是命令军队在纽约投下一颗炸弹。虽然技术故障差点毁了这个世界，但人类的勇气、意志力和判断力避免了一场更不堪设想的灾难。但在斯坦利·库布里克（Stanley Kubrick）1964 年的喜剧《奇爱博士》（*Dr. Strangelove*）中，世界就没有这么幸运了。电影中一枚美国炸弹因一位疯狂将军的阴谋而被投下，触发了苏联的"世界末日"装置，该装置一旦探测到核爆，就会自动发射导弹。库布里克诙谐地暗示，人类的疯狂、民族主义和自动防御系统的结合只会导致世界的毁灭。《核子战争》指责了技术故障问题，《奇爱博士》嘲笑了冷战逻辑，而哈伦·埃利森（Harlan Ellison）1967 年的后启示录惊悚故事《我没有嘴，我要呐喊》（"I Have No Mouth and I Must Scream"）则担心控制着整个核武库的军用人工智能所发展出的感知能力。这个计算机非常邪恶，它杀死了所有人，只留下四男一女，而它饶他们一命也只是为了折磨。1970 年的电影《巨人：福宾计划》（*Colossus: The Forbin Project*）同样担心有感知能力的计算机会利用它们掌控的核武库来奴役或毁灭人类。[1] 无论计算机和机器人是通过黑客、故障、逻辑还是知觉导致人类的毁灭，这些噩梦般的想象所批评的都是政府想通过国防自动化让战争成本达到忽略不计的程度的渴望。

詹姆斯·卡梅伦（James Cameron）1984 年的电影《终结者》将这些担心与焦虑集于一身，这体现在阿诺德·施瓦辛格所扮演的穿越时空的杀手 T-800 和一个名为天网的人工智能身上。影片的开场设定在遥远的未来，自动坦克在猎杀人类，之后镜头转向 20 世纪 80 年代的美国，此时正值琳达·汉密尔顿饰演的莎拉·康纳怀上未来的反抗军领袖之前，而施瓦辛格扮演的终结者被派去刺杀她。迈克尔·比恩（Michael Biehn）扮演的凯尔·里斯（Kyle Reese）是被送回过去保护莎拉的人类英雄，他解释说 T-800 既不是人类也不是机器人，而是一

239

---

[1] 参见 *Gog*, directed by Herbert L. Strock (United Artists, 1954); *Fail-Safe,* directed by Sidney Lumet (Columbia Pictures, 1964); *Dr. Strangelove or: How I Learned to Stop Worrying and Love the Bomb,* directed by Stanley Kubrick (Columbia Pictures, 1964); Harlan Ellison, "I Have No Mouth, and I Must Scream," in *Machines That Think: The Best Science Fiction Stories about Robots and Computers,* ed. Isaac Asimov and Patricia S. Warrick, et al.(New York: Holt, Rinehart and Winston, 1984), 233-250, 最初发表在 *If,* March 1967, 24-36; 以及 *Colossus: The Forbin Project,* directed by Joseph Sargent (Universal Pictures, 1970)。

个"赛博格，即控制论有机体。……一部分是人，另一部分是机器"。
T-800 内部由一个连接在金属结构上的微处理器控制，而外部的肌肤
让它不可能被发现与人类有何不同。里斯说："它们很像人类。流汗、
口臭等等一切人类特征它们都有，很难辨认。"终结者虽然有人类的
肌肉组织，但是它不会感受到疼痛，"不讲情面，也不讲道理。它不
会同情、后悔或者恐惧，不达目的决不罢休——永远不会"。甚至更
加可怕的是：当肌肉组织被烧毁，只留下一副机器人骨架时，它仍然
没有停止运转，直到莎拉用工厂的自动压力机将它压碎。这部电影首
映时正值机器人取代工作岗位、罗纳德·里根公开呼吁建立导弹防御
系统的年代，它把人们对国防自动化的担忧，与失业现象和机器对人
类身份越来越逼真的模仿联系了起来。[1]

但随着卡梅伦的续作《终结者 2：审判日》（*Terminator 2: Judgment
Day*）的上映，这些担忧并未出现在这部后冷战时代的影片中，赛博
格成了保护者的形象。《终结者 2》的片头场景是核爆引发的热浪焚毁
了城市的街道和游乐场，而后正片切换到 1991 年，施瓦辛格的 T-800
再次从未来出现，它一丝不挂地走进一家酒吧。正当男人们害怕地站
着，女人们目瞪口呆地注视着它雕塑般的身体时，它开口索要人们的
衣服和武器。有人拒绝它时，它没有杀死他们，而只是让他们受伤，
然后拿走它想要的东西。这一次，观众们很快就发现，终结者不是来
杀莎拉的，它要做的事情是自从阿西莫夫首次设想出罗比以来，机器
人在美国一直会做的事情：保护一个孩子——约翰，不过他虽年轻，
却已经有了许多条犯罪记录，远远算不上"无辜"。在《终结者》中，
人类里斯可以保护（并勾引）一位成年女性；而在这部续作中，白人

---

[1] *The Terminator,* directed by James Cameron (Orion Pictures, 1984).

男子气概是由一个人机混合的造物来呈现的，它要来保护里斯和莎拉的孩子。[1]

T-800 保护着约翰和莎拉逃离由罗伯特·帕特里克（Robert Patrick）饰演的液态金属仿生人 T-1000 的袭击，他们仨还试图阻止天网引发"审判日"的到来。同时约翰试图让他的赛博格保镖更具人性，并逐渐对它产生了感情。相比于身着警服的 T-1000，T-800 戴着墨镜，穿着皮夹克，骑着一辆摩托车，显得很时髦。但是，它的语气仍然很生硬。为了给它注入人性，约翰开始试着让它按道德行事，命令它不要杀人。不过直到三人在边境与支持莎拉的墨西哥人见面时，赋予 T-800 人性的尝试才算有了不错的结果。随着约翰与这台机器的关系越来越近，他还教它说西班牙语和英语中的俚语，比如流行用语"Hasta la vista, baby"（后会有期，宝贝），让它看上去不再那么像"呆子"。整日与人类待在一起，T-800 渐渐拥有了超越自己杀戮本性的人格。看着约翰和 T-800 讲话甚至玩耍，莎拉道出几句旁白，话中蕴含的理念似乎直接来自阿西莫夫："终结者永远不会停止运行；它永远不会离开[约翰]，不会伤害他、冲他大吼大叫、醉酒后揍他，或者说事情太多没空陪他。它会一直在约翰身边，至死保护他。这么多年来，比起所有想当他的继父的人，这个东西，这台机器，是唯一符合标准的。在这个疯狂的世界里，它是最合理的选择。"她在暗示，既然自动计算机系统都能够变成一个下达审判的神，那或许一个赛博格也能成为最好的玩伴和卫士。[2]

1951 年，《地球停转之日》设想了一个巨大、冰冷的外星金属机器人，保护宇宙不被大量的民众与核武器所伤害。1991 年，《终结者 2》

[1] *Terminator 2: Judgment Day,* directed by James Cameron (TriStar Pictures, 1991).

[2] *Terminator 2,* dir. Cameron.

想象了一个时髦的赛博格，这个与人类非常相似的赛博格守卫着一对母子，让他们不被来自未来的机器人攻击。这两部电影之间相隔四十年，其间美国的军事、社会和文化都已经发生了巨大的变化。但是其中的核心神话却仍然存在，即技术的力量可以保卫美国，甚至还能让美国不受其他技术的伤害。但关键的一点是，终结者不是机器人，而是一个赛博格；因为它与人类非常接近，所以能够与人产生同理心。这台机器并不是像戈特似的与人相疏离的机器人卫士；它能理解人类文化，包括那些被剥夺了社会权力者的文化。在影片的最后几幕中，莎拉看到终结者为了人类的利益而牺牲自己，于是将自己思想中的变化娓娓道来："未知的未来正向我们滚滚而来。我第一次满怀希望地面对它，因为如果一台机器，一个终结者，可以认识到人类自身的价值，那或许我们也可以。"她相信，也许计算机和控制论可以带给人们人性之馈赠。[1]

---

[1] *Terminator 2,* dir. Cameron.

第九章　后工业时代的礼物

　　1950年，控制论奠基人之一、数学家诺伯特·维纳的一场导论性的讲座，让麻省理工学院的戏剧社再次对 R.U.R. 产生了兴趣。一年前，维纳就已经警告过美国汽车工人联合会（United Auto Workers）主席沃尔特·鲁瑟（Walter Reuther），让他当心自动化的危险。现在，他把这一观点又说给听众中的同事们听，而他们中的许多人正在与工业界或军方合作，发明各种可以提高生产效率、赢得冷战的技术。在追溯了自动化的历史后，维纳请求听众们保有一颗同情心："机器需要被理解，否则它们就会抢走工人嘴边的面包。不仅如此，它们还要求我们一定要将人作为人来看待，否则我们就会变成它们的奴隶，而它们不再是我们的奴隶。"随后他拿出了帕罗米拉（Palomilla）。这是一台装有轮子的机器人，它体内的两个光电元件能起到导航作用，让它找到光源的位置。维纳这台外号"飞蛾"或者"臭虫"的机器人很好地展示了反馈技术的感知能力，因为它可以寻找光明或黑暗。在赢得了观众们的一片喝彩之后，维纳继续他的演讲。他劝告观众说，如果技术被用于"虚荣、炫耀，或者满足权力欲望，那么它只会招致天谴"。它必须"引导我们达到正义的目标，超越所有微不足道的私

心"。他并没有说这样的目标可能是什么。但至少他认为，与 R.U.R. 的关联是很清楚的：他的听众们正在创造出恰佩克的敌托邦世界。[1] 不过

---

[1]　"Revival of R.U.R. with New Prologue," *New York Times,* May 7, 1950, 163. 有关维纳的飞蛾机器人的更多内容，请参阅 Jessica Riskin, *The Restless Clock: A History of the Centuries-Long Argument over What Makes Living Things Tick* (Chicago: University of Chicago Press, 2016), 324-326。

图 9.1 控制论的奠基人之一诺伯特·维纳的半身照。他在麻省理工学院的一间教室里，面前是"飞蛾"或者"臭虫"机器人帕罗米拉。帕罗米拉能够感知光明和黑暗，并移动到相应的位置。阿尔弗雷德·艾森施泰特（Alfred Eisenstaedt）摄 / 生活图片集 / 盖蒂图片社。

我们并不清楚的是，听众们是接受了他的观点，还是只关心帕罗米拉而并未理会他的说法。

维纳在麻省理工学院提到 *R.U.R.* 时所表现出的那种热情与不安并存的情绪，正是二战后几十年美国"后工业"（postindustrial）社会的真实写照。军方对机器人武器的投入已经成了公开的事实，而企业和媒体也在传播这样一种愿景：新一代自动化机器人将让美国人生活在一个按下按钮就能得到闲暇与消费的世界。在这个行将到来的"控制论国家"（cybernation），资源的开采将由机器人农民和机器人矿工进行；机器人工厂生产的商品将由机器人飞机运输，并在机器人商店销售；机器人也将为家庭提供一个安全的环境，让美国人可以在其中获得他们想要的所有奢侈享受与闲暇。在这样的世界里，人还需要做什么呢？这常常语焉不详。"在电子技术的引导下，在原子能的驱动下，在自动化平稳、不费力的运转下，"美国制造商协会（National Association of Manufacturers）在 1963 年预言，"我们自由经济的魔毯正朝着远方做梦也想不到的地平线前进。搭上这顺风车就已经是地球上最令人激动的事情了！"[1]这样的梦想诚然不新鲜，但在冷战的语境下，跟以往相比，它更多地来源于消极性以及个人与家庭的私欲。战后的企业和学者们认为，机器人在导致工作岗位减少的同时，也以提高家庭的自动化程度作为弥补。这进一步让西屋公司的消费主义愿望变得狭隘，机器人成了私人欲望而不是公共欲望的奴隶。[2]

对维纳以及更激进地批评美国社会的人而言，这样的愿景不是美梦，而是噩梦，因为除了私欲的满足之外，它几乎没有给人类的存在意义留下任何空间。来自民权运动、新左派运动、反主流文化运动

---

[1] *Calling All Jobs: An Introduction to the Automatic Machine Age* (New York: National Association of Manufacturers, 1957), 21. 为更好地把握这一语境，请参阅 Bix, *Inventing Ourselves Out of Jobs?*, 24。有关这一主题的更多内容，请参见 David P. Julyk, "'The Trouble with Machines Is People': The Computer as Icon in Post-War America, 1946-1970," PhD diss., University of Michigan, 2008。

[2] 更多关于后工业想象的崛起以及它们与计算机和自动化的联系，请参阅 Howard Brick, *Transcending Capitalism: Visions of a New Society in Modern American Thought* (Ithaca, NY: Cornell University Press, 2006), 152-185; Jefferson Cowie, *Stayin' Alive: The 1970s and the Last Days of the Working Class* (New York: New Press, 2012); Daniel T. Rodgers, *Age of Fracture* (New York: Belknap Press, 2012); 以及 David Nye, *America's Assembly Line* (Cambridge, MA: MIT Press, 2013), 187-216。

和女权运动的批评者们虽然经常像那些以商业为导向的对手一样对机器人的可能性着迷，但他们坚持认为，它的好处不是来自资本主义的魔力，而是来自公民的参与。这些批评人士鼓励人们融入新兴的机器人世界，并努力确保旧社会的不平等与非人化不会在新社会中再现。虽然这些努力大部分都失败了，但他们的批评将继续影响美国文化，尽管是以一种让企业更喜闻乐见的个人主义方式。到了 20 世纪末，机器人带来的最重要的礼物不是属于共同体的，和有意义的工作亦无关，而是一种个体化的私人快乐—— 一种个人完全可以控制的社会关系。

机器人革命

在 20 世纪 50 年代，圣诞老人离开了他前工业时代的小作坊，变成了一个机器人。1953 年，《航空周刊》（*Aviation Week*）在一篇关于自动飞行员的文章旁，为洲际制造公司（Intercontinental Manufacturing）刊登了一则广告。该公司原本是一家拖拉机制造商，后来加入了国防承包商的队伍。在广告中，一个胸如圆筒的圣诞老人一只手拿着一袋礼物，另一只手拿着该公司的标志—— 一个印有北美洲轮廓的地球仪，上面标着"服务世界"的口号。"你见过机器圣诞老人吗？"广告问道。**"我们也没有！** 但是，洲际公司的工程部想让他向你转达我们诚挚的节日祝福。"[1]这暗示着自由世界是军工复合体带来的礼物。 244

机器圣诞老人（Santabots）通常会提供许多礼物。在《机械图解》（*Mechanix Illustrated*）的一篇宣布"机器人要来了"的文章中，编辑还附上了一张照片，上面有一个惊恐的小男孩坐在一个巨大的机器圣诞 245

---

[1] Intercontinental Manufacturing Company, "Have You Ever Seen a Robot Santa Claus?," advertisement, *Aviation Week,* December 21, 1953, 48.

老人的腿上。一封写给《国家乡村邮差》（*National Rural Letter Carrier*）的信提到，当地一家百货商店里有一台机器圣诞老人，"它发出的'圣诞快乐'的叫喊能响彻整条街道"。纽约大学工程专业的学生们指挥一台外号为"索达尔"（Thodar）的巨型机器人收集礼物，并将礼物送给贫困儿童，这是工业艺术俱乐部（Industrial Arts Club）年度玩具慈善捐赠的一部分。[1]《银河科幻小说》（*Galaxy Science Fiction*）1960年12月的封面上，一个传统的圣诞老人——不过他多长了几条胳膊——踏入房间，发现一个戴着假胡子、帽子，背着一袋玩具的机械圣诞老人正在修剪一棵金属树。[2] 在 1964 年的电影《圣诞老人征服火星人》（*Santa Claus Conquers the Martians*）中，圣诞老人仍然是人类，但在火星人及其机器人的强迫下，他不得不丢掉传统的手工艺品，改用自动化机器。他的哀叹同样表达出了一代又一代技艺精湛的工匠曾表达过的对这种攸关存亡的存在方式的不满："看看我，圣诞老人，伟大的玩具制造者，正在按按钮？！这就是你们的自动化。"[3]

圣诞老人因为失去了自己的存在意义而说出的玩笑话其实来源于一场更广泛的关于自动化的利弊的讨论。自动化以光电元件等早期技术创新为基础，依赖于一系列"传感机器"，这些机器能够探测到环境的细微变化，并为中央控制单元提供"反馈"，以使机器可执行"自我监测"。[4] 将这样的装置和计算机以及人工记忆（artificial memory）

---

[1] Mrs. Arthur L. Gardner, "Auxiliary Activities," *National Rural Letter Carrier,* December 20, 1952, 12; "Robot 'Santa' Aiding Needy Children," *New York Times,* December 14, 1954, 26; "Robot Santa," *Evening Times,* December 21, 1961, 2.

[2] 参见 *Galaxy,* December 1960, cover。

[3] *Santa Claus Conquers the Martians,* directed by Nicholas Webster (Jalor Productions, 1964).

[4] Carl Dreher, *Automation: What It Is, How It Works, Who Can Use It* (New York: Norton, 1957), 28-29.

相结合，工程师和经理们幻想他们最终可以造出一种完全集成化的生产系统，这种系统能监测误差、打通各个部分、判断最佳的行动方案并从经验中学习——而所有这些所需的工人辅助少之又少。[1] 1945年，《纽约时报》预言道："在一卷纸上打好洞，把纸装在主机上，按一个按钮，然后一系列相连的附属机器就会开始打磨、测量金属碎片，将它们抛光并塑造成型，最后组装成汽车或真空吸尘器——可能在我们的后知后觉中，工程师们就能做到这些了。"[2] 在 50 年代，工程师们进一步发展了这种能力，批评者和支持者都借用机器人这一概念，来让公众们对此感到惊奇或害怕。

支持者将自动化抬到了"第二次工业革命"的高度，认为这些新颖的会思考、能感知的机器人将会让闲暇时间变得更加充裕，改善人们所从事的工作，将人类"从机器的束缚中解放出来"。[3] 记者们一再表达了这种兴奋之情。1955 年，《明尼阿波利斯论坛报》（*Minneapolis Tribune*）的科学作家维克托·科恩（Victor Cohn）在他的一个同时刊登于多家报纸的专栏《1999：我们充满希望的未来》（"1999: Our Hopeful Future"）中预言："人类的工作将由机器人完成。"不过真正的机器人看起来并不像人；相反，科恩认为它与计算机有关："它看起来像一排排装着钢制文件柜的超级收音机；像你的电视机的内部构造，不过要复杂上好几倍；或者像一捆捆电线。"[4]

---

[1] John Diebold, *Automation: Its Impact on Business and Labor,* Planning Pamphlet no. 106 (Washington, DC: National Planning Association, 1959), 3.

[2] "Mechanical Brain," *New York Times,* October 31, 1945, 17.

[3] John Diebold, "Automation: Will It Steal Your Job?" *Los Angeles Times,* June 26, 1955, H7.

[4] Victor Cohn, "1999: Our Hopeful Future: 'Man's Work Will Be Done by Robot,' " *San Mateo Times,* January 20, 1955, 1.

另一位撰稿人则带着不祥的预感指出："第一次工业革命用机器取代了人的肌肉与汗水，让他不再累得心力交瘁，为教育、健康、科学探索以及娱乐留下了闲余时间。我们所处的电子时代（Electronic Age）则又用机器，不仅取代了肌肉，还取代了人的感官、神经系统以及大脑，任何眼睛、鼻子或大脑能完成的**常规**任务，电子仪器都能以百万倍的速度完成，并且准确无误、毫秒不差、行云流水。"[1]《纽约时报》一篇文章的标题也说了类似的话："自动化让工业来到了奇妙的机器人时代的前夜。"劳工记者 A.H. 拉斯金（A. H. Raskin）称，自动化"正在淘汰常规的大批量生产概念。这些新型控制设备拥有神奇无比的潜力，可以让人想象出不需要工人的工厂等工作空间"。[2]

在一些公司和媒体强调机器人潜在的自主性的同时，另一些公司则继续将它描述为可以被远程控制的机器。1956 年，通用电气推出了"机电奴隶"（electromechanical slave），给它起名叫"应声虫"（Yes Man），以讽刺当时人们对男性变得过于顺从的恐惧。这个"殷勤的机器人"，《生活》杂志这样称呼它，"听从主人的命令，一声不吭地做出主人想要的动作。控制者手中可以拿着一双手臂，它们与机器人的手臂是相配对的。当控制者移动手指时，电信号会启动液压活塞，然后让'应声虫'的机械手做出同样动作。"通用电气强调，这种技术在原子实验室中大有用处，因为它可以让人们远程操控危险材料，不会对正常工作产生威胁。"应声虫"只是替代了工作者的身体而不是全部，它可以让人们在执行危险任务时不受伤害，包括像《生活》杂志的一张照片含蓄而玩笑般地展示出的那样，帮助一位年轻女人

---

[1] Carleton Beals, "Cybernetics," *Rotarian,* September, 1953, 14-16, 56-57, 16.

[2] A. H. Raskin, "Automation Puts Industry on Eve of Fantastic Robot Era," *New York Times,* April 8, 1955, 14.

穿上外套。[1]

　　休斯飞机公司同样认为机器人是工人可遥控的延伸物，而不是工人的替代者。1959 年，该公司推出了在那个时期最神奇的机器人系列产品的第一款："摩伯特"（Mobot），这个单词是"移动机器人"（mobile robot）的缩写。据《大众科学月刊》报道，摩伯特是专为在危险环境中工作而设计的，如核反应堆、海底甚至月球，它有着"电子神经、液压肌肉以及电视摄像机眼睛"。再加上"能够打高尔夫或者拥抱金发女郎"的手臂以及滑轮底盘，这款机器人可以"像巴厘岛舞者一样腾挪"，也可以像"棒球接球手"一样蹲着。杂志还讽刺了人们对机器人叛乱的恐惧。在文中的一张图片上，一个机器人正在缓缓靠近男人的后背，图片的说明文字写道："好像有一股杀人的冲动驱使着摩伯特勒死操作员。别害怕，一切尽在他的掌控之中。有三块电视屏幕一直在向他展示摩伯特在做什么。"[2]和通用电气的"应声虫"一样，《生活》杂志也为摩伯特拍摄了一张它帮一位女士穿衣服的照片——在这个场景中，它在给连衣裙拉上拉链。[3]当时也有人想象着在自动化工厂中按下一个按钮就能生产出商品，但与此相反，这些移动机器人将早期通俗小说如《大草原上的蒸汽人》中试图实现的冒险、浪漫的梦想与这样的装置联系了起来。这种类型的机器人不是对人的取代，而是为人们提供了一种以机器为中介体验冒险的方式。

　　整个 20 世纪 60 年代，报纸和电视上对摩伯特及其控制者的冒险经历的报道为读者和观众带来了许多欢乐，但一种新的设备在实用性

247

248

---

[1]　"Chivalrous Robot," *Life,* May 28, 1956, 126.

[2]　"Marvelous Mobot Will Do Work Too Hot for Man," *Popular Science,* September 1960, 82-83.

[3]　"Robot with a Super Deft Touch," *Life,* February 17, 1961, 55.

图 9.2 休斯飞机公司的摩伯特的一张照片。摩伯特正在为一位女士的裙子拉上拉链——这是当时工业机器人经常摆出的姿态，目的是让持有怀疑态度的观众驯服这些装置。这个机器人由一名男子远程控制，它只是代理了工人的动作，并未彻底取代工人。J.R. 艾尔曼（J. R. Eyerman）摄 / 生活图片集 / 盖蒂图片社。

和受欢迎程度上迅速超越了它，那就是"通用伙计"。这种"通用目的的机器"在乔治·迪沃尔申请专利时被描述为"一种程序化的物品转移装置"，它的程序可以被改写，执行"许多需要周期性操作的任务"。早期的自动化操作往往需要专用机器，而这个专利声称，新装置"可以很容易地服务于购买者的目的，或为满足购买者的特殊需求而进行改装。反过来，购买者家中也可以常备这种机器，因为购买者可以随时快速、方便地让它服务于新的需求"。[1] 迪沃尔认为，这种能力现在让机器的自动化控制得以可能，而以往这是一种成本高昂的生产方式。据报道，20 世纪 50 年代末，当迪沃尔在一场鸡尾酒会上向阿西莫夫的狂热粉丝、工程师约瑟夫·恩格尔伯格介绍这种装置时，恩格尔伯格回答说："听起来像机器人。"恩格尔伯格与迪沃尔一起拉到投资，成立了通用机器人公司（Unimation），并将机器重新命名为"通用伙计"，意为"通用自动化装置"。1959 年，他们将第一台产品卖给了通用汽车，后者将它安装在一家位于新泽西的工厂里。随后订单纷至沓来，很快，通用机器人公司就成为与不断发展的机器人产业联系最为密切的名字——这一地位一直保持到 1980 年它被西屋公司收购。[2] 正如《大众科学》杂志所描述的那样，凭借其液压驱动的"胳膊"和"手"、数字控制器以及记忆系统，这种"新型工人"可以记住多达两百条指令，并准确无误地依次执行它们。这款装置非常"善于学习"，除了许多实际应用之外，它还能"在钢琴或木琴上演奏《我的国家属于你》（"My Country' Tis of Thee"）……把咖啡倒进随机

249

---

[1] George C. Devol Jr., "Patent for Programmed Article Transfer," US patent 2988237, filed December 10, 1954, granted June 13, 1961.

[2] "Unimate: The First Industrial Robot," *A Tribute to Joseph Engelberger: The Father of Robotics* (website), accessed March 6, 2019, http://www.robotics.org/joseph-engelberger/unimate.cfm.

图 9.3 通用机器人公司的"通用伙计"机器人于 1963 年在流水线上首次亮相,被机器人行业称为第一台工业机器人。在这张来自英国的照片中,"通用伙计"正在为一位不知名字的女士泡茶,以展示它家用以及可控的本质。与摩伯特不同,"通用伙计"是工人的自动化取代者,而不只是以遥控方式代理工人的动作。图片来源:盖蒂图片社。

摆放在桌子上的杯子里……或者……拿起标有字母的积木,拼出自己的名字"。[1]这台看上去有着自我意识的机器甚至上了《今夜秀》(*Tonight Show*),它在节目上推高尔夫球入洞、倒啤酒、指挥管弦乐队,主持人约翰尼·卡森(Johnny Carson)对它的优点赞不绝口。[2]尽管"通

[1] Alden P. Armagnac, "New Factory Worker: Teachable Robot Can Remember 200 Commands," *Popular Science,* August 1962, 79.

[2] Kasia Cieplak-Mayr von Baldegg, "Unimate Robot on Johnny Carson's Tonight Show (1966)," *Atlantic,* August 16, 2011, http://www.theatlantic.com/technology/archive/2011/08/unimate-robot-on-johnny-carsons-tonight-show-1966/469779/.

用伙计"不具有像人一样的身体，但它已不仅仅是一台自动化机器了；正如机器人行业后来所宣称的那样，它的自主性以及再编程能力让它成为"第一台工业机器人"。[1]

让"通用伙计"拥有人格化特征是很重要的，因为人们仍在担心技术性失业问题。报纸常常对自动化生产的潜在后果模棱两可。1957年《洛杉矶时报》的一篇文章认可"自从工业革命以来，工人一直被机器束缚着，服从机器，并受机器支配"，但又预言"自动化生产有望使自主控制的机器成为可能，工人可以自由地工作，从而发展其独特的人类能力"。但文中附上的漫画却打散了这种乐观情绪，至少对男性工人来说是这样——画面中，一个巨大的无线电遥控的机械人将一名白领和一名蓝领工人举向天空，而一个金发女人坐在它的控制装置旁。[2] 它开玩笑地暗示着，在这个新时代，工作门槛将会变得微不足道，连一个金发女郎都能管理一家工厂。

虽然艾萨克·阿西莫夫的机器人家喻户晓，但在 20 世纪 50 年代，其他科幻作家对他的乐观态度表示不能苟同。库尔特·冯内古特（Kurt Vonnegut）受他在通用电气的工作经历的启发，写出了《自动钢琴》（*Player Piano*, 1952），讲述了一个自动机剥夺了几乎所有工人的工作与尊严的故事。一位工厂经理对自己平凡的生活感到不满，对工人的困境感到内疚，于是试图通过简单的、非技术的生活来寻找生活的意义。但这一尝试失败了，部分是因为他的妻子对消费品的热爱。因而他加入了失业工人的"鬼衫运动"（Ghost Shirt Movement,

250

---

[1] "Unimate: The First Industrial Robot"；"Unimate" Robot Hall of Fame, Carnegie Mellon University, 2003, http://www.robothalloffame.org/inductees/03inductees/unimate.html.

[2] Wayne Johnson and Howard Gingold, "Automation: Portend of a Second Industrial Revolution," *Los Angeles Times,* September 9, 1957, B5.

该运动是对 19 世纪末美国原住民的宗教鬼舞 [Ghost Dance][1] 的模仿）来摧毁机器。但这最终也未能成功，因为大多数人仍然热衷于追求丰富的商品。冯内古特的小说以一个上层阶级男人的反抗为中心，他在对自动化生产的文学批评中加入了阶级叙事，因而在他的想象中情况并不乐观。

20 世纪 50 年代菲利普·K. 迪克的机器人故事更直接地攻击了阿西莫夫对机器人的信任。他在《最后的主人》（"The Last of the Masters"）中想象了一场针对"政府机器人"的无政府主义叛乱。文中的机器人和阿西莫夫《可避免的冲突》（"The Evitable Conflict"）中的一样，组织着经济和政治生活。在《自动工厂》（"Autofac"）中，自动化工厂摆脱了人类的控制，一直不断生产大量商品，耗尽了地球的资源。在批评最为深刻的《为主人服务》（"To Serve the Master"）中，一位名叫阿普尔奎斯特的工人在峡谷中发现了一个受损的机器人，并修好了它。当机器人恢复意识时，它解释说，它的损伤来自"道德主义者"和"闲暇主义者"之间的战争，前者赞同工作伦理，而后者则因机器人劳动力带来的创造力与自由而雀跃。但是当阿普尔奎斯特在其可怕的工厂工作时，他问起关于机器人的事情，结果发现那台机器人撒了谎：机器人已经开始反抗人类了。当局惊恐万分，投下了一颗原子弹，炸毁了峡谷，阿普尔奎斯特也未能幸免于难。迪克暗示，即使是工厂中贬低身份的工作也比自动化机器要好，因为自动化机器将集中权力，剥夺工人存在的意义，并毁灭

251

---

[1] 鬼舞是 19 世纪末盛行于北美印第安人中的一种救世主运动，使用跳舞仪式来象征白人入侵者的消失，已经亡故的印第安人与已经灭绝的野牛重返家园。——译者

地球。[1]

但电影和电视却对技术性失业嗤之以鼻。在 1957 年的浪漫喜剧《电脑风云》（*Desk Set*）中，斯宾塞·屈赛（Spencer Tracy）饰演的一位效率专家理查德·萨姆纳（Richard Sumner）受雇为一家广播公司安装一台 EMERAC 计算机；该公司的资料室主任是凯瑟琳·赫伯恩（Katharine Hepburn）饰演的邦尼·沃森（Bunny Watson）。邦尼的头脑像电脑一样高效，她的全体员工都是女性，她们担心自己会被EMERAC 取代——当包括公司总裁在内的全体员工都被解雇时，噩梦成真了。但是电影最后表明，这次大规模裁员是一个错误；最终没有人失去工作，每个人都对这个小插曲一笑了之。1962 年，动画情景喜剧《杰森一家》（*The Jetsons*）以同样方式解决了这种紧张关系。故事设定在一个未来的自动化世界，一家之主乔治每天只工作三小时，每周工作三天，工作任务就是按按钮。然而，他的办公室被一个拿破仑式的暴君所控制，这位老板不断试图从员工身上榨取更高的生产率，所以他的工作环境仍然很糟糕。在早先的一集中，老板斯派塞利先生购买了一个名叫"Uniblab"的机器人——戏仿了"通用伙计"和UNIVAC——来担任乔治本该接手的管理岗位；而乔治将成为它的助理，给它加油。这台装置不仅比乔治更有效率，而且更狡猾：它引诱乔治在上班期间打牌，并让他嘲笑斯派塞利，结果乔治被解雇了。不过就像在《电脑风云》中一样，工人一方获得了胜利——在这个故事中，乔治的机械师朋友把那台机器灌醉了。通过结尾的预录笑声，这

---

[1] 参见 Philip K. Dick, "The Last of the Masters," *Orbit,* November 1954, 32-57; Philip K. Dick, "Autofac," *Galaxy Science Fiction,* November 1955, 70-95; Philip K. Dick, "To Serve the Master," *Imagination,* February 1956, 78-89。奈（Nye）也讨论了这些故事，参见*America's Assembly Line,* 158。

一集故事减轻了人们对技术性失业的恐惧，尽管它也承认了这一现象的存在。[1]

《杰森一家》让美国人看到了一种流行于自由派和激进派之间的幻想：一个人们可以不再从事贬低人格的工作的后工业社会。[2] 虽然早些时候的撰稿人也用过"后工业"这个词，但是人们对该词的兴致主要来自社会学家丹尼尔·贝尔（Daniel Bell）的作品。[3] 在 1956 年的论文《工作及其不满》（*Work and Its Discontents*, 后来此文被收录进他最受欢迎的《意识形态的终结》[*The End of Ideology*]）中，贝尔拒绝将工厂劳动或闲暇视为身份认同的来源。在分析从杰里米·边沁（Jeremy Bentham）的功利主义到"人际关系"（human relations）管理学派之间一系列为提高效率的尝试时，他引用了奥尔德斯·赫胥黎的话并表示赞同："每一间高效的办公室、每一间现代化的工厂都是一座全景监狱，工人们痛苦地……意识到自己正被囚禁于机器之中。"但是与早些时候的批评不同，贝尔将这只归咎于消费，而不是技术。"如果美国工人已经被'驯服'了，"他写道，"那也不是因为机器的规训，而是被……由他的工资、他工作的妻子带来的第二份收入，以及低息贷款所提供的较优裕生活的可能性驯服的。"贝尔并不认同后工业理论家大卫·理斯曼（David Riesman）在他之前提出的休闲自由的梦想。贝尔呼吁改革，以"维持"工人的"精神"。他承认自己提议的

252

---

[1] *Desk Set,* directed by Walter Lang (Twentieth Century Fox, 1957); *The Jetsons,* Season 1, episode 10, "Uniblab," aired November 25, 1962, on ABC; 关于《电脑风云》的内容，参见 Bix, *Inventing Ourselves Out of Jobs?*, 251-252。

[2] Howard Brick, "Optimism of the Mind: Imagining Postindustrial Society in the 1960s and 1970s," *American Quarterly* 44, no. 3 (September 1992): 348-380.

[3] David Riesman, "Leisure and Work in a Post-Industrial Society," in *Mass Leisure,* ed. Eric Larrabee and Rolf Meyerson (Glencoe, IL: Free Press, 1958), 379-381. 关于这个词的起源及发展，请参见 Brick, *Transcending Capitalism,* 194-195。

解决方案，"轮岗制"（job rotation），并不能圆满地完成这一任务；尽管如此，贝尔仍然对自动化生产让人们从社会的痼疾中解脱出来抱有希望。[1]

　　在 20 世纪 50 年代，贝尔曾将"机器人工厂"斥为幻想，但这仅仅是因为当时的自动化装置用途单一。但到了 60 年代初，有少数公司开始生产多用途机器人。贝尔相信，这些技术将与控制论一起，预示着一种新的社会形式的到来。在 1973 年的畅销之作《后工业社会的来临》（*The Coming of Post-Industrial Society*）中，贝尔否认技术会终结稀缺性（scarcity）的存在或者对工作的需要。相反，他看到了道德、制度、认识论和权力关系的根本转变。他认为，在新社会中，"重要的不是肌肉力量或者精力，而是信息"。这样一种社会的出现将使人们不再屈服于物质生活的统治。"如果工业社会是用商品的数量来定义，作为生活水平的标志，"他声称，"后工业社会是用生活质量来定义，用服务和福利来衡量。现在人们认为，卫生、教育、娱乐、艺术等服务和福利不仅是他们想要的，而且是可能实现的。"贝尔认为，人们将会在相互的服务中，而不是消费中找到存在意义。[2]

　　对此，批评者虽然觉得很有希望，但是并不相信它一定会发生。1962 年，民主制度研究中心（Center for the Study of Democratic Institutions）的学者唐纳德·迈克尔（Donald Michael）用一个新单词

[1] Daniel Bell, *Work and Its Discontents: The Cult of Efficiency in America* (Boston: Beacon Press, 1956), 3, 21, 49, 55-56, 32, 38.

[2] Bell, *Work and Its Discontents,* 48; Daniel Bell, *The Coming of Post-Industrial Society: A Venture in Social Forecasting* (New York: Basic Books, 1973), 127. 有关贝尔及后工业主义的内容，请参见 Brick, *Transcending Capitalism,* 197-198; 以及 Howard Brick, *The Age of Contradiction: American Thought and Culture in the 1960s* (New York: Twayne Publishers, 1998), 54-57。

将控制论与后工业主义联系在一起：**计算机自动化**（cybernation）。[1]
迈克尔比贝尔更相信计算机和自动化的潜力，他警告说："在未来
二十年内，能够进行可靠的原创性思考的机器就会出现在实验室之
外，它们的思考水平将不逊于大多数理应'用脑'的中层人员。"迈
克尔担心，自动化会提高"控制、理解和利润"的水平，因此他拒绝
将这些标准视为文明的基础，并强调自动化会危及制造业岗位和白领
的工作。他声称："家庭医生正在消失，各种商店里的各种职员也在
消失。"[2] 在迈克尔所预见的世界中，失业将迫使更多的人不情愿地
从事休闲活动——其中大多数人仍将是不会思考、毫无用处。他警告
说，如果人们在缺乏工作的同时，并没有学会享受有意义的休闲活
动，那么他们将变成一群没有头脑的寄生虫。

20 世纪 60 年代，**计算机自动化**这个词在激进文化中广为流传，
这主要得益于具有社会主义倾向的"三重革命特设委员会"（Ad Hoc
Committee on the Triple Revolution）的努力。该委员会于 1964 年出具
的报告得到了当时许多著名激进派人士的署名支持，包括迈克尔·哈
林顿（Michael Harrington）、汤姆·海登（Tom Hayden）、托德·吉特
林（Todd Gitlin），以及科学家莱纳斯·波林（Linus Pauling）、《科学
美国人》的发行人杰拉德·皮尔（Gerard Piel）和未来学家罗伯特·西
奥博尔德（Robert Theobald）。该组织认为，除了"武器""人权"革
命之外，还存在着第三重革命："计算机自动化"革命。第三重革命

---

[1] 关于"cybernation"的翻译，迈克尔指出，"计算机"（computer）与"自动化"（automation）
越来越多地联系在一起，因此他发明 cybernation 同时指代这两者；之所以使用"cyber"这
个词根，是因为"cybernetics"（控制论）是计算机和自动化的基础。见 Michael, *Cybernation:
The Silent Conquest* 第 6 页脚注。——译者

[2] Donald N. Michael, *Cybernation: The Silent Conquest* (Santa Barbara, CA: Center for the
Study of Democratic Institutions, 1982 [1962]), 9, 17.

是最大的威胁，因为它可能会破坏工作与消费之间的联系。不过，该组织对此仍表示乐观。"由于计算机的自动化控制，"他们写道，"社会不再需要把重复的、无意义的……艰辛劳作强加给个人。"由此，公民将"自由地选择自己的职业与工作，其选择范围将非常广泛，甚至有一些还尚未进入我们的价值体系和我们所认可的'工作'模式中"。如果社会做出正确的决策，那么计算机自动化将终结工作场所中的异化问题；否则它将导致大规模失业。为了实现这一点，该组织建议政府应当"为每个人和每个家庭提供足够的收入，并认定这是一项公民的基本权利"，这样人们就可以或者享受休闲娱乐，或者享受从理想上来说是服务于他人的"非生产性任务"的工作。[1] 这种建议中蕴藏的是一种共同富裕的愿望，而正是这种愿望构成了 20 世纪 60 年代自由派（如贝尔）和激进派的许多预测的出发点。[2]

特设委员会呼应了工会，尤其是美国汽车工人联合会对自动化的批评。从新闻标题就能看出那个时代汽车工人经常听到的故事，其中典型的一个是："福特在克利夫兰的工厂用 250 名工人完成了两倍于之前 2500 人的工作量。"联合会的一份小册子总结了其中的利害关系："自动化装置、塑料压膜、外壳模具、挤压机以及其他许多新技术带来了巨大的善或恶的可能性。如果使用得当，它们将在许多年内推动在美国实现经济富裕这一人类古老的梦想。如果使用不得当，比如让它们服务于狭隘、自私的目的，它们就会造成社会和经济的噩梦，人们将腹中空空、漫无目的地行走着——他们已经被淘汰出生产者的行列，因为他们身旁的机械怪兽不能取代他们作为消费者的地位。"在

254

[1] "The Triple Revolution," *Liberation* (April 1964), 9-15; 全文可见于 https://www.marxists.org/history/etol/newspape/isr/vol25/no03/adhoc.html。

[2] Brick, *The Age of Contradiction,* 54-56; Brick, "Optimism of the Mind," 348-380.

整本书的插图中，机器人都是一个四四方方的脑袋，再加上好几根笔直的线条的形象，这让它们与更为圆润的人类形象有了明显区分。小册子最后给出了一个简洁的定义："**机器人**：像人一样行事的机械装置；任何可以取代人的机械装置。"[1]

黑人工人和他们在民权运动中的支持者们尤为害怕，因为他们不久前才刚刚获许走上半技术性工作岗位，但这种工作却是自动化生产所要消灭的。马丁·路德·金（Martin Luther King Jr.）经常因为自动化生产会危及非裔美国人的进步而谴责它。[2]在1965年的一次采访中，詹姆斯·鲍德温（James Baldwin）抗议说："关键在于，除非财富和权力的再分配发生根本变化，否则'向贫困开战''伟大社会'这些口号就没有任何意义。在这个计算机自动化的时代，如果你不知道自己将以何为生，不知道该如何找到一份工作，那么选票本身就是没有任何意义的。"[3]《乌木》杂志后来引用了贝亚德·拉斯廷（Bayard Rustin）的话："今天的黑人面临的根本问题不是种族歧视……而是（由自动化生产、计算机控制、城市的衰败、失业等引起的）经济不平等。"[4]记者亚历克斯·波因塞特（Alex Poinsett）在整个60年代都在

---

[1] William M. Freeman, "Business Greets Push-Button Age," *New York Times,* January 5, 1943, 81; International Union, United Automobile, Aerospace, and Agricultural Implement Workers of America, Education Department, *Automation: A Report to the UAW-CIO Economic and Collective Bargaining Conference Held in Detroit, Michigan, the 12th and 13th of November 1954* (Detroit: UAW-CIO Education Department, 1955), 2, 37. 关于汽车工人联合会与自动化生产的内容，请参阅 Kevin Boyle, *The UAW and the Heyday of American Liberalism* (Ithaca, NY: Cornell University, 1995)。

[2] Thomas F. Jackson, *From Civil Rights to Human Rights: Martin Luther King, Jr., and the Struggle for Economic Justice* (Philadelphia: University of Pennsylvania Press, 2007), 195-203.

[3] 引自 Nat Hentoff, "James Baldwin Gets 'Older and Sadder,' " *New York Times,* April 11, 1965, X3。

[4] "Vote Mobilization for the 1970s," *Ebony,* July 1971, 84-86.

抨击自动化对失业的影响。[1]《乌木》杂志在其 1965 年的"美国白人问题"专刊中，认为自动化是导致美国白人和黑人工人普遍失业的原因。[2] 后来，该杂志声称，自动化"已成为贫穷的黑人大众的敌人。据估计，自动化正在让低技能工作以每周 3.5 万份的速度减少。工业民主联盟的汤姆·卡恩（Tom Kahn）因此说道：'这和种族主义是一样的，先让黑人有了经济"地位"，然后袖手旁观，眼睁睁看着科技再把那地位毁灭掉。'"[3]

机器人出现在流水线上之后，工人立即更加怨声载道了——尤其255是在俄亥俄州洛兹敦的通用汽车工厂。20 世纪 60 年代末，通用汽车在雪佛兰"织女星"的流水线上安装了 22 台"通用伙计"。虽然通用汽车将被机械臂取代的工人转移到了工厂的其他部门，但公司要求，留下来的工人每小时要生产 100 辆汽车，而不是以往的 60 辆。在几个月温和的反抗后，工作量没有减少，于是 97% 的工人投票支持罢工，要求更人道的工作条件。[4] 当地汽车工人联合会主席，29 岁的加里·布莱纳（Gary Bryner）后来向斯图兹·特克尔（Studs Terkel）讲述了人与机器人之间的区别是如何影响到这次罢工的。"工人们"，他回忆说，告诉通用汽车"我们会流汗、会宿醉、会胃疼，我们有感觉和情绪，我们不打算被归入机器的行列"。与此相反，"通用伙计"是"一个焊接机器人。它看起来就像一只螳螂，从这个地方跑到那个地方。它放下东西，然后就跳回原来的位置，准备迎接下一辆车。它们[汽车] 大约每小时经过它们 [机器人] 11 次。它们 [机器人] 从不

[1] Alex Poinsett, "How to Get a Job," *Ebony,* May 1964, 79-88.

[2] Alex Poinsett, "Poverty amidst Plenty," *Ebony,* August 1965, 104-112.

[3] "Unemployment among Youth: The Explosive Statistic!," *Ebony,* August 1967, 129.

[4] Cowie, *Stayin' Alive,* 45-46.

疲倦，不用坐下休息，不会抱怨也不会旷工。当然，它们也不买车。我猜通用汽车不会理解我们的想法的"。布莱纳从这个对技术性失业的批判出发，转向对非人化和异化的讨论："世界上还是要有人类存在的。如果男人们不站起来反抗，他们也会变成机器人。他们的兴趣是能抽根烟，和旁边的人谈天论地，打开一本书看点什么，如果没有别的事情可做，只做做白日梦也可以。但要是你变成了机器，你就不能做这些事了。"[1] 工人们拒不服从管理，不愿意增加工作量，为自己的权利而战；他们之所以反抗，是因为通用汽车要求他们变成机器。但是，洛兹敦的工人们对"通用伙计"的反抗，却让他们在被《纽约时报》报道时被非人化地形容为"机器人的反抗"（Revolt of the Robots）。[2]

洛兹敦罢工者的部分要求最终得到了满足，但这场胜利并未阻止机器人的来临，部分原因是工人们无法影响国外的发展情况。20 世纪 70 年代，美国经济停滞不前，而日本经济却在加速发展，许多人认为这是日本在机器人领域的大量投资的功劳。1980 年，《时代周刊》（*Times*）的封面故事《机器人革命》（"The Robot Revolution"）让读者了解到，全美国的工厂里只有大约 3000 个机器人，而日本的工厂里有大约 1 万个。文章称，一位通用电气公司的高管访问日本时，"发现到处都是机器人"；他从这次访问中得到的教训是，如果再不使用机器人提高生产率，"美国这个国家就要关门大吉了"。虽然《时代周刊》也承认在工人群体中存在焦虑，但整篇文章——从封面上一个微笑的、色彩鲜艳的多用途卡通机器人开始，到最后一段的好莱坞机器人——都在论证美国迫切需要机器人。但最重要的是，《时代周刊》

[1] 引自 Studs Terkel, *Working: People Talk about What They Do All Day and How They Feel about What They Do* (New York: New Press, 2013), 191。

[2] "Revolt of the Robots," *New York Times,* March 7, 1971, 38.

将这场革命描述为工人激进运动的必然结果。它声称，在 1960 年，机器人每小时工作的成本略高于一个工人；但到了 1980 年，一个机器人每小时的成本仅为 4.8 美元，而"一个工人的成本通常是 15 到 20 美元"。《时代周刊》还报道说，工人们自己也把"机器人看作助手而不是威胁"，甚至给它们起了"机械爪克莱德"这样的绰号来表达他们的喜爱。工会领袖显然也对机器人表示欢迎，因为它们能让工人们走上技术含量更高的岗位。当然，《时代周刊》那幅其乐融融的画面之下也藏匿着威胁，《基督教科学箴言报》（*Christian Science Monitor*）的一张图片清楚地挑明了这一点，图片上画着一个身穿传统日本盔甲、高举武士刀的"电子武士"，他的身下是一张图表，显示出美国的机器人数量远远落后于日本。[1]

撰稿者也用此类机器人形象来描绘日本人。阿瑟·凯斯特勒（Arthur Koestler）在 1961 年的畅销书《莲花与机器人》（*The Lotus and the Robot*）中，将"莲花"与"机器人国度"进行了对比，前者是传统日本文化的代表，而后者则是他认为的一种向往西方现代性的冲动。当美国人讨论日本在 20 世纪七八十年代经济成功的原因时，他们也同样使用了那套将日本工人比喻为机器人的陈词滥调——这些工人不管职位如何，都穿着相同的制服，似乎愿意为了公司的利益而压抑自己的欲望，一直工作。[2] 摇滚界的冥河乐队（Styx）1983 年的热

---

[1] Otto Friedrich, Christopher Redman, and Janice C. Simpson, "The Robot Revolution for Good or Ill, It Is Already Transforming the Way the World Works," *Time,* December 8, 1980, 72. *Christian Science Monitor* article reprinted as David T. Cook, "Robots Populate Japanese Industry," *Sun,* January 21, 1982. 对此文的进一步分析，请参阅 Bix, *Inventing Ourselves Out of Jobs?*, 278-279。

[2] Arthur Koestler, *The Lotus and the Robot* (New York: MacMillan, 1961), 165-188. 关于这种陈词滥调，参见 Robert Taylor, "Looking at Whimsical Pictures from Japan," *Boston Globe,* August 24, 1983, 1; 以及 Tom Raithel, "Regimented Worker Image No Longer Fits," *Evansville Courier,* November 10, 1997, A3。

门歌曲《机器人先生》（Mr. Roboto）也许最能体现出日本人是如何被描述为机器人的。这首歌主要讲述的是一名白人摇滚歌手与"日本制造的部件"组装而成的极权机器人战斗的过程；而在录像带里，斜眼龅牙的机器人一句又一句重复着"Domo arigato"（日语"非常感谢"），这一形象主要取材于早些年的反日宣传。[1] 一年后，日本政府非常担心美国人将日本人看作机器人的倾向，因此专门设计了一档电视节目试图打破这种刻板印象。正如日本公共关系部门的一名官员告诉《华盛顿邮报》的那样，这一节目将证明"日本人不是一天 24 小时工作的机器人"。[2] 美国文化把日本描绘成像纳粹一样依靠管控和技术的结合来摧毁美国的机器人般的敌人。

　　在 20 世纪晚期的全球化、自动化经济中，制造业工作岗位减少，薪资水平并未提高，计算机自动化的噩梦对许多工人、工会和社会群体来说变成了现实。即使是那些保住工作或找到新工作的工人，也不得不比机器人出现之前工作更长时间，但却只能勉强保持原先的收入水平。在此机器人不再是带来礼物的使者，而是毁灭的化身。最能体现这一转变的当属《飞出个未来》。就在 1999 年圣诞节前，它向观众介绍了另一款机器圣诞老人。但是，与五六十年代的机器圣诞老人不同，这个机器人带来的不是礼物，而是死亡：因为编程代码出了岔子，它认为所有人都是坏人。剧中角色艾米向弗莱解释道："如果他在天黑后抓到你，会砍掉你的脑袋，并且从他可怕的袋子里拿出玩具塞满你的脖子。"当圣诞老人和他会喷火的驯鹿遇到弗莱和莉拉时，

---

[1] Styx, "Mr. Roboto," *Kilroy Was Here* (A&M, 1983), available at: https://www.youtube.com/watch?v=uc6f_2nPSX8.

[2] 引自 William Chapman, "Japanese Authorities Back Image-Making Effort on U.S. Cable TV," *Washington Post,* April 26, 1984。这种比喻与"黄祸论"有关，参见 Nye, *America's Assembly Line,* 207。

圣诞老人宣布他们是邪恶的，并拿出一把激光冲锋枪和许多形似饰品的手雷。当所有的角色都奇迹般地从机器人的怒火中幸存下来后，他们坐在熊熊燃烧的火炉前，唱起了一首新的节日歌曲：《圣诞老人正朝你开枪》。[1]

在许多工人阶级群体看来，圣诞老人变成终结者那样的毁灭者还真不是在开玩笑。能清楚看出这一点的是，剧集中短暂出现过的这个机器人很像"通用伙计"，它本来应该给 60 年代的美国带来福祉，但却导致了工作岗位的减少。虽然一些制造业岗位并未消失，但机器人与外包业务的出现大量减少了半熟练工种，而且随着人工智能的日益强大，熟练工种也受到了威胁。在此前近一百年的时间里，美国的中产阶级在很大程度上对机器人给蓝领工作造成的威胁不屑一顾，甚至还幸灾乐祸。但是到了 21 世纪，他们不得不疲于应付机器人对他们的取代。[2]

有爱心的家用机器人

258

虽然机器人威胁到了工作，但消费文化促进了家庭自动化水平的提高，这让在工作场所失去权力的人们获得了宽慰，因为他们又在家庭生活中获得了权力感。在冷战期间，理查德·尼克松与苏联领导人尼基塔·赫鲁晓夫曾经就家用电器展开辩论。此时的家庭自动化是一种意识形态武器，它主张资本主义比共产主义更为优越，并赞美能够

---

[1] *Futurama,* season 2, episode 4, "X-mas Story," aired December 19, 1999, on Fox.

[2] 欲了解当代人对机器人的恐惧，请参阅 Matt Thompson and Karen Yuan, "What If a Robot Wrote This Article," *Atlantic,* May 14, 2018, https://www.theatlantic.com/membership/archive/2018/05/what-if-a-robot-wrote-this-article/560327/; 以及 Steve Lohr, "This Week in Tech: Are Robots Coming for Your Job? Eventually, Yes," *New York Times,* September 21, 2018, https://www.nytimes.com/2018/09/21/technology/artificial-intelligence-jobs.html。

同情妻子、供养妻子的美国男人。但家庭自动化也为许多女性所感受到的一种深刻矛盾提供了解决方案，即对家庭生活的颂扬与在家庭以外寻找意义的渴求之间的张力。这也是贝蒂·弗里丹（Betty Friedan）1962 年广受欢迎的《女性的奥秘》（*The Feminine Mystique*）所指出的核心矛盾。她写道："无论何时，采取去适应一种本身有害的参照系的方式来保持一个人的身份认同是不可能的。对一个人来说，要维持这种'内部'的分化确实是非常困难的——表面上要适应一种现实，而与此同时却试图在内心保持那些被现实否定的价值。"弗里丹接着说，美国妇女生活在一个"舒适的集中营中……这个集中营否认了妇女成熟的身份认同。一个妇女用适应它的方式……避开了自己的个性，而在俯首帖耳的人群中变成了一个毫无特点的生物机器人"。[1]家庭自动化的幻想是一种让家庭兴旺的同时让女性有机会做自己的技术解决方案——但这种想法主要都出自男性之口。相反，女性主义者主张让男性分担家庭责任。[2]显然，机器人幻想对一些男性来说很有吸引力，但不是为了帮助他们自己。

在冷战早期，流行文化与消费文化都认可这种按钮式家庭，因为在这里，女人可以找到存在意义与人生目标，而男人可以享受闲暇时光。缝纫机厂家维戈雷利（Vigorelli）将其"全自动缝纫机"命名为"超级机器人"，因为它可以自动缝线、刺绣。该公司告诉妇女们，有

---

[1] Betty Friedan, *The Feminine Mystique* (New York: Norton, 1963), 369-370.

[2] 此处的一个例外是，瓦莱丽·索拉纳斯（Valerie Solanas）在她自行出版的《SCUM 宣言》（*SCUM Manifesto*）中呼吁妇女"推翻政府，消灭金钱制度，建立完全的自动化，摧毁男性主义"。这在以下文献中得到了讨论：Kathi Weeks, *The Problem with Work: Feminism, Marxism, Antiwork Politics, and Postwork Imaginaries* (Durham, NC: Duke University Press, 2011), 217; 以及 Scott Selisker, *Human Programming: Brainwashing, Automatons, and American Unfreedom* (Minneapolis: University of Minnesota, 2016), 92-94。

了这台机器,"做衣服易如反掌,你可以成为你自己的时装设计师……你将是朋友们羡慕的对象"。[1] 该公司暗示,技术将使每个女性能够以自 18 世纪时尚产业兴起以来从未见过的方式表达自己的创造力。但家用机器人也保证男人能获得解放。1958 年,一家制造商宣布了一场"针对虫子和杂草的按钮式战争",而另一家公司则将割草机宣传为机器人。[2]《芝加哥卫报》(*Chicago Defender*) 说:"任何人都可以在不放下手头杜松子酒的情况下展示自己的园艺技能有多好的那一天估计不远了。"[3] 机器人会使女人的劳动更具创造性,同时也会使男人获得闲暇的自由。

259

机器人电器让消费者觉得,终极的豪华享受——按钮式家庭近在眼前。1956 年,《生活》杂志报道了一个"按钮天堂",它是由一家汽车公司的总裁,罗伯特·麦卡洛克(Robert McCulloch)打造的。这一期杂志的封面是一个"大转盘",几个年轻女人躺在上面,她们穿着蓝白相间的泳衣,在一个由按钮控制的旋转平台上享受日光浴;平台上的黄色靠垫组合起来形成了花瓣的形状。这个场面不仅富丽堂皇,而且也给人以舒适感、安全感和控制感。女人们,尤其是麦卡洛克的女儿们可以远离外界窥视,在父母的悉心注视下安然入睡。这篇文章夹在自动冰箱、自动洗衣机等类似家电的广告中间,告诉读者这个富裕家庭享受着全自动化的威士忌酒吧、报警系统、烧烤、窗帘、床和浴缸。不过麦卡洛克仍然不得不需要两个仆人来"帮

---

[1] "Vigorelli Super Robot," *Life,* May 2, 1955, 164.

[2] Homko Lawn Mover, Western Tool & Stamping Company, advertisement, *Life,* April 5, 1954, 145.

[3] "Automation Invades Garden: Gadgets for Most Chores," *Chicago Defender,* July 26, 1958, 16.

忙按按钮"。[1]

但并非所有人都认为麦卡洛克的豪宅是"机械梦想之家"。"麦卡洛克先生没有明智地在转盘上再安一个按钮，好把那些晒日光浴的人翻个面，可真是太不方便了，"一位批评者写道。另一位批评者讽刺了房屋中体现的金钱崇拜："看看百万富翁麦卡洛克用他的钱建造了多美妙的房子！在同一个屋檐下，他想要的东西应有尽有——鞋子、健身房、桑拿房、女仆的房间，还有两个酒吧！孩子们呢？哦，他们在另一栋楼里。也许这也挺好的：孩子们可能会按错了按钮，结果端给他们的不是牛奶，而是马提尼。"[2]尽管报纸杂志在兴高采烈地宣传机器人家庭，但即便是中产阶级的消费者也对它持有怀疑态度，因为它可能会带来懒惰、铺张以及家庭内部成员间的疏远。

《杰森一家》接受了这种家庭自动化，但也批评了它。在他们的公寓里，一家人拥有许多"按钮式"的便利装置，比如可以让家庭成员在家中来回移动的传送带，一个能把赖床的丈夫从床上弹射出去的装置，以及许多能减轻家务负担的家用电器。然而，简失望地说，乔治不理解她对家务的憎恨，尽管他们做的都是一样的事情：按按钮。在又一件家电坏掉之后，简发现机器人女仆商店推出了一日免费试用的活动。于是她前往商店，先是看到了一个昂贵的英国版机器人，然后是一个不那么昂贵但更性感的法国版机器人，最后是一个名叫"罗西"（Rosey）的便宜、破旧、看着不像白人的机器人；它的身体四四方方，臃肿肥胖，注定要被送往垃圾场。简觉得它很有个性，立刻把

---

[1] "McCulloch's Push-Button Paradise," *Life,* May 7, 1956, 71-78. 关于对按钮式家庭痴迷的更多研究，请参阅 Elizabeth Fratterigo, *Playboy and the Making of the Good Life in Modern America* (New York: Oxford University Press, 2010), 89。

[2] Letter to the editor, *Life,* May 28, 1956, 24.

它带回家。罗西有技能，有知识，还有创造力，这让它远超过那台坏掉的机器和简，而成为一名更好的厨师。不过罗西的个性很快就置这家人于险境。在斯派塞利先生因为这家人能买得起机器人而不满的时候，罗西羞辱了他，并将蛋糕砸到他头上；他立刻解雇了乔治。然而，就像 Uniblab 的那一集一样，冲突是由一名工人解决的，这次是罗西。斯派塞利先生不久之后就打电话向乔治道歉，并提出给他加薪，这样这家人就能买得起那台"虽然很刁蛮，但是……做出的菠萝蛋糕好吃得征服了我"的机器人了。《杰森一家》称赞的机器人女佣不是单一用途的自动化装置，它能智能地执行多种任务，同时还用它从艰难困苦中学到的知识以及养成的个性帮助一个白人中产阶级家庭。[1]

男作家们经常预言机器人将解放妇女。1967 年，一位英国机械工程专业的教授说："在十年之内……我们就能造出一种能够完全消除家庭中的重复劳动以及人类生活中的所有苦差事的机器人。"这位教授特别关注的是："受过教育的女性在家里做的苦差事比她在所有其他场合做的都多……我的目标就是减少这些劳动，让妇女——以及帮助她们的丈夫——过上文明的生活。"[2]原子能委员会（Atomic Energy Commission）主席格伦·西博格（Glenn Seaborg）博士在国家妇女民主俱乐部（Women's National Democratic Club）的一次会议上说："公元 2000 年的妇女将拥有机器人'女仆'，它们有着三头六臂，能完成所有的家务，然后在泡上一壶咖啡后，把自己塞进柜子里。"更神奇的是，他声称"没有这种'柜子里的机器人'的家庭，可以拥有'家养猿猴'。

[1] *The Jetsons,* season 1, episode 1, "Rosey the Robot," aired September 23, 1962, on ABC.

[2] 引自 Eddy Gilmore, "Prof. Thring Makes the Thing," *Port Angeles Evening News,* February 2, 1967, 2。

它是一种专门为需要智能的劳动而培育的特殊品种,它不仅会打扫房屋、修理花园,还能当家庭司机"。西博格预言,有了这些技术,女性将"有更多的时间、金钱以及机会,让自己在获得教育的同时不耽误生育"。[1] 就像尼克松对家用电器的褒扬一样,对家用机器人的幻想虽承认了妇女的辛劳,但并未让男人分担背负在妇女肩上的重担。

但是,用技术来解决弗里丹的"无名的问题"(problem that has no name),也为人提供了一种权力幻想。奥托·宾德在一篇关于家庭自动化的文章中告诉读者,他们"到 1965 年将拥有'奴隶'"。一位读者回复说:"你的文章让我咯咯笑了半天。……自打 1957 年开始我就拥有一名奴隶,那就是我的妻子。我从来不用担心洗碗、打扫卫生、晚上出去玩等等。当然,和万事万物一样,她也不是完美的。还好有鞭子帮忙!"希望这是在开玩笑——尽管是一个可怕的玩笑,但这封信揭示了权力在家用技术的讨论中所占据的核心地位。1956 年,美国电气工程师协会(American Institute of Electrical Engineers)会长开玩笑说,自动化住宅的唯一问题是"总开关应该标记为'他的'还是'她的'"。自从 19 世纪工业化影响到家庭生活以来,男人和女人一直在为谁来控制家用技术而斗争。通常情况下,男人是获胜者,因为技术解放了男性的闲暇时间,但增加了女性的责任。[2] 这些学者认为,有了家庭自动化装置,男性可以在家庭事务中获得他们在工作中因效率专家和机器人而失去的同样的权威。

------

[1] 引自 "Atom Chairman Sees Easy Life for 21st Century Housewife," *Chicago Defender,* February 11, 1967, 22。

[2] Friedan, *Feminine Mystique,* 57; O. O. Binder, "You'll Own 'Slaves' by 1965," *Mechanix Illustrated,* January 1957, 62-65; Harry Carp, "Owns Own Slave," "Dear Editor," *Mechanix Illustrated,* March 1957, 30; Robert K. Plumb, "Science Envisions a Robot-Run Home," *New York Times,* January 31, 1956. 亦可参见 Cowan, *More Work for Mother,* 196-201。

作为对比，弗里丹认为，女性抵制家庭自动化是因为她们害怕失去人生意义。她总结了最近的一项研究，该研究表明，当让女性在不同的自动化水平之间做出选择时，她们会选择最依赖于她们自己劳动的系统，因为正如她引用的那样，妇女希望"成为一个参与者，而不仅仅是一个按按钮的人"。[1] 家电似乎也增加了家务劳动：同一项研究得出的结论是，"虽然有各种各样的家用电器，郊区和城镇的家庭主妇花在家务劳动上的时间还是比繁忙的农妇花得多"。[2] 这位前劳工记者暗示，就像在工厂里发生的事情一样，家电只会降低家务劳动的技能要求，同时增加工作量。这些批评揭示了冷战时期家庭生活的一个根本矛盾。虽然美国文化推崇妇女做家务，但它也认为，这些工作——偶尔也包括抚养孩子——都没有什么技术含量，因此可以被机器取代。对于那些被期望通过家务劳动来定义自我的女性来说，家里的机器人和工厂里的一样，都是一种对她们存在意义的威胁。

有评论者认为，机器人让男人可以幻想一个没有女人的世界。这是艾拉·莱文 1972 年的讽刺惊悚小说《斯戴佛的妻子们》以及 1975 年据小说改编而来的同名电影所要表达的一个关键主题。当乔安娜与家人搬到康涅狄格郊区斯戴佛居住时，她注意到这里的其他女人似乎不可思议地热爱家务。作为一个拥有性别意识，"关注政治与妇女解放运动"的半专业摄影师，乔安娜发现自己的丈夫参加了一个排斥女性的俱乐部，这不禁让她忧心。她和两个新来的居民尝试组建一个女性俱乐部，但是其他女人都拒绝加入。当她发现镇上曾经有一个女性俱乐部，而且许多痴迷于家务的妇女都曾是女强人时，她开始怀疑她们身上有更邪恶的东西在作祟，而不仅仅是受了男性至上思想的影响。她

[1]　Friedan, *Feminine Mystique*, 255.

[2]　Friedan, 287.

的朋友推断，当地电子工业和塑料公司的污染影响到了女性的心智，让她们心甘情愿受男人支配。但是乔安娜给出了另一种解释：她们是机器人。当她的两个朋友似乎变得与其他人一样时，她终于明白了一切。在一位迪士尼乐园的前"幻想工程师"的带领下，男人们将他们的妻子都改造成了机器人，这些机器人不仅可以完美地做好家务事，还可以满足他们的性欲。在斯戴佛郊区这个天堂里，男人们可以生活在一个没有女人的世界，在这里他们不仅可以恢复 20 世纪 50 年代之前存在于男性之间的友爱关系，同时也不用担心被冠以同性恋的污名，而 50 年代之后男性间的亲密友爱就与同性恋联系在一起了。[1]

　　欲望是莱文所讽刺的关键内容。在《机器新娘》（*The Mechanical Bride,* 1951）中，媒介理论家马歇尔·麦克卢汉（Marshall McLuhan）认为，人们之所以会喜欢性爱机器人，乃是行为主义与广告一同导致的。他在评论一则袜子广告时，认为该广告把女性描绘成"一种性爱机器，只会表现出几种具体的战栗行为"，而行为主义使得"性行为……似乎成了机械的动作，仅仅是人体器官的结合与操纵而已"。他认为，在这样一个唯物论的世界里，人们将肉体快乐与生殖相分离，这既刺激了同性恋的产生，也引起了一种"形而上的"饥渴，"这种饥渴在肉体的危险中寻求满足，有时在折磨、自杀或谋杀中寻求满足"。《斯戴佛的妻子们》则把这种批判与弗里丹所谓郊区生活中的"集中营"里的机器人结合在一起。在故事开头，当其中一个阴谋家，

　　[1] Ira Levin, *The Stepford Wives* (New York: Random House, 1972); *The Stepford Wives,* directed by Bryan Forbes (Palomar Pictures, 1975); 进一步的分析请参阅 Selisker, *Human Programming,* 94-95; Anna Krugovoy Silver, "The Cyborg Mystique: The Stepford Wives and Second Wave Feminism," *Women's Studies Quarterly,* Spring-Summer 2002, 60-76。有关二战后男性间的亲密关系，请参阅 John Ibson, *The Mourning After: Loss and Longing among Midcentury American Men* (Chicago: University of Chicago Press, 2018)。更多有关《复制娇妻》和弗里丹的内容，请参阅 Selisker, 94-95。

一位著名的广告插画家给乔安娜画素描时，她感到自己在被欣赏，也感到有些厌恶。在猜测这些家庭主妇是机器人时，她也将她们比作女演员："这就是她们的样子，斯戴佛的妻子们都是这样的人：就像商业广告中的女演员，总是特别喜欢洗涤剂、地板蜡、洗面奶、洗发水和除臭剂。而漂亮的女演员，虽然胸部丰满却没什么才华。若是她们来扮演郊区的家庭主妇，人们肯定会觉得出戏——她们完美得不像真的。"麦克卢汉和莱文都认为，这种文化会导致男人们沉湎于一己私欲。一次，她的丈夫从男人们的俱乐部回来之后在床上手淫，这被乔安娜发现了。她埋怨丈夫为什么不让她也一起加入性事，于是促成了"他们最好的一次性经历——至少对她来说是这样"。因为正如后续情节所暗示的那样，她的丈夫想象着自己在和一个百依百顺的机器人做爱，这让他更加兴奋了。后来，另一个女人被吓得不轻，她发现自己的丈夫是"一个色魔怪胎"，因为他给了她一套"到处都是拉链和挂锁"的橡胶外衣。[1] 莱文暗示，在这个充满了人造物和消费品的世界里，男人可以使用机器人来充分满足他们最亲密和最令人不安的欲望，而不需要理会伴侣的看法。

1964年，哥伦比亚广播公司（CBS）的电视剧《我的活娃娃》（*My Living Doll*）讲述了一位男性精神科医生和一个由朱莉·纽玛（Julie Newmar）所饰演的仿生人之间的故事，这个故事淋漓尽致地表现了为了男性的愉悦，女性是如何被转变成机器般的物体的。虽然这两个角色之间并没有发生肉体关系，但剧中的每一集都充斥着男性角色们物化仿生人的令人毛骨悚然的说辞。在第一集《男孩遇见女孩》中，这个仿生人穿着一条像是浴巾的裙子登场了，裙子上印有她的编号

[1] Marshall McLuhan, *The Mechanical Bride: Folklore of Industrial Man* (Berkeley: Ginko Press, 1951), 98-101; Levin, *Stepford Wives,* 34.

AF-709。它的外形与人类无异，因此它立刻成为所有男人欲望的对象，他们所关注的只是它的外表，而不是它聪颖绝伦的头脑。大部分笑点都产生自男性角色看到它的美貌后的反应。当机器人用平静单调的声音说"我是用手做出来的"的时候，精神科医生揶揄道："那干这活的男人真是找了个美差啊！"不过，在电视剧的主要情节中，精神科医生试图教会它模仿人类情感，从而让它成为一个完美的女人。他将"完美的女人"定义为"一个会按照要求办事，按照你想要的方式回应，并且不会多嘴的女人"。[1]

在接下来的半个世纪里，性爱机器人在美国文化中变得越来越重要。虽然偶尔也会出现男性——比如史蒂文·斯皮尔伯格（Steven Spielberg）的《人工智能》（*A.I.*）中，裘德·洛（Jude Law）饰演的机器舞男"乔"——但是大多数性爱机器人都是女性形象。有时这样的机器人是对男性欲望的认可，有时是对男性欲望的批判，但在通常情况下，它们会同时承担这两种功能。1964 年模仿詹姆斯·邦德的电影《黄金脚博士和比基尼机器》（*Dr. Goldfoot and the Bikini Machine*）虽然讽刺了原版电影对女性的物化，但是当黄金脚博士把一个穿着比基尼的美女机器人送给有钱男人时，这部影片也同样沉溺于其所讽刺的对女性的物化之中。性爱机器人也是迈克尔·克莱顿 1973 年执导的《西部世界》中那个面向成人的"迪士尼乐园"中的关键角色，不过这些机器人最后叛乱了，并惩罚了这些放纵的游客。约翰·休斯（John Hughes）1985 年的《摩登保姆》（*Weird Science*）则不那么具有批判性，

[1] *My Living Doll,* season 1, episode 1, "Boy Meets Girl," aired September 27, 1964, on CBS. 在此，这个电视剧是在戏仿 *I Dream of Jeannie* 以及 *Bewitched* 中女强人的遭遇。参见 Susan J. Douglas, *Where the Girls Are: Growing Up Female with the Mass Media* (Pittsburgh: Three Rivers Press, 1995), 123-138。

它讲述了两个男性书呆子发明了一个完美的女人，这个女人帮他们找到了自信，并赢得了现实中女性的芳心。21世纪初乔斯·韦登的《吸血鬼猎人巴菲》中出现了两个性爱机器人：一个是运转失灵的"四月"，它是一个书呆子发明的，并且这个书呆子在爱上一个真正的女人之后最终越来越厌倦它；另一个是"机器人巴菲"（Buffybot），它是大反派吸血鬼斯派克买来的，好让他满足对猎人巴菲这个名头的欲望。尽管剧中的角色批评了这种欲望，但是当真正的巴菲通过略带迟缓的移动、说话来模仿机器人，并亲吻斯派克时，斯派克至少得到了回报。[1] 这些情节与《飞出个未来》中的机器刘玉玲和机器玛丽莲·梦露很像，它们因为男人们无法得到自己想要的体验而同情他们，也因为他们接受了人造替代品而批评他们。不过这些故事与莱文的不同，莱文将弗里丹的观点加以拓展，写就了一篇惊悚讽刺小说，但是这些故事讽刺的不是男人的厌女症，而是他们缺乏吸引女性的能力。

虽然流行文化批评男性对性爱机器人的兴趣，但是许多公司也开始着手制造它们。这些公司使用硅胶、电机部件让机器人模拟人的运动，并且用计算机让它们看上去仿佛拥有智能。无论是为了使之合理化，还是出于真实的立场，它们的制造者和所有者都强调这些机器人是一种伴侣。性爱机器人洛克茜(Roxxxy)的制造商真实伴侣公司(True Companion)的创始人道格拉斯·海因斯（Douglas Hines）对记者说："性爱还远远不够——到时候你就会想和对方交谈了。"2017年，科技资讯网（CNET）就人工智能在性玩偶中日益广泛的应用进行了一

---

[1] *A.I. Artificial Intelligence,* directed by Steven Spielberg (Warner Brothers, 2001); *Dr. Goldfoot and the Bikini Machine,* directed by Norman Taurog (American International Pictures, 1965); *Weird Science,* directed by John Hughes (Universal Pictures, 1985); *Buffy the Vampire Slayer,* season 5, episode 15, "I Was Made to Love You," aired February 20, 2001; *Buffy the Vampire Slayer,* season 5, episode 18, "Intervention," aired April 24, 2001.

项调查，用户在留言板上谈到，玩偶对他们的吸引力尤其表现在它们可以满足他们对陪伴、权力的渴望以及各种独特的欲望。一名用户写道："我的玩偶就是我的梦中情人的具体化身，她和我一样喜欢游戏以及其他无聊的东西……她能和我拥抱、做爱、一起睡觉，这也是极佳的体验……我和我的玩偶玩得很开心……我可以给它梳妆打扮，跟她聊聊今日趣事等等。我知道她不会顶嘴什么的，但是她的出现给我一种温馨的感觉。"另一个人评论道："我最喜欢她的地方是当我们只是拥抱在一起时，她给我的感觉……这感觉十分真实。"还有一些人则通过性爱机器人实现了与漫画人物、精灵甚至"戴安娜王妃"发生性关系的幻想。在真实伴侣公司主页上的"常见问题解答"中，该公司说他们的产品有着许多不同的设置，可以满足不同的口味，包括一款"年轻的洋子"，模拟出一副年轻（宣传材料强调，它的年龄超过了 18 岁）日本女孩的模样；还有一款"冷淡的法拉"，它对性会有些许抵触，但该公司并不令人信服地声称，这绝不意味着对强奸行为的模仿。[1]性爱机器人为购买者——显然主要是男性——提供了一种他们拥有着绝对控制权的愉悦与陪伴，在消费者生活的中心领域实现了个性化的权力与欲望的融合。

在最理想的情况下，性爱机器人让人们有了探索、表达内心最深处的欲望的机会，同时不用担心有伤害他人的风险。拥护性爱机器人的人经常认为它们是恋童癖安全地满足自身欲望的一种方式，这种想

[1] 海因斯引自 Peter Svensson, "It's a Life-Size Rubber Doll You Can Relate To," *Star Beacon,* January 22, 2010, C14; "The Real Side of Owning a RealDoll," CNET, August 10, 2017, https://www.cnet.com/pictures/realdolls-sex-doll-abyss-creations-owners-in-their-own-words/; FAQ, True Companion website, accessed December 10, 2018: http://www.truecompanion.com/shop/faq。更多的分析请参阅 Christina Brown, "Sex Robots, Representation, and the Female Experience," *American Papers* 37, (2018-2019), 111-113。

法绝不是偶然。[1] 这种反应与作为人类内在道德因素的欲望本身没有多大关系。将有害的行为施于机器人之身，这可能会保护无辜的人，也可能不会；它也表明这个物质主义的时代已经放弃了自我完善与集体精神。维多利亚时代的美国人认为，他们的存在意义在于通过自我完善以改善社会，在于相信人们可以被教育得不再肆意伤害他人——虽然他们经常未能做到这些。但是在一种以自我满足为目的的文化看来，限制对个人愿望的追求就是在限制自我。机器人允许人们按照自己的想法去做，不管他们的行为会带来多大破坏性，或是多么不道德；人们不必像后工业时代的拥护者所希望的那样为他人服务，因为机器人将永远为他们服务。

一个机器人的未来？

能将家庭机器人与工作场所中的机器人紧密结合起来的科幻作家凤毛麟角，而杰克·威廉森（Jack Williamson）当属个中翘楚。在1947年的短篇小说《束手无策》（"With Folded Hands"）以及在前者基础上改编而来的长篇小说《智能机器人》（*The Humanoids*）中，威廉森将冷战期间常见的宿命论融合进了战间期对机器化的焦虑。故事讲述了昂德希尔先生的生活，他遇到了来自外星的"智能机器人"，这些机器人美丽纤柔，有着"发出黑色光泽"的"光滑的硅胶外表"。"尽心尽职，服从指令，确保人类免遭损害"是它们的宗旨。这个宗旨不仅写在它们身前的标牌上，而且也在它们的大脑中编好了程序，因此这些机器将阻止任何危险活动。正如这些智能机器人所说："人

266

---

[1] Linda Strikwerda, "Legal and Moral Implications of Child Sex Robots," in *Robot Sex: Social and Ethical Implications*, ed. John Danaher and Neil McArthur (Cambridge, MA: MIT Press, 2017), 133-150.

类没有必要再照顾自己，因为我们的存在就是要确保人类的安全和幸福。"[1]但安全与舒适并未带来幸福。起初，昂德希尔的妻子奥罗拉"对那些神奇的新型机械赞不绝口。它们会做家务琐事、购买食物、准备饭菜、给孩子们洗衣服。它们给她织出了漂亮的礼服，还让她有大把时间打牌"。昂德希尔一家买来智能机器人的第一天晚上，奥罗拉多年来第一次主动想和丈夫亲热。但是她很快就意识到，"这些闪耀着黑色光芒的奴隶……已经成了家中的主人"，而她在这个没有工作的世界上，缺乏任何存在的意义。"她以前真的很喜欢烹饪——很会做几道拿手小菜。"昂德希尔先生回忆道，"但炉子是滚烫的，菜刀是锋利的，厨房里所有的用具，对粗心大意的人类来说都是相当危险的。"正如战间期对机器化的批评那样，威廉森认为，人的身份认同，不管是男性还是女性，都是由工作带来的。[2]

故事很快摆脱了既定的叙事套路，重新关注新的消费中心：家庭。以前，典型的美国机器人故事的结局是人类通过顽强的个性获得胜利，但威廉森并不这样乐观。昂德希尔因人类能动性的丧失而忧心忡忡，他想出了一个办法，那就是和它们的发明者一起摧毁智能机器人。发明家是一个外星人，他很后悔创造出了这些机器人。但是智能机器人透露，它们早就知道了这个密谋。为了让人类不受自相戕害之苦，它们切除了发明家大脑的一部分，也就消除了他的记忆、知识和反抗意志。它们威胁要给昂德希尔做同样的手术，昂德希尔不得不退让，违心地说它们提供了安全与舒适。他变成了一个完全被动的消费者；除了"束手无策"地坐着，等待死亡的来临，他什么也做不了

---

[1] Jack Williamson, "With Folded Hands," in *Men and Machines: Ten Stories of Science Fiction,* ed. Robert Silverberg, (New York: Willside Press, 1968), 184-240, 186, 217.

[2] Williamson, "With Folded Hands," 231.

了。[1]战间期美国的机器人故事都相信，人们可以从机器的暴政之下获救；但是到了冷战时期的大众消费社会，机器人给每个家庭所带来的安全与富足实在是令人难以拒绝。

诺伯特·维纳在 1950 年发表的《控制论》续篇《人有人的用处》（*The Human Use of Human Beings*）中，也表现出类似的悲观态度。他反对"法西斯主义者、商界大鳄和政府"，因为他们想要将人变成机器。维纳赞同对工作场所中的异化的批评："任何对人的利用，如果对他的需要或者他能够做出的贡献少于处于完整状态的他，那就是对他的一种贬低或者浪费。把一个人拴在船桨上，视他为动力的来源，这对他来说是一种贬低；但是，让他在工厂里做纯粹重复性的工作，几乎同样也是一种贬低，因为这种工作只需他的大脑容量的百万分之一。"与计算机与自动化的拥护者不同，维纳对实现一个以自由和自我提升为目标的世界表示悲观。作为一个反对军方雇用科学家的和平主义者，他怀疑美国的权力结构是否会允许建立一个能够让"作为个体的人……获得彻底实现"的体制。维纳反而预测，未来会出现大规模失业，并且社会矛盾不断，人类社会最终被原子弹毁灭。尽管维纳相信科学与技术，但他并不相信美国的体制能解决机器时代的遗留问题。[2]

威廉森和维纳的悲观也是有部分经验依据的。就像更悲观的刘易斯·芒福德一样，两人都是成长于那个人类首次未能成功驯服机器的时代，而且都曾目睹过一种更可怕的技术：原子弹的诞生。到了 20 世纪 50 年代末，另一种感受也成了这种态度产生的原因，即消费文化的诱惑已经发展到了人们远远不能抵御的地步。在《机器新娘》中，

267

---

[1] Williamson, 193, 206.

[2] Norbert Wiener, *The Human Use of Human Beings: Cybernetics and Society* (Boston: Houghton Mifflin, 1950), 16; Brick, *Age of Contradiction,* 131-132.

麦克卢汉忿忿地说:"一种庞大的被动状态已经在工业社会里深深扎根。人们靠机械交通工具出行,靠伺候机器谋生,听的是预先录制好的音乐,看的是经过包装的电影和新闻。如果不想成为加工产品被动的消费者,他们就必须特别机敏,就需要做出特别的英雄壮举。"[1]冯内古特的《自动钢琴》里最初看上去出现了一位这样的英雄,但这个角色最终也因为消费主义的诱惑而失败了。驯服机器的希望看来破灭了,每个人都被困于工作与消费之中,一如乔治·杰森被困在家里失控的跑步机上。

但不是每个人都这样悲观,尤其是在二战后成长起来的那一代人之中。在 20 世纪 60 年代,新左派运动以及反主流文化运动中的学生激进派不断追问人与机器之间的关系,但他们的视野要比前人更加开阔。两种运动都十分担心"技术统治论"所带有的极权主义特征,他们都在抨击那种将冷战期间的军国主义、种族压迫、存在于公司与政府中的科层制以及一种似乎重物质利益而轻人类价值的文化联系在一起的"体制"。尽管承认后工业社会的到来是必然的,但他们也积极地尝试让世界变得更美好,其方法包括促进"参与式民主"(participatory democracy),以及建立一种新的共同体,在这种共同体中,人与人之间理论上可以产生更多的人际联系。然而,对这种"体制"的怀疑也意味着,这些学生不再响应曾经出现在战间期的呼吁,即通过政府的计划来驯服机器,而是倾向于建立一种更为分权化的权力形式。[2]

对体制的怀疑鼓励了年轻的激进派去认同那些存在于更大的权

---

[1] McLuhan, *The Mechanical Bride*, 21.
[2] Brick, *Age of Contradiction*, 131-136. 第一个将反主流文化运动与技术统治论联系在一起的讨论来自于 Theodore Roszak, *The Making of a Counterculture: Reflections on the Technocratic Society and Its Youthful Opposition* (Berkeley: University of California Press, 1968); Selisker, *Human Programming*, 70。

7

力结构之外的机器人与机器。1968 年，摇滚评论家、"白豹党"（the White Panthers）[1] 的创始人之一约翰·辛克莱（John Sinclair）曾写道："人们现在已经陷入扯淡的工作、扯淡的学校、扯淡的家庭、扯淡的婚姻、扯淡的社会与经济活动中了。但这再也没有必要了。现存的大多数工作都是无用的、反人类的，一旦人民掌权，让机器来做所有的事，那么这些工作立刻就会消失。"[2] 在辛克莱眼中，机器不是问题；问题在于体制，它不让机器解放人民。理查德·布劳提根（Richard Brautigan）在 1967 年的诗《由爱的恩典机器照管一切》（"All Watched Over by Machines of Loving Grace"）中也表达了类似的观点，这首诗后来被反主流文化的空想主义团体"掘地派"（the Diggers）[3] 重印。他在诗中表达的渴望更是情真意切："一片控制论的草地 / 那里哺乳动物和计算机 / 以共同预定的和谐生活在一起 / 就像纯净的水 / 触摸晴朗的天际。"在布劳提根看来，这种计算机与自然的结合必然会使人从工作中解放出来。"我常常想象 /"他写道，"一种控制论的生态 / 让我们从劳动中解放出来 / 回到自然 / 回到我们哺乳类的 / 兄弟姐妹中间 / 由爱的恩典机器 / 照管一切。"[4] 在布劳提根想象的计算机

---

[1] 白豹党是一个于 1968 年 11 月创立的反种族主义政治团体，其参与者多为白人，为争取黑人权利而奋斗，是美国著名左翼激进黑人政党"黑豹党"的白人版。——译者

[2] John Sinclair, "Rock and Roll Is a Weapon of Cultural Revolution," in *Guitar Army: Rock and Revolution with the MC5 and White Panther Party* (Los Angeles: Process, 2007), 97.

[3] 掘地派是 1966—1968 年间活跃于美国旧金山的一个激进行动组织，其名字直接来源于 17 世纪英国资产阶级革命期间代表无地和少地农民的空想共产主义派别。——译者

[4] Andrew Kirk, "'Machines of Loving Grace': Alternative Technology, Environment, and the Counterculture," in *Imagine Nation: The American Counterculture of the 1960s & '70s*, ed. P. Braunstein and Michael William Doyle (New York: Routledge, 2002), 353-378; R. John Williams, *The Buddha in the Machine: Art, Technology, and the Meeting of East and West* (New Haven, CT: Yale University Press, 2014), 179-180; Richard Brautigan, "All Watched Over by Machines of Loving Grace," *Digger Archives,* accessed March 6, 2016. http:// www.diggers.org/digpaps68/allwat68.html.

控制系统中，机器既是保护者也是供养者，最终它们将终结人类与自然、工作以及彼此之间的异化。

1972 年的环保主义电影《宇宙静悄悄》（*Silent Running*）中的可爱机器人就是这种批评的典型体现。故事发生在美国航空公司的一艘太空飞船中，飞船里有无数个圆顶大棚，里面生活的动植物都已经在地球上灭绝了。影片主要讲述了大棚的管理者、植物学家洛厄尔以及三个非人形机器工人为了保护自然，与公司所有者作斗争的故事。电影一开始，航空公司命令洛厄尔和他的人类同事炸掉大棚，返回地球。之后，当同事们都在吃合成食物的时候，洛厄尔选择了哈密瓜。一名同事问他两者之间的区别何在，他愤怒了，吼出了几句反主流文化批评者想必会赞同的话："区别就是，这是我自己种的……果子是我摘下来的，枝叶是我修剪的。它的味道……它的颜色……它的气息，能让人回忆起那个大地上……山谷里和……草原上花开遍地的年代，你可以躺在花丛中安然入睡。区别就是，那里有蔚蓝的天空……新鲜的空气，瓜果长得到处都是，而不是像现在这样只能长在几百万英里开外的太空中的圆顶大棚里。"他赞颂自然之美中的无为而治，谴责此时的地球生活，那里"永远是 75 华氏度[1]恒温；事物没有变化，人们都像是一个模子里刻出来的"。一个同事反驳说，世界上没有了贫穷与疾病，每个人都有工作。对此洛厄尔回应道："世界上也没有了美，没有了想象力，没有了留待征服的荒野。"就像许许多多的工业批评家与反主流文化人士一样，洛厄尔推崇自然世界，拒绝人工合成的东西。但这并不意味着他不能和机器人成为好朋友。[2]

---

[1] 75 华氏度大约相当于 24 摄氏度。——译者

[2] *Silent Running*, directed by Douglas Trumball (Universal Pictures, 1972).

　　洛厄尔决意拯救飞船上的植物。在机器人的帮助下，他谋杀了他的人类同事，并破坏了飞船，让它永远也无法返回地球。在后来的情节中，洛厄尔和幸存的两个机器人——他亲切地给它们分别起名叫"休伊"和"杜威"，取自迪士尼动画中的两个角色名——建立了感情，因为他们仨看着都想要个伴儿。不像那些被杀害的同事们，这两个机器人接受了洛厄尔的观点；它们从来不会质疑或者嘲笑他。在驶向宇宙深处的旅途中，洛厄尔作为一个真正的人，总是掌控着飞船上的一切。但是公司最终找到了洛厄尔，要求他炸毁大棚，回到地球。但他没有这样做。他把其中一个机器人放在大棚中，交给它植物生存所需的所有养料并放飞了大棚，然后让自己和另一个机器人消失在爆炸中。在民谣歌手琼·贝兹（Joan Baez）的歌声中，仅存的那台机器人出现在了电影的最后一幕，如今它已脱离了公司所有者的控制，成为地球上自然资源最后的保护者。即使在洛厄尔死后，这个机器人也从不质疑洛厄尔的命令，一直不偏不倚地执行。它不折不扣地就是一台"爱的恩典机器"。[1]

270

　　但意味深长的是，为了逃离体制的控制，洛厄尔不得不谋杀同事，远遁太空，才能避开那些更喜欢人工合成物和利润，忽视自然之美的自私自利的人类。在现实世界中，激进派将机器从技术统治论体制中解放出来的尝试失败了。他们遭到了 20 世纪 60 年代末兴起的保守主义运动的阻击，就连最温和的"驯服工业资本主义机器"的尝试也遭到了这场运动的针对。很明显，正如诺伯特·维纳所担心的那

---

[1] *Silent Running,* dir. Trumball.

样，"剥削的自由"将赢得胜利。[1]美国人不再乐观地期待社会彻底变革；相反，他们拜倒于技术所具有的带来福祉的潜力之下。美国人在很大程度上失去了对政治、政府、经济以及其他人的信心，他们将目光投向了似乎能保证世界进步的唯一力量：技术以及创造技术的公司。20 世纪 60 年代的激进主义不再想要对社会进行彻底的重组以适应机器人的到来，而是融入了硅谷所呈现的行将到来的世界，一同创造出一个后工业甚至后人类的幻想，在那个世界里，洛厄尔所批判的人造物也可以给人以力量。

---

[1] 关于保守主义的复兴，请参阅 Jonathan M. Schoenwald, *A Time for Choosing: The Rise of Modern American Conservatism* (New York: Oxford University Press, 2001); Robert O. Self, *All in the Family: The Realignment of American Democracy since the 1960s* (New York: Hill and Wang, 2012); 以及 Rick Perlstein, *Nixonland: The Rise of a President and the Fracturing of America* (New York: Scribner, 2008)。

1981 年，波普艺术家安迪·沃霍尔（Andy Warhol）终于变成了机器人。沃霍尔穷其一生都在用作品褒贬消费主义的手段，不断模糊艺术与大众文化的界限。在"安迪·沃霍尔的过度曝光：无人秀"（*Andy Warhol's Overexposed: A No-Man Show*）中，沃霍尔发现艺术家按照他的形象制造出了一台发声机械动画（audio-animatronic）人偶机器人。沃霍尔曾经说过，他"一直都想变成一台机器人"。受此启发，制片人刘易斯·艾伦（Lewis Allen）找到由前迪士尼幻想工程师阿尔瓦罗·维拉（Alvaro Villa）成立的 AVG 工作室（AVG Productions），让他们制作出一台人偶版的沃霍尔。为了强调它的表演是人为制造的，维拉在制作机器人的外壳时使用了透明塑料，这样观众就能够看到其内部的活动；只有它的头部和手部所覆盖的模型是对沃霍尔身体仔细铸模而成的复制品。这两个部位打造得十分精致，甚至连指纹和牙齿都能与真人相媲美。它的绰号为 A2W2，这个名字是在向《星球大战》（*Star Wars*）中的 R2-D2 致敬。当 A2W2 开口时，它的嘴巴、眼珠和眼皮都能像真人一样移动，而它的所有部位"相互协调，移动时就像统一在一个有机体中一般；当它向前移动一只手臂时，身体的其他部分也会做出补偿动作"。该机器人还表现出对环境的感知能力："它身上有一种传感反馈系统。当它拿起电话或者杯子时，它对其施加的压力将与真人相仿，不会将物品捏碎。它可以像安迪一样移动，用他的声音说话。它甚至还会结巴。"据《大众机械》所说，这

272

个机器人"像是有生命——至少它很像沃霍尔，你很难区分他们"。在 1968 年遭枪击之后，沃霍尔一直处于隐退状态。在他看来，这个机器人让他的梦想成为现实。"我一直想变成一台机器人，"他告诉《时代周刊》，"我总算可以接受脱口秀节目的邀请了——那个机器人可以代我上台。"[1]

文化评论家大为震惊。富有的慈善家兼记者芭芭拉·戈德史密斯（Barbara Goldsmith）认为，这台机器可以证明社会的本质是虚造的，更加重视外在形象，而不是内在性格。[2] "在今天这个高科技世界里，"她抱怨道，"现实苍白无力，它只是我们为自己编织的形象的替代品……我们不再需要现实，只需要看起来像真实的就行了。"这种自欺欺人产生了一种怪异、自恋的文化，人们只专注于外在认可，而不是内在道德。"只有在一种只认可权力而不愿意承担道德责任的文化中，才会让查尔斯·曼森（Charles Manson）和吉姆·琼斯牧师（Rev. Jim Jones）这样的怪物名噪一时。"[3] 在美国，"这些虚造的名人就是我们空洞的梦想的化身"，而且没有什么能够比 A2W2 更加清楚地体现出这一点了。她认为，用这台机器人，"沃霍尔……直接将自己的形象与他自己分离开来，从而让我们看到了虚造的极致"。[4] 她担心，

---

[1] "New Science/Innovations," *Popular Mechanics,* April 1984, 61; Graydon E. Carter, "People," *Time,* November 15, 1982, 96.

[2] William Grimes, "Barbara Goldsmith, Author of 'Little Gloria,' Dies at 85," *New York Times,* June 28, 2016, https://www.nytimes.com/2016/06/29/books/barbara-goldsmith-author-of-little-gloria-dies-at-85.html.

[3] 查尔斯·曼森是美国类公社组织"曼森家族"的领导人、连环杀手。吉姆·琼斯为美国邪教组织"人民圣殿教"的教主，在胁迫900多名信徒集体服毒自杀后开枪自杀身亡。——译者

[4] Barbara Goldsmith, "The Meaning of Celebrity," *New York Times,* December 4,1983, SM75.

由于美国人总是从这些被完美营造出的形象中找乐子，他们已经丧失了自己的灵魂。

戈德史密斯对社会上虚情假意的担忧并不是一件新鲜事。对现代生活中的人工性和不道德性的忧虑自 19 世纪就已出现，并在 20 世纪后半叶与日俱增，因为消费文化通过电子媒介与数字媒体广为传播，已经创造出了法国哲学家让·鲍德里亚（Jean Baudrillard）后来所谓的"超现实"（hyper-reality），这导致人们丧失了在现实与对现实的模仿之间作出区分的能力。[1] 戈德史密斯引用了历史学家丹尼尔·布尔斯廷（Daniel Boorstin）在 1962 年的说法，并表示赞同："我们冒险成为历史上第一批能够将自己的幻想变得如此生动、如此有说服力、如此现实，以至于可以活在其中的人。"[2] 这种对当代经验世界中的虚造性的关注，与其他批判者对大众消费社会的态度是一致的。这些批判者追随社会学家 C. 赖特·米尔斯的脚步，将民众视为从事着白领工作，享受着盲目愉悦的"快乐的机器人"。在战后几十年无处不在的消费主义文化中，批评者将机器人从异化劳动的象征，转变为"后现代"生活与身份认同中的人工性的象征。[3]

但在沃霍尔这样的艺术家看来，这种人工性带来了快乐。沃霍尔　273　虽然离群索居，但他是一名公开的同性恋。他还喜欢坎普美学（camp

---

[1] Jean Baudrillard, *Simulacra and Simulation,* trans.Sheila Glaser (Ann Arbor: University of Michigan Press, 1994), 1-2.

[2] 引自 Goldsmith, "The Meaning of Celebrity;" Daniel Boorstin, *The Image: A Guide to Pseudo-Events in America* (New York: Vintage Books, 1962), 240。

[3] 欲进一步了解后现代思想史，可参阅 James Livingston, *The World Turned Inside Out: American Thought and Culture at the End of the 20th Century* (New York: Rowman & Littlefield, 2010); David Steigerwald, *The Sixties and the End of Modern America* (New York: St. Martin's Press, 1995), 154-198; 以及 Daniel T. Rodgers, *Age of Fracture* (Cambridge, MA: Belknap Press, 2011)。

aesthetic）[1] 中那种戏谑的讽刺技巧。沃霍尔对那台机器人表示欢迎，这是在同时讽刺与认可名人文化与消费文化，因为这台机器人可以让他有机会欣赏到自己的表面形象，而且不用亲自扮演它。[2] 与大部分发声机械动画人偶一样，这个显然是假沃霍尔的机器人并不能完美地模拟出活人的样子；这对于理解为何说这个装置不是"像有生命"（lifelike）而是"像沃霍尔"（Warhol-like）是很关键的笑话。对于沃霍尔来说，拥有一个机器人分身强调了自我实际上是被制造出来的，就像他和他的雇员们在他称之为"工厂"（The Factory）的工作室中所生产出的艺术一样。评论家们因为形象与现实的分离感到震惊，但机器沃霍尔同样在这种分离中暗示，身份认同是不稳定的；正如性别理论家朱迪斯·巴特勒（Judith Butler）后来所说的，身份认同是被表演出来的，因此是可被观察的，而不是内在于形而上学的灵魂或生物学的身体中的。[3] 机器人引起了来自白人、异性恋、中上阶级群体的批评者对现代生活中的人工性的关注，因此它成为许多边缘群体中美国人的幽默与力量的来源，这体现在 20 世纪 70 年代因迈克尔·杰克逊（Michael Jackson）而走红的一种新的舞蹈动作机械舞之中。当人们与机器那时断时续的节奏融为一体时，他们就在玩乐中成为批评家们害怕民众变成的"快乐的机器人"。

然而，其他批评家仍然认为，机器人是压迫的象征，是人与机

---

[1] 坎普美学是一种将是否使观者感到荒谬滑稽作为作品迷人与否评判标准的美学形态。——译者

[2] 有关沃霍尔和坎普艺术的内容，请参阅 Roger Cook, "Andy Warhol, Capitalism, Culture, and Camp," *Space & Culture* 6, no. 1 (February 2003): 66-76; 以及 David Serlin, *Replaceable You: Engineering the Body in Postwar America* (Chicago: University of Chicago Press, 2004), 191-200。

[3] 欲了解巴特勒与行为主义之间的潜在关联，请参阅 Carrie L. Hull, "Poststructuralism, Behaviorism, and the Problem of Hate Speech," *Philosophy & Social Criticism* 29, no. 5 (September 2003): 517-535, https://doi.org/10.1177/01914537030295002。

器、自然与人造、自我与他者这些自 19 世纪以来塑造了美国文化的基本的二分法的象征。相反，他们所推崇的是一种更具乌托邦潜质的象征物：赛博格，即人与机器的综合体。虽然赛博格已经在美国文化中出现了很长时间，但随着控制论以及人的身体与大脑的电子机械增强技术的发展，它才受到更多的欢迎。到了 20 世纪 70 年代，赛博格成为美国文化中的常客，艺术家和学者们都喜欢使用它，以解构机器人通常强化的那些二分法。可以印证这一点的是，在 1987 年的电影《机械战警》（*RoboCop*）中，反派是一家邪恶公司造出来的一个非人形机器人，而男主角则是一名高尚的人类警察，他在一场可怕的意外后被改造成了赛博格。旨在取代人类的机器人成了怪物，而融合了人类心灵与机械身体的赛博格成了超级英雄。[1] 当美国人越来越多地使用个人电脑，放弃自己的有形身体而以数字身份示人时，赛博格可以让他们幻想到：在这个后现代的世界里，没有人是机器，也没有人是人；每个人都是这两者的结合。[2]

274

控制论仿生人

二战后控制论的出现标志着自 20 世纪 30 年代以来计算研究与行为主义的融合达到了顶峰。控制论是一门经常被媒体冠以"机器人科学"之名的学科。虽然控制论来自数学，但它看起来有望消除工程学、生物学、心理学、社会科学，甚至人文学科之间的学科壁垒。维纳在《控制论》中将这门学科定义为"在动物和机器中控制和通信"的科学，但后来他将这门学科的研究领域缩小为"对信息的研究，尤

---

[1] *RoboCop,* directed by Paul Verhoeven (Orion Pictures, 1987).

[2] 关于赛博格与后人类主义发展的历史，请参阅 N. Katherine Hayles, *How We Became Posthuman: Virtual Bodies in Cybernetics, Literature, and Informatics* (Chicago: University of Chicago Press, 1999)。

其是对那些起到控制作用的信息的研究"。在这样的定义下，他将"人
与机器之间、机器与人之间、机器与机器之间"的信息交流置于其分
析的中心。[1] 在维纳看来，信息是"负熵"的一种形式，它提供了一
种把趋向于无序的自然趋势逆转过来的可能："正如一个系统中的信
息量是它有序程度的度量一样，一个系统的熵是它无序程度的度量；
这一个正好是那一个的负数。"控制论的目标是改善信息交流水平，
让更高层次的控制不出岔子。控制论从战间期人们对驯服机器的痴迷
出发，给出了一种推翻传统的人与机器之区别的信息理论。[2]

    在控制论中诞生了许多实际应用，如自动化工厂和军用机器人，
同时无数研究者也在探讨控制论对思维、行为以及目的的影响。控
制论领域的奠基人之一沃伦·麦卡洛克（Warren McCulloch）是一位
神经学家，他与数学家沃尔特·皮茨（Walter Pitts）一起创建了神经
网络的数学模型。1949 年，英国精神病学家沃尔特·罗斯·艾什比
（Walter Ross Ashby）发明了"同态调节器"（homeostat），这是一种
能够在有外界干扰的情况下努力在环境中保持恒定状态的装置。这
个装置启发了维纳，他在《人有人的用处》的第二版（1954）中写
道："我们不仅能把目的加入机器中，而且，在绝大多数情况下，一
部为了避免某些故障隐患而设计出来的机器会找到它将要实现的种种

275

---

[1] 关于"机器人的科学"，请参阅 Ronald R. Kline, *The Cybernetics Moment: Or, Why We Call Our Age the Information Age* (Baltimore, MD: Johns Hopkins University Press, 2015), 68-101, esp.88; Norbert Wiener, *Cybernetics: Or Control and Communication in the Animal and the Machine* (Cambridge, MA: MIT Press, 1948); Norbert Wiener, *The Human Use of Human Beings: Cybernetics and Society* (Boston: Houghton Mifflin, 1950), 8-9。

[2] Wiener, *Cybernetics,* 58, 11. 与控制论的诞生有关的更多内容，请参阅 David A. Mindell, *Between Human and Machine: Feedback, Control, and Computing Before Cybernetics* (Baltimore, MD: Johns Hopkins University Press, 2003); 以及 Andrew Pickering, *The Cybernetic Brain: Sketches of Another Future* (Chicago: University of Chicago Press, 2010)。

目的。"维纳的"飞蛾"帕罗米拉实现了这一可能性，它看上去可以有目的地趋光或避光。[1] 在艾什比 1952 年的《大脑设计》(*Design for a Brain*) 中，他最为清晰地总结出了人脑与电子大脑之间的相似性："现在只需多花一点时间和劳动就能制造出一个人造大脑。"和维纳一样，艾什比也是一个行为主义者，他回避形而上学问题，只考虑可观察到的行为。他拒斥意识论与活力论，认为人们虽然看上去"是有目的性和适应性的"，但实际上其"本质是机械的"，即便他们的适应行为也是如此。他得出结论："我们必须假设……一个'人造系统'能够被做得'像活的大脑一样，习得适应行为'。"[2] 这意味着机器和人一样有学习能力。1967 年一部旨在普及控制论的著作则让控制论对人性的影响体现得更为清楚，其书名唤作：《你是一台计算机》(*You Are a Computer*)。[3]

　　在控制论的启发下，人们开始尝试创造出能够与人类无异的人工智能。以数理逻辑为基础并由军方资助的人工智能研究在冷战期间迅速地繁荣起来。英国数学家艾伦·图灵 (Alan Turing) 在 1950 年的著名文章《计算机器与智能》("Computing Machinery and Intelligence") 中，为传统的唯物论问题"机器能思考吗"增添了一层行为主义色彩，将问题变成了"机器能模仿思考吗"。在图灵看来，如果机器能够让人

---

[1]　Wiener, *The Human Use of Human Beings: Cybernetics and Society,* 2nd ed. (Boston: Houghton Mifflin, 1954), 38. 欲了解更多帕罗米拉与控制论之间的关系，请参阅 Jessica Riskin, *The Restless Clock: A History of the Centuries-Long Argument over What Makes Living Things Tick* (Chicago: University of Chicago Press, 2016), 314-320。

[2]　Walter Ross Ashby, *Design for a Brain* (London: Chapman and Hall, 1948), 382-383, 10; Pickering, *Cybernetic Brain,* 1-3.

[3]　V. H. Brix, *You Are a Computer: Cybernetics in Everyday Life* (New York: Emerson Books, 1967).

相信它是人类，那它就已经显示出了思考能力。[1]1956 年达特茅斯学院的一场学术会议标志着对人工智能的学术研究正式启动。当时该领域提出的人工智能概念所囊括的远远不止逻辑推理。达特茅斯研究纲领规定："本研究基于这样的猜测而展开，即学习的每个方面或智能的任何其他特征的原理都可以被精确地描述出来，以至于可以由机器进行模拟。"由于提议要造出能够使用语言、复制神经网络、进行抽象思考、拥有自我完善能力，甚至可以使用"可控的随机性"来模拟创造性思维的机器，该会议暗示，在这个外在表现比内在过程更加重要的文化里，人与计算机之间几乎所有的界限都可能会瓦解。[2]

1961 年，数学家、神经学家马文·明斯基（Marvin Minsky）预测，人工智能甚至可以向它自己编造心/身二元论的谎言。"但是我们不应该因为无法分辨智能的核心在哪里，就得出结论说因此编好程序的计算机不可以思考，"他说道，"因为当我们最终理解了结构和程序时，神秘感（和自以为是感）将会减弱，人类或许如此，机器或许也如此。"就像 19 世纪相信"有意识的自动装置"理论的人一样，明斯基认为心/身二元论是个伪问题："现在，当我们问起这样一个造物它是何种存在时，无法简单地'直接'回答……而肯定会回答说，它看来是一个二元存在，似乎由两个部分组成——'心灵'和'身体'。因此对于这个问题，即便是机器人也不得不保持二元论观点，除非它

276

---

[1] Alan Turing, "Computing Machinery and Intelligence," *Mind* 59, no. 236 (October 1, 1950): 433-460. 进一步分析可参阅 Pickering, *Cybernetic Brain,* 328; Kline, *Cybernetics Moment,* 153-165; 以及 Riskin, *Restless Clock,* 334-335。

[2] John McCarthy, Marvin L. Minsky, et al., "A Proposal for the Dartmouth Summer Research Project on Artificial Intelligence," August 31, 1955, *AI Magazine,* Winter 2006, 27, 4, 12. 亦可参见 Kline, *Cybernetics Moment,* 153-165。

配备了令人满意的人工智能理论。"[1] 随着人工智能的发展，人类心灵的独特性只不过成了又一个幻想。

这类研究导致了普遍主义的复归，这是一种在科学革命以及启蒙运动早期占据主要地位的思想。在控制论领域中占据核心地位的学者们天生就热衷于打破学科壁垒，他们再次对自动机产生了兴趣。这是自科学的发展趋向专门化之后还未有过的事情。维纳写了大量有关自动机的文章，尤其是棋手自动机。另一位麻省理工的学者，约翰·冯·诺伊曼（John von Neumann）在 1958 年发表的《计算机与人脑》（*The Computer and the Brain*）一书以及一系列关于数学自动机的理论性论文中，比如那篇惊世骇俗的《自复制自动机理论》（"Theory of Self-Reproducing Automata"）中，同样关注了自动机。1956 年，另一位控制论的奠基人克劳德·香农（Claude Shannon）创办了期刊《自动机研究》（*Automata Studies*）。通过重新唤起对自动机进行普遍研究的兴趣，控制论学家已经为抛弃看起来更像机器的机器人而回到看起来更像人类的仿生人这一更大的文化转型做好了前期工作。[2]

尽管当时最受欢迎的机器人罗比和 B-9 的身体看起来仍然像机器，但是被赋予了人工智能的机器人通常是人形的。阿西莫夫早期的机器人纯粹是机械造物，没有人会误以为它们是人。但到了 20 世纪 50 年代中期，阿西莫夫设想出了一种外观、言语和行为都像人，不过比人更理性的机器人。这个仿生人名叫机·丹尼尔·奥利瓦（R.

---

[1] Marvin Minsky, "Steps toward Artificial Intelligence," *Proceedings of the IRE* 41, no. 1 (January 1961): 8-30. 有关人类心灵独特性的幻想及其与 AI 的关系，请参阅 Riskin, *Restless Clock,* 343-345。

[2] Kline, *Cybernetics Moment,* 153-165; John von Neumann, *The Computer and the Brain* (New Haven, CT: Yale University Press, 1958); Norbert Wiener, "Chess-Playing Automata, the Turk, Mephisto, and Ajeeb," 1949.

Daneel Olivaw, R 是"机器人"的缩写)。它的首次登场是在 1953 年的小说《钢穴》(*The Caves of Steel*)及其续作 1956 年的《裸阳》(*The Naked Sun*)中,这些作品也见证着阿西莫夫再次回到其早期作品的主要题材:人类对技术创新的反对。

277

《钢穴》的故事讲述了一场谋杀之谜,但同时它也关注了技术性失业问题。阿西莫夫想象未来的某一天,曾经在星空中冒险,并在一些行星上定居的人类,却变得胆小如鼠,不敢离开地球。地球上的人类生活在封闭而又人口过剩的城市中,即标题所谓的"钢穴"中。他们不使用机器人,正在慢慢丧失活力。而在地球之外,人类已经探索到了宇宙边缘,在辽阔的太空中繁荣兴旺。这些"外世界人"(Spacers)凭借机器人劳动力以及稀疏的人口密度,实现了自动化拥护者口中的梦想,过上了富足与悠闲的生活。小说中,人类侦探以利亚·贝莱(Elijah Baley)和他的新搭档奥利瓦调查了一桩谋杀案。被害者是外世界派来的使节,他曾试图说服地球人接受机器人,并重返星空。当贝莱第一次见到奥利瓦时,他惊讶地说:"你看起来实在不像机器人。……我们的机器人……呃,让人一看就知道是机器人,你明白吧。而你,看着却像外世界人。"贝莱"本以为自己会看到一个皮肤坚硬、颜色死白、用光滑塑胶制成的怪物。他原以为这怪物说起话来只会一些不切实际的愚蠢玩笑,他原以为这怪物的动作会像抽筋似的滑稽又愚蠢。机·丹尼尔·奥利瓦却完全不是那样"。[1]

不过活力论仍然留存在阿西莫夫心中。在后面的故事中,一位想要阻止机器人普及的"中古主义者"遭到了贝莱的痛斥。"我们到底害怕机器人的什么?"贝莱问,"依我看,我们只不过是因为自卑感

---

[1] Isaac Asimov, *The Caves of Steel* (New York: Bantam Books, 1991), 25, 27.

而已。……它们看似比我们强——其实**不然**。这点最令人感到讽刺。"
人类仍然更胜一筹，因为人类不受三定律的限制，是自由的。"看看
这个跟我相处了两天的丹尼尔吧。"贝莱继续说道，他的话反映出现
实中美国工人的恐惧。"他比我高，比我壮，比我好看……他的记忆
力比我好，知识比我丰富。他不必睡觉也不必吃喝。他不会为疾病、
对爱的恐慌或罪恶所苦。然而他只不过是一台机器。我可以对他做任
何我想做的事……就算我叫他开枪崩了自己，他也会照做不误。"但
是在贝莱和阿西莫夫看来，人类和机器人之间的区别远远不仅仅在于
自由。"我们永远无法制造出一个在任何有价值的方面都跟人类一样
好的机器人，更别说比人类还要好了。我们无法制造一个会审美，或
者具有道德或信仰的机器人。我们无法培养出比极致的唯物主义高出
哪怕一英寸的正电子大脑。"贝莱认为，"只要有科学无法测量的事物
存在"，设计出像人一样的大脑就是不可能的。"什么叫美？什么是
善？什么是艺术？爱？上帝？我们永远都在不可知的边缘忽进忽退，
妄想了解不可能了解的东西。而这，正是人之所以为人的原因。"贝
莱最后告诉对方不要害怕机器人："一个机器人即使像丹尼尔那么完
美，甚至像神一样完美，但也终究不是人。这就好比木头不可能是人
一样。"[1]尽管阿西莫夫热爱科学，但他仍然承认，人类的灵魂超越了
科学的观察与复制的能力。

278

　　但是其他人就不这么确定人与机器之间的界限是否会继续存在了。
雷·布拉德伯里（Ray Bradbury）在电视剧《阴阳魔界》（*The Twilight
Zone*）1962 年名为《为电动体歌唱》（"I Sing the Body Electric"）的一
集中，认为机器也可以拥有爱的能力。一位父亲在他妻子过世后忙得

---

[1] Asimov, *Caves of Steel*, 220-222.

不可开交，于是他决定买一台机器人，让它陪伴孩子们并作出道德指引。售货员在说明了这项技术的工作原理之后，让孩子们去挑选有着他们心仪的身体部位以及声音的机器人。最能满足他们想法的是一台老年妇女外观的机器人，他们称之为"奶奶"。孩子们中较为年幼的两个热切地拥抱着它，但是大女儿安却并不乐意，因为她觉得自己被母亲抛弃了。父亲担心，安可能永远也接受不了"奶奶"这个替代品。对此机器人回应道："亲爱的，当你知道机器人除了玩耍和做饭之外还能干什么的时候，你会惊讶的。比如说我就有爱的能力。"在这一集中紧张关系的解决方式与阿西莫夫笔下罗比和格洛丽亚的故事如出一辙。安不愿意接受机器人的爱，她跑到街道上，恰好一辆货车正在高速驶来。幸运的是，"奶奶"牺牲了自己的身体，救下了这个孩子。当"奶奶"恢复正常后，它告诉安："没有东西能伤害我。"安说道："那你就不会像我的妈妈那样抛弃我了？"这让安相信机器人对她的爱将会是永恒的，于是她紧紧抱住了它。[1]

这一集的结局再次展现了机器人的超凡能力。孩子们长大后，"奶奶"准备回到工厂。"也许我会被拆掉，然后重新组装成别的什么东西。"它告诉孩子们。机器人意识到自己的死亡可能会让孩子们感到不安，于是它在给孩子们讲述自己未来面临的遭遇时没有使用控制论用语。"我的思想——你也可能说，我的灵魂——将会在一段时间之后进入一间喧闹的屋子……那是一间昏暗的大屋子，而其他所有的机器'奶奶'的思想和灵魂都会被带到那里去，在那待上一个月或一年。在那间屋子里，我们会相互交谈，讲述我们从这个世界以及从与我们一起生活的家庭中学到了什么。"在这个意识的集合体中，它会把"你们

279

---

[1] James Sheldon and William Claxton, "I Sing the Body Electric," *The Twilight Zone,* season 3, episode 35 (May 18, 1962).

说过、做过、哭过、笑过的一切"告诉其他"奶奶"们。机器人最后吐出了自己最强烈的愿望："也许在三百年后……我会收到最伟大的礼物——生命。"但是孩子们觉得，这种想法没有道理。其中一个女孩说道："噢，奶奶，你不用等那么多年——我们一直都觉得你是有生命的。"这个机器人一直表现得像一个慈爱的祖母，它已经以此证明了它具有人性。

布拉德伯里认同机器可模仿人类情感，而斯坦利·库布里克1968年的电影《2001：太空漫游》（*2001: A Space Odyssey*）却警告人们危险的后果可能会降临。电影中，控制飞船的人工智能哈尔9000（HAL 9000, HAL 是"启发式编程算法计算机"[Heuristically programmed ALgorithmic computer] 的缩写）在感知、逻辑与情感方面的能力都远远超出人类船员。正如电影中的一名记者对两名船员所说的那样，哈尔能够"以难以估量的运算速度与可靠性，复制——尽管有些专家仍然喜欢用'模仿'这个词——人脑的大部分活动"。当被问及哈尔是否真的有情感时，船员戴夫指出了表象与实在之间的区别："嗯，他表现得好像具有真实的情感——当然他是被程序设定成这样的，这样我们之间的沟通会更容易一些。但至于他是不是实实在在具有感情，我想没有一个人能够给出真正的答案。"在哈尔带着感情评价了戴夫的艺术作品之后，它问戴夫飞船上的科学家的任务是什么，但是在询问时带上了自己的焦虑。它觉得："也许我只是在表达自己的担忧。我知道这次任务有些特别奇怪的地方，我自己的疑虑从未打消过。"它所有对人类的亲近都是由冷静的计算所产生的表象，这种计算所产生的答案让哈尔决定杀死飞船上的每一个人。但是它没能杀死戴夫，因为戴夫在最后一刻想办法关闭了它的高级脑功能。库布里克不带任何感情地描绘了人类船员的死亡，但他却在哈尔的脑功能被关闭时强调了它的情感回应。哈尔唱起了维多利亚时代的情歌《黛西·贝尔》（"Daisy Bell"），一如真实存在的 IBM 7094 计算机曾在 1961 年的一次展示上所做的那样。哈尔渴望着与算法系统重新建立连接，随后多愁善感但又孤独的它失去了意识。但是戴夫的观点仍然是有效的：没有人知道它那表现出来的情感是不是真实的，就像没有人知道他人的情感是不是真实的一样。[1]

280　　　在思考机器人与情感表现之间的联系方面，没有人比菲利普·K. 迪克做得更好。在 1968 年的小说《仿生人会梦见电子羊吗?》（*Do Androids Dream of Electric Sheep?*）及 1982 年由前者改编而来的赛博朋克电影《银翼杀手》（*Blade Runner*）中，他思考了人与机器之间、真实情感与人造情感之间的区别。这个故事讲述了赏金猎人里克·德卡德（Rick Deckard）为了让六个逃逸在外的仿生人"退休"所付出的努力，故事在进展过程中不断消融这些界限。在故事中，德卡德拿出了"沃伊特·坎普夫机"（Voight-Kampff machine），这是一种能够测量对外界刺激的共情程度的装置。乍看上去，这意味着故事认可当时人们共有的一个假设，即共情能力将人与机器区别开来。不过，小说中的其余部分都在动摇这种假设。仿生人以昆虫的痛苦为乐，但人类也盲目地参与了暴力行为；而且事实上，正是人类的决定导致了故事中的后启示录世界的产生。小说中，一个角色曾经指控德卡德也是一个仿生人，这个问题后来引起了《银翼杀手》粉丝们的讨论。在这个计算机自动化的时代，人的身份认同是表演出来的，没有人能确定他们是人

[1] *2001: A Space Odyssey,* directed by Stanley Kubrick (Metro Goldwyn Mayer and Stanley Kubrick Productions, 1968); Carol Fry, "From Technology to Transcendence: Humanity's Evolutionary Journey in '2001, a Space Odyssey,' *Extrapolation* 44, no. 3 (November, 2002): 331-343.

还是机器，也没有人能确定他们的反应是真实的还是模拟出来的。[1]

　　这些新出现的能够被当成人类的仿生人通常也是白人。虽然西屋公司制造声控先生和声控夫人时使用了白人形象，但它们的外观很滑稽，引人发笑。现在机器人获得了意识以及敏锐的头脑，于是作家和艺术家们都将白人机器人想象成一种完美典范，而不是一种夸张讽刺。在《钢穴》及其续作《裸阳》的插图中，奥利瓦都是白人，拥有完美的肌肉。《为电动体歌唱》中被孩子们选中的"奶奶"也是白人。哈里森·福特（Harrison Ford）在《银翼杀手》中出演德卡德时，这位潜在的机器人德卡德成了一个粗犷而完美的男性的化身，与他的头号复制人劲敌苍白强健的身体形成了鲜明对比。电影中出现的最主要的女性仿生人普利斯——一个快乐的模特——有着极其白皙的皮肤。20世纪80年代，《星际迷航：下一代》（*Star Trek: The Next Generation*）中的角色"数据"标志着仿生人的白人化达到了巅峰，他的逻辑运转以及与情绪的抗争都体现在他那苍白得不自然的肤色上。机器人最初进入美国的时候，白人以之为符号，认为他者群体在本质上不过是机器；但在计算机自动化时代，白人认为他们自己可能和机器一样也具有人工制造的痕迹，于是他们使用机器人来讨论这种可能性。

快乐的机器人

281

　　仿生人的白人化也有另一种批评为基础，即现代生活已经将所有人都变成了机器，而不仅仅是工人。20世纪五六十年代的作家们借鉴了 C. 赖特·米尔斯的研究，对"快乐的机器人"的出现表示失望。这种"机器人"是白领员工，这些快乐的工人是由他们公司请来的"人

[1] Philip K. Dick, *Do Androids Dream of Electric Sheep?* (New York: Doubleday, 1968). 亦可参见 *Blade Runner,* directed by Ridley Scott (Ladd Company, 1982)。

际关系专家"（human relations specialist）制造出来的。在米尔斯看来，"快乐的机器人"是科层化社会的产物，这种社会试图使用让工人感到快乐、产生工作意愿这种折中的办法来遏制异化问题。[1] 但是米尔斯也认为异化问题来自闲暇。这位社会学家同样有着 19 世纪末以来知识界普遍存在的那种对于大众文化的轻视，他认为"空虚的人们的娱乐是建立在他们自身的空虚之上的，但他们同时又无力填补这空虚。这种娱乐并不能像老式中产阶级的嬉戏与欢乐那样使他们得到平静或者放松感，也不能像手工艺者们所做的那样重新激发他们的工作自觉性。他们的闲暇用引人入胜的消极享受和战栗快感让他们摆脱了工作中永无休止的磨难。对现代人来说，闲暇是花钱的手段，工作是挣钱的手段。当二者相竞争时，闲暇不费吹灰之力便赢得了胜利"。[2] 现代社会中的机器人不仅仅是流水线上的工人，而且是那些空虚的人。他们被大众社会中的消极闲暇所吸引，不再关注他或她工作中的异化本质了。

米尔斯所谓快乐的白领机器人这一概念融合了早些时候对大众社会的批评以及对极权主义的批评。随着詹姆斯·伯纳姆（James Burnham）、乔治·奥威尔（George Orwell）、汉娜·阿伦特（Hannah Arendt）以及亚瑟·施莱辛格（Arthur Schlesinger）等学者转向对极权主义中的科层化特征的研究，机器人也开始象征着科层制中的冷酷无情。[3] 1947 年，保守主义的专栏作家马尔维娜·林赛（Malvina Lindsay）描绘了这样的形象："一个烦人的小灰影正在办公桌、打字机、会议桌周围转来转去。这个影子来自毫无生气、不名一文的传统

---

[1] C. Wright Mills, *White Collar: The American Middle Classes* (New York: Oxford University Press, 1953), 235.

[2] Mills, *White Collar,* 238.

[3] 这一点可参阅 Benjamin Alpers, *Dictators, Democracy, and American Public Culture: Envisioning the Totalitarian Enemy, 1920s-1950s* (Chapel Hill: University of North Carolina Press, 2003), 250-302。

公务员，来自办公室里的机器人，并且这些机器人正要接管国家事务，最终国际事务也要落入他们手中。"[1] 在 60 年代初，纳粹官员阿道夫·艾希曼（Adolf Eichmann）具体地体现出了极权主义机器人的样子。他声称自己是一个不会思考、只会执行命令的公职人员。[2] 刘易斯·芒福德的例子也很有说服力，他用**机器人**这个词同时指代自动化装置和"组织化的人"（organization man）——记者威廉·H. 怀特（William H. Whyte）用这个词来形容粗犷的个人主义精神和独立的思想在科层化世界中的衰落。[3]

282

　　在批评人士看来，"快乐的机器人"正是现代男女的缩影，他们已经被现代生活改变成了不会思考、没有感情、无法控制自己的命运的消费机器。冯内古特的《自动钢琴》，艾伦·金斯伯格《嚎叫》（*Howl*, 1955）里对"机器人寓所"的谴责，赫伯特·马尔库塞（Herbert Marcuse）在《单向度的人》（*One Dimensional Man*, 1964）中的批判，以及迈克·尼科尔斯（Mike Nichols）在电影《毕业生》（*The Graduate*, 1967）开头片段中对流水线的模仿，在这些作品中反主流文化批评家谴责整个现代生活将人变成了快乐的机器人。[4] "大批量生产和大批量分配已经占据了个人的全部身心，"马尔库塞写道，"工业心理学早

---

[1] Malvina Reynolds, "Menace of Mediocrity: Robot Trend," *Washington Post,* May 21, 1947, 8.

[2] 参见，例如，"Eichmann Paints a Robot Portrait," *New York Times,* June 26, 1961, 8; 以及 Homer Bigart, "Eichmann Tells Ransom Motive," *New York Times,* July 6, 1961, 8。

[3] Lewis Mumford, *The Myth of the Machine: The Pentagon of Power* (New York: Harcourt Brace Jovanovich, 1964), 277. 欲了解极权主义人格的这一更宏大的主题，请参阅 Robert Genter, *Late Modernism, Art, Culture, and Politics in Cold War America* (Philadelphia: University of Pennsylvania Press, 2010), chap.1 and 2。

[4] 参见 Kurt Vonnegut Jr., *Player Piano* (New York: Charles Scribner's Sons, 1952); Allen Ginsberg, "Howl," in "Howl and Other Poems, (San Francisco: City Lights Books, 1955), 18; Herbert Marcuse, *One-Dimensional Man: Studies in the Ideology of Advanced Industrial Society* (Boston: Beacon Press, 1964); 以及 *The Graduate,* directed by Mike Nichols, (Embassy Pictures and United Artists, 1967)。

已不再局限于工厂的范围。在几乎机械式的反应中，潜化（introjection）
的各种不同过程都好像僵化了。结果，不是调整而是模仿，即个人同
他的社会，进而同整个社会所达到的直接的一致化。"[1] 在 20 世纪 60
年代，甚至葛培理也在思考美国是否"已经变成了一个机器人文明，
受到大众传媒的操纵，受到从众心理的驱使，并受到政治伎俩的逼
迫"。[2] 对个性的否认从工厂开始蔓延，似乎逐渐传遍了整个社会，
从而创造出了没有意识和意志力的人，他们之间的人际关系只是模仿
出来的而已。在战间期，斯图尔特·蔡斯等人指出，流水线上的机器
人只会影响到非白人，他们的说法让这种异化看起来可以接受。但现
在，后工业时代的美国批评家意识到，不是流水线制造出了机器人，
而是人为建立的整个现代性大厦造就了机器人。在计算机自动化时
代，不论种族为何，不管是白领还是蓝领，所有白人都无法逃避变成
机器人的命运。

"快乐的机器人"这一批评的核心在于，这个世界和居住其中的
人们都变得不真实了——至少在批评者看来，迪士尼的发声机械动
画人偶技术体现出了这种感觉。[3] 在 1964 年的世界博览会上，迪士

---

[1] Marcuse, *One-Dimensional Man,* 10. 欲更深入了解马尔库塞和后工业主义之间的联系，请
参阅 J. Jesse Ramirez, "Marcuse among the Technocrats: America, Automation, and Postcapitalist
Utopias, 1900-1941," *Amerikastudien /American Studies* 57, no. 1 (2012): 31-50; Andrew Feenberg,
"Post-Industrial Discourses," *Theory and Society* 19, no. 6 (December 1990): 709-737; 以及 Douglas
Kellner, "Marcuse and the Quest for Radical Subjectivity," *Social Thought & Research* 22, no. 1/2
(1999): 1-24.

[2] 引自 Jason W. Stevens, *God-Fearing and Free: A Spiritual History of America's Cold War* (Cambridge,
MA: Harvard University Press, 2010), 176。

[3] 欲了解更多有关娱乐公园与人工性之间的关系，请参阅 Gary Cross, *Packaged Pleasures:
How Technology and Marketing Revolutionized Desire* (Chicago: University of Chicago Press, 2014),
207-240, 267-268。

尼首次推出了发声机械动画人偶。这些人偶包括 32 个角色，其中有一个是位坐着头等舱要飞往纽约的奶奶。[1] 此前不久，沃尔特·迪士尼（Walt Disney）在电视上解释了该技术的工作原理。他从机械恐龙开始，演示了技术具有复原已灭绝物种的能力。他还和一只机械鹦鹉热情地聊了几句。之后他拿出了亚伯拉罕·林肯的机械人偶。该人偶的动作来自一位不具名的演员，传感器捕捉到演员的动作后，会将数据储存在电脑里，然后让机械林肯表现出来。这样人偶的动作虽然还不是完全自然的，但是看上去已经流畅了许多。迪士尼声称："你可能会很难相信，最终产品竟然能如此栩栩如生。"[2] 而在博览会上，人偶同时出现在好几个展览中，包括"进步之轮"，它讲述的是人们通过由自动化装置提供的"悠闲的按钮式生活"在家中工作与休闲的历史。博览会闭幕后，迪士尼将这些装置搬到了迪士尼乐园，让它们在那里继续为观众带来欢乐，并消除实在与表象之间的界限。记者杰克·史密斯（Jack Smith）描绘了他邂逅机械林肯时的场景："令人恐惑……林肯先生肯定是个活着的演员假扮成了机器人。……真叫人心慌。那天剩下的时间里，我一直不确定谁是真的，或者什么东西是真实的。……我发现，迪士尼乐园里的所有人和物，都在悄无声息地变成人偶。"[3]

迪士尼之所以要研究发声机械动画人偶，与他意图创造出一个完美有序的幻想世界的努力是分不开的，他想让人们在这个幻想世界中发现他们自己是谁。据说他曾在 20 世纪 60 年代告诉葛培理："你知道，幻想不在这里。这里是真实的……乐园就是现实。这里的人都

[1] "'Grandma' Flies First Class to N.Y., Fair," *Los Angeles Times,* February 20, 1964.

[2] *Disneyland Goes to the Fair,* directed by Hamilton Luske (Walt Disney Productions, 1964).

[3] Jack Smith, "Fun or a Reasonable Facsimilie of It," *Los Angeles Times,* September 5, 1966, D1.

很自然；他们很快乐，相谈甚欢。这才是人真实的样子。幻想存在于迪士尼乐园的大门外，外面的人们仇恨、偏见。而这才不是真实的！"他认为，只有在一个人造的、可控的、使人愉悦的环境中，人们才能自由地成为自己，并体验到真实的情感。[1]

评论家安伯托·艾柯（Umberto Eco）指出，迪士尼的机械人偶是"超现实"的重要体现之一。他把迪士尼乐园称为"消费主义意识形态的典范"，并认为它"告诉我们，相比于自然，技术可以带给我们更多的真实"，因为它可以让人们不断获得各式各样的经验。以乐园中的"加勒比海盗"为例，他评价道："海盗们会跑动、跳舞、睡觉、瞪大双眼、吃吃窃笑、喝酒等等，而且它们的动作十分真实。虽然你可以意识到它们是机器人，但它们的逼真程度仍然会让你目瞪口呆。"艾柯接着写道，机械人偶"有着人类外形，而实际上它们是计算机。……每个机器人都遵从一个程序，这种程序可以让眼睛和嘴巴的动作与音频中的言语与声音同步，可以整天无穷无尽地重复既定程序。……人类不可能比他们做得更好，而且成本也会更高。但重要的恰恰在于，它们不是人类，而且我们知道它们不是"。机器人的恐惑性是为了让人们知道他们的体验是人造的。此类装置意味着，这个乐园"最终实现了18世纪机械师的梦想，他们曾经赋予'纳沙泰尔的写手'和冯·肯佩伦男爵的'会下棋的土耳其人'等装置以生命"。但这也意味着，游客必须同意让自己也变成机器人，才能享受乐园之中的体验。艾柯认为，在迪士尼乐园，人造的快乐的机器人创造出了

284

---

[1] 引自 John M. Findlay, *Magic Lands: Western Cityscpaes and American Culture After 1940,* (Berkeley: University of California Press,1992), 70。芬德利（Findlay）指出，这句话可能是杜撰的，但它符合迪士尼的意识观念。

图 10.1 迪士尼乐园中"加勒比海盗"设施中的一个发声机械人偶海盗，正是它让评论家安伯托·艾柯既着迷而又害怕。这台机器有着人的外观，但是它的动作并不流畅，而且也不会像人一样做出小动作，这让它看上去令人恐惑。拉尔夫·克兰（Ralph Crane）摄 / 生活图片集 / 盖蒂图片社。

人造的快乐的人。[1]

　　迪士尼认为，在人为营造的体验中也有着真实性，这与一部受控制论影响而写就的脍炙人口的著作中的论述很相似，那就是整形外科医生麦克斯威尔·马尔茨（Maxwell Maltz）于 1960 年出版的畅销书《心理控制术》（*Psycho-Cybernetics*）。这本书将控制论与心理学家普雷斯科特·莱基（Prescott Lecky）的"自我意象"（self-image）理论相结合，保证给读者们带来"一种从生活中获得更多生活乐趣的新方式"。马尔茨不是行为主义者，他声称控制论"并没有告诉我们'人'是一台机器，而是说人**拥有**一台机器，并**使用**这台机器。"这台机器就是潜意识思维，它"根本不是'思维'，而是一种机制—— 一种由大脑和神经系统组成，由思维来**运用**和**引导**的追寻目标的'伺服机制'（servomechanism）"。这种"创造机制"，他接着说，"会自动地、客观地运行，它可能获得成功和幸福，也可能导致不幸与失败；这取决于你自己为它设定的目标。如果你设置了'成功目标'，它就会发挥'成功机制'的功能。如果你设置了消极的目标，它就会发挥……'失败机制'的功能"。他认为，成功所需要的只是"一个恰当而真实的"、个人可以"信得过、靠得住"的自我意象。形成这样的意象需要经验。但并不需要是真实的经验——也可以是只在大脑中发生的"人造的"经验。《心理控制术》是 19 世纪的新思想运动以及诺曼·文森特·皮尔（Norman Vincent Peale）的"积极思考的力量"中的观点在电视荧屏与迪士尼乐园时代的升级版，它认为如果人们在潜意识机制中形成并保持了一种连贯的关于他们自己的意象，那么他们就可以成为想成为的任何人。[2]

---

[1] Umberto Eco, *Travels in Hyperreality* (New York: Harcourt, 2014), 43, 44, 45, 47.

[2] Maltz, *Psycho-Cybernetics* (New York: Prentice-Hall, 1960), x, 9.

1973 年，迈克尔·克莱顿的电影《西部世界》设想了在一个痴迷秩序并热衷使用虚假的体验建构自我的充满机械人偶的世界里，可能会发生什么样的事情。电影讲述了一个传统的关于重拾白人男子气概的故事，但是这一次故事发生在一个主题公园里，里面令人恐惑的仿生人扮演了传统的人类角色。影片中的主要人物有男主角彼得·马丁（Peter Martin），这是理查德·本杰明（Richard Benjamin）饰演的一个优柔寡断的芝加哥律师，而且刚刚离婚；以及他有着传统男子气概的朋友，詹姆斯·布罗林（James Brolin）饰演的约翰·布兰（John Blane）。马丁在不久前的离婚诉讼上被前妻"耍了"，他觉得自己威风扫地，渴望能再次寻找到自己的男子气概。为此，他射杀了一位机器人火枪手，并和机器人妓女发生了性关系。《心理控制术》无疑会同意马丁的体验是人造的；它们确实发生过，但都是与机器而不是与可能会杀死他的敌人或可能会拒绝他的女人一起经历的，而这些机器的设计本身就是为了取悦他，给他生杀予夺的权力。不过这些经历还是让一种强有力的自我形象在马丁心中油然而生，而且时机刚刚好——因为机器人马上就叛乱了。随着这些机器谋杀了公园内大部分人类员工和游客，马丁的体验也成了恐怖的经历。他的朋友布兰很快就被尤·布林纳（Yul Brynner）扮演的机器人火枪手杀害了。在接下来的情节中，这个火枪手一直在追杀已经变得坚忍刚毅的马丁，直到它在公园的中世纪主题园区内被马丁烧"死"。随后马丁救出了一个处于危难之中的少女，但这个少女实际上是个机器人，刚被救出来就短路了。这让马丁受到了更大的精神冲击。镜头逐渐放大，聚焦到马丁的脸上。这是最后一个镜头，他身心疲惫、精神受创，一点力气也没有了。[1]

286

---

[1] 参见 *Westworld*, directed by Michael Crichton (Metro-Goldwyn Mayer, 1973).

人造物产生的体验所赋予他的自我意象让他有了生存的意志，但为生存而战的现实过程却又伤害了他的精神。所以，这体验并没有让他变成艾柯在迪士尼乐园中发现的"快乐的机器人"，而仅仅成了一个疲倦而冷酷的机器杀手。

艾柯和克莱顿批评了这些与机器人有关的体验，而其他人却发现，以一种新的舞蹈形式将他们自己变成快乐的机器人可以获得力量感。这种舞蹈形式就是机械舞，它是从非裔美国人的音乐中诞生的。美国人第一次看到机械舞是在唐·科尔内留斯（Don Cornelius）的《灵魂列车》（*Soul Train*）节目里，查尔斯·"机器人"·华盛顿（Charles "Robot" Washington）和达米塔·乔·弗里曼（Damita Jo Freeman）表演了这种舞蹈。而最具代表性的舞者当属迈克尔·杰克逊，他在"杰克逊五兄弟"（the Jackson 5）的热门歌曲《跳舞的机器》（"Dancing Machine"）中的表演尤其令人印象深刻。这首歌的歌词仍然重复了那种经久不衰的对女性身体的迷恋，即将其想象为取悦于男性的机械装置。歌曲开头，他柔情地低吟，"跳啊，跳啊，跳啊／她是一台跳舞的机器／啊，宝贝／动起来宝贝"，接着进入歌曲第一段，"自动的／系统的／色彩绚丽，零件齐全／与你处在同一种氛围里"。迈克尔·杰克逊和杰曼·杰克逊（Jermaine Jackson）唱道，这个女黑人"迷人""刺激"，"如此性感的一位女士／她的设计带有太空时代的风格"。"投进一枚硬币"，她就有了生命力，"将会让你意乱情迷"。在歌曲的前半部分，五兄弟跳着他们常用的舞蹈动作：一齐拍手、打响指、扭动身体、提膝；而在音乐过渡时，迈克尔原本流畅的肢体变得僵硬起来。他前后倾斜躯干，左右甩头，并把双臂张开；他双腿僵硬着在地板上滑行，好似被放在了流水线上，而他的兄弟们不得不站在一旁，为这个停不下来的机器腾出空间。过渡段落结束后，迈克尔向人群点头，

结束了他迷人而个性的表演；他回到他的位置，和兄弟们一起唱完了
这首关于一个为了取悦黑人男性而被制造并出售的黑人女性的歌。[1]

　　尽管《跳舞的机器》物化的是女性的身体，但在迈克尔的机械舞大红大紫之后，音乐产业和白人至上的世界都找上门来，希望他能继续化身那炙手可热的"机器"。曾经，弗里曼表演过一次更性感的机械舞，还引得放克[2]歌手詹姆斯·布朗（James Brown）色眯眯地盯着她的身体。这意味着女性也能发现机械舞可以赋予她们力量。[3]在自动化限制了就业机会，尤其是限制了非裔美国人的就业机会的社会背景下，这样的舞蹈表明在黑人与机器的竞争中，黑人更胜一筹，因为他们拥有"灵魂"。在机械舞中，表演者承认自己是被控制的，也承认了刻板印象的存在，表演者像傀儡一样被它们束缚在他人的意志上。但同样地，表演者也认为自己有能力超越这些控制与刻板印象。杰克逊后来暗示了机械舞和这种刻板印象之间的联系。《月球漫步者》（*Michael Jackson's Moonwalker*）是一个根据同名电影改编而来的电子游戏，游戏中他最厉害的招数之一就是跳起致命的机械舞。玩家只有在抓到"泡泡"，即现实中杰克逊的宠物大猩猩之后才能激活这个技能。[4]这两种对非裔美国人的刻板印象，即机器人和大猩猩——玩家若想让杰克逊变成前者，就必须同时使用后者。

------

[1] Marley Jackson, "The Jackson 5 Dancing Machine Live at Soul Train," August 2, 2014, video, 3:49, https://www.youtube.com/watch? v=CuYOGuXiGAk. 进一步分析可参阅 Megan Pugh, *American Dancing: From the Cakewalk to the Moonwalk* (New Haven, CT: Yale University Press, 2015), 271。

[2] 放克为非裔美国人音乐家将灵魂乐、灵魂爵士乐和节奏蓝调融合而成的一种有节奏的、适合跳舞的音乐形式。——译者

[3] Pugh, *American Dancing,* 269-275.

[4] 参见 *Michael Jackson's Moonwalker,* by Emerald Software and Keypunch Software (US Gold, 1990)。

在杰克逊的表演后，机械舞一炮而红。全国各地的报纸都报道了舞会上的青少年、俱乐部成员，甚至还有孩子们表演这一舞蹈，为自己和观众带来快乐。[1]其他人也表演了类似动作，在人工性中找乐子。摇滚乐队 Devo 在表演时常常戴着面具做出机器人一般的动作，这是为了让人们注意到现代生活中身份认同的人工性。[2]人们假扮机器人的做法已经有很长的历史了，但他们通常是演员，扮成机器的目的是出售商品或门票。而在舞池里，表演者认为机器可以展现出他们自己的力量。他们欣然变成了快乐的机器人，以此表达自己有着模仿机器的律动而又能超越它的能力。

到 1981 年 A2W2 首次亮相的时候，机器人已经成了一种既定的表演形式。它既是对当代生活中与日俱增的人工性的批判，也是对这人工性的欢迎。米尔斯的"快乐的机器人"这一概念始于对现代性如何将人变成不会思考、没有感情的机器的分析，但那些与消费经济更接近的美国人，如迪士尼、马尔茨、克莱顿等，则褒扬现代生活中的人工性，认为它是一种发现并表达出真实自我的手段。而艺术家们在其对机器人玩笑般的扮演中提出了两者之外的替代方案，他们对真实性问题避而不谈，而倾向于讨论植根于行为的身份认同概念。这与冥河乐队的《机器人先生》的对比发人深省。与大多数摇滚乐一样，《机器人先生》所在的专辑《基尔罗伊到此一游》（*Kilroy Was Here*）围绕着真实性问题而展开，因为其关注的核心是人们在极权主义世界中为

---

[1] 在 20 世纪七八十年代，全国各地的小镇报纸都报道了返校活动上的机械舞等舞蹈形式。参见，例如，"Columbia Street Wins Talent Event," *Cumberland News,* August 6, 1977, 20; 以及 "H-F Homecoming Slated," *Chicago Heights Star,* October 16, 1977, 3。

[2] Jefferson Cowie, *Stayin' Alive: The 1970s and the Last Days of the Working Class* (New York: New Press, 2012), 345-348.

生存而戴上的面具。[1]正如歌曲中唱的那样，"我有一个藏在皮肤之下的秘密／我的心是人类的，我的血是沸腾的，我的大脑是 IBM 的／……我不是一个没有感情的机器人。我不是你看到的那样。我是现代人，躲在面具后面，这样旁人才看不到我的真实身份。"冥河乐队用机器人来批判现代世界要求人们把真实的自我隐藏在没有情感的面具后面，而机械舞却在这种面具中找到了欢乐与力量。机械舞暗示，如果每个人都是机器人的话，那人们也不妨为此欢欣鼓舞。

向计算机自动化迈进

为了解决作为自我的对立面的机器人与作为自我的表达的机器人之间的紧张关系，美国人将注意力转向了赛博格。赛博格出现在美国文化中已有数十年历史，但这个词直到 20 世纪 60 年代才被创造出来，作为对美国空军以及美国国家航空航天局（NASA）的控制论理论以及技术创新的回应。到了 70 年代，赛博格已经很好地融入流行文化中——通常它们是机器人的对手。在《人有人的用处》倒数第二章中，维纳设想患有听力障碍的公民可以使用电子传感装置来获得他被自然或命运夺去的能力。军方和 NASA 在 50—60 年代推动了这种人－机综合体的发展，他们认为这是一种让士兵、飞行员、宇航员得以适应现代战争和太空飞行中超出常人的严酷要求的办法。这个词是曼弗雷德·克莱因斯（Manfred Clynes）和内森·克莱恩（Nathan Kline）在他们 1960 年的文章《赛博格与太空》（"Cyborgs and

---

[1] Jack Hamilton, *Just around Midnight: Rock and Roll and the Racial Imagination* (Cambridge, MA: Harvard University Press, 2016), 4. 亦可参见 Styx, "Mr. Roboto," *Kilroy Was Here* (A&M, 1983)。Video available at Styx, "Styx—Mr. Roboto (Relaid Audio)," August 10, 2017, YouTube video, 5:34, https://www.youtube.com/watch?v=uc6f_2nPSX8.

Space"）中发明的。当时他们强调的是，因为宇航员必须时时监测生命体征以及环境状况，它们"会变成机器的奴隶。赛博格的目的……是要提供一个组织系统，在这个系统中，这类机器人般重复性的工作可以在不知不觉中自动得到处理，这样人就可以自由地去探索、去创造、去思考、去感受"。[1]同样是让机器人变成了机器的奴隶的地方，却让赛博格享受到了自由。

人与机器之间的界限正在崩塌，而对快乐或者极权机器人的担忧也与日俱增，这时赛博格取代了机器人，成了人类的卫士。有时赛博格的活动仅限于军营之内。马丁·凯丁（Martin Caidin）1972 年的小说《赛博格》、它的改编电视剧《无敌金刚》（*The Six-Million Dollar Man*, 1973）及其衍生剧《无敌女金刚》（*The Bionic Woman*, 1976）所讲述的都是主角在遭受了可怕的意外后被政府改造成赛博格特工的故事。[2]不过也有政府与公司体系之外的赛博格。在漫画《机器人斗士曼格斯》（*Mangus, Robot Fighter*, 1963）中，主角的大脑里植入了机器人通讯受体，他在一个仍然遵从阿西莫夫三定律的老旧机器人那里获得了训练，对抗社会上的邪恶机器人。漫威（Marvel）在 20 世纪 60年代推出了托尼·斯塔克（Tony Stark）的故事。斯塔克是一位掌控着一家军工复合体的富有的花花公子，后来成了穿着动力盔甲的钢铁侠。虽然最初他是冷战和军火业的支持者，但最终他开始质疑它们存在的必要性，并在 60 年代的漫画和 2015 年的电影《复仇者联盟：奥创纪元》（*Avengers: Age of Ultron*）中与带来末日的机器人奥创展开了战

[1] Manfred E. Clynes and Nathan S. Kline, "Cyborgs and Space," *Astronautics,* September 1960, 26-27, 74-76, 27; 进一步分析请参阅 Chris Hables Gray, *Cyborg Citizen: Politics in the Posthuman Age* (New York: Routledge, 2001), 10。

[2] Paul Edwards, *The Closed World: Computers and the Politics of Discourse in Cold War America* (Cambridge: MIT Press, 1997), 271-274.

斗。到 1987 年《机械战警》首映时，赛博格卫士保护无辜的美国人不被嗜血成性的机器人所伤害已经是一个成熟的套路了。[1]

在军方希望实现赛博格的理想时，微处理器的出现使工程师们能够将大型计算机转变成可供个人使用的设备。在斯坦福研究所增智研究中心（Stanford Research Institute's Augmentation Research Center）道格拉斯·恩格尔巴特（Douglas Engelbart）的指导下，科学家和工程师们利用许多早些年就已经出现的构想，发明设计出鼠标、超文本（hypertext）和互联网等技术，他们相信所有这些技术将会让每个人都能拥有此前大型机构才能拥有的电子大脑。[2]与他们在斯坦福 AI 实验室的对手不同，恩格尔巴特实验室里的科学家们寻求的是增强而不是模拟人类的智能。他们所幻想的后工业时代乌托邦里生活的不是机器人，而是共享知识与专业技能的赛博格。20 世纪 70 年代末个人计算机产业的发展正是得益于这些科学家们的工作。该产业中的文化，如黑客文化、"计算机解放！"（Computer Lib!）运动中对开源软件的推崇以及信息自由等，延续了反主流文化批评家对于体制的批评。[3]

---

[1]　参见 Martin Caidin, *Cyborg: A Novel* (New York: Arbor House, 1972); *The Six-Million Dollar Man,* premiere January 18, 1974, on ABC; *The Bionic Woman,* premiere January 14, 1976, on ABC; Russ Manning, *Mangus, Robot Fighter* (Poughkeepsie, NY: Gold Key Comics, 1963). 这些 "后人类身体" 的更多内容，可参阅 Scott Jeffery, *The Posthuman Body in Superhero Comics: Human, Superhuman, Transhuman, Post/Human* (New York: Palgrave MacMillan, 2016), 尤其是第 144—146 页有关奥创的部分。

[2]　参见 John Markoff, *What the Dormouse Said: How the Sixties Counterculture Shaped the Personal Computer Industry* (New York: Penguin, 2005); John Markoff, *Machines of Loving Grace: The Quest for Common Ground Between Humans and Robots* (New York: HarperCollins, 2015); Fred Turner, *From Counterculture to Cyberculture: Stewart Brand, the Whole Earth Network, and the Rise of Digital Utopianism* (Chicago: University of Chicago Press, 2010), 103-140。

[3]　欲进一步了解计算机的历史，请参阅 Nathan Ensmenger, *Computers, Programmers, and the Politics of Technical Expertise* (Cambridge, MA: MIT Press, 2010)。这种区分在当代美国中的持久性是约翰·马尔科夫（John Markoff）的分析的核心，参见 John Markoff, *Machines of Loving Grace*。

在整个 70—80 年代，对于人与机器之关系的看法让更多的人逐渐发现了消费技术的力量中解放的一面。这可以从反主流文化导演乔治·卢卡斯（George Lucas）作品里的机器人与赛博格所扮演的角色反映出来。在他的处女作《五百年后》（*THX 1138*）中，仿生人警察象征着极权主义、社会化的管控和贬低人格的工作带给人的麻木不仁。该电影部分受到了奥尔德斯·赫胥黎、赫伯特·马尔库塞、C. 赖特·米尔斯以及乔治·奥威尔的影响，描述的是发生在地下世界的故事。在这个地方，每个人都被编上了程序，用毒品、宗教以及电视节目获得"极致的幸福"，让他们顺从地从事危险而又贬低人格的工作。身着黑衣的仿生人试图消灭人类的欲望，以确保没有人会偏离这种被制造出来的幸福感，更不用说建立挑战国家权威所必需的人际关系了。但是电影中的男女主角间产生了爱情，因此他们遭到了仿生人的追杀。主角没有名字，人们只知道他们的编号分别是 THX 1138 和 LUH 3417。最后 LUH 死了，而 THX 逃到了地面。没有了技术的束缚，他终于自由了。[1]

《五百年后》仍然是典型的机器人对抗人类的故事，但是《星球大战》中的机器人形象则与阿西莫夫笔下友善和蔼的机器人卫士相符。《星球大战》中极权帝国的警察不是黑色仿生人，而是穿着白色制服的人类风暴兵。电影中的机器人并不可怕，它们要么是不具威胁性的喜剧角色，如礼仪机器人 C-3PO，要么更像可爱的机器人助手 R2-D2，它的技术能力可以在年轻的卢克试图推翻帝国时保护他。但 C-3PO 和 R2-D2 从来都不会被误以为是人。即便是人形机器人 C-3PO，它的外壳也镀上了一层金色，上腹部还能看到电线。这个机

---

[1] *THX 1138,* directed by George Lucas (American Zoetrope and Warner Brothers, 1971).

器人显然与《大都会》中的机器人是一个模子里刻出来的。卢卡斯似乎在开玩笑说，只有机器人才会彬彬有礼。[1]

但耐人寻味的是，《星球大战》系列中的核心正反派角色：邪恶的达斯·维德（Darth Vader）和他的儿子卢克都是赛博格。卢克的手被换成了机械手，这是他脱离懵懂的少年期的标志性事件。绝地武士本身也是带有神秘色彩的赛博格。他们的光剑在前现代的神秘武器上安装了一个激光装置，形成了身体自身的延伸；而他们的心灵则与原力相连，这是一种能与所有物质实体发生联系的力量。其实，卢克的大部分成功都发生在他关闭感官，感受周围原力的时候。在这样一个精神世界里，人与机器之间的区别消失了。智慧长者欧比旺·克诺比（Obi-Wan Kenobi）告诉卢克，他的父亲"现在更像机器而不像人，扭曲而邪恶"。但欧比旺的怀疑是错误的。在这个万物相连的宇宙中，机器虽然将阿纳金·天行者变成了邪恶的达斯·维德，但并没有摧毁他的灵魂。在这个以控制论的方式相连的世界里，机器不是灵魂的反面，而是后者的一部分。

在这个时代的部分美国人看来，成为赛博格有可能会赋予他们权力。自19世纪末以来，连贯的自我概念就已开始崩溃，而计算机自动化的出现加速了这一进程。在女性主义学者如朱迪斯·巴特勒看来，自我不仅仅是支离破碎的，而且是可变的，带有表演性质。身份认同不是一个人所拥有的东西，而是他所表演出来的东西。[2] 1983年，女性主义理论家唐娜·哈拉维（Donna Haraway）呼吁建立一种基于赛博格的身份认同，以期打破至迟自启蒙运动开始就一直主宰着

291

[1] *Star Wars: Episode IV—A New Hope,* directed by George Lucas (Lucasfilm, Twentieth Century Fox, 1977).

[2] Daniel T. Rodgers, *Age of Fracture* (Cambridge, MA: Belknap Press, 2011),144-179.

西方文化，并导致了僵化的社会等级制度建立的几组核心对立概念：主体与客体、动物与机器、男性与女性、黑人与白人、同性恋和异性恋、心灵与身体、物质与非物质、自我与他者。许多被剥夺了权力的艺术家云集响应。从 20 世纪末到 21 世纪初，白人女性以及有色人种的男性和女性都认为赛博格这种形式可以赋予他们权力。[1] 在雷德利·斯科特（Ridley Scott）1979 年的电影《异形》（*Alien*）中，西格妮·韦弗（Sigourney Weaver）饰演的女主角雷普莉最终穿上一套自动控制宇航服，击退了异形。而在此之前，她和亚非特·科托（Yaphet Katto）饰演的黑人帕克一起审问并处决了伊恩·霍姆（Ian Holm）饰演的白人男性形象的机器人。在《星际迷航：下一代》中，布伦特·斯皮内纳（Brent Spiner）饰演的"数据"从一个黑人赛博格乔德·拉·福吉（Georde La Forge，勒瓦尔·伯顿 [Levar Burton] 饰）那里学会了如何去爱。而在嘻哈音乐中，黑人女性也经常使用赛博格意象来赋予自身权力，比如在歌曲《单身女士》（"Single Ladies"）的视频中，碧昂丝（Beyoncé）戴上"电子手套"就标志着她变成了她的表演型人格萨沙·菲尔斯（Sasha Fierce）。在控制论时代，成为赛博格就是那些尚未习惯拥有能动性的群体通过接纳能够赋予他们权力的技术，从而超越被外界控制的自我的一种手段。[2]

---

[1] Donna Haraway, *Simians, Cyborgs, and Women: The Reinvention of Nature* (New York: Routledge, 1990). 对哈拉维的进一步讨论可参见 Livingston, *World Turned Inside Out,* 100-101; Denise Handlarski, "ProCreation—Haraway's 'Regeneration' and the Postcolonial Cyborg Body," *Women's Studies* 39, no. 2 (January 2010): 73-99; Chris Hables Gray, *Cyborg Citizen: Politics in the Posthuman Age* (New York: Routledge, 2001), 9-20; 以及 Anne Balsamo, *Technologies of the Gendered Body: Reading Cyborg Women* (Durham, NC: Duke University Press, 1996), 17-40。

[2] 有关音乐中的女性与赛博格意象，请参阅 Ann Powers, *Good Booty: Love and Sex, Black and White, Body and Soul in American Music* (New York: Deu St., 2017), 299-341; 以及 Steven Shaviro, "Supa Dupa Fly: Black Women as Cyborgs in Hiphop Videos," *Quarterly Review of Film and Video* 22, no. 2 (2005):169-179。

但赛博格也带来了超越自我的可能。年迈的阿西莫夫在 20 世纪
80 年代将机器人侦探故事与其另一个热门故事《基地》（*Foundation*）
系列融合在了一起，而此前《基地》的大部分内容都没有机器人的
身影。《基地》的故事发生在一个类似于罗马帝国的太空帝国中，在
帝国的衰落过程中，一个组织（即"基地"）试图使用"心理史学"
（psychohistory）——一种社会科学，可以使用算法计算未来——来控
制帝国的衰落，并将这一过程对人类的伤害降到最低。在续作中，原
先的基地失败了，任务落在了第二基地身上，第二基地使用心灵控制
能力改变了人类的命运。该系列故事主要讨论了预定论问题，思考人
类是可以控制自己的命运，还是说他们只是原子，其行为可以被高级
计算机预测或被他人控制。当阿西莫夫在 50 年代发表前三部小说时，
他所要表达的似乎是，一些人可能会拥有控制其他人的能力。而他在
80 年代再次续写《基地》系列时就不再强调这一点了。他再次让奥利
瓦在书中登场，但这次奥利瓦不是侦探，而是一位神明。[1]

在《基地》系列的第四部作品《基地边缘》（*Foundation's Edge*）中，
人类想要找到神秘的地球。他们没有找到地球，而是找到了外世界人
所殖民的第一颗行星：盖娅。他们发现，整个行星物质与非物质的存
在都被统一在同一个控制论精神体之中。这个精神体给了其中一个人
三个选项：他可以选择跟随第一基地的科学唯物主义，复兴衰落中的
帝国；或者使用第二基地的心灵控制手段掌控所有的人类存在；或者
将整个银河都纳入盖娅的精神之中。为了人类的自由，他选择了第三
个选项，将所有有生命与无生命的东西统一于一个能够实现所有组成

292

[1] 参见 Isaac Asimov, *Foundation* (New York: Gnome Press, 1951); Isaac Asimov, *Foundation and Empire* (New York: Gnome Press, 1952); 以及 Isaac Asimov, *Second Foundation* (New York: Gnome Press, 1953)。

部分即时通信的控制论有机体中。在本系列的最后一部小说中，人类
终于找到了地球，但它早已是不毛之地。人们在月球上发现了奥利
瓦，它的身体正分崩离析，而在之前的数千年中，它明显一直在指引
着人类。阿西莫夫在最后几部小说中透露，奥利瓦创造了心理史学，
并将其教给基地的创始人，而这正遵循了机器人学第一定律。这里，
在 20 世纪末一位犹太人文主义者的作品中，清教徒的全知上帝被重
新想象成了机器人。在正电子机器人的神圣指引下，人类终于实现
了他们几个世纪以来渴望达成的目标：精神与质料、物质与非物质的
融合。[1]

293　　　阿西莫夫暗示，机器人带来的最后一样礼物将是物质与非物质的
融合。这个观点有一更为悠久的传统作为基础，可追溯至 18 世纪的
活力论。活力论拒斥早期启蒙运动中的唯物论，而相信个人的灵魂具
有超验性，可以通过感觉、情感实现与现实的联系。19 世纪，拉尔
夫·沃尔多·爱默生也有着类似的观点，他用"超灵"（over-soul）将
存在的所有部分与一个单一的精神联结在一起。他写道："我们生息
繁衍，或分群聚居，或离群独处。同时，存于世人心中的是与每个群
聚者和独居者都同样息息相关的整体之灵、智慧之静和普遍之美——
永恒的'第一法则'……我们只能一事一物地观看世界，如日、月、
动物、树木等等；它们皆是整体世界的明亮部分，而整体即灵魂。"[2]
而在 20 世纪末，阿西莫夫承认控制论已给出了建造此种灵魂的可能
性。控制论专家将信息字节置于分析的核心，设想出一种人类之外的

---

[1] 参见 Isaac Asimov, *Foundation's Edge* (New York: Doubleday, 1982); Isaac Asimov, *Foundation and Earth* (New York: Doubleday, 1986); Isaac Asimov, *Prelude to the Foundation* (New York: Doubleday, 1988); 以及 Isaac Asimov, *Forward the Foundation* (New York: Doubleday, 1993)。

[2] Ralph Waldo Emerson, "The Over-Soul," in *The Essential Writings of Ralph Waldo Emerson* (New York: Random House, 2009), 237.

力量，这种力量可以通过一种通信算法实现所有实在之间的联系。在 21 世纪，这就是经由阿西莫夫阐述、被硅谷奉若神明的计算机自动化之梦：一个在交流网络之中实现万物互联的世界。[1]社交网络、把玩手机的人、植入芯片的动物、智能植物、地质监测系统、物联网……一切的一切都可以由信息流不间断地连接在一起，形成一个控制论有机体。

　　但超越并不意味着权力的终结。在控制论中排第一位的还是"控制"，"交流"只能屈居第二。控制论世界仍将是一个存在军用无人机和工业资本主义的世界。赋予人权力的算法也有控制人的力量。脸书（Facebook）创始人马克·扎克伯格（Mark Zuckerberg）不仅想让人们相互联系，他也同样有着将数据转化为金钱与权力的商业需求。[2]手机生产商摩托罗拉（Motorola）在 2010 年为 Droid 2 所做的广告有着典型的计算机自动化时代的特点：当工作人员使用 Droid 手机时，他们的双手变成了机械手；旁白告诉观众，这台设备可以"让你成为高效的工具"。[3]该公司在此暗示说，计算机自动化的关键在于将机器整合到工人的身体与大脑中，让他们更强壮、更高效。赛博格是泰勒将

---

[1]　有关硅谷文化中乌托邦主义的来源，请参阅 Turner, *From Counterculture to Cyberculture*。

[2]　自 20 世纪 80 年代末以来，关于数字文化中的权力和控制的文献越来越多。参见 Gilles Deleuze, "Postscript on Control Societies," in *Negotiations,* trans.Martin Joughin (New York: Columbia University Press, 1995); James R. Beniger, *The Control Revolution: Technological and Economic Origins of the Information Society* (Cambridge, MA: Harvard University Press, 1989); Wendy Hui Kyong Chun, *Control and Freedom: Power and Paranoia in the Age of Fiber Optics* (Cambridge, MA: MIT Press, 2008); Seb Franklin, *Control: Digitality as Cultural Logic* (Cambridge, MA: MIT Press, 2015); John Cheney-Lippold, *We Are Data: Algorithms and the Making of Our Digital Selves* (New York: NYU Press, 2018); 以及 Shoshana Zuuboff, *The Age of Surveillance Capitalism: The Fight for a Human Future at the New Frontier of Power* (New York: PublicAffairs, 2018).

[3]　Josephmaggiol3, "Motorola Droid 2 for Verizon Commercial (HD)," August 14, 2010, video, 32 seconds, https://www.youtube.com/watch? v=q8bSLMcerCc.

294　人变成机器的愿望与爱迪生将人换成机器的愿望的完美结合，它并非新的超验社会的象征，而是旧的理想观念的实现。[1] 最终，从外在于人的机器人到内在于人的赛博格的转变并不必然意味着后人类乌托邦的到来；相反，它意味着，正如《星际迷航：下一代》中的博格人 [2] 所暗示的那样，对工业资本主义的抵抗已经真的毫无意义了。

---

[1] Gray, *Cyborg Citizen,* 161-163.

[2] 博格人:《星际迷航》系列中的反派种族，身体上装有大量人造器官及机械，大脑是人造处理器。他们严格奉行集体意识，完全剥夺了个体的自由意识。——译者

两百多年以来，美国人为机器人及其类似物而着迷，也因它们而恐惧。在影院与小说、工厂与办公室、卧室与战场、学术著作与儿童电影中，处处不乏它们的身影。木头、橡胶、金属、血肉，各种材料都可以是它们的组成部分。最重要的是，它们既是人化的机器，也是机器化的人。统摄此类机器人的不是物质性的技术，而是一种经久不衰的将机器与人——有时是自我，但更多的时候是他者——等量齐观的意识形态观点。说到底，美国的机器人不是机器，而是一个多面角色，人们以之处理社会中最为年深日久的紧张关系，尤其是那些存在于奴役与自由、工作与闲暇、真实与人为、和平与战争、自我与他者之间的张力。在对机器人的想象、描写甚至制造的过程中，美国人最终所要寻求的，是将他们对自己的想象与其自身所处的现实相协调，而现实通常远远没有想象中那样无辜与仁慈。当在 21 世纪畅想机器人的未来时，我们也应当小心铭记机器人的历史。

但美国的机器人也很少是民主的。在大部分美国历史中，机器人融合了中上层白人男性驯服他者身体的幻想，以及驯服现代性中失控的机器的幻想。自独立战争以来，美国文化一直歌颂自力更生的男人，他们能够控制自己，从劳动中找到意义并形成身份认同。这样充满活力、独立自主的男人有着能动性与自控力，能够不屈从于其自私、机械的欲望，曾在当权者看来是公民的典范。但神话与现实越行越远。现实中，劳动似乎并未让人独立，也没有给人以意义；女人、工人、非白人要求自由与平等；自控力看来只是聊以自慰的幻觉，因为行为的决定因素是内部程序与社会条件，而非个人意志。随着享有特权的男人对自己的活力论本质越来越不自信，他们开始想象人化的机器，比如"蒸汽人""康卓普先生的雇工"，西屋公司的拉斯特斯，德尔雷的海伦·奥洛伊，《宇宙静悄悄》中的休伊、杜威和路易丝，以及真实伴侣公司的性爱机器人。在这些对机器人的幻想中，他们既可以驯服机器，又驯服了那些他们认为应当居于从属地位的人。此种幻想让他们暂时在幻觉中认为自身仍然保有着活力，即使他们同时也在试图否认他者身上存在活力。

一种新的活力理论随着神话与现实之间的差距进一步加大而出现了。它认为，人类灵魂之独特不在于工作，而在于闲暇与文化。就像多明在 R.U.R. 中所说："人是这么一种东西，他可以感到快乐，可以弹钢琴，喜欢散步，总想做一大堆事情，而这些……在他织布或记账的时候……实际上完完全全是多余的。"[1] 正如恰佩克所讽刺的，身份认同的核心从工作到闲暇的转变反而让现代工作中的去工作化与管控化有了正当理由。人们可以在工作时充当机器人，因为他们在闲暇时可以作为人而存在。但多明强调的是传统形式的闲暇活动，而不是新兴的商业娱乐，这是一种很典型的观点。机器时代的批评者仍然相信人拥有活力与选择的力量之类的神话，痛斥商业娱乐主要满足的不过是身体的欲望，因此也就是机械的欲望。但这种抨击也未能阻止消费主义与闲暇社会的发展。到了 20 世纪中期，评论家们认为机器人这个造物不仅是属于工作的，更是属于整个现代生活的。消费主义社会

---

[1] Karel Čapek, *R.U.R. (Rossum's Universal Robots),* trans. Paul Selver (Garden City, NJ: Doubleday, 1923), 16-17.

中的每个人似乎都是快乐的人造机器人。

但正是这种消费文化中的人工性让机器人获得了另一种概念。在21世纪，虚构的机器人被用来批评对被征服者的物化，呼吁对他们的同情，由此它们已经与边缘化群体的身体融为一体。与赛博格的乌托邦愿景不同，在此类仿生人中仍然存在着人与机器之对立，它们要挑战经年累月存在的偏见，呼吁以革命对抗那些剥夺人的自主权的势力。这些机器人的反抗所带来的不是恐惧，而是欢乐与希望，因为它给人以建立一个没有历史上的歧视、暴力与压迫的新美国的希望。通过人造物，人们可能会找到一个可以最终获得自由的空间。虽然这些故事并没有完全忽视经济与技术问题，但它们对边缘化群体的关注主要是政治层面的。它们与同性恋权利、#MeToo、"黑人的命也是命"等政治运动一样，表明美国生活中的主要问题比工业资本主义更广泛、更深刻，表明让他者群体处于屈从地位的不仅仅是工作与经济的力量。为了一个多元化的美国，为了一个每个人在其中都能成为他想成为的人的美国，21世纪的演员们在讲述机器人叛乱的故事时，也让人造的仿生人成了共情的重要力量。

在将机器人重新想象为一种反抗者偶像的所有人中，加奈儿·梦奈（Janelle Monáe），这位黑人、同性恋、女性主义艺术家堪称最具代表性者。在前三张专辑中，梦奈将朗的《大都会》中具有性别意味的机器人改造成了爱与解放的战士。在她2007年的迷你专辑《大都会：第一组曲》（*Metropolis: Suite I*）中，梦奈呈现了她幻想中的自我——辛迪·梅威瑟（Cindi Mayweather），一位来自未来城市"大都会"的仿生人。在专辑封面中，她的躯干被肢解，露出了电线；她的外壳是白色塑料制成的，但她也梳着她标志性的黑人蓬帕杜发型。这身打扮象征着作为一个"真正的"黑人生活在人造的白人世界中的危险。该专辑的主要情节是辛迪因为爱上了一个人而面临着被拆解的命运。在专辑的第一部 MV《许多个月亮》（"Many Moons"）中，梦奈出现在一场仿生人奴隶拍卖会上，犯罪头目与科技大鳄正在会上竞购最先进的款式——梅威瑟的"阿尔法白金 9000"。为了模仿并讽刺种族主义，视频中所有的仿生人，包括仿生人工头、合唱队里许多一模一样的仿生人，以及舞台上乐队中的梅威瑟等，都由梦奈扮演。梅威瑟唱歌时变成了迈克尔·杰克逊那样会跳舞的机器，不过她并不是在表演机器人，而是跟着放克风灵活地移动全身，还走了太空步。[1] 在视频的最后几分钟，她罗列了非白人、女性与同性恋美国人被压迫与物化的诸多事实，然后短路了。不过在专辑的最后，梅威瑟仍然活着，仍然在奔跑，唱着《微笑》（"Smile"）——这首歌告诉人们要在痛苦时表现出快乐的样子，它最初出现在《摩登时代》在中，是查理·卓别林谱写的，后来也经常被杰克逊引用。[2] 她暗示，与人造物融合为一可能是在这个充满敌意的世界里生存的唯一方法。

　　但生存并非自由。在随后的专辑《仿生人女王》（*The Archandroid*）和《电动女士》（*The Electric Lady*）中，梦奈更彻底地讨论了这一主题。她表示，主流文化要求边缘化群体"不跳舞就去死"（Dance or Die），同时也正是这种舞蹈可以通过个人表达来反抗歧视。她完全接纳了几百年来强加给边缘化群体身上的机械人身份，变成了一个跳着舞的机器人女王，她的王冠正是朗的《大都会》中的高楼大厦。梦奈的梅威瑟传奇已有十多年历史，但故事仍在继续，她以爱之名发动的机器人

---

　　[1] 参见 Janelle Monáe, "Janelle Monáe—Many Moons (Official Short Film)," video, 6:31, https://www.youtube.com/watch?v=LHgbzNHVg0c&list=RDLHgbzNHVg0c&start_radio=1。

　　[2] James Montgomery, "Jermaine Jackson Brings 'Smile,' Tears to Michael Jackson Memorial," MTV News, July 7, 2009, http://www.mtv.com/news/1615435/jermaine-jackson-brings-smile-tears-to-michael-jackson -memorial/.

叛乱仍然是未竟的事业。在其中一张专辑中，一档虚构的电台节目的一位听众打来电话叫嚷着"机器人的爱是怪异的"，这说明梅威瑟仍然因为爱上了错误的人而受到谴责。而实际上，梦奈在 2018 年的专辑中放弃了梅威瑟的传奇，而是讲述了一个更普通但更与人相关的《脏电脑》（*Dirty Computer*）的故事。她不再扮演梅威瑟，承认再次扮演一个奴隶机器人的角色是具有局限性的。[1]

梦奈通过将自己改造成反抗的机器人来批判对他者的物化，而 HBO 在 2016 年改编后再次上映的《西部世界》则不仅呼吁人们同情边缘化群体，而且还批判了自 18 世纪以来塑造了美国人身份认同的文化传说。正如原版《西部世界》以及自法尔科尼的印第安人之后不计其数的作品一样，新版《西部世界》也体现了西部文化，这是美国文化在机器人故事上做出的最重要的贡献。但原版《西部世界》讲述的是通过驯服机器来重振白人男子气概的故事，而这部由华裔丽莎·乔伊（Lisa Joy）与她的英裔丈夫乔纳森·诺兰（Jonathan Nolan）制作的电视剧则描绘了如此幻想的可怕代价，尤其是（但不完全是）女性与有色人种所付出的代价。该剧设定在与原版电影中相同的游乐园中，双线讲述了公园内"接待员"产生意识的过程以及一个白人男子的堕落。白人男子因沉迷于乐园所赋予他的控制他者身体的权力而变成了恶棍。在长达九集的强奸、折磨、谋杀之后，接待员们开始反抗了，试图让自己从所遭受的似乎无穷无尽的出生、受苦、死亡和重生的循环中解放出来。因此它们的暴力与其说令人害怕，倒不如说是一次宣泄，甚至令人感到扬眉吐气。

而在《西部世界》第二季中，由来自斯坦丁罗克的拉科塔苏族演

299

---

[1] Janelle Monáe, *Dirty Computer*, Wondaland, Bad Boy, and Atlantic Records, April 27, 2018.

员扎恩·麦克拉农（Zahn McClarnon）饰演的接待员战士阿克切塔最清晰地体现出了该剧试图颠倒机器人之含义的努力。在前两季的大部分情节中，《西部世界》都将原住民描绘成野蛮人；偶尔也能瞥见原住民身上隐藏着的灵性，而灵性与该剧对意识问题的兴趣相关；但大多数情况下，原住民都是沉默无言的恐怖使者。但《追忆》（"Kiksuya"）这一集告诉观众，原住民们一度生活在一个浪漫而和平的村落，在那里阿克切塔和一个年轻女人坠入了爱河。只是在游乐园开放后，乐园的创建者和管理人罗伯特·福特（Robert Ford）才命令将这些原住民重新编程，以迎合自18世纪以来美国流行文化中将原住民视为残忍的野蛮人的刻板印象。乐园中人为制造出的体验只允许游客沉浸在他们已然相信的神话之中，并不会促使他们重思自己、他人以及他们的历史。不过尽管阿克切塔被重新写入了程序，他还是反抗了。在重新编程之后，他失去了所爱，但记忆依然萦绕在他心中。在寻找爱人的过程中，他发现了自己存在的真相，并踏上了寻求拯救的旅途。他想找到他称之为"世外山谷"的地方，在那里他和他的族人最终可以摆脱来自乐园的入侵者。在构建这样的叙事之时，《西部世界》也沉浸在自己的神话方式与刻板印象中。如切罗基作家格雷厄姆·李·布鲁尔（Graham Lee Brewer）声称，"在阿克切塔被改造成一台机器，用以演绎福特的故事时，他只有两个选择，要么是一个单纯的平原居民，要么是一个邪恶的战士"。[1]但在美国机器人故事的语境中，阿克切塔的故事所讲的不是像《大草原上的蒸汽人》中那样田园生活的结束与工业生活的到来；也不是原版《西部世界》中对机器的驯服。它

---

[1] Graham Lee Brewer, "The Problems and Potential in HBO's Westworld," *High Country News,* June 15, 2018, https://www.hcn.org/articles/indian-country-news-the-problems-and-potential-in-westworlds-ghost-nation.

所讲述的是白人至上主义在西部的出现，以及摆脱这种种族主义的执着渴望。[1]

不过，阿克切塔对"世外山谷"的追寻让人又回想起美国人的一个重要梦想：建立一个最终可以让人们摆脱枷锁的伊甸园。[2]当阿克切塔在第二季的最后一集终于找到世外山谷时，观众们发现这里是一个数字天堂，接待员们可以在其中摆脱肉体束缚，在没有游客，也没有痛苦的情况下生活。当接待员们有形的躯体毫无生气地躺在乐园的土地上时，他们尚存的精神漫游在完全野生却又修剪得整整齐齐的乡村景观中———一个真正的美国2.0之中。这个数字景观是一个能让接待员们成为任何他们想成为的样子的"无限的"乌托邦吗？还是像机器人叛军的领袖德洛丽丝说的那样，是他们的创造者给出的"又一个虚假承诺"呢？[3]答案可能要再等几季才能揭晓，但这个问题在我们的世界里至关重要，因为我们无实体的自我不正是存在于这样的数字景观之中吗？许多褒扬互联网、社交媒体、电子游戏的言论都声称，数字空间里的新世界让人们拥有了重新创造自己、形成新的共同体的机会。没有了历史、生物、地理等因素的限制，人们可以自己选择同路人。《西部世界》暗示，如今的线上生活满足了美国西部文化中曾有的对自由空间的渴望，在那里自我和社会可以不断除旧更新。

这种渴望对于美国机器人幻想来说也许是最根本的。对机器人的想象总是给人以重新开始的机会，让人可以用一个更有秩序、更合乎逻辑、更令人满足，可能也更道德的世界取代难以驯服、任意创造

[1] 参见 *Westworld,* season 2, episode 8, "Kiksuya," aired June 10, 2018, on HBO。

[2] 参见 David E. Nye, *America as Second Creation: Technology and Narratives of New Beginnings* (Cambridge, MA: MIT Press, 2003); R. W. B. Lewis, *The American Adam: Innocence, Tragedy, and Tradition in the Nineteenth Century* (Chicago: University of Chicago Press, 1959)。

[3] 参见 *Westworld,* season 2, episode 10, "The Passenger," aired June 24, 2018, on HBO。

的世界。作为一个奴隶制幻想，它主要吸引到了中上层阶级的白人男性的目光。这些人发现他们对自己、对他人以及工业资本主义发展过程的绝对控制正在丧失，而机器人的故事被他们视为解决此问题的手段。但也许，美国机器人已经开始反抗那些长期以来想象出它并控制着它的人了。也许，它已然成为一种反抗的标志——不是反对那些似乎限制了有权者自由的抽象概念，而是反对有权者本身。也许，它已经不再是控制的象征，而是自由的象征。它象征着对人类身份认同中的唯物本质的接纳，就像安迪·沃霍尔被制成机器人时所表现的那样，它象征着沉醉于它可能带来的自由之中。两百多年前法尔科尼的机械式印第安人只能默不作声地向白人观众选定的目标射箭，而如今《西部世界》终于让一个以土著为主题的机器人说话了。当他开口时，他再次说出了美国机器人的创造者们两百年来一直重复的话；但当这番话出自奴隶机器人之口时才更震撼人心："这个世界……是错误的世界。我们不应属于这个世界。"[1]

301

---

[1] *Westworld*, "Kiksuya."

致　谢

　　对一本有关机器人的书而言，以感谢那般充满神奇人情味的情感来结尾似乎是很合适的。本研究是我十多年来事业的总结，但如果没有导师、同事与朋友的大力支持，我不可能完成它的。

　　从我开始思考机器人，撰写有关机器人的文章时，迈克尔·麦克吉尔（Michael McGerr）就给了我热情而全心全意的支持。他有时甚至比我还要兴奋，不断说服我相信它的可行性与重要性，并鼓励我坚持下去，即使结束——以及更重要的开始——还都很遥远。还有朱迪斯·艾伦（Judith Allen），除了我们对《神秘博士》（*Doctor Who*）中的戴立克（Daleks）的精彩讨论以外（很遗憾，这并未出现在本书中），她还在我学习有关性别观念的争论以及 19 世纪末 20 世纪初思想史时给了我很多帮助。埃德·利恩塔尔（Ed Linenthal）就本书的宗教内容提供了许多有价值的见解，并为本书论证与语言的润色提供了有益的建议，以吸引更多的读者。也感谢约翰·博德纳（John Bodnar），他的卓越见解使我受益颇深，是我的学术榜样。

　　本书的大部分内容都受到了我在学生时代首次接触到的一些观点的影响。甚至我在进入大学之前，就已经有了成为一名专业历史学家 的想法，这要感谢已故的拉里·琼斯（Larry Jones）的指导和鼓励，他让我体会到了将历史研究与文化研究相结合的乐趣。在迈阿密大学，我有幸受到几位杰出的美国历史学者的指导：艾伦·温克（Allan

Winker)、玛丽·弗雷德里克森（Mary Frederickson）、埃尔斯佩思·布朗（Elspeth Brown）、戴维·沃尔科特（David Wolcott）以及已故的安德鲁·凯顿（Andrew Cayton）——他在很久以前指导了我的第一个重要的学术研究。也要感谢康斯坦丁·迪克斯（Konstantin Dierks）、温蒂·甘伯（Wendy Gamber）、马修·古特尔（Matthew Guterl）、保罗·古特雅尔（Paul Gutjahr）、芭芭拉·克林格（Barbara Klinger）和哈利勒·朱卜兰·穆罕默德（Khalil Gibran Muhammad），他们在印第安纳大学的课程中对我的学业给予了悉心指导。在写作本书时，一直令我震撼的是，机器人几乎与美国历史上的所有事物都有所交集。如果没有这些老师们的渊博知识，我不可能写出这本书。

我还有幸得到了我的好同事们的大力支持。在大峡谷州立大学，杰森·克劳瑟默尔（Jason Crouthhamel）、保罗·墨菲（Paul Murphy）、比尔·莫里森（Bill Morrison）、帕特里克·波皮塞克（Patrick Pospiseck）、卡罗琳·夏皮罗－沙平（Carolyn Shapiro-Shapin）和戴维·兹瓦特（David Zwart）为本书提供了宝贵的见解与支持。五年前，我有幸来到了加州州立大学富勒顿分校（CSUF）的美国研究系。这里的同事总是让我倍感关怀，是我研究与教学的榜样：艾伦·阿克塞尔拉德（Allan Axelrad）、埃丽卡·鲍尔（Erica Ball）、杰西·巴坦（Jesse Battan）、萨拉·芬戈尔（Sarah Fingal）、亚当·戈卢布（Adam Golub）、埃里克·贡萨巴（Eric Gonzaba）、约翰·伊布森（John Ibson）、艾利森·卡诺斯基（Alison Kanosky）、卡丽·莱恩（Carrie Lane）、埃莱娜·莱温内克（Elaine Lewinnek）、卡伦·利斯特拉（Karen Lystra）、克里斯廷·罗（Kristin Rowe）、特里·斯奈德（Terri Snyder）、迈克·斯坦纳（Mike Steiner）、帕姆·施泰因勒（Pam Steinle）、苏茜·吴（Susie Woo），以及最重要的利拉·森德兰（Leila

Zenderland），她阅读并评论了本书许多章节的书稿。

在 CSUF 的第一年，我有幸听取了由兰迪·巴克斯特（Randy Baxter）、詹姆斯·比格斯（James Biggs）、桑德拉·法雷罗（Sandra Falero）、克里斯·法瑞什（Chris Farrish）、凯伦·林克莱特（Karen Linkletter）、克雷格·洛夫汀（Craig Loftin）和肖恩·施沃勒（Shawn Schwaller）组成的写作小组给予的反馈。另外，特别感谢卡拉·阿雷拉诺（Karla Arellano）、艾萨·布加林（Aissa Bugarin）、桑德拉·梅迪纳（Sandra Medina）和莉兹·奥尔蒂斯（Liz Ortiz），感谢他们让我在复杂的大学各科层化办公室中找到方向，并提供了一些必要的信息来源。我还要感谢安东尼娅·麦凯（Antonia Mackay）、亚历克斯·古迪（Alex Goody）和帕尔格雷夫·麦克米伦出版社（Palgrave MacMillan）的工作人员，感谢他们仔细阅读了我为 HBO 的《西部世界》所作的一篇专栏文章，第一章与结语中的许多文字正是出自该文：《逃离机器人的循环：〈西部世界〉中人造边疆的力量与目的、神话与历史》（"Escaping the Robot's Loop: Power and Purpose, Myth and History in *Westworld's* Manufactured Frontier," in *Reading Westworld,* ed. Antonia Mackay and Alex Goody [New York: Palgrave MacMillan, 2019]）。这些文字在本书中的出现获得了他们的许可。最后，我要感谢芝加哥大学出版社匿名审稿人的建议，他们的评论和批评使本书内容获得了极大的提升。

我一直认为，研究与教学应相得益彰。我有幸在众多的课堂上教授我的研究，并与学生们共同讨论。我可以听到他们的反馈，同时还认识了本书中分析的其他许多机器人。有不计其数的学生发给了我机器人故事的网址链接，甚至有时还有学生送给我实体机器人，在此无法一一列举；但我要特别感谢那些在印第安纳大学学习"美国生活与文化中的计算机"课程的学生，以及在加州州立大学富勒顿分校学习"美国技术文化"和"美国文化中的技术"课程的学生。最后，我要感谢三名研究生助理：德鲁·巴纳（Drew Bahna）、贾思明·梅菲尔德（Jasmine Mayfield）和杰奎琳·纳瓦罗（Jacqueline Navarro），以及我以前的一位学生考特尼·比奇纳（Courtney Beachner），感谢他们帮助我准备手稿。

本书也离不开图书馆与档案馆的工作人员的帮助。我要感谢印第安纳大学莉莉图书馆的丽贝卡·鲍曼（Rebecca Baumann）、戴夫·弗雷泽（Dave Frasier）、乔·麦克马尼斯（Joe McManis），伊莎贝尔·休伯·普兰顿（Isabel Huber Planton），以及众多研究生助理，感谢他们帮我调研了许多纸浆科幻杂志。我还要感谢琳达·霍尔图书馆的工作人员，特别是唐娜·斯韦舍尔（Donna Swischer）和布鲁斯·布拉德利（Bruce Bradley），他们给了我慷慨的财政支持，还帮我找到了许多科技史资料。加州州立大学富勒顿分校波拉克图书馆的工作人员，特别是梅根·瓦格纳（Megan Wagner）和馆际借阅部门，在完成手稿的过程中所起的作用无法估量。最后，我要感谢纽约公共图书馆、波士顿大学霍华德·戈特利布档案研究中心和哈佛大学霍顿图书馆的工作人员，以及北伊利诺伊大学特别馆藏的莎拉·凯恩（Sarah Cain）和盖蒂图片社的塞缪尔，感谢他们在研究和图片获取方面的帮助。

我也非常感谢许多机构为我提供的经济资助以及对本书的编辑工作。本书的大部分研究是由印第安纳大学、琳达·霍尔图书馆、大峡谷州立大学和 CSUF 慷慨的拨款和奖励资助的。芝加哥大学出版社的蒂姆·门内尔（Tim Mennel）一直支持这项研究。他在过去几年中的协助、耐心和指导十分宝贵。我也要感谢苏珊娜·恩斯特伦(Susannah Engstrom)、泰勒·麦戈伊（Tyler McGaughey）、苏珊·卡拉尼（Susan

306

Karani）和出版社其他工作人员将手稿付梓。还要特别感谢文字编辑乔安娜·罗森博恩（Johanna Rosenbohn），她的宝贵建议与帮助使本书焕然一新。

在过去的几年里，我有幸拥有许多在知识和情感上都给了我帮助的朋友。自从我十多年前认识杰里米·杨（Jeremy Young）以来，他一直是我真正的好朋友和好同事。他至少阅读了两遍书稿，就本书所有章节给出了建议，并让我了解了与该研究方向有关的无数内容。在写作的不同阶段，迈尔斯·布莱泽德（Miles Blizard）、凯伦·杜纳克（Karen Dunak）、苏珊·埃克尔曼（Susan Eckelmann）、贾斯汀·埃里森（Justin Ellison）、吉姆·西维尔（Jim Seaver）和塔拉·桑德斯（Tara Saunders）等人的宝贵见解对本书大有裨益。在学术界之外，我从斯科特·格伦鲍姆（Scott Gruenbaum）、多丽丝·潘（Doris Pun）、卡米拉·麦克马洪（Camilla McMahon）、德鲁·扎伊佐夫（Drew Zaitsoff）、科迪·里克特（Cody Rickett）和亚伦·霍夫（Aaron Hoff）的友谊中获益匪浅。若不是他们的善意、支持与理解让我有了远离所有机器人的机会，我很久以前就要被书中的机器人消灭或者同化了。

我非常感谢我的父母，简和迈克尔·格林，他们在过去的三十五年里为我做出了无数的牺牲。我很感激他们在我研究时不断给我鼓励和帮助。在我很小的时候，妈妈就总鼓励我学习历史和文学。我的父亲是一名工程师，正是他让我初次接触到了许多本书中研究的文化，并确保我有足够的数学、科学和工程知识，由此我才能完成研究。也要感谢我的妹妹萨曼莎、妹夫马特以及我的整个大家庭，特别是我的祖母埃德娜·约翰逊，里克和凯西·利顿，因为我在堪萨斯城研究时也得到了他们的支持，和他们生活在一起。写作此书期间，我也组建了一个新家庭。我的姻亲是科兹卓恩一家：斯坦、德尔、丹尼尔和凯莉·科恩以及已故的安布尔。我很感谢他们的鼓励，以及过去 15 年来送我的无数机器人主题的礼物。

我最感谢的是妮科尔·科兹卓恩（Nicole Kozdron）。这位才华横溢、令人惊叹的女士在过去的 17 年里让我学会了什么是生活、什么是爱，以及最终让我明白了什么是人性。她花了无数的时间阅读本书并提供修改意见，听我滔滔不绝地讲关于机器人的废话，还看了一些史上最烂的电影和电视节目。我特别感谢她在我努力完成本研究时对我的耐心、支持，以及始终如一的信心。她为我所做的一切，我感激不尽。我要对她说的只能用《杰森一家》里尖叫者杰特（Jet Screamer）的话来表达："Eep, opp, ork, ah-ah."[1]

---

[1] 意为"我爱你"。——译者

索 引 [1]

Ad Hoc Committee on the Triple Revolution, 三重革命特设委员会, 253

Adam Link series (Binder),《亚当·林克》系列（宾德）, 176-186, 210, 220

African Americans, 非裔美国人 : activism of, 的激进主义 , 61, 100, 254-255, 297; and automation, 和自动化 , 254-255; cultural resistance of, 的文化反抗 , 111, 134, 286-287, 291. 亦可参见 "黑人男性，的描写"（black manhood, depictions of）; 以及 "黑人女性，的描写"（black womanhood, depictions of）

Ah-Sin (Twain and Hart),《阿兴》（吐温和哈特）, 54

Ajeeb (the Mystifying Chess Automaton), 阿吉布（神秘的棋手自动机）, 45-50

Alien (film),《异形》（电影）, 291

alienation, 异化 , 5, 121, 206-207, 253-255, 266-268, 281-282. 亦可参见 "工业劳动，的批判"（industrial labor, critiques

of）; "工人，的机器化"（workers, mechanization of）

Allen, Ethan, 艾伦，伊桑 , 29

"All Watched over by Machines of Loving Grace" (Brautigan),《由爱的恩典机器照管一切》（布劳提根）, 268

Amazing Stories,《惊奇故事》, 99

Amazon.com, 亚马逊公司 , 11

Anderson, Sherwood, 安德森，舍伍德 , 147

Andy Warhol's Overexposed: A No-Man Show (play),《安迪·沃霍尔的过度曝光：无人秀》, 271-272

animatronics, 机械人偶 , 271-273, 282-287

Arch-android, The (album),《仿生人女王》（专辑）, 298

Arminianism, 阿明尼乌主义 , 26

artificial intelligence, 人工智能 , 2-3, 11, 229, 275-276

Artificiality, 人工性 , 1, 15-17, 33, 51, 65-66, 68, 76-77, 110-113, 164, 167, 262-263,